教育部高等学校电子信息类专业教学指导委员会规划教材
高等学校电子信息类专业系列教材

Control Motors and Special Motors

控制电机与特种电机

（第2版）

孙冠群 李璟 蔡慧 编著
Sun Guanqun Li Jing Cai Hui

清華大学出版社
北京

内容简介

本书系统论述各种控制电机与特种电机的结构原理、特性、应用等，鉴于一些电机与其控制部分的不可分割性特点，本书对部分电机的控制系统也做了详细介绍。

全书共分11章，包括绪论、测速发电机、自整角机、旋转变压器、伺服电动机及其控制、步进电动机及其驱动、无刷直流电动机及其控制、开关磁阻电机及其控制、直线电动机、盘式电动机、超声波电动机及其控制；附录中给出了两个课程设计，以方便教学或实践训练。

本书可作为高等院校电气工程及其自动化、机械设计及其自动化等机电类专业的本科生教材或参考用书；也可作为相关科研院所及相关企业从事电气自动化技术行业的工程技术人员的培训教材或参考用书。

图书在版编目(CIP)数据

控制电机与特种电机/孙冠群，李璟，蔡慧编著. —2版. —北京：清华大学出版社，2016(2022.8重印)
高等学校电子信息类专业系列教材
ISBN 978-7-302-43705-5

Ⅰ. ①控… Ⅱ. ①孙… ②李… ③蔡… Ⅲ. ①微型控制电机—高等学校—教材 Ⅳ. ①TM383

中国版本图书馆CIP数据核字(2016)第084849号

责任编辑：盛东亮
封面设计：李召霞
责任校对：梁　毅
责任印制：朱雨萌

出版发行：清华大学出版社
网　　址：http://www.tup.com.cn，http://www.wqbook.com
地　　址：北京清华大学学研大厦A座　　**邮　　编**：100084
社 总 机：010-83470000　　**邮　　购**：010-62786544
投稿与读者服务：010-62776969，c-service@tup.tsinghua.edu.cn
质量反馈：010-62772015，zhiliang@tup.tsinghua.edu.cn
课件下载：http://www.tup.com.cn，010-83470236
印 装 者：三河市科茂嘉荣印务有限公司
经　　销：全国新华书店
开　　本：185mm×260mm　　**印　　张**：20.75　　**字　　数**：514千字
版　　次：2012年12月第1版　2016年7月第2版　　**印　　次**：2022年8月第6次印刷
定　　价：59.00元

产品编号：069417-02

高等学校电子信息类专业系列教材

序

FOREWORD

我国电子信息产业销售收入总规模在2013年已经突破12万亿元，行业收入占工业总体比重已经超过9%。电子信息产业在工业经济中的支撑作用凸显，更加促进了信息化和工业化的高层次深度融合。随着移动互联网、云计算、物联网、大数据和石墨烯等新兴产业的爆发式增长，电子信息产业的发展呈现了新的特点，电子信息产业的人才培养面临着新的挑战。

(1) 随着控制、通信、人机交互和网络互联等新兴电子信息技术的不断发展，传统工业设备融合了大量最新的电子信息技术，它们一起构成了庞大而复杂的系统，派生出大量新兴的电子信息技术应用需求。这些"系统级"的应用需求，迫切要求具有系统级设计能力的电子信息技术人才。

(2) 电子信息系统设备的功能越来越复杂，系统的集成度越来越高。因此，要求未来的设计者应该具备更扎实的理论基础知识和更宽广的专业视野。未来电子信息系统的设计越来越要求软件和硬件的协同规划、协同设计和协同调试。

(3) 新兴电子信息技术的发展依赖于半导体产业的不断推动，半导体厂商为设计者提供了越来越丰富的生态资源，系统集成厂商的全方位配合又加速了这种生态资源的进一步完善。半导体厂商和系统集成厂商所建立的这种生态系统，为未来的设计者提供了更加便捷却又必须依赖的设计资源。

教育部2012年颁布了新版《高等学校本科专业目录》，将电子信息类专业进行了整合，为各高校建立系统化的人才培养体系，培养具有扎实理论基础和宽广专业技能的、兼顾"基础"和"系统"的高层次电子信息人才给出了指引。

传统的电子信息学科专业课程体系呈现"自底向上"的特点，这种课程体系偏重对底层元器件的分析与设计，较少涉及系统级的集成与设计。近年来，国内很多高校对电子信息类专业课程体系进行了大力度的改革，这些改革顺应时代潮流，从系统集成的角度，更加科学合理地构建了课程体系。

为了进一步提高普通高校电子信息类专业教育与教学质量，贯彻落实《国家中长期教育改革和发展规划纲要(2010—2020年)》和《教育部关于全面提高高等教育质量若干意见》(教高【2012】4号)的精神，教育部高等学校电子信息类专业教学指导委员会开展了"高等学校电子信息类专业课程体系"的立项研究工作，并于2014年5月启动了《高等学校电子信息类专业系列教材》(教育部高等学校电子信息类专业教学指导委员会规划教材)的建设工作。其目的是为推进高等教育内涵式发展，提高教学水平，满足高等学校对电子信息类专业人才培养、教学改革与课程改革的需要。

本系列教材定位于高等学校电子信息类专业的专业课程，适用于电子信息类的电子信息工程、电子科学与技术、通信工程、微电子科学与工程、光电信息科学与工程、信息工程及其相近专业。经过编审委员会与众多高校多次沟通,初步拟定分批次(2014—2017年)建设约100门课程教材。本系列教材将力求在保证基础的前提下,突出技术的先进性和科学的前沿性,体现创新教学和工程实践教学;将重视系统集成思想在教学中的体现,鼓励推陈出新,采用"自顶向下"的方法编写教材;将注重反映优秀的教学改革成果,推广优秀的教学经验与理念。

为了保证本系列教材的科学性、系统性及编写质量,本系列教材设立顾问委员会及编审委员会。顾问委员会由教指委高级顾问、特约高级顾问和国家级教学名师担任,编审委员会由教育部高等学校电子信息类专业教学指导委员会委员和一线教学名师组成。同时,清华大学出版社为本系列教材配置优秀的编辑团队,力求高水准出版。本系列教材的建设,不仅有众多高校教师参与,也有大量知名的电子信息类企业支持。在此,谨向参与本系列教材策划、组织、编写与出版的广大教师、企业代表及出版人员致以诚挚的感谢,并殷切希望本系列教材在我国高等学校电子信息类专业人才培养与课程体系建设中发挥切实的作用。

吕志伟 教授

前言

PREFACE

电力电子技术、控制技术、信号处理技术、微电子技术、材料技术以及计算机技术的飞速发展带动了现代电机技术的发展，推动了新型电机的产生，拓宽了电机的应用领域，并将电机技术与电力电子、控制理论、数字信号处理、计算机技术等融为一体。在传统电机之外的特殊电机，已不能仅用传统电机的概念来理解了。

本书在传统电机的结构、原理、电磁关系、特性与应用等基础知识之上，对控制电机与特种电机展开论述。一些控制电机和特种电机的本体与其控制系统已经密不可分，因此将电机与控制合二为一，突出这部分电机的控制系统知识。另外，本书也特别强调工程应用及实例，力求实现理论与实践充分结合，为读者在以后的实际工作中能够合理选择、灵活应用、研发设计电机及其控制系统打下良好基础。

全书共分 11 章，主要涵盖了 10 余种控制电机或特种电机的原理、电磁关系、特性、控制方法与设计、应用等内容。全书包括绪论、测速发电机、自整角机、旋转变压器、伺服电动机及其控制、步进电动机及其驱动、无刷直流电动机及其控制、开关磁阻电机及其控制、直线电动机、盘式电动机、超声波电动机及其控制等；附录提供了两个课程设计供参考，同时也提供了各章的思考题与习题的部分答案。全书各章均自成体系，读者完全可以根据实际情况有选择地阅读。

本书由孙冠群、李璟、蔡慧编著，其中孙冠群负责第 1、2、7、8、10、11 章和附录，李璟负责第 5、6 章，蔡慧负责第 3、4、9 章。本书的历次出版过程中，于少娟、曹金亮、左龙、智泽英、丁伟、孙丽宏、金英连、孟庆海等均做出过贡献，特致谢意。

由于作者水平所限，文中不妥之处在所难免，欢迎读者批评指正。

编著者

2016 年 5 月

目录
CONTENTS

第1章 绪 论

CHAPTER 1

通过对“电机学”或“电机与拖动”课程的先期学习，我们掌握了传统电机的结构、原理、电磁关系、特性与应用等基础知识，本书将全面论述传统电机之外的控制电机、特种电机及其控制系统。

与传统感应电机、同步电机、直流电机和变压器相比，在工作原理、励磁方式、技术性能以及在结构上有较大特点的电机可以统称为特殊电机，这些特殊电机中相当一部分的电机本体与控制部分已经一体化，因此有必要在本书中讲授这些电机及其控制部分。

1.1 控制电机、特种电机和传统电机的区别

在各类自动化系统中，需要用到大量的各种各样的元件，控制电机就是其中的重要元件之一。它属于机电元件，在系统中具有执行、检测和解算的功能。虽然从基本原理来说，控制电机与普通传统旋转电机并没有本质上的差别，但后者着重于对电机的力能指标方面的要求，而前者着重于对特性、高精度和快速响应方面的要求。

一般来说，与传统电机相比，在工作原理、结构、性能或设计方法上有明显不同特点的电机都属于特殊电机的范畴，为了与现有习惯性的概念称呼衔接，一般把这些特殊电机称作控制电机与特种电机，当然，原有概念的控制电机之外的特殊电机，自然叫做特种电机。

(1) 从工作原理来看，有些特殊电机已经突破了传统电机理论的范畴。例如，超声波电动机不是以磁场为媒介进行机电能量转换的电磁装置，而是利用驱动部分(压电陶瓷元件的超声波振动)和移动部分之间的动摩擦力而获得运转力的一种新原理电机。

(2) 不同于超声波电动机，绝大部分特殊电机是在传统电机理论的范畴内，即属于电磁电机。不过，许多电机的工作原理也具有较大的特殊性。例如，步进电动机是将数字脉冲信号转换为机械角位移和线性位移的电机，如果采用高性能永磁体后，可制成永磁混合式步进电动机，并采用先进的控制技术，其技术指标和动态特性将有明显的改进和提高。开关磁阻电机是一种机电一体化的新型电机，在电机发明之后的100多年里，磁阻电机的效率、功率因数和功率密度都很低，长期以来只能用作微型电动机，而磁阻电机与电力电子器件相结合构成的开关磁阻电机，其功率密度与普通异步电机相近，可在很宽的运行范围内保持高效率，系统总成本低于同功率的其他传动系统，目前国内最高已有400kW的产品出售。

(3) 从结构来看，除了传统的径向磁场旋转电机之外，还出现了许多特殊结构的电机。

例如,直线电动机和横向磁场电机(盘式电动机)等。

从以上的介绍可以看出,除了典型的通用直流电机、异步电机、同步电机和静止变压器等之外,其他类型的电机都可以归为特殊电机的行列,这意味着控制电机也可以列为特殊电机的序列。但是,由于控制电机的称呼历史较长,在我国高等教育自动化类专业的教学中,一直以来是一门不可或缺的课程。在这里,我们习惯上称控制电机之外的非传统电机为特种电机,控制电机则定义为自动化系统中常用的微型特殊电机。

1.2 控制电机与特种电机的种类

与传统电机相比,控制电机和特种电机的特点还表现在种类繁多(目前约有5000多个品种)和功能多样化上,而且还在不断产生功能特殊、性能优越的新颖电机,因此不论从原理和结构,还是从功能和使用等方面对其进行严格的分类都是比较困难的。通常情况下,根据上一节的定义,控制电机属于在自动化系统中具有执行、检测和解算功能的电机,一般包括直流测速发电机、直流伺服电动机、交流异步伺服电动机、旋转变压器、自整角机、步进电动机和直线电动机等;特种电机与多数传统电机一样,注重力能指标,包括开关磁阻电动机、永磁无刷直流电动机、交流永磁同步伺服电动机、盘式电动机和超声波电动机等。依用途而分,部分电机既可称为控制电机也可以称为特种电机,如永磁无刷直流电动机和交流永磁同步伺服电动机在从事检测功能时可划入控制电机的范畴,又如部分直线电动机进行大力矩的运动传递时,就属于特种电机范畴。

因此,特意区分控制电机和特种电机意义不大。本书在后续讲授过程中,将不再特别强调到底是属于控制电机还是特种电机的范畴,重要的是通过本书,将传统电机之外的常用的特殊电机及其控制系统逐一介绍给读者。

1.3 控制电机与特种电机的应用

控制电机已经成为现代工业自动化系统、现代科学技术和现代军事装备中不可缺少的重要元件。它的应用范围非常广泛,例如,自动化生产线中的机械手、火炮和雷达的自动定位、船舶方向舵的自动操纵、飞机的自动驾驶、遥远目标位置的显示、机床加工过程的自动控制与自动显示、阀门的遥控以及电子计算机、自动记录仪表、医疗设备和录音录像设备等的自动控制系统。

很多特种电机则综合了电机、计算机、新材料和控制理论等多项高新技术,具有电机与控制一体化的趋势,其应用也遍及军事、航空航天、工农业生产和日常生活的各个领域。下面逐一介绍控制电机与特种电机的应用概况。

(1) 工业控制自动化领域。随着现代工业的自动化、信息化,各类控制电机与特种电机被越来越广泛地应用,尤其以数字化形式为控制方式的现代混合式步进电动机、交流伺服电动机和直线伺服电机等应用最为广泛。当前机器人产业异军突起,而机器人的绝大部分动作都要靠控制电机与特种电机来完成。

(2) 信息处理领域。没有信息化就没有现代文明社会。信息产业在国内外都受到高度重视并获得高速发展,信息技术设备中需要的微电机的全世界需求量每年约15亿台(套)。

这类电机绝大部分是精密永磁无刷电动机和精密步进电动机等,例如,智能手机的振动电机、电脑的存储器驱动电机以及各类信息化终端产品,等等。

(3) 交通运输领域。目前,在高级汽车中,出于控制燃料和改善乘车感觉以及显示有关装置状态的需要,要使用40～50台电动机,豪华轿车上的电机则可多达80台,汽车电器配套电机主要是永磁直流电机和无刷直流电机等。另外,作为21世纪的绿色交通工具,电动汽车在各国受到普遍的重视,电动车辆驱动用电动机主要是无刷直流电动机、开关磁阻电动机和永磁同步电动机等,这类电机的发展趋势是高效率、高出力和智能化。此外,特种电机在高铁列车牵引和轮船电力推进中也得到了越来越广泛的应用,例如,直线电动机用于磁悬浮列车和地铁列车的驱动也已经在我国进入商业应用阶段。

(4) 家用电器领域。目前,工业化国家一般家庭中约用到35台以上特种电机。为了满足用户越来越高的要求并适应信息时代的发展,实现家电产品节能化、舒适化、网络化和智能化,甚至提出了网络家电(或信息家电)的概念,家电更新换代的周期很短,对为其配套的电机提出了高效率、低噪声、低振动、低价格、可调速和智能化的要求。无刷直流电动机和开关磁阻电动机等新兴的机电一体化产品正逐步替代传统的单相异步电动机并在家用电器领域中一展身手。

(5) 高档消费品领域。光驱、存储视盘等音响设备的配套电机主要为印刷绕组电机和绕线盘式电机等,摄像机和数码单反照相机等高档电子消费产品需要量大,产品更新换代快,这也是微特电机的主要应用领域之一,这类电机属于精密型电机,制造加工难度大,尤其进入数字化后,对电机提出了更苛刻的要求。

(6) 电气传动领域。工农业生产的各个部门都离不开电气传动系统,在要求速度控制与位置控制(伺服)的场合,特种电机的应用越来越广泛。例如,开关磁阻电机、无刷直流电动机、功率步进电动机、宽调速直流电动机等在数控机床、自动生产线和风机水泵等在电气传动领域应用广泛。

(7) 特种用途,包括各种飞行器、探测器、自动化武器装备和医疗设备等。特种用途所需电机种类繁多,各自有不同要求,这些电机包括一些从原理上、结构上和运行方式上都不同于一般电磁原理的电机,例如,低速同步电动机、谐波电动机、有限转角电动机、超声波电动机、微波电动机、电容式电动机和静电电动机,等等。

1.4 控制电机、特种电机与其控制系统的关系

不管是控制电机还是特种电机,与普通圆柱式交直流电机相比,它们都有其特殊性,其中相当部分的电机需要借助于电机运行状态反馈信息后才能进行控制并继续运行。例如,开关磁阻电机如果没有转子位置信号的信息,电机将无法启动并运转;无刷直流电动机和永磁交流同步电机等如果没有转子位置的信号将不能如期发挥其伺服作用;还有的电机需要给定特殊的可调控的信号,如步进电动机若无脉冲信号则不能步进。因此,相当部分的控制电机、特种电机与其控制系统是密不可分的,因此单独认识电机本体而不能理解其控制原理是不可取的,换言之,脱离系统来单独谈这些电机是没有实际意义的。

在早期,由于用于电机控制的器件和控制理论等的滞后,严重影响了这些电机的性能、技术发展与推广应用。随着新型电力电子器件的不断涌现,电机控制技术飞速发展,微处理

器的应用促进了模拟控制系统向数字控制系统的转化，数字化控制技术使得电机控制所需的复杂算法得以实现，极大地简化了硬件设计，降低了成本，提高了精度。近二十年来，工业控制的功能模块和专用芯片不断涌现，例如，美国的 AD 公司和 TI 公司都推出的用于电动机调速的数字信号处理器(DSP)，它将一系列外围设备如模/数转换器(A/D)、脉宽调制发生器(PWM)和 DSP 集成在一起，运算速度越来越快，为电机控制提供了理想的解决方案。以开关磁阻电机控制为例，其常用的控制方法是电流模拟滞环控制和电压 PWM 调速控制，过去这种电压 PWM 控制策略都是通过分散的模拟器件实现的，因此系统往往是电流开环，电流的大小和波形都缺乏相应的控制，最终影响整个系统的运行性能，数字信号处理技术的快速发展以及高速、高集成度的电机控制专用 DSP 芯片的出现，不仅为开关磁阻电机的数字电流控制提供了强有力的支持，而且在电压 PWM 控制的基础上引入电流闭环，实现了数字化，从而使得电流以最小的偏差逼近目标值，对提高电机出力和效率，降低电机噪声和转矩脉动有很大作用。

因此，无论是新型电机还是传统的控制电机或特种电机，控制系统俨然已经成为电机不可或缺的一部分。本书对部分电机的控制方法也进行了详细介绍。

第2章 测速发电机

CHAPTER 2

测速发电机(tachogenerator)是自控系统的常用元件,是一种检测机械转速的电磁装置。测速发电机的转轴和被测对象的转轴用联轴器连接在一起,可以把输入机械转速信号转换成电压信号输出,输出电压与输入的转速成正比关系(如图2-1所示),用于测量旋转体的转速,也可作为速度信号的传送器。在自动控制系统和计算装置中一般作为测速元件、校正元件、解算元件和角加速度信号元件等。

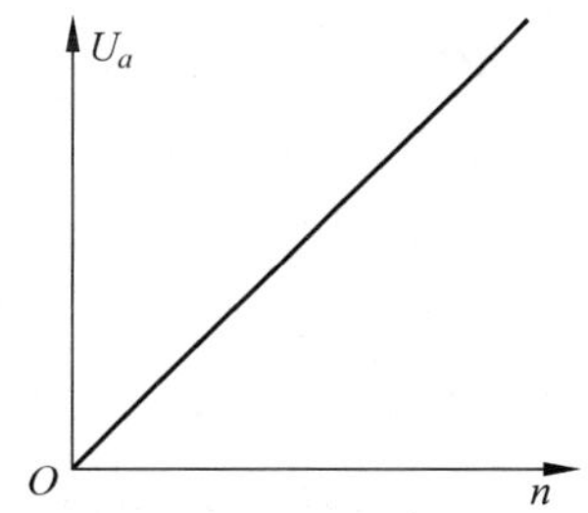

图2-1 测速发电机输出电压与输入转速的关系

自动控制系统对测速发电机的要求,主要是精确度高、灵敏度高、可靠性高等,具体要求如下:

(1) 输出电压与转速保持良好的线性关系;

(2) 剩余电压(转速为零时的输出电压)要小;

(3) 输出电压的极性或相位能反映被测对象的转向;

(4) 温度变化对输出特性的影响小;

(5) 输出电压的斜率大,即转速变化所引起的输出电压的变化要大;

(6) 摩擦转矩和惯性要小。

此外,还要求它的体积小、重量轻、结构简单、工作可靠、对无线电通信的干扰小、噪声小等。

在实际应用中,不同的自动控制系统对测速发电机的性能要求各有所侧重。例如,作解算元件时,对线性误差、温度误差和剩余电压等都要求较高,一般允许在千分之几到万分之几的范围内,但对输出电压的斜率要求却不高;作校正元件时,对线性误差等精度指标的要求不高,而要求输出电压的斜率要大。

测速发电机按输出信号的形式,可分为直流测速发电机和交流测速发电机两大类。

2.1 直流测速发电机

2.1.1 直流测速发电机的形式

直流测速发电机实际上是一种微型直流发电机,按励磁方式可分为以下两种形式。

(1) 电磁式直流测速发电机。表示符号如图2-2(a)所示。定子常为二极,励磁绕组由外部直流电源供电，通电时产生磁场。目前，我国生产的 ZCF 系列直流测速发电机为电磁式，实物如图 2-3 所示。

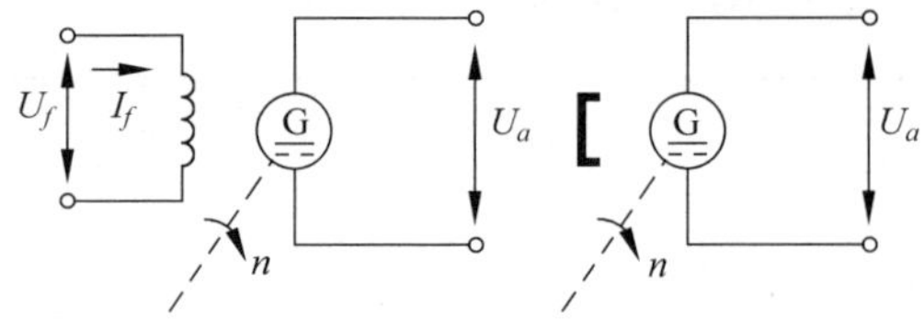

(a) 电磁式　　(b) 永磁式

图 2-2　直流测速发电机

图 2-3　ZCF 系列直流测速发电机

（2）永磁式直流测速发电机。定子磁极由永久磁钢做成。由于没有励磁绕组，所以可省去励磁电源。其具有结构简单、使用方便等特点，近年来发展较快。缺点是永磁材料的价格较贵，受机械振动易发生程度不同的退磁。为防止永磁式直流测速发电机的特性变坏，必须选用矫顽力较高的永磁材料。目前，我国生产的 CY 、ZYS 系列直流测速发电机为永磁式，实物如图 2-4 所示。

图 2-4　CY、ZYS 系列直流测速发电机

2.1.2　直流测速发电机的输出特性

测速发电机输出电压和输入转速的关系，即 $U=f(n)$ 称为输出特性(output characteristic)。直流测速发电机的工作原理与普通直流发电机相同。

在他励直流发电机中电枢反电动势为

$$E_a = C_e \phi n \tag{2-1}$$

式中，C_e 为电动势系数；ϕ 为磁通；n 为旋转机械的转动速度。

空载时，流过电枢的电流 $I_a=0$，对应的直流测速发电机的输出电压和电枢感应电动势相等，因而输出电压与转速成正比。当电枢端外接其他负载时，如图 2-5 所示，因为电枢电流 $I_a\neq 0$，对应直流测速发电机的输出电压为

$$U = E_a - I_a R_a = E_a - \frac{U}{R_L} R_a \tag{2-2}$$

式中，R_a 为电枢回路的总电阻，它包括电枢绕组的电阻、电刷和换向器之间的接触电阻；I_a 为电枢总电流；R_L 为测速发电机的负载电阻。

由于电阻 R_a 上有电压降，测速发电机的输出电压比空载时小。移项整理有

$$U = \frac{E_a}{1+\dfrac{R_a}{R_L}} = \frac{C_e \phi n}{1+\dfrac{R_a}{R_L}} = Kn \tag{2-3}$$

式中，K 为测速发电机的电压系数，即

$$K=\frac{C_e\phi}{1+\frac{R_a}{R_L}}$$

K 为测速发电机输出特性的斜率。当不考虑电枢反应，且认为 ϕ、R_a 和 R_L 都能保持为常数，斜率 K 也是常数，输出特性便有线性关系。对于不同的负载电阻 R_L，对应的测速发电机输出特性的斜率也不同，并且其随负载电阻的增大而增大，如图 2-6 中的实线所示。

实际中的直流测速发电机的输出特性 $U_a=f(n)$ 并不是严格的线性特性，而与线性特性之间存在有误差，如图 2-6 中的虚线所示，尤其在测量高转速时，误差会增大，后面将对误差作详细分析。

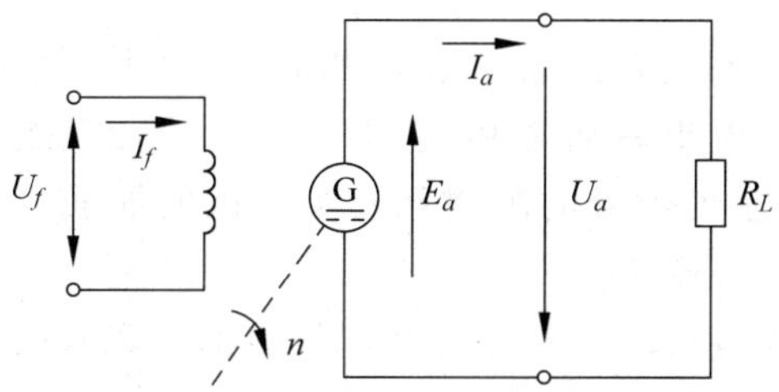

图 2-5　直流测速发电机带负载输出特性原理图

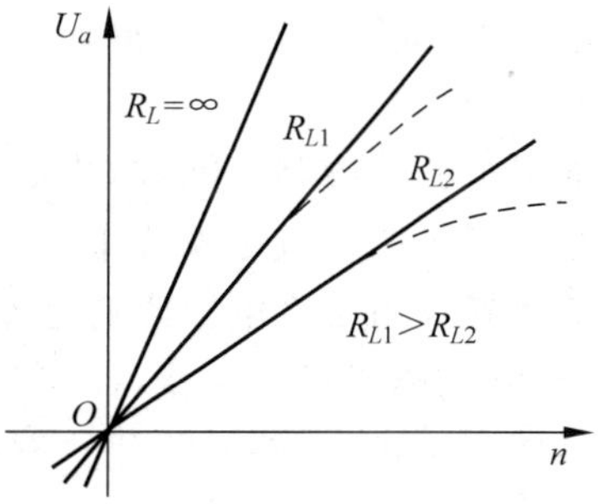

图 2-6　直流测速发电机的输出特性

2.1.3　直流测速发电机误差原因及分析

1. 电枢反应的影响

电机空载时，只有励磁绕组产生主磁场。电机负载时，电枢绕组中流过电流也要产生磁场，称为电枢磁场。所以负载运行时，电机中的磁场是主磁场和电枢磁场的合成。图 2-7(a)是定子励磁绕组产生的主磁场，图 2-7(b)是电枢绕组产生的电枢磁场，图 2-7(c)是主磁场和电枢磁场的合成磁场。

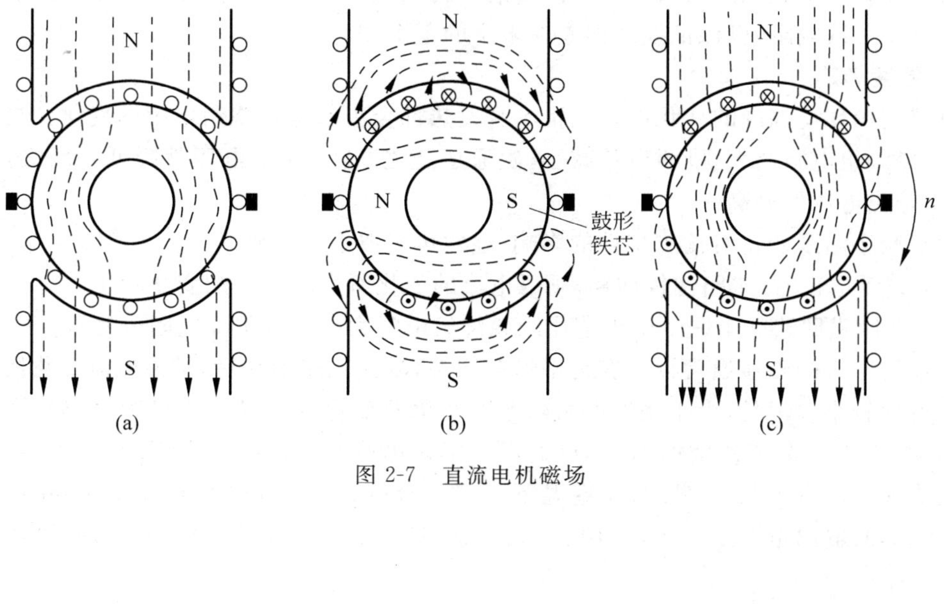

图 2-7　直流电机磁场

由于电枢导体的电流方向总是以电刷为其分界线，即电刷两侧导体中的电流大小相等、方向相反，不论转子转到哪个位置，电枢导体电流在空间的分布情况始终不变。因此，电枢电流所产生的磁场在空间的分布情况也不变，即电枢磁场在空间是固定不动的恒定磁场，其磁力线的分布可以根据右手螺旋定则作出，如图 2-7(b)所示，由于电刷位于几何中性线上，所以电枢磁场在电刷轴线两侧是对称的，电刷轴线就是电枢磁场的轴线。

由图 2-7(b)可以看出，电枢磁场也是一个两极磁场，主磁极轴线的左侧相当于该磁场的 N 极，右侧相当于 S 极。另外，在每个主磁极下面，电枢磁场的磁通在半个极下由电枢指向磁极，在另外半个极下则由磁极指向电枢，即半个极下电枢磁通和主磁通同向，另外半个极下电枢磁通和主磁通反向，因此合成磁场的磁通密度在半个极下是加强了，在另外半个极下是削弱了，如图 2-7(c)所示。由于电枢磁场的存在，气隙中的磁场发生畸变，这种现象称为电枢反应。

如果电机的磁路不饱和(即磁路为线性)，磁场的合成就可以应用叠加原理。例如，N 极右半个极下的合成磁通等于 1/2 主磁通与 1/2 电枢磁通之和，左半个极下的合成磁通等于 1/2 主磁通与 1/2 电枢磁通之差。因此，N 极左半个极的削弱和右半个极的加强相互抵消，整个极的磁通保持不变，仅仅磁场的分布发生了变化。

在实际电机中，叠加原理并不完全适用，因为电机的极靴端部和电枢齿部空载时就比较饱和，加上电枢磁通以后，N 极右半极由于磁通变大，磁路将更加饱和，磁阻变大，合成磁通要小于 1/2 主磁通与 1/2 电枢磁通之和，左半极由于磁通变小，磁路饱和程度降低，合成磁通等于 1/2 主磁通与 1/2 电枢磁通之差。就是说，N 极左半极磁通的减少值大于右半极磁通的增加值，因此 N 极总的磁通有所减小。同理，S 极的情况也是如此。由此可知，电枢对主磁场有去磁作用。所以，即使电机励磁电流不变，其空载时的磁通和有载时的合成磁通是不相等的。因此，在同一转速下，空载时的感应电动势和有载时的感应电动势也不相等，负载电阻越小或转速越高，电枢电流就越大，电枢反应去磁作用越强，磁通被削弱得越多，输出特性偏离直线越远，线性误差越大(见图 2-6)。

为了减小电枢反应对输出特性的影响，在直流测速发电机的技术条件中给出最大线性工作转速和最小负载电阻值，在使用时，转速不得超过最大线性工作转速，所接负载电阻不得小于最小负载电阻，以保证线性误差在限定的范围内。

2. 温度影响

电机周围环境温度的变化以及电机本身发热都会引起电机绕组电阻的变化。当温度升高时，励磁绕组电阻增大，励磁电流减小，磁通也随之减小，输出电压就降低。反之，当温度下降时，输出电压便升高。

为了减小温度变化对输出特性的影响，通常可采取下列措施。

(1) 设计电机时，磁路比较饱和，励磁电流的变化所引起磁通的变化较小。

(2) 在励磁回路中串联一个阻值比励磁绕组电阻大几倍的附加电阻来稳流。

测速发电机的磁通通常设计在近乎饱和状态，因为磁路饱和后，励磁电流变化所引起的磁通的变化较小。但是，由于绕组电阻随温度变化而变化的数量相当可观，例如，铜绕组的温度增加 25℃，其阻值便增加 10%，因此温度变化仍然对输出电压有影响。以一台 ZCF16 型号的直流测速发电机为例，如在室温下(17℃)合闸，调节励磁电流 $I_f=300\text{mA}$，转速为 2400r/min，其输出电压是 55V，1 小时后再观察，见 I_f 已降至 277mA(期间保持励磁电压和转速均不变)，而输出电压也下降了 3.7%。如把 I_f 再调回到 300mA，则输出电压只降低了 0.66%。可见励磁绕组发热对输出电压影响是很大的。因此，如果要使输出特性很稳定，就必须采取措施以减弱温度对输出特性的影响。例如，在励磁回路中串联一个阻值比励磁绕组电阻大几倍的附加电阻来稳流，附加电阻可以用温度系数较低的合金材料来制作，如锰镍铜合金或者镍铜合金。尽管温度的升高将引起励磁绕组电阻增大，但整个励磁回路的总电阻增加不多。

对于温度变化所引起的误差要求比较严格的场合，可在励磁回路中串联负温度系数的热敏电阻并联网络，如图 2-8 所示。

选择并联网络参数的方法是作出励磁绕组电阻随温度变化的曲线(图 2-9 中的曲线 1)。再作并联网络电阻随温度变化的曲线(图 2-9 中的曲线 2)。前者温度系数为正，后者温度系数为负，只要使得这两条曲线的斜率相等，励磁回路的总电阻就不会随温度而变化(图 2-9 中的曲线 3)，因而励磁电流及励磁磁通也就不会随温度而变化。

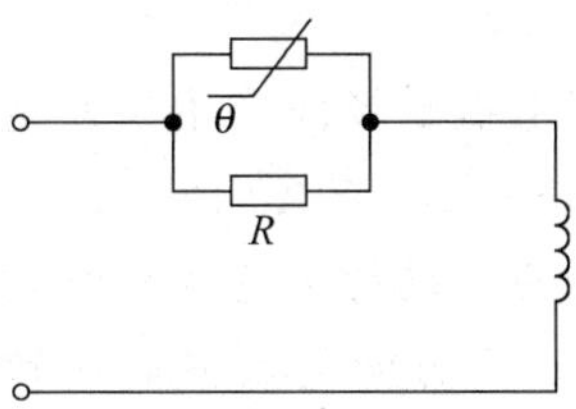

图 2-8　励磁回路中的热敏电阻并联网络

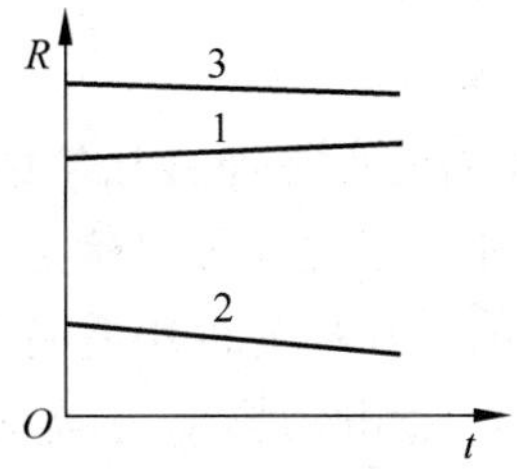

图 2-9　电阻随温度变化的曲线

3. 延迟换向去磁

直流电机中，电枢绕组元件的电流方向以电刷为其分界线。电机旋转时，当电枢绕组元件从一条支路流过电刷进入另一条支路时，其中电流反向，由 $+i_a$ 变为 $-i_a$。但在元件经过电刷而被电刷短路的过程中，它的电流既不是 $+i_a$ 也不是 $-i_a$，而是处于由 $+i_a$ 变到 $-i_a$ 的过渡过程，这个过程叫元件的换向过程。正在进行换向的元件叫换向元件。换向元件从开始换向到换向结束所经历时间叫换向周期。

从图 2-10(a)到图 2-10(c)，元件 1 从等值电路的左边支路换接到右边支路，其中电流从一个方向($+i_L$)变为另一个方向($-i_L$)；而在图 2-10(b)所示的时刻，元件 1 被电刷短路，正处于换向过程，其中电流为 i。1 号元件为换向元件。从图 2-10(a)到图 2-10(c)所经历的时间为一个换向周期。

在理想换向情况下，当换向元件的两个有效边处于几何中性线位置时，其电流应该为零，但实际上在直流测速发电机中并非如此。虽然此时元件中切割主磁通产生的电动势为零，但仍然有电动势存在，使电流过零时刻延迟，这种情况称为延迟换向。分析如下。

由于元件本身有电感，因此在换向过程中当电流变化时，换向元件中要产生自感电动势为

$$e_L = -L\frac{\mathrm{d}i}{\mathrm{d}t}$$

式中，L 为换向元件的电感；i 为换向元件的电流。

根据楞次定律，e_L 的方向将力图阻止换向元件中的电流改变方向，即力图维持换向元件换向前的电流方向，所以 e_L 的方向应与换向前的电流方向相同，是阻碍换向的。

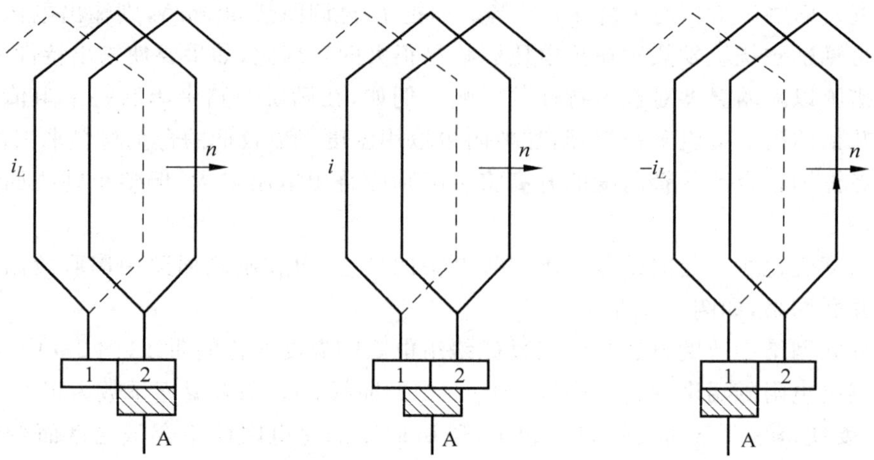

(a) 左边支路　　(b) 被短路　　(c) 右边支路

图 2-10　元件的换向过程

同时，换向元件在经过几何中性线位置时，由于切割电枢磁场而产生切割电动势 e_a；根据楞次定律和右手定则可以确定，e_L 和 e_a 所产生的电流的方向与换向前的电流方向相同，是阻碍换向的。换向元件中有总电动势 $e_k=e_l+e_a$，由于总电动势 e_k 的阻碍作用而使换向过程延迟；同时，总电动势 e_k 在换向元件中产生附加电流 i_k，i_k 方向与 e_k 方向一致。由 i_k 产生磁通 Φ_k，其方向与主磁通方向相反，对主磁通有去磁作用。这样的去磁叫做延迟换向去磁。主磁通方向如图 2-11 所示。

如果不考虑磁通变化，则直流测速发电机电动势与转速成正比，当负载电阻一定时，电枢电流及绕组元件电流也与转速成正比；换向周期与转速成反比，电机转速越高，元件的换向周期越短；e_L 正比于单位时间内换向元件电流的变化量。基于上述分析，e_L 必正比转速的平方，即 $e_L \propto n^2$。同样可以证明 $e_a \propto n^2$。因此，换向元件的附加电流及延迟换向去磁磁通与 n^2 成正比，使输出特性呈现图 2-12 的形状。为了改善线性度，对于小容量的测速机一般采取限制转速的措施来削弱延迟换向去磁作用，这一点与限制电枢反应去磁作用的措施一致，即规定了最高工作转速。

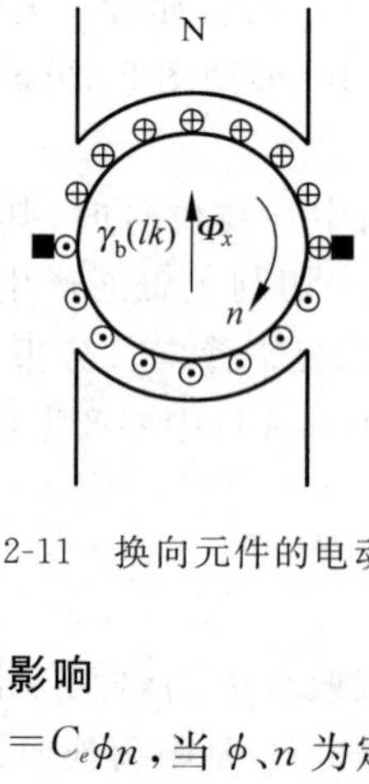

图 2-11　换向元件的电动势

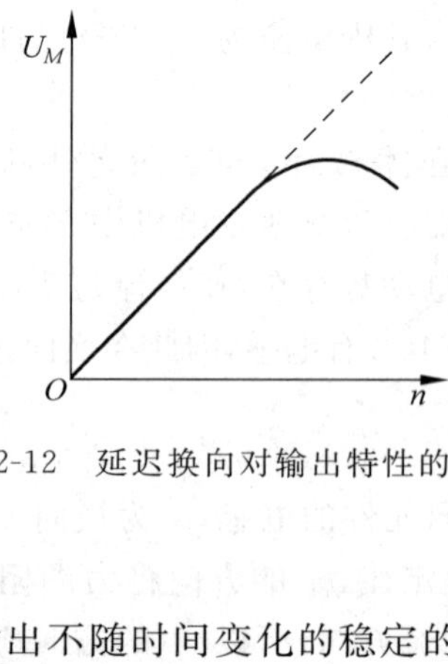

图 2-12　延迟换向对输出特性的影响

4. 纹波影响

根据 $E_a=C_e\phi n$，当 ϕ、n 为定值时，电刷两端应输出不随时间变化的稳定的直流电动势。

然而，实际的电机并非如此，其输出电动势总带有微弱的脉动，通常把这种脉动称为纹波。

纹波主要是由于电机本身的固有结构及加工误差所引起的。由于电枢槽数及电枢元件数有限，在输出电动势中将引起脉动。

纹波电压的存在对于测速机用于阻尼或速度控制都很不利，实用的测速机在结构和设计上都采取了一定的措施来减小纹波幅值。措施一，增加每条支路中的串联元件数可以减小纹波，但是由于工艺所限，电机槽数、元件数及换向片数不可能无限增加，因此纹波的产生不可避免；措施二，采用无槽电枢工艺（电枢的制造是将敷设在光滑电枢铁芯表面的绕组，用环氧树脂固化成型并与铁芯黏结在一起），就可以大大减小因齿槽效应而引起的输出电压纹波幅值，与有槽电枢相比，输出电压纹波幅值可以减小5倍以上。

5. 电刷接触压降影响

$U_a=f(n)$为线性关系的另一个条件是电枢回路总电阻 R_a 为恒值。实际上，R_a 中包含的电刷与换向器的接触电阻不是一个常数。电刷接触电阻是非线性的，它与流过的电流密度有关。当电枢电流较小时，接触电阻大，接触压降也大；电枢电流较大时，接触电阻小。可见接触电阻与电流成反比。只有电枢电流较大，电流密度达到一定数值后，电刷接触压降才可近似认为是常数。

为了考虑此种情况对输出特性的影响，把电压方程式 $U_a=E_a-I_aR_a$ 改写为 $U_a=E_a-I_aR_w-\Delta U_b$。其中，$R_w$ 为电枢绕组电阻；ΔU_b 为电刷接触压降。

电刷接触压降与下述因素密切相关：①电刷和换向器的材料；②电刷的电流密度；③电流的方向；④电刷单位面积上的压力；⑤接触表面的温度；⑥换向器圆周线速度；⑦换向器表面的化学状态和机械方面的因素等。

换向器圆周线速度对 ΔU_b 影响较小，在小于允许的最大转速范围内，可认为速度不会引起 ΔU_b 的变化。但随着转速的升高，电枢电流增大，电刷电流密度增加。当电刷电流密度较小时，随着电流密度的增加，ΔU_b 也相应增大。当电流密度达到一定数值后，ΔU_b 几乎等于常数。

考虑到电刷接触压降的影响，直流测速发电机的输出特性如图2-13所示。在转速较低时，输出特性上有一段输出电压极低的区域，这一区域叫不灵敏区，以符号 Δn 表示。即在此区域内，测速发电机虽然有输入信号（转速），但输出电压很小，对转速的反应很不灵敏。接触电阻越大，不灵敏区也越大。

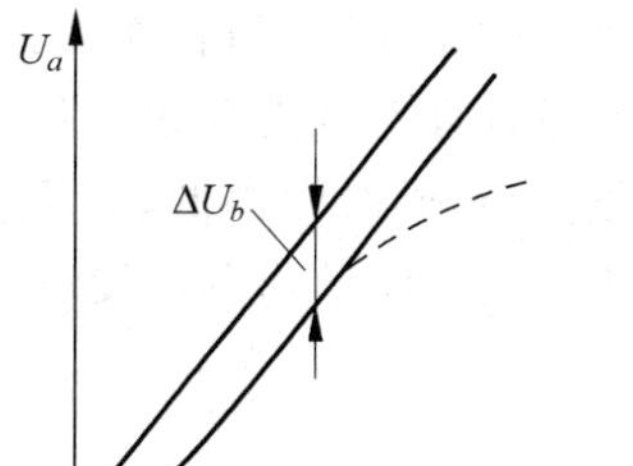

图2-13 考虑电刷接触压降后的输出特性

为了减小电刷接触压降的影响，缩小不灵敏区，在直流测速发电机中，常常采用导电性能较好的黄铜——石墨电刷或含银金属电刷。铜制换向器的表面容易形成氧化层，也会增大接触电阻，在要求较高的场合，换向器也用含银合金或者在表面渡上银层，这样也可以减小电刷和换向器之间的磨损。

当同时考虑电枢反应和电刷接触压降的影响，直流测速发电机的输出特性应如图2-13中的虚线所示。在负载电阻很小或转速很高时，输出电压与转速之间出现明显非线性关系。因此，在实际使用时，宜选用较大的负载电阻和适当的转子转速。

同时，电刷和换向器的接触情况还与化学、机械等因素有关，它们引起电刷与换向器滑动接触的不稳定性,以致使电枢电流含有高频尖脉冲。为了减少这种无线电频率的噪声对邻近设备和通信电缆的干扰,常常在测速机的输出端连接滤波电路。

如上所述,在理想条件下,输出特性应为一条直线,而实际的特性与直线有偏差。电枢反应和延迟换向的去磁效应使线性误差随着转速的增高或负载电阻的减小而增大。因此,在使用时必须注意电机转速不得超过规定的最高转速,负载电阻不可小于给定值。纹波电压、电刷和换向器接触压降的变化造成了输出特性的不稳定,因而降低了测速发电机的精度。测速机的输出特性对于温度的变化是比较敏感的,凡是温度变化较大,或是对变温输出误差要求严格的场合,还需对测速机进行温度补偿。

直流测速发电机的发展趋势是提高灵敏度和线性度,减少纹波电压和变温所引起的误差,减轻重量,缩小体积,增加可靠性。

2.2 交流异步测速发电机

2.2.1 交流异步测速发电机的结构与工作原理

交流异步测速发电机与直流测速发电机一样,是一种测量转速或传递转速信号的元件。

交流测速发电机可分为同步测速发电机和异步测速发电机两大类。同步测速发电机又分为永磁式、感应子式和脉冲式 3 种。由于同步测速发电机感应电动势的频率随转速变化,致使负载阻抗和电机本身的阻抗均随转速而变化,因此在自动控制系统中较少采用。

异步测速发电机按其结构可分为鼠笼转子和空心杯转子两种。鼠笼转子异步测速发电机输出斜率大,但线性度差、相位误差大、剩余电压高,一般只用在精度要求不高的控制系统中。空心杯转子异步测速发电机的精度较高,转子转动惯量也小,性能稳定。

(1) 空心杯转子异步测速发电机。由内定子、外定子及在它们之间的气隙中转动的杯形转子所组成。励磁绕组、输出绕组嵌在定子上,彼此在空间相差 90°电角度。杯形转子是由非磁性材料制成。其输出绕组中感应电动势大小正比于杯形转子的转速,输出频率和励磁电压频率相同,与转速无关。反转时输出电压相位也相反。杯形转子是传递信号的关键,其质量好坏对性能起很大作用。由于它的技术性能比其他类型交流测速发电机优越,结构不很复杂,同时噪声低,无干扰且体积小,是目前应用最为广泛的一种交流测速发电机。我国生产的 CK 系列测速发电机就属于这一类,如图 2-14 所示。

图 2-14 CK 系列空心杯转子异步测速发电机

(2) 鼠笼式转子异步测速发电机。因输出的线性度较差,仅用于要求不高的场合。

作为自动控制系统的常用元件,自控系统一般要求测速发电机要有精确度高、灵敏度高、可靠性好等特点。在实际应用中,对测速发电机的要求因自控系统特点的不同也各有侧重。例如,作为解算元件时,对线性误差、温度误差和剩余电压等都要求较高,一般允许在千分之几到万分之几的范围内,但对输出电压的斜率要求却不高;作较正元件时,对线性误差等精度指标的要求不高,而要求输出电压的斜率要大。

交流异步测速发电机的结构与交流异步伺服电动机的结构类似,在定子端有两相绕组;如前所述,转子有空心杯式转子,也有鼠笼式转子。鼠笼式转子的特性比较差,精度不高,应用受到一定的局限;空心杯式转子精度较高,惯量小,应用较为广泛。

交流异步测速发电机的定子上安放有相互正交的两相绕组,如图 2-15 所示。图中,N_1 为励磁绕组,N_2 为输出绕组。当转子静止不动时,给励磁绕组上加单相励磁电压 U_1,绕组中有电流流过,其定转子气隙中就产生一个脉振磁场,其磁通为 ϕ_{10},磁通变化会产生感应电动势,电动势大小与磁通成正比,此时电机转子静止,因此在输出绕组 N_2 上没有电压输出。

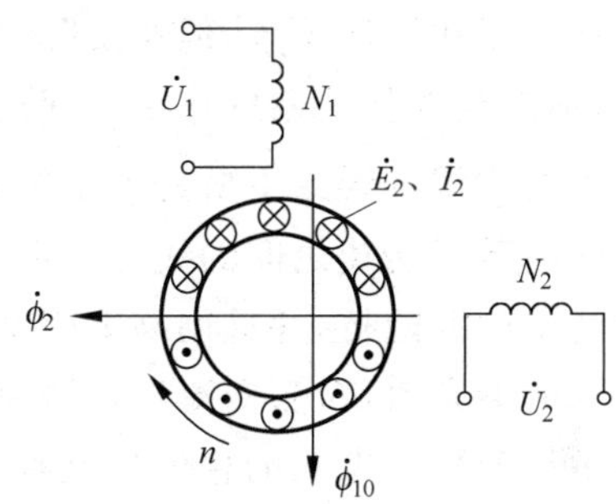

图 2-15 交流异步测速发电机工作原理示意图

当外界机械拖动电机转子转动时,转子中的导体就会做切割磁力线的运动,产生感应电动势 E_2 和感应电流 I_2,这部分感应电流不断变化又产生了磁场,其磁通为 ϕ_2,磁通的大小又与电流 I_2 的大小成正比,也是一个交变的磁通。由电磁感应的基本原理可知,这个磁通与磁通 ϕ_{10} 正交。电机转子在不断转动,则在输出绕组 N_2 中又会产生一个感应电动势。这个感应电动势与磁通 ϕ_2 成正比,而磁通又与转速和电流成正比,这样根据正比的传递关系,就可以得到,在输出绕组 N_2 上会产生一个与电机转速成线性关系的电动势,将这个电动势引出,就得到了与速度相对应的电动势信号。

2.2.2 交流异步测速发电机的输出特性

在理想情况下,异步测速发电机的输出特性应是直线,但实际上异步测速发电机输出电压与转速之间并不是严格的线性关系,而是非线性的。应用双旋转磁场理论或交轴磁场理论,在励磁电压和频率不变的情况下,可得

$$U_2 = \frac{An^2}{1+B(n^*)^2}U_f \tag{2-4}$$

其中,$n^* = \dfrac{n}{60\dfrac{f}{p}}$,$n^*$ 为转速的标么值;A 为电压系数,是与电机及负载参数有关的复系数;B 为与电机及负载参数有关的复合系数。

由式(2-4)可以看出,由于分母中有 $B(n^*)^2$ 项,使输出特性不是直线而是一条曲线,如图 2-16 所示。

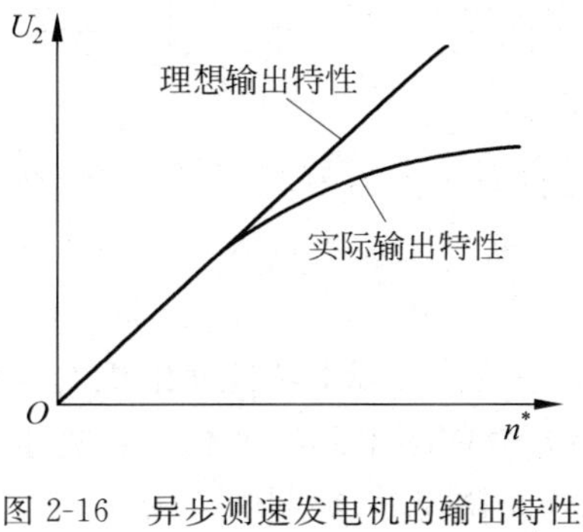

图 2-16 异步测速发电机的输出特性

造成输出电压与转速成非线性关系，是因为异步测速发电机本身的参数是随电机的转速而变化的；同时输出电压与励磁电压之间的相位差也将随转速而变化。

此外，输出特性还与负载的大小、性质以及励磁电压的频率与温度变化等因素有关。

2.2.3 交流异步测速发电机的主要技术指标

表征异步测速发电机性能的技术指标主要有线性误差、相位误差和剩余电压。这是交流发电机的理想工作情况，在实际的应用中还有各种误差。这些误差主要包括非线性误差与相位误差。

非线性误差主要是指在理想情况下，交流异步测速发电机的输出电压与转子的转速应该保持正比线性关系，但在实际的交流异步测速发电机的输出特性中并不能保持这样的关系，而是与线性关系的直线之间有一个误差，这个误差就叫做非线性误差。交流异步测速发电机的非线性误差主要是由于在电机运行过程中，不能保证磁通 ϕ_{10} 不变，从而影响到输出电压与转子转速之间的线性关系。要减小交流异步测速发电机的非线性误差就必须减小励磁绕组的漏阻抗，并选用高电阻率材料制作电机的转子。

一般来讲，希望交流异步测速发电机的输出电压与励磁电压同相位，但实际的应用中输出电压与励磁电压的相位却是有一定的相位差的。相位误差就是在一定的转速范围内，输出电压与励磁电压之间的相位差值。要减小交流异步测速发电机相位误差主要通过在励磁绕组上串接一定的电容来进行补偿。此外，在发电机带上一定的负载后，其输出的幅值与相位还会有一定的影响，而且转速也不能超过一定的限度，否则输出的线性度也会受到一定的影响。

与直流测速发电机相比，交流异步测速发电机的结构简单、稳定性较好，而且不需要电刷和换向器，从而避免了换向带来的一系列问题；但是也存在一定的误差和剩余电压，下面逐一介绍。

1. 线性误差

异步测速发电机的输出特性是非线性的，在工程上用线性误差来表示它的非线性度。工程上为了确定线性误差的大小，一般把实际输出特性上对应于 $n_c^* = \dfrac{\sqrt{3}\,n_m^*}{2}$ 的一点与坐标原点的连线作为理想输出特性，其中 n_m^* 为最大转速标么值。将实际输出电压与理想输出电压的最大差值 ΔU_m 与最大理想输出电压 U_{2m} 之比定义为线性误差，如图 2-17 所示。即

$$\delta = \frac{\Delta U_m}{U_{2m}} \times 100\% \tag{2-5}$$

式中，U_{2m} 为规定的最大转速对应的线性输出电压。

一般线性误差大于 2%时，用于自动控制系统作校正元件；而作为解算元件时，线性误差必须很小，约为千分之几以下。目前，高精度异步测速发电机线性误差可达 0.05%左右。

2. 相位误差

自动控制系统希望测速发电机的输出电压与励磁电压同相位。实际上测速发电机的输出电压与励磁电压之间总是存在相位移，且相位移的大小还随着转速的不同而变化。在规定的转速范围内，输出电压与励磁电压之间的相位移的变化量称为相位误差，如图 2-18 所示。

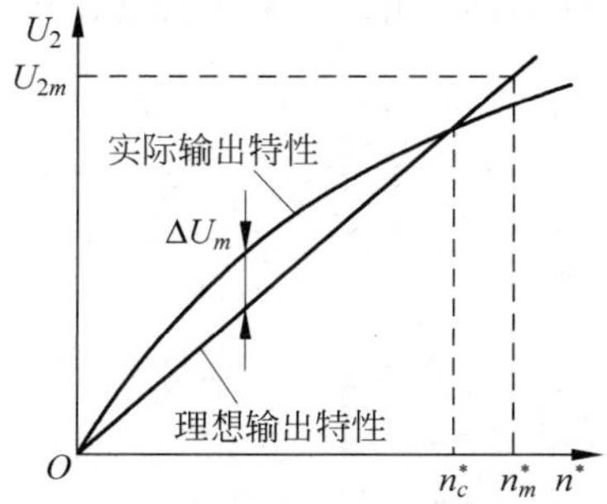

图 2-17 输出特性线性度

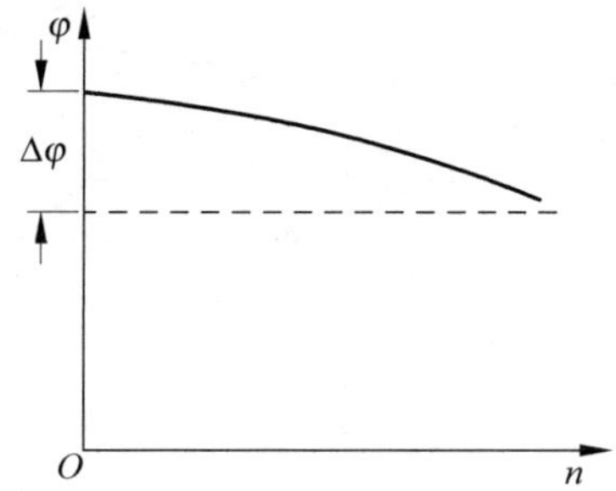

图 2-18 相位特性

异步测速发电机的相位误差一般不超过 1°～2°。因为相位误差与转速有关，所以很难进行补偿。为了满足控制系统的要求，目前应用较多的是在输出回路中进行移相，即输出绕组通过 RC 移相网络后再输出电压，如图 2-19 所示。调节 R_1 和 C_1 的值可使输出电压进行移相；电阻 R_2 和 R_3 组成分压器，改变 R_2 和 R_3 的阻值可调节输出电压$\dot{U}_2$ 的大小。采用这种方法移相时，整个 RC 网络和后面的负载一起组成测速发电机的负载。

3. 剩余电压(null voltage)

在理论上测速发电机的转速为零时，输出电压也为零。但实际上异步测速发电机转速为零时，输出电压并不为零，这就会使控制系统产生误差。这种测速发电机在规定的交流电源励磁下，电机的转速为零时，输出绕组所产生的电压，称为剩余电压(或零速电压)。它的数值一般只有几十毫伏，但它的存在却使得输出特性曲线不再从坐标的原点开始，如图 2-20 所示，它是引起异步测速发电机误差的主要部分。

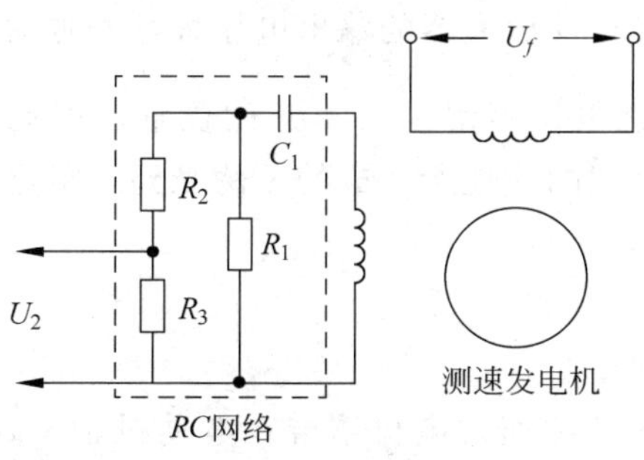

图 2-19 输出回路中的移相

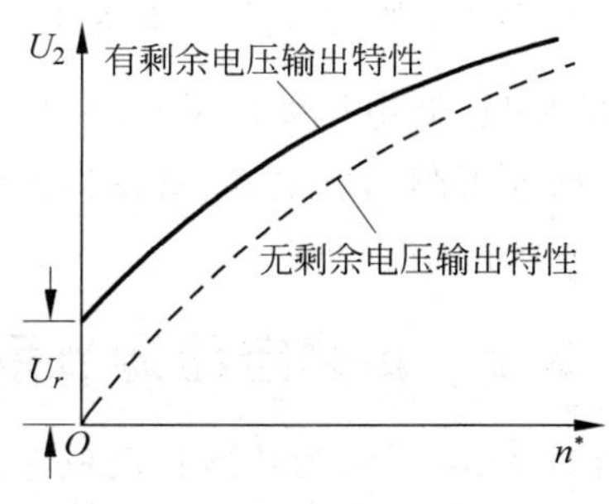

图 2-20 剩余电压对输出特性的影响

2.3 测速发电机的应用

测速发电机在自动控制系统和计算装置中可以作为测速元件、校正元件、解算元件和角加速度信号元件。

2.3.1 位置伺服控制系统的速度阻尼及校正

位置伺服控制系统又称随动控制系统，图 2-21 表示模拟式随动系统。在直流伺服电动机的轴上耦合一台直流测速发电机，测速发电机也作转速反馈元件，但其作用却不同于转速自动调节系统,该系统中转速反馈是用于位置的微分反馈的校正,起速度阻尼作用。

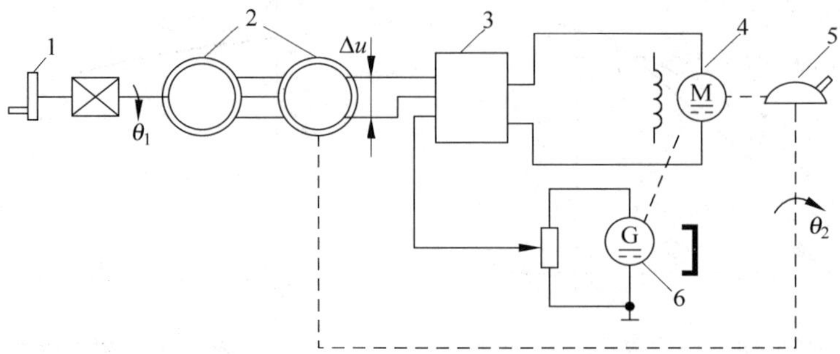

图 2-21 模拟式随动系统原理图

1—手轮;2—自整角机;3—放大器;4—直流伺服电动机;5—控制对象(火炮);6—直流测速发电机

在不接测速发电机时,假如火炮手向某一方向摇动手轮,使自整角发送机和自整角接收机的转角 $\theta(\theta_1>\theta_2)$ 不相等,产生失调角 $\theta(\theta=\theta_1-\theta_2)$,则自整角接收机输出一个与 θ 成正比的电压 $U=K\theta_1$(K 为比例系数),经放大器放大,加到直流伺服电动机上。电动机带动火炮一起转动,此时自整角接收机也跟着一起转动,使 θ_2 增加,θ 值减小。当 $\theta_1=\theta_2$ 时,虽然 $\theta=0$,$U=0$,但由于电动机和负载的惯性,在 $\theta_1-\theta_2=0$ 的位置时其转速不为零,继续向 θ_2 增加的方向转动,使 $\theta_2>\theta_1$,$\theta<0$,自整角接收机输出电压的极性变反。在此电压的作用下,电动机由正转变为反转。同理电动机由反转也要变为正转,这样系统就产生了振荡。如果接上测速发电机,它输出一个与转速成正比的直流电压 $K_2\dfrac{d\theta_2}{dt}$,并负反馈到放大器的输入端。当 $\theta_1=\theta_2$ 时,由于$\dfrac{d\theta_2}{dt}\neq0$,测速发电机仍有电压输出,使放大器的输出电压极性与原来($\theta_1>\theta_2$ 时)的相反,此电压使电动机制动,因而电动机就很快停留在 $\theta_1=\theta_2$ 的位置。可见,由于系统中加入了测速发电机,就使得由电动机及其负载的惯性所造成的振荡受到了阻尼,从而改善了系统的动态性能。

2.3.2 转速自动调节系统

如图 2-22 所示为转速自动调节系统的方框图。测速发电机耦合在电动机轴上作为转速负反馈元件,其输出电压作为转速反馈信号送回到放大器的输入端。调节转速给定电压,系统可达到所要求的转速。当电动机的转速由于某种原因(如负载转矩增大)减小,此时测速发电机的输出电压减小,转速给定电压和测速反馈电压的差值增大,差值电压信号经放大器放大后,使电动机的电压增大,电动机开始加速,测速机输出的反馈电压增加,差值电压信号减小,直到近似达到所要求的转速为止。同理,若电动机的转速由于某种原因(如负载转矩减小)增加,测速发电机的输出电压增加,转速给定电压和测速反馈电压的差值减小,差值信号经放大器放大后,使电动机的电压减小,电动机开始减速,直到近似达到所要求的转速为止。通过以上分析可以了解,只要系统转速给定电压不变,无论由于何种原因企图改变电动机的转速,由于测速发电机输出电压反馈的作用,使系统能自动调节到所要求的转速(有一定的误差,近似于恒速)。

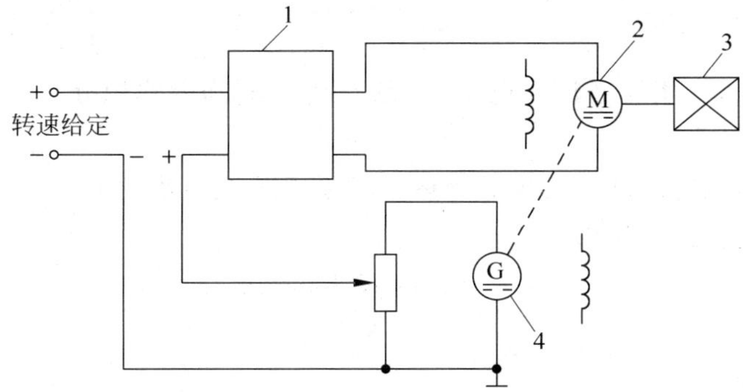

图 2-22　转速自动调节系统原理图

1—放大器；2—电动机；3—负载；4—测速发电机

2.3.3　自动控制系统的解算

测速发电机作为控制系统中的解算元件，既可用做积分元件，也可用做微分元件。

1. 积分运算

图 2-23 为测速发电机作积分运算的原理图。U_1 为输入信号，电位器的输出电压 U_2 为输出信号，U_2 与其转角 θ 成正比。当输入信号 $U_1=0$ 时，伺服电动机不转，电位器的转角 $\theta=0$，输出电压 $U_2=0$。当施加一个输入信号，伺服电动机带动测速发电机和电位器转动，将有

$$U_2 = K_1\theta \tag{2-6}$$

$$\theta = K_2\int_0^{t_1} n\mathrm{d}t \tag{2-7}$$

$$U_f = K_a n \tag{2-8}$$

式中，K_1、K_2、K_3 为比例常数，由系统内各环节的结构和参数所决定；n 为伺服电动机转速。

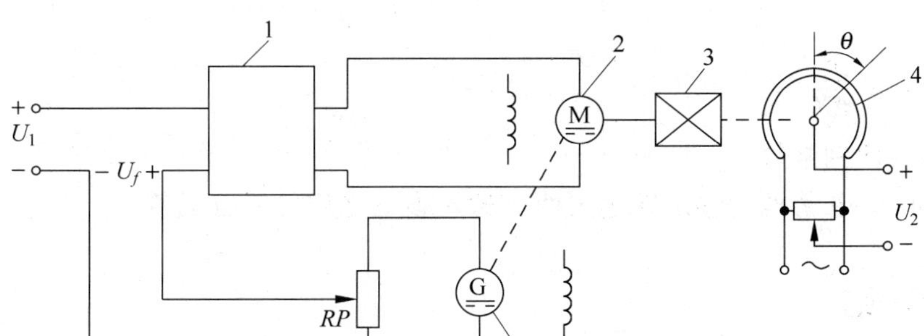

图 2-23　测速发电机作积分运算的原理图

1—放大器；2—直流伺服电动机；3—传动机构；4—电位器；5—测速发电机

只要放大器的放大倍数足够大，则

$$U_1 \approx U_f \tag{2-9}$$

$$U_2 = K_1\theta = K_1K_2\int_0^{t_1} n\mathrm{d}t = \frac{K_1K_2}{K_3}\int_0^{t_1} U_f\mathrm{d}t = K\int_0^{t_1} U_1\mathrm{d}t \tag{2-10}$$

可见,输出电压 U_2 正比于输入电压 U_1 从 0 到 t_1 时间内的积分。

2. 微分运算

图 2-24 是利用测速发电机实现微分运算的原理图。测速发电机 G_1 和 G_2 在励磁电压保持不变时,它们的输出电压为

$$U_1 = K_1K\omega_1 \tag{2-11}$$

$$U_2 = K_2K\omega_2 \tag{2-12}$$

式中,K_1、K_2 为比例常数。

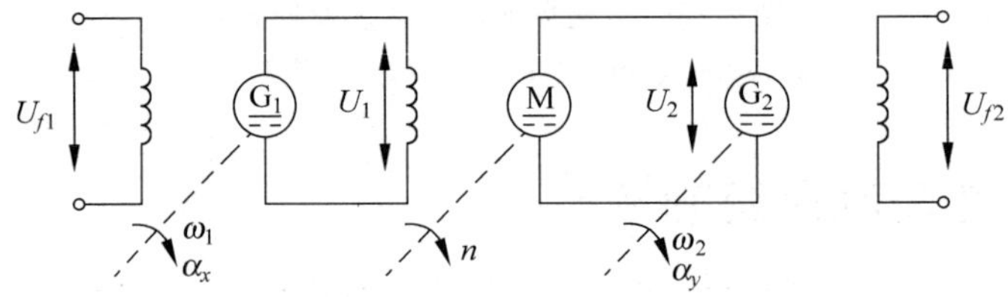

图 2-24 测速发电机作微分运算的原理图

将 U_1 和 U_2 分别作为电动机 M 的励磁电压和电枢电压,在略去电动机电枢回路电阻时

$$U_2 \propto \phi n \propto U_1 n \propto U_1\omega \tag{2-13}$$

设测速发电机 G_1 和 G_2 的输入信号,即转角 $\alpha_x=\alpha_x(t)$ 和 $\alpha_y=\alpha_y(t)$ 分别正比于参量 $X(t)$ 和 $Y(t)$,则

$$\omega_1 = \frac{\mathrm{d}\alpha_x}{\mathrm{d}t} \tag{2-14}$$

$$n \propto \omega \propto \frac{U_2}{U_1} \propto \frac{K_2\omega_2}{K_1\omega_1} \propto \frac{K_2\dfrac{\mathrm{d}\alpha_y}{\mathrm{d}t}}{K_1\dfrac{\mathrm{d}\alpha_x}{\mathrm{d}t}} \propto \frac{K_2\mathrm{d}\alpha_y}{K_1\mathrm{d}\alpha_x} \tag{2-15}$$

因此 $n=K\dfrac{\mathrm{d}Y}{\mathrm{d}X}$。

式中,K 为比例常数。

由上式可见,电动机的输出转速为两个输入参量之间的微分运算。

本章小结

测速发电机是自动控制系统中的信号元件,它可以把转速信号转换成电气信号。

直流测速发电机是一种微型直流发电机,按励磁方式分为电磁式和永磁式两大类。在理想情况下,输出特性为一条直线,而实际上输出特性与直线有误差。引起误差的主要原因是电枢反应的去磁作用、电刷与换向器的接触压降、电刷偏离几何中性线、温度的影响等。因此,在使用时必须注意电机的转速不得超过规定的最高转速,负载电阻不小于给定值。在精度要求严格的场合,还需要对测速发电机进行温度补偿。

异步测速发电机的结构与空心杯转子交流伺服电动机完全相同。当异步测速发电机的励磁绕组产生的主磁通保持不变，转子不转时输出电压为零，转子旋转时切割励磁磁通产生感应电动势和电流，建立横轴方向的磁通，在输出绕组中产生感应电动势，从而产生输出电压。输出电压的大小与转速成正比。理想的输出特性也是一条直线，但实际上并非如此。引起误差的主要原因是主磁通的大小和相位都随着转速而变化、负载阻抗的大小和性质、励磁电源的性能、温度以及剩余电压等。

测速发电机在自动控制系统中是一个非常重要的元件，它可作为校正元件、阻尼元件、测量元件、解算元件和角加速度信号元件等。

思考题与习题

1. 一台直流测速发电机，已知电枢回路总电阻 $R_a=180\Omega$，电枢转速 $n=3000\text{r/min}$，负载电阻 $R_L=2000\Omega$，负载时的输出电压 $U_a=50\text{V}$，则常数 $K_e=$________，斜率 $C=$________。

2. 直流测速发电机的输出特性在什么条件下是线性特性？产生误差的原因和改进的方法是什么？

3. 若直流测速发电机的电刷没有放在几何中性线的位置上，试问此时电机正、反转时的输出特性是否一样？为什么？

4. 根据题 1 中已知条件，求该转速下的输出电流 I_a 和空载输出电压 U_{a0}。

5. 测速发电机要求其输出电压与________成严格的线性关系。

6. 测速发电机转速为零时，实际输出电压不为零，此时的输出电压称为________。

7. 与交流异步测速发电机相比，直流测速发电机有何优点？

8. 用做阻尼组件的交流异步测速发电机，要求其输出斜率________，而对线性度等精度指标的要求是次要的。

9. 为了减小由于磁路和转子电的不对称性对性能的影响，杯形转子交流异步测速发电机通常是________。

A. 二极电机　　B. 四极电机　　C. 六极电机　　D. 八极电机

10. 为什么异步测速发电机的转子都用非磁性空心杯结构，而不用鼠笼式结构？

11. 异步测速发电机在理想的情况下，输出电压与转子转速的关系是________。

A. 成反比　　B. 非线性同方向变化

C. 成正比　　D. 非线性反方向变化

第3章 自整角机

CHAPTER 3

自整角机是一种将转角变换成电压信号或将电压信号变换成转角，以实现角度数据的远距离传输、变换和指示的元件，达到自动指示角度、位置、距离和指令的目的。它可以用于测量或控制远距离设备的角度位置，也可以在随动系统中用作机械设备之间的角度联动装置，使机械上互不相连的两根或两根以上转轴保持同步偏转或旋转。自整角机广泛应用于钢铁生产自动线中轧制、卷机系统、航海等位置和方位同步指示系统和火炮、雷达等控制系统中，通常是两台或两台以上组合使用。

自整角机是感应型的机电元件，是利用自整步特性将转角变为交流电压或由转角变为转角的感应式微型电机。通常系统中两台或多台自整角机组合使用，通过电路上的联系，使机械上互不相连的两根或多根转轴自动地保持相同的转角变化，或同步旋转，电机的这种性能称为自整步特性。

自整角机的基本结构与一般的电动机相似，定、转子铁芯上嵌有绕组，通过绕组和磁路的设计，使定子、转子绕组之间的互感随转子转角成正弦变化。借助原、副绕组之间的电和磁的作用，在自整角机转轴上产生同步力矩，或者在自整角机副绕组中输出电气信号。自整角机在结构上与绕线式异步电机类似，但其本质及作用原理不同。

3.1 自整角机的分类和结构

3.1.1 自整角机的分类

按照电源相数不同，自整角机可分为单相自整角机和三相自整角机两类。单相自整角机励磁绕组由单相电源供电，常用的电源频率通常有50Hz和400Hz两种。由于单相自整角机的精度高、旋转平滑、运行可靠，因而在小功率系统中应用较广。自动控制系统中所使用的自整角机一般均为单相。三相自整角机也称功率自整角机，其励磁绕组由三相电源供电，多用于功率较大的场合，即所谓电轴系统中，例如，用于钢铁生产自动线中轧制、卷机系统中。以下所述自整角机均指单相自整角机。

自整角机按其工作原理的不同，可以分为力矩式自整角机和控制式自整角机两类，它们的外观如图3-1所示。

力矩式自整角机主要用在同步指示系统中。这类自整角机本身不能放大力矩，要带动接收机轴上的机械负载，必须由自整角发送机一方的驱动元件供给能量。因此，可以认为力

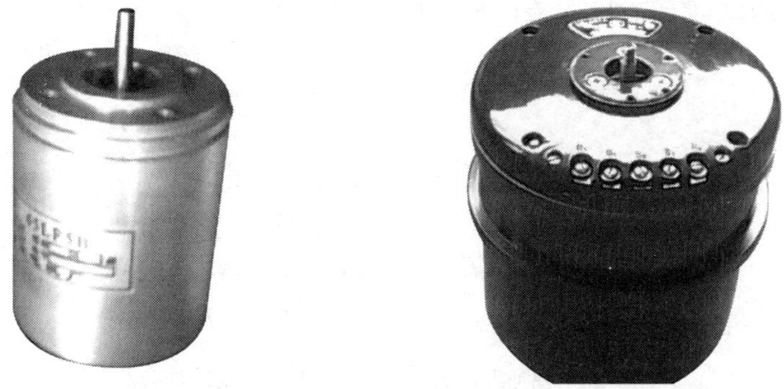

(a) 力矩式自整角机　　(b) 控制式自整角机

图 3-1　自整角机外观图

矩式自整角机系统是通过一个弹性连接的、能在一定距离内扭转的轴来带动负载的。力矩式自整角机系统为开环型,适合对角度传输精度要求不是很高的控制系统,例如,远距离指示液面的高度、阀门的开度、电梯和矿井提升机的位置、变压器的分度开关位置等。

力矩式自整角机按其用途可分为以下 4 种。

(1) 力矩式发送机(代号 ZLF):主要用来与力矩式差动发送机、力矩式接收机一起工作,其作用是将转子转角的变化转变为电信号输出。

(2) 力矩式差动发送机(代号 ZCF):串接在力矩发送机与接收机之间,将发送机转角及自身转角的和(或差)转变为电信号,输送到接收机。

(3) 力矩式接收机(代号 ZLJ):主要用来与力矩式发送机及力矩式差动发送机一起工作。其定子接收发送来的电气信号,转子励磁后即能自动地转到对应于定子上所接收的电气信号角度的位置。

(4) 力矩式差动接收机(代号 ZCJ):主要用来与两个力矩式发送机一起工作,接收电信号,并使自身转子转角为两发送机转角的和(或差)。

控制式自整角机主要用于由自整角机和伺服机构组成的随动系统,一般作检测元件用。控制式自整角机按其用途可分为以下 3 种。

(1) 控制式发送机(代号 ZKF):将转子转角变换成电信号输出,与控制式变压器或控制式差动发送机一起工作。

(2) 控制式自整角变压器(代号 ZKB):也就是控制式接收机,主要用来与控制式发送机及控制式差动发送机一起工作。其定子接收由控制式发送机或控制式差动发送机传输来的电气角度信号。转子的输出电压正比于失调角(输入电气角度与控制式变压器转子角度之差)的正弦函数。

(3) 控制式差动发送机(代号 ZKC):串接于发送机与变压器之间,其作用原理类似于力矩式差动发送机,将发送机转角及自身转角的和(或差)转变为电信号,输送到自整角变压器。

控制式自整角机系统为闭环系统,应用于负载较大及精度要求高的随动系统。控制式自整角机系统的基本连接回路如图 3-2 所示。图中控制式变压器的输出电压经放大器 A 放大后,作为伺服电动机的控制信号,使伺服电动机旋转。伺服电动机旋转时带动自整角变压器的转轴，使其转动到与自整角发送机相应的协调位置。

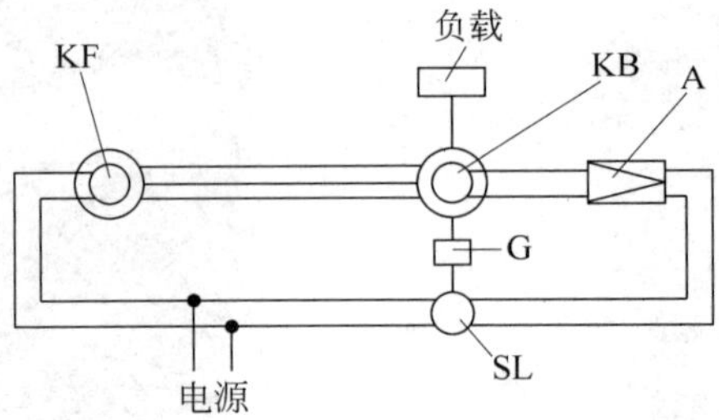

图 3-2 控制式自整角机伺服系统的基本回路

KF—控制发送机；KB—控制变压器；A—放大器；G—减速齿轮；SL—伺服电动机

此外，还有具有双重用途的自整角机，兼作控制变压器和力矩式接收机，称为控制力矩式自整角机。

3.1.2 自整角机的结构

自整角机按结构的不同可分为接触式和无接触式两大类。无接触式没有电刷、滑环的滑动接触，具有可靠性高、寿命长、没有电磁辐射等优点，缺点是结构复杂、电气性能较差。接触式自整角机的结构比较简单，性能较好，我国自行设计的自整角机系列中各电机均为接触式自整角机，其特点为封闭式、单轴式。采用封闭式结构可以防止因机械撞击及电刷、滑环污染而造成接触不良对性能的影响，适用于较为恶劣的环境。以我国自行设计的 KL 系列自整角机为例，该系列共有 12、20、28、36、45、55、70、90 八个机座号(机座号表示机壳外径尺寸，单位 mm；但 12#机座除外，12#机座外径为 12.5mm)。

按机座号大小不同，KL 系列自整角机结构类型有两种：一种为“一刀通”式结构，另一种为装配式结构，分别如图 3-3、图 3-4 所示。“一刀通”式结构是指定子内径与轴承室为同一尺寸，因此可以一次装配加工。其主要优点是定子、转子的同心度较高；缺点是由于采用了环氧树脂封装灌注，定子与机壳、端盖成为牢固的一体，难以互换。“一刀通”式结构主要用于机座号较小(20#以下)的电机，装配式结构则用于机座号较大(20#以上)的电机。

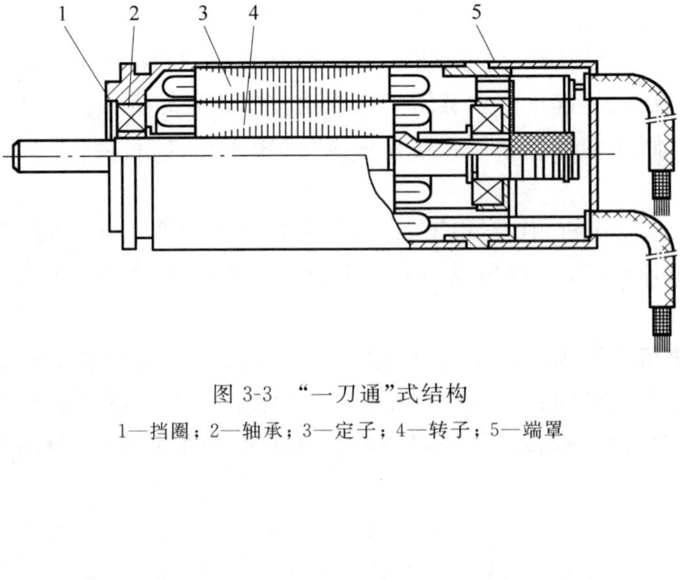

图 3-3 “一刀通”式结构

1—挡圈；2—轴承；3—定子；4—转子；5—端罩

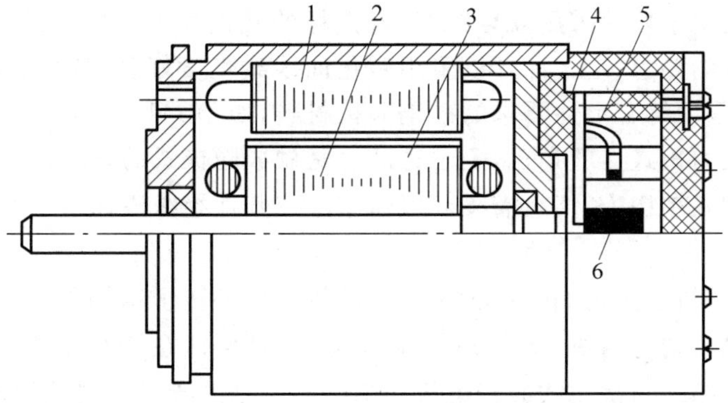

图 3-4　装配式结构示意图

1—定子；2—转子；3—阻尼绕组；4—电刷；5—接线柱；6—集电环

自整角机主要部件的结构如图 3-5 所示。

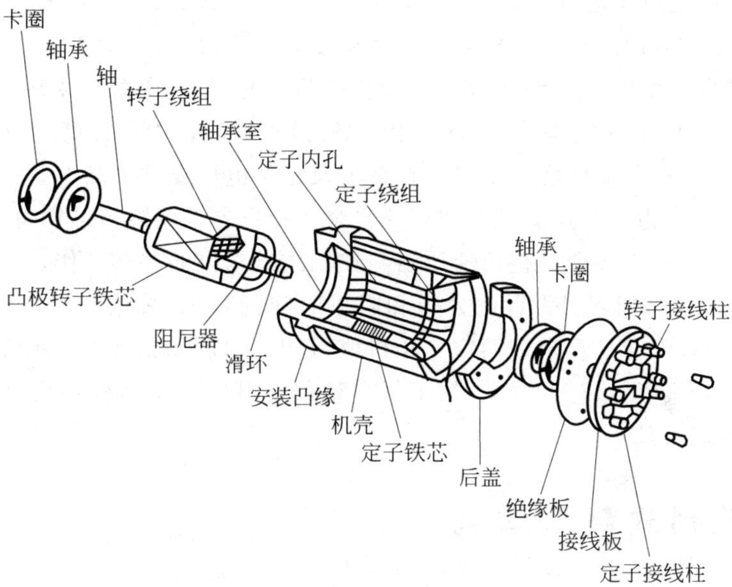

图 3-5　自整角机主要结构部件

1. 机壳

机壳材料有硬铝合金和不锈钢两种。小机座号的自整角机一般采用不锈钢做机壳。小机座自整角机的机壳壁薄，要求材料具有较高的机械强度，不锈钢的机械强度抗腐蚀性能优于铝合金。但不锈钢的加工比较困难，成本较高。一般 12＃、20＃机座自整角机采用不锈钢机壳，36＃机座以上自整角机采用硬铝合金机壳，28＃自整角机机壳可以采用不锈钢，也可用硬铝合金。机壳按形状来分，有杯形和筒形两种。杯形机壳可以不用前端盖（轴伸端的端盖叫前端盖），但其加工比一般的筒形机壳困难。

2. 定子

定子由铁芯和绕组组成。定子铁芯由定子冲片经涂漆、涂胶叠装而成。为了充分利用轴向长度，铁芯两端可以不用绝缘端板，而在铁芯的两端面上涂以电阻磁漆达到绝缘的目。

力矩式自整角机的定子冲片采用高导磁率、低损耗的硅钢薄板。控制式自整角机由于有零位电压和电气精度的要求，定子冲片以采用磁化曲线线性度好、损耗低、导磁率高的铁镍软磁合金为好，也可采用符合上述要求的硅钢薄板材料，如DG41。

无论控制式或力矩式自整角机，定子铁芯总是做成隐极式的，以便将三相同步绕组布置在定子上。在装配式结构中，绕组需浸环氧树脂漆或其他绝缘漆。

3. 转子

自整角机的转子铁芯有凸极式和隐极式两种。凸极转子结构与凸极同步电机转子相似。但在自整角机中均为两极，形状则与哑铃相似，以保证在360°范围内能够自动同步的要求。隐极式转子结构与绕线式异步电机相似。转子铁芯导磁材料选用的原则与定子铁芯相同。力矩式自整角机凸极式转子冲片可以采用有方向性的冷轧硅钢薄板，以提高纵轴方向的导磁率，降低横轴方向的导磁率。

自整角机转子采用凸极或隐极结构，应视其性能要求而定，一般可按下列原则考虑。

(1) 控制式自整角发送机：要求输出阻抗低，采用凸极式结构较好。发送机的精度主要取决于副方，原方采用凸极或隐极对其电气精度影响不大。

(2) 差动式自整角机：由于原、副方均要求布置三相绕组，无疑应采用隐极结构。

(3) 自整角变压器：由于转子上的单相绕组为输出绕组，为了提高电气精度、降低零位电压，采用隐极以便布置高精度的绕组。在精度及零位电压要求不高的条件下，凸极转子结构的自整角机也可作为自整角变压器使用。自整角变压器采用隐极结构可以降低从发送机取用的励磁电流，有利于多个自整角变压器与控制式发送机的并联工作。

(4) 力矩式自整角机：因为有比力矩和阻尼时间的要求，采用凸极式或隐极式转子结构，应视其横轴参数配合是否合理而定。小机座号(45#以下)的工频和中频自整角机一般采用凸极结构。大机座号(70#以上)的工频自整角机可以采用凸极结构，中频自整角机则有可能采用隐极结构。

3.2 控制式自整角机

在随动系统中广泛采用了由伺服机构和控制式自整角机组合的结构。有时是一台发送机对应控制一台接收机，有时需要由两台发送机来控制一台接收机，此时接收机可以指示出两台发送机转子偏转角的和或差，这种情况下就要使用差动自整角发送机。本节分别介绍控制式自整角机中的发送机、接收机、差动发送机的工作原理。

3.2.1 控制式自整角机的工作原理

以控制式自整角机发送机和接收机成对运行为例来进行分析，如图3-6所示。其基本功能是发送机将转子上的位置信号转化为电信号，接收机定子接收由发送机传输来的电气角度信号，接收机的转子上输出相对应的感应电动势，该感应电动势通常接到放大器的输入端，经过放大后再加到伺服电动机的控制绕组，用来驱动负载转动，同时伺服电动机还经过减速装置带动接收机的转子随同负载一起转动，使接收机的输出电压减小，当达到协调位置时，接收机的输出电压为零，伺服电动机停止转动。

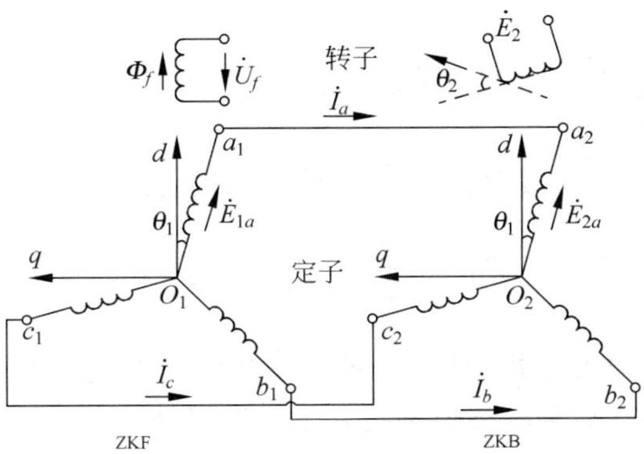

图 3-6 控制式自整角机工作原理图

图中左边为自整角机发送机(ZKF),右边为自整角机接收机(ZKB,也称为自整角变压器);ZKF 的转子绕组接交流电压 U_f,称为励磁绕组;ZKF 的转子与被检测装置的位置发送轴连接在一起;ZKF 和 ZKB 的定子绕组引线端 $a_1b_1c_1$ 和 $a_2b_2c_2$ 对应连接,被称为同步绕组或整步绕组;ZKB 的转子绕组向外输出感应电动势,故称之为输出绕组。

若 ZKF 定子 a_1 相绕组轴线与励磁绕组轴线之间的夹角为 θ_1,即 ZKF 转子的位置角,ZKB 定子 a_2 相绕组轴线与励磁绕组轴线之间的夹角也为 θ_1;ZKF 定子 a_1 相绕组轴线与励磁绕组轴线重合的位置叫做基准零位,a_1 相为基准相;把 ZKF 和 ZKB 的转子绕组互相垂直的位置作为协调位置,定义输出绕组轴线与 a_1 相绕组轴线的垂直线之间的夹角为 ZKB 的转子位置角,如图中 θ_2;并规定逆时针方向转角为正,两个转子的位置角之差($\theta_1-\theta_2$)称为失调角。

为了分析方便,我们做如下假定:

(1) 电机磁路不饱和。

(2) 励磁电压 U_f 为时间的正弦函数。

(3) 气隙磁密为空间的正弦函数。

(4) 发送机与接收机为完全相同的两台电机。

1. 控制式自整角发送机的工作原理

当发送机的励磁绕组接通交流电源后,便产生一个在其轴线上脉振的磁通 Φ。由于 Φ 的变化,在定子三相绕组中感应出电动势。显然,定子三相绕组中电动势在时间上同相位,其大小与绕组所在空间位置 θ_1 有关,其有效值为

$$\begin{aligned} E_{1a} &= E_m\cos\theta_1 \\ E_{1b} &= E_m\cos(\theta_1-120°) \\ E_{1c} &= E_m\cos(\theta_1+120°) \end{aligned} \tag{3-1}$$

式中,E_m 为定子某相绕组轴线和励磁绕组轴线重合时该相绕组中的感应电动势,即定子绕组的最大相电动势;$E_m=4.44fW\Phi_m$,其中 W 为定子绕组每一相的有效匝数,Φ_m 为脉振磁场每极磁通的幅值。

由于发送机和接收机定子相互连接,因此这些电动势必定要在定子绕组中形成电流。为了计算各相电流,暂将两个星形中点 O_1、O_2 连接起来,这样,各相回路显而易见,3 个回路

中的电流为

$$I_a = \frac{E_{1a}}{Z_Z} = \frac{E_m \cos\theta_1}{Z_Z} = I_m \cos\theta_1$$

$$I_b = \frac{E_{1b}}{Z_Z} = \frac{E_m \cos(\theta_1 - 120)}{Z_Z} = I_m \cos(\theta_1 - 120°) \tag{3-2}$$

$$I_c = \frac{E_{1c}}{Z_Z} = \frac{E_m \cos(\theta_1 + 120)}{Z_Z} = I_m \cos(\theta_1 + 120°)$$

式中，$Z_Z = Z_F + Z_B + Z_i$，即发送机、接收机定子每相阻抗及连接线阻抗(实际应用中连接线比较长)的和；$I_m = E_m / Z_Z$ 为励磁绕组轴线和定子绕组轴线重合时定子某相电流的有效值，即每相的最大电流有效值。

流经中线 O_1O_2 的电流 I_o 应该为 3 个电流之和，即

$$I_o = I_a + I_b + I_c = I_m \cos\theta_1 + I_m \cos(\theta_1 - 120°) + I_m \cos(\theta_1 + 120°) = 0 \tag{3-3}$$

可见，中线上没有电流，故两定子三相绕组的中点之间不必用导线连接。

定子绕组各相电流均产生两极的脉振磁场，该磁场的幅值位置就在各相绕组的轴线上，脉振磁通的交变频率等于定子绕组电流的频率。上述电流在 ZKF 和 ZKB 的定子绕组内流过时，将各自产生磁势。对应的 3 个磁势在时间上同相位，空间相差 120°。由发送机定子绕组产生的磁势为

$$F_{1a} = F_m \cos\theta_1$$

$$F_{1b} = F_m \cos(\theta_1 - 120°) \tag{3-4}$$

$$F_{1c} = F_m \cos(\theta_1 + 120°)$$

根据交流电机理论可知，分布绕组磁势的基波分量的幅值为

$$F_m = \frac{2}{\pi}\sqrt{2} W K_W I_m \tag{3-5}$$

式中，K_W 为分布绕组的绕组系数。

各相脉振磁场在时间上同相位，但幅值各不相同，与转子的位置有关。下面，通过磁势的分解与合成，求出发送机定子的合成磁势。

如图 3-7 所示，为了方便，取 ZKF 励磁绕组轴线方向为 d 轴，作 q 轴使之与 d 轴正交，并将发送机定子绕组各相磁势即 F_{1a}、F_{1b}、F_{1c} 分解成 d 轴分量和 q 轴分量，然后再合成。

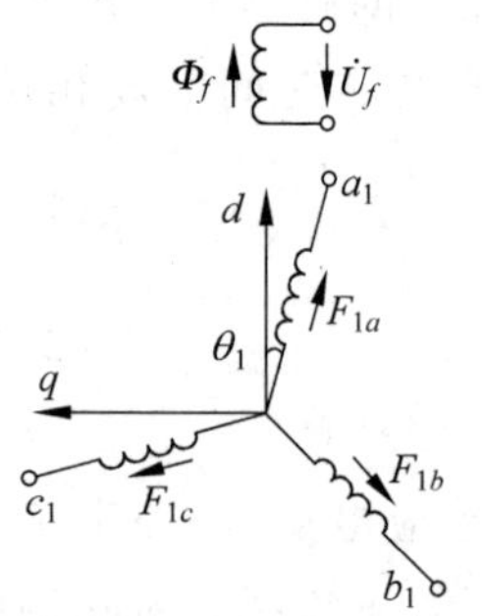

图 3-7 ZKF 定子磁场的分解与合成

$$\begin{aligned}
F_{1ad} &= F_{1a} \cos\theta_1 \\
F_{1bd} &= F_{1b} \cos(\theta_1 - 120°) \\
F_{1cd} &= F_{1c} \cos(\theta_1 + 120°) \\
F_{1aq} &= F_{1a} \sin\theta_1 \\
F_{1bq} &= F_{1b} \sin(\theta_1 - 120°) \\
F_{1cq} &= F_{1c} \sin(\theta_1 + 120°)
\end{aligned} \tag{3-6}$$

考虑磁势瞬时值与有效值的关系为 $f_1 = F_1 \sin\omega t$，就能得到 d 轴方向和 q 轴方向的总磁势的瞬时值，即

$$f_{1d}=(F_{1ad}+F_{1bd}+F_{1cd})\sin\omega t=F_m[\cos^2\theta_1+\cos^2(\theta_1-120°)+\cos^2(\theta_1+120°)]\sin\omega t=\frac{3}{2}F_m\sin\omega t \tag{3-7}$$

$$f_{1q}=(F_{1aq}+F_{1bq}+F_{1cq})\sin\omega t=F_m[\cos\theta_1\sin\theta_1+\cos(\theta_1-120°)\sin(\theta_1-120°)+\cos(\theta_1+120°)\sin(\theta_1+120°)]\sin\omega t=0$$

以上分析说明 ZKF 定子合成磁场仍为脉振磁场，且有以下特点。

(1) 合成磁场在 d 轴方向，即在励磁绕组轴线上；由于励磁绕组轴线和定子 a_1 相轴线的夹角为 θ_1，因而定子合成磁势 F_1 的轴线与 a_1 相轴线的夹角也为 θ_1。

(2) 由于合成磁场的位置在空间固定不变，其大小又是时间的正弦函数，所以合成磁场是一个脉振磁场。

(3) 合成磁势的幅值恒为 $3F_m/2$，它与励磁绕组轴线相对于定子的位置 θ_1 无关。

从物理本质上来看，ZKF 定子合成磁场轴线之所以在励磁绕组轴线上，是由于定子三相绕组是对称的(接收机定子三相绕组作为它的对称感性负载)。如果把 ZKF 励磁绕组作为初级，定子三相绕组作为次级，两侧的电磁关系类似一台变压器。因此，可以推想，ZKF 定子合成磁势 F_1 必定对励磁磁场起去磁作用。当励磁电流的瞬时值增加时，ZKF 定子合成磁势的方向必定与励磁磁场的方向相反，如图 3-8 所示。

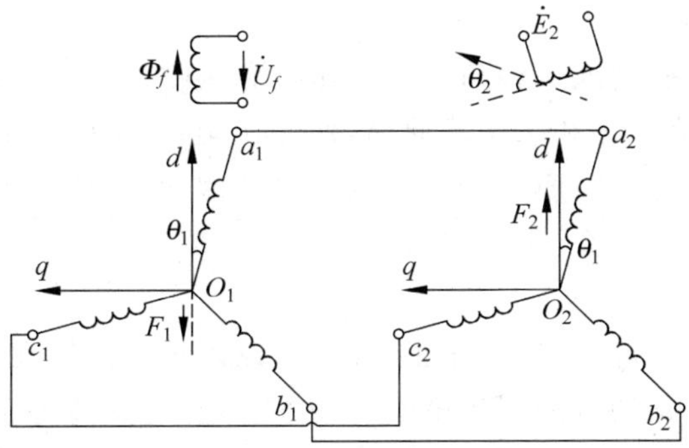

图 3-8　控制式自整角机发送机、接收机定子合成磁势

2. 控制式自整角接收机的工作原理

下面研究接收机 ZKB 中的磁场。当电流流过 ZKB 定子绕组时，在 ZKB 气隙中同样也要产生一个合成的脉振磁场。由于两机之间的定子绕组按相序对应连接，因此各对应的电流应该是大小相等、方向相反，接收机的定子绕组也是三相对称的。所以 ZKB 定子合成磁势 F_2 的轴线与 a_2 相轴线的夹角也为 θ_1，但方向与 ZKF 定子合成磁势的方向相反，如图 3-8 所示。

已知 ZKB 输出绕组轴线与 a_1 相或 a_2 相轴线之间的夹角为 $90°+\theta_2$，因而 ZKB 定子合成磁场与输出绕组轴线之间的夹角为 $90°+\theta_2-\theta_1$。这也是 ZKF 励磁绕组与 ZKB 输出绕组轴线间的夹角。合成脉振磁场在输出绕组中感应出电动势 e_2，其有效值 E_2 为

$$E_2=E_{2m}\cos(90°+\theta_2-\theta_1)=E_{2m}\sin(\theta_1-\theta_2)=E_{2m}\sin\delta \tag{3-8}$$

式中，δ 为失调角，$\delta=\theta_1-\theta_2$；E_{2m} 为定子合成磁场轴线与输出绕组轴线一致时感应电动势的有效值。

由上式可以看出，输出电动势与发送机或接收机本身的位置角 θ_1 和 θ_2 无关，而与失调

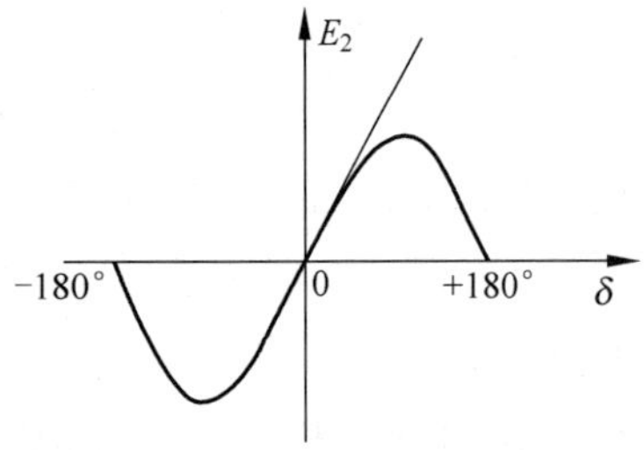

图 3-9 控制式自整角机输出电动势与失调角关系

角 δ 的正弦函数成正比，其相应的曲线如图 3-9 所示。由图可以看出，在 $0<\delta<90°$范围内，失调角愈大，则输出电动势也愈大；$\delta=90°$时，输出电动势达最大值；而当$\delta>90°$后，输出电动势随 δ 角增大反而减小；至 $\delta=180°$时，输出电动势又变为零；此外，在 δ 角为负时，输出电动势反相。

当失调角 δ 很小时，可近似认为 $\sin\delta=\delta$，这样 $E_2=E_{2m}\delta$，当 $\delta\ll10°$时，所造成的误差不超过 0.6%。因此，可以把失调角 δ 很小时的输出电动势看作与失调角成正比。这样，输出电动势的大小就反映了发送机轴与接收机轴转角差值的大小。

一般同步角位移传动系统中，采用自控式自整角机系统，其工作原理是发送机将位移信号(转子位置)经自整角变压器输出电压信号，经放大后送给交流伺服电动机，由于接收机输出绕组接上放大器，因此可认为 $E_2=E_{2m}\delta$；伺服电动机再驱动较大负载，同时带动接收轴转动，以缩小或消除转角差值，实现了高精度、大负载转矩同步位移信号的传递。

3. 控制式自整角机的主要性能指标

控制式自整角机的主要性能指标有以下 4 条。

1) 零位电压

在一定励磁条件下，控制式自整角机的发送机和接收机位置协调时，其输出电动势在理论上应为零。但由于制造工艺和结构等原因，使输出电压不为零，此电压就称为零位电压。零位电压不仅影响系统的精度，而且会引起放大器的饱和、发热。因此，必须加以限制，使之尽量减小。一般零位电压在 50～180mV。

2) 比电压

当 δ 很小时，$E_2=E_{2m}\delta$，即当失调角很小时，可以用正弦曲线在 $\delta=0$ 处的切线来代替原曲线，如图 3-9 所示。这条切线的斜率就是所谓的比电压，其值等于在协调位置附近单位失调角所产生的输出电压。由图可以看出，比电压大，切线斜率大，即失调同样的角度所获得的信号电压大，因此系统的灵敏度就高。国产 ZKB 的比电压数值范围为 0.1～1V/度。

3) 输出相位移

自整角接收机输出电压的基波分量对自整角发送机励磁电压基波分量的时间相位差。它将直接影响到交流伺服电动机的移相措施。

4) 静态误差

自整角机回转速度很低的工作状态叫静态。输出绕组的零位电压可以通过将接收机的转子转过一个小的角度而得到补偿，使补做后零位电压为零(近似为零)。这一附加的转角表示了控制式自整角机的静态误差。静态误差决定了自整角机的精度等级。

根据静态误差，控制式自整角机的精度分为 3 级，如表 3-1 所示。

表 3-1 控制式自整角机的精度等级

精度等级	0 级	1 级	2 级
静态误差(小于)	±5 角分	±10 角分	±20 角分

3.2.2　带有差动发送机的控制式自整角机的工作原理

当转角随动系统需要传递两个发送轴角度的和或差时，则需要采用差动自整角发送机，即在自整角发送机和接收机之间接上一个差动自整角发送机。图 3-10 为带有差动发送机的控制式自整角机工作原理图，从左到右依次为发送机 ZKF、差动发送机 ZKC、接收机 ZKB 以及放大器伺服电机等，差动发送机的定子、转子分别与普通自整角发送机的定子和接收机的定子对应连接，θ_1 和 θ_2 分别为两台发送机的转子与 D_1 相绕组轴线的夹角。

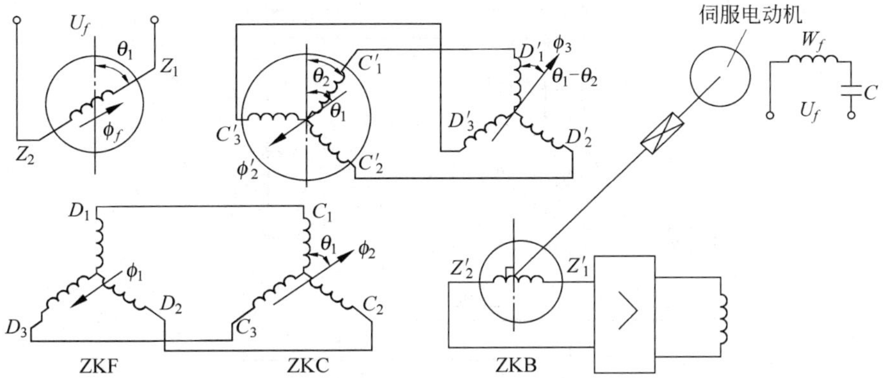

图 3-10　带有差动发送机的控制式自整角机工作原理图

当自整角发送机励磁绕组加上电压 U_f 后，在它的定子、ZKC 的定子、ZKC 的转子以及接收机的定子上产生的合成磁通分别为 ϕ_1、ϕ_2、ϕ_2' 和 ϕ_3。设初始状态为 $\theta_1=\theta_2=0$，接收机输出绕组 $Z_1'Z_2'$ 的轴线垂直于其定子 D_1' 相轴线，因此这时输出电动势为零。

如果自整角发送机转子输入 θ_1 角，ZKC 转子输入 θ_2 角。则 ZKC 定子绕组产生的合成磁通 ϕ_2 与定子 C_1 相轴线的夹角为 θ_1。ϕ_2 作为 ZKC 的励磁磁通，在它的转子三相绕组中产生感应电动势和电流，由于 ZKC 转子三相绕组是对称的，所以该电流产生的磁通 ϕ_2' 其方向与磁通 ϕ_2 的方向相反。由图 3-10 可知，ϕ_2' 与 C_1' 相轴线夹角为 $180°+(\theta_1-\theta_2)$。因为 ZKC 转子三相绕组和接收机定子三相绕组对应连接，所以它们对应的电流大小相等，方向相反。因此在接收机定子三相绕组中产生的磁通 ϕ_3 必定与 D_1' 相绕组轴线夹 $(\theta_1-\theta_2)$ 角，作为接收机的励磁磁通 ϕ_3 与输出绕组 $Z_1'Z_2'$ 的夹角为 $90°-(\theta_1-\theta_2)$，所以接收机输出绕组的电动势为

$$E_2 = E_{2m}\cos[90° - (\theta_1 - \theta_2)] = E_{2m}\sin(\theta_1 - \theta_2) \tag{3-9}$$

同理，如果两发送机轴从初始位置向相反的方向分别转过 θ_1 和 θ_2 角，则接收机输出绕组的电动势为

$$E_2 = E_{2m}\sin(\theta_1 + \theta_2) \tag{3-10}$$

由于伺服系统的作用，故不管哪种情况，接收机转子将转过一对应角度，最后输出电动势都为零。可见通过这样的一个系统可以实现两发送轴角度差或和的传递。

3.3　力矩式自整角机

在自动装置、遥测和遥控装置中，常需要在一定距离以外(特别是危险环境)监视和控制一些人无法接近的设备，以便了解它们的位置(例如，高度、深度、开启度等)和运行情况。在

这些情况下,就需要使用力矩式自整角机组成角度指示(传输)系统。本节分别介绍力矩式自整角机的工作原理及其阻尼绕组。

3.3.1 力矩式自整角机的工作原理

图 3-11 为力矩式自整角机的工作原理图。图中两台自整角机,左边为力矩式发送机 ZLF,右边为力矩式接收机 ZLJ。两机的单相励磁绕组接在同一电源上,其定子三相对称绕组按相序对应连接。

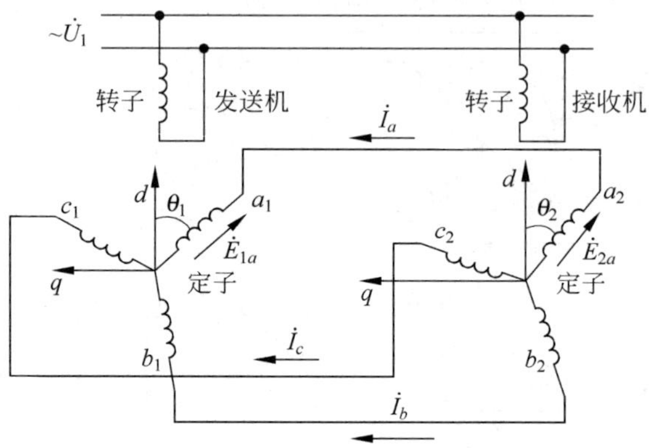

图 3-11 力矩式自整角机工作原理图

发送机的 a_1 相绕组轴线与其转子励磁绕组轴线之间的夹角为 θ_1;接收机的 a_2 相绕组轴线与其转子励磁绕组轴线之间的夹角为 θ_2;两自整角机的相对偏差角称为失调角为 δ,$\delta=\theta_1-\theta_2$。

为了分析简便,先做如下简化:

(1) 假设一对自整角机的结构相同,参数一样。

(2) 忽略磁路饱和的影响,忽略磁势和电动势中的高次谐波影响。

(3) 假定自整角机气隙磁通密度按正弦规律分布。

(4) 忽略电枢反应。

这样,在分析时就可应用叠加原理和矢量运算,分别考虑 ZLF 励磁磁场和 ZLJ 励磁磁场的作用。

1. 整步绕组的电动势和电流

自整角机的整步绕组为星形连接的三相绕组。当两机的励磁绕组均接上单相交流电源时,则分别在各自的气隙中形成一个正弦分布的脉振磁场,且分别在各自的三相定子绕组中感应出电动势。当失调角为零,即 $\theta_1=\theta_2$,也就是两台自整角机转子位置角相同时,在转子单相交流脉振磁势的作用下,两台自整角机的整步绕组中将各自感应出电动势。由于参数和接线方式完全相同,两套整步绕组中所感应的线电动势大小相互抵消,导致各相整步绕组中的定子电流为零,相应的电磁转矩为零,两台自整角机将处于静止状态,此时转子的位置称为协调位置。

当 ZLF 转子在外力作用下逆时针旋转一个角度后,两自整角机转子之间的位置角 θ_1 和 θ_2 将不再相等,而是存在一个失调角 δ。此时,ZLF 和 ZLJ 整步绕组中所感应的线电动势将不再相等，两绕组之间便有均衡电流流过。均衡电流与两转子励磁绕组所建立的磁场相互作用便产生电磁转矩，又称为整步转矩。整步转矩力图使失调角 δ 趋向于零。由于 ZLF 转子与主令轴相接，不能任意转动，因此，整步转矩只能使 ZLJ 转子跟随 ZLF 转子转过 δ 角，从而使两转子的转角又保持一致。最终，整步转矩为零，系统进入新的协调位置。

由于两机的励磁绕组接于同一正弦交流电源（频率为 f），因此在两机的励磁绕组轴线方向存在时间相位相同的脉振磁场，分别以 Φ_F 和 Φ_J 表示。由此在 ZLF、ZLJ 定子绕组上感应出变压器电动势。ZLF 定子绕组感应电动势为

$$\begin{aligned} E_{1a} &= E\cos\theta_1 \\ E_{1b} &= E\cos(\theta_1 - 120°) \\ E_{1c} &= E\cos(\theta_1 + 120°) \end{aligned} \tag{3-11}$$

ZLJ 定子绕组感应电动势为

$$\begin{aligned} E_{2a} &= E\cos\theta_2 \\ E_{2b} &= E\cos(\theta_2 - 120°) \\ E_{2c} &= E\cos(\theta_2 + 120°) \end{aligned} \tag{3-12}$$

式中，E 为定子绕组轴线与励磁绕组轴线重合时定子绕组感应电动势的有效值，即两绕组轴线正向重合时该相整步绕组能获得的最大感应电动势，其有效值为 $E=4.44fN_1k_{w1}\Phi_m$，N_1k_{w1} 为每相整步绕组的有效匝数，Φ_m 为脉振磁场每极磁通的幅值。

当失调角 $\delta\neq0$，即 $\theta_1\neq\theta_2$ 时，两机对应各相整步绕组的电动势不平衡。各回路电动势差为

$$\begin{aligned} \Delta E_a &= E_{2a} - E_{1a} = 2E\sin\frac{\theta_1+\theta_2}{2}\sin\frac{\delta}{2} \\ \Delta E_b &= E_{2b} - E_{1b} = 2E\sin\left(\frac{\theta_1+\theta_2}{2} - 120°\right)\sin\frac{\delta}{2} \\ \Delta E_c &= E_{2c} - E_{1c} = 2E\sin\left(\frac{\theta_1+\theta_2}{2} + 120°\right)\sin\frac{\delta}{2} \end{aligned} \tag{3-13}$$

整步绕组每相等效阻抗为 Z，则定子各相绕组中的均衡电流为

$$\begin{aligned} I_a &= \Delta E_a/2Z = E/Z\sin\frac{\theta_1+\theta_2}{2}\sin\frac{\delta}{2} \\ I_b &= \Delta E_b/2Z = E/Z\sin\left(\frac{\theta_1+\theta_2}{2} - 120°\right)\sin\frac{\delta}{2} \\ I_c &= \Delta E_c/2Z = E/Z\sin\left(\frac{\theta_1+\theta_2}{2} + 120°\right)\sin\frac{\delta}{2} \end{aligned} \tag{3-14}$$

上式中均衡电流三相之和为零，所以自整角机三相星型接法无中线。

2. 磁势

同时自整角机各相整步绕组的电流和励磁绕组产生的磁动势作用产生整步转矩。但是由于励磁绕组为单相，均衡电流是三相，为分析整步转矩方便，将三相整步绕组的三相均衡电流等效为两相电流，两相的 d 轴与励磁轴线重合，q 与 d 相互垂直，并沿逆时针方向超前 90°，如图 3-11 所示。

对于 ZLF，有

$$I_{1d}=I_a\cos\theta_1+I_b\cos(\theta_1-120^\circ)+I_c\cos(\theta_1+120^\circ)=-\frac{3}{4}\frac{E}{Z}(1-\cos\delta)$$
$$I_{1q}=I_a\sin\theta_1+I_b\cos(\theta_1-120^\circ)+I_c\cos(\theta_1+120^\circ)=-\frac{3}{4}\frac{E}{Z}\sin\delta \tag{3-15}$$

对于 ZLJ,由于三相整步绕组中的电流与 ZLF 大小相同,方向相反,因此其三相整步绕组中的电流在 d 轴与 q 轴上的分量为

$$I_{2d}=-I_a\cos\theta_2-I_b\cos(\theta_2-120^\circ)-I_c\cos(\theta_2+120^\circ)=-\frac{3}{4}\frac{E}{Z}(1-\cos\delta)$$
$$I_{2q}=-I_a\sin\theta_2-I_b\sin(\theta_2-120^\circ)-I_c\sin(\theta_2+120^\circ)=\frac{3}{4}\frac{E}{Z}\sin\delta \tag{3-16}$$

由于磁动势正比于电流,因此 ZLF 电流分量 I_{1d}、I_{1q}产生的磁动势在 d 轴与 q 轴上的分量为$\bar{F}_{1d}$、$\bar{F}_{1q}$,ZLJ 电流分量 I_{2d}、I_{2q}产生的磁势在 d 轴与 q 轴上的分量为$\bar{F}_{2d}$、$\bar{F}_{2q}$,如图 3-12 所示。

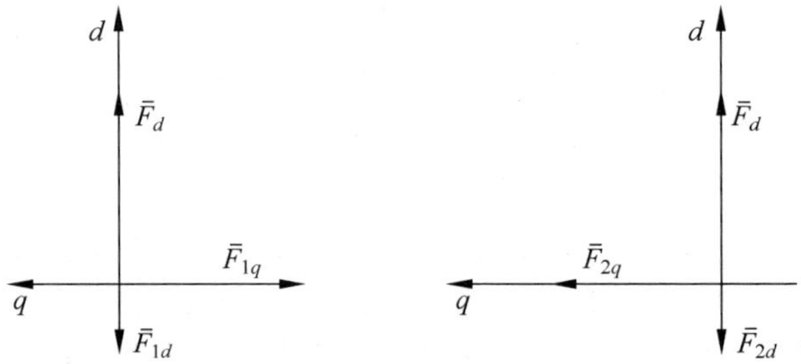

(a) ZLF磁动势　　(b) ZLJ磁动势

图 3-12　自整角机的 d 轴与 q 轴磁动势

由图 3-12 可见,无论是 ZLF 还是 ZLJ,在直轴方向上的磁势分量均为负值。表明整步绕组在直轴方向上的磁动势与励磁磁动势相反,为去磁性质。在实际工作中,失调角 θ 都是在较小的范围内,则 I_{1d}、I_{2d} 以及相应的直轴磁势 $\bar{F}_{1d}$、$\bar{F}_{2d}$ 较小;而交轴方向上的磁势分量 $\bar{F}_{1q}$、$\bar{F}_{2q}$对于 ZLF 和 ZLJ 来讲,其大小相等,方向相反。

3. 转矩

根据定子电流直轴和交轴分量的大小以及转子的励磁磁势 $\bar{F}_d$ 便可求出失调角为 δ 时力矩式自整角机整步转矩的大小。为了表述方便,规定沿直轴(d 轴)和交轴(q 轴)正方向为磁动势和电流正方向,并取逆时针方向为转子转角正方向,直轴磁通 Φ_d 与正向交轴磁动势产生的转矩为负,即顺时针转向的转矩为负,如图 3-12 所示。当然电磁转矩的正方向为逆时针方向。

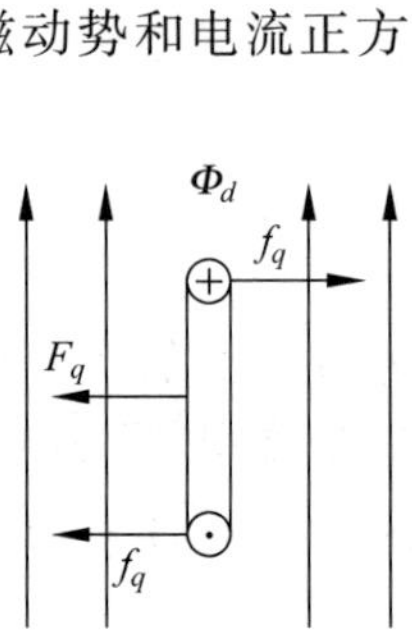

图 3-13　ZLJ 转矩的产生与定向

根据电机学的基本原理,只有直轴磁通 Φ_d(或磁动势)与交轴电流 I_q(或磁动势)或交轴磁通和直轴电流 I_d 相互作用才能产生电磁转矩,如图 3-13 所示,磁动势中仅 q 轴分量产生电磁转矩,其大小为

$$T_{em}=K\Phi_d I_q \tag{3-17}$$

式中,K 为与电机有关的转矩系数。由于所产生电磁转矩 T_{em} 力图使得失调角 δ 减小,因此也称整步转矩。

将式(3-15)和式(3-16)中的 I_{1q} 和 I_{2q} 的值代入式(3-17)，得到 ZLF 和 ZLJ 作用在定子上的整步转矩的值分别为

$$|T_{em1}| = K\Phi_d\left(\frac{3}{4}\frac{E}{Z}\sin\delta\right) = T_m\sin\delta \tag{3-18}$$

$$|T_{em2}| = K\Phi_d\left(\frac{3}{4}\frac{E}{Z}\sin\delta\right) = T_m\sin\delta = T_{em1}$$

根据整步转矩的定向规则，ZLF 直轴磁通 Φ_d 与负向交轴磁动势 $\bar{F}_{1q}$ 产的电磁转矩为正，ZLJ 直轴磁通 Φ_d 与正向交轴磁动势 $\bar{F}_{2q}$ 产的电磁转矩为负，考虑了整步转矩的方向后，得到 ZLF 和 ZLJ 作用在定子上的整步转矩分别为

$$T_{em1} = T_m\sin\delta \tag{3-19}$$

$$T_{em2} = -T_m\sin\delta \tag{3-20}$$

从式(3-19)和式(3-20)可知，ZLF 和 ZLJ 的整步转矩大小相等，方向相反。ZLF 整步绕组所产生的作用于定子的整步转矩为逆时针方向，而 ZLJ 整步绕组所产生的作用于定子的整步转矩为顺时针方向。考虑到整步绕组位于定子侧，所以作用到转子轴上的使转子转动的整步转矩方向分别与式(3-19)和式(3-20)相反。也就是说，当 ZLF 转子在外力作用下逆时针旋转一个角度 θ_1 后，ZLF 转子上所产生的整步转矩为顺时针方向，倾向于保持转子原来的位置；而 ZLJ 转子上所产生的整步转矩为逆时针方向，驱使转子逆时针转过角度 θ_2，从而使两转子转过的角度一致，即 $\theta_1=\theta_2$，$\delta=0$，最终整步转矩为零，系统进入新的稳定位置。

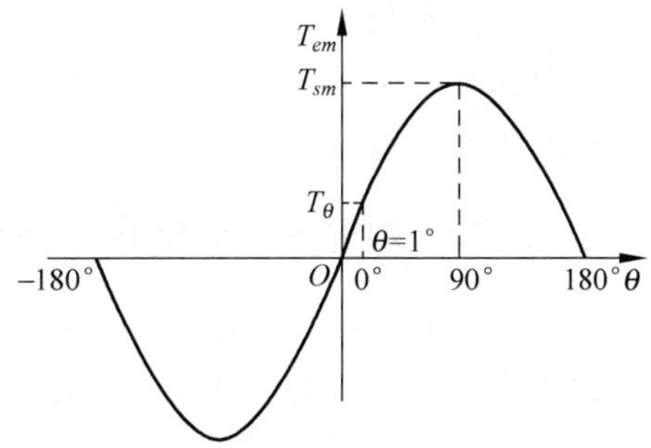

图 3-14 自整角机整步转矩特性

自整角机整步转矩特性曲线如图 3-14 所示。其中，当失调角 $\delta=1°$时的整步转矩称为比整步转矩(或比转矩)。比整步转矩 T_θ 反映了自整角机的整步能力和精度。

4. 力矩式自整角机的性能指标

力矩式自整角机的主要性能指标如下所述。

1) 零位电压

力矩式自整角发送机的精度是由零位误差来衡量的。力矩式接收机的精度，按在系统中跟随发送机的静态误差确定。发送机转子励磁后，从基准电气零位开始，转子每转过 60°，在理论上定子绕组中应该有一相电动势为零，此位置称为理论电气零位；但由于设计、结构和工艺等因素的影响，实际电气零位与理论电气零位是有差异的，此值即为零位误差。

2) 比整步转矩

当失调角 $\delta=1°$时的整步转矩称为比整步转矩(或比转矩)。比整步转矩 T_θ 反映了自整角机的整步能力和精度。它表示接收机与发送机在协调位置附近，单位失调角所产生的转矩。显然，比整步转矩愈大，整步能力就愈大。为了减小接收机的静态误差，应尽可能提高其值。同时，还要尽可能减小轴承、电刷和滑环摩擦力矩及转子不平衡力矩等。

3）阻尼时间

阻尼时间指接收机自失调位置稳定到协调位置所需的时间。阻尼时间愈短，系统稳定得愈快。为了减小阻尼时间，力矩式接收机的转子通常都装有阻尼绕组或机械阻尼器。

3.3.2 阻尼绕组

力矩式自整角接收机在指示状态下运行，其静态精度主要取决于比整步转矩和摩擦力矩的大小。利用交轴阻尼绕组可以有效地调整交轴短路参数的大小，使自整角机获得合理的参数配置，提高比整步转矩，所以力矩式自整角接收机中通常都装设交轴阻尼绕组。此外，交轴阻尼绕组还可以抑制转子振荡，起到电气阻尼的作用。

力矩式自整角机中的阻尼绕组可分为两大类，一类是凸极式转子的阻尼绕组，另一类是隐极式转子的阻尼绕组。第一类又可分为单阻尼回路（即单根阻尼条放置在磁极的中心线位置处）和双阻尼回路（即两根阻尼条放置在磁极中心线的两侧）两种。第二类也可分为两种，一种是在隐极式转子上装设两个在空间位置相互正交的绕组，其中一个绕组作为激磁绕组，另一绕组自行短接作为交轴阻尼绕组；另一种是在隐极式转子上装设三相对称绕组，其中一相绕组短接作为阻尼绕组，另外两相绕组并联作为励磁绕组。

力矩式自整角接收机中阻尼绕组的选型大致是这样考虑的：对于凸极式自整角机，在大尺寸时选取双阻尼回路，尺寸较小时选取单阻尼回路；频率较高而尺寸又较大的，则可采用隐极转子阻尼绕组。

3.3.3 力矩式自整角机的应用

力矩式自整角机广泛用作位置指示器。图 3-15 表示容器内液面位置指示器工作原理图。浮子 1 随着液面升降而上下移动，通过绳索、滑轮和平衡锤带动自整角发送机 3 的转子转动，将液面位置转换成发送机转子的转角。自整角发送机和接收机 4 之间再通过导线可以远距离连接，它们的转子是同步旋转的，于是自整角接收机转子就带动指针准确地跟随着发送机转子的转角变化而偏转。若将角位移换算成线位移，就可方便地测出水面的高度，从而实现远距离的位置指示。这种位置指示器不仅可以测量水面或液面的位置，也可以用来测量阀门的位置、电梯和矿井提升机的位置、变压器分接开关位置等。

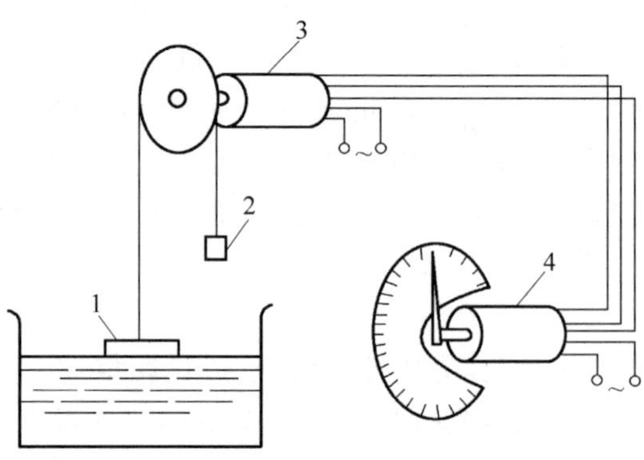

图 3-15　容器内液面位置指示器

1—浮子；2—平衡锤；3—发送机；4—接收机

3.4 自整角机的选择与使用

力矩式和控制式自整角机特点不同,选用时应根据电源情况、负载种类、精度要求、成本等方面综合考虑。

3.4.1 自整角机的特点

作为控制系统的元件,自整角机除要求重量轻、体积小、精度高、寿命长外,根据自整角机在系统中应用的特点,还有下列要求。

力矩式自整角机的技术要求:

(1) 有较高的静态和动态转角传递精度。

(2) 有较高的比力矩和最大同步力矩。

(3) 要求阻尼时间短,即当接收机与发送机失调时,接收机能迅速回到与发送机协调的位置。

(4) 在运行过程中无抖动、缓慢爬行、黏滞等现象。

(5) 能在一定的转速下运行而不失步。

(6) 要求从电源取用较小的功率和电流。

控制式自整角机的技术要求:

(1) 电气误差尽可能小。

(2) 零位电压的基波值及总值尽可能小。

(3) 控制式变压器应有较高的比电动势和较低的输出阻值,以满足放大装置对灵敏度的要求。

(4) 控制式变压器应有较高的输入阻抗,控制式发送机应有较低的输出阻抗,控制式差动发送机的阻抗应与发送机和变压器的阻抗相匹配。

(5) 速度误差要小。

一般,若系统对精度要求不高,且负载又很轻时,选用力矩式自整角机。其特点是系统简单,不需要伺服电动机、放大器等辅助元件,成本低。若系统对精度要求较高,且负载较大,则选用控制式自整角机组成伺服系统。其特点是传输精度高,负载能力取决于系统中伺服电动机和放大器的功率,但系统复杂,需要辅助元件,成本高。

3.4.2 自整机的选用

选用自整角机应注意其技术数据必须与系统的要求相符合,主要应比较励磁电压、最大输出电压、空载电流和空载功率、开路输入阻抗、短路输出阻抗、开路输出阻抗等技术参数是否符合要求。在选用自整角机应注意以下事项。

(1) 自整角机的励磁电压和频率必须与使用的电源符合。当电源可以任意选择时,对尺寸小的自整角机,选电压低的电源比较可靠;对长传输线,选用电压高的电源可以降低线路压降的影响;要求体积小、性能好的,应选用400Hz电源的自整角机;否则采用工频电源比较方便(不需要专门的中频电源)。

(2) 相互连接使用的自整角机,其对接绕组的额定电压和频率必须相同。

(3) 在电源容量允许的情况下，应选用输入阻抗较低的发送机，以便获得较大的负载能力。

(4) 选用自整角变压器和差动发送机时，应选输入阻抗较高的产品，以减轻发送机的负载。

3.4.3 使用注意事项

1. 零位调整

当自整角机在随动系统中用作测量差角时，在调整之前，其发送机和接收机刻度盘上的读数是不一致的，因此需要进行零位调整。调零的方法是转动发送机的转子使其刻度盘上的读数为零，然后固定发送机转子，再转动接收机定子，使接收机在协调位置时，刻度盘的读数也为零，并固定接收机定子。

2. 发送机和接收机切勿调错

前文为了简化理论分析，曾假设发送机与接收机结构相同，实际上发送机和接收机结构上是有差异的，而且两者的参数也不尽相同，因此二者不能互换。尤其是力矩式接收机本身装有阻尼装置，发送机则没有阻尼，这样如果二者接错，必然使自整角机产生振荡现象，影响正常运行。

3.5 自整角机测控系统应用举例

本节以一个基于自整角机的雷达方位角测量系统为例来说明自整角机测控系统及其应用。

方位角测量是大型雷达设备、各种导航系统以及一些控制系统感知自身状态的重要途径，因此方位角测量系统的研究颇为重要。雷达测定目标的位置采用球坐标系，以雷达所在地作为坐标原点，目标的位置由斜距、方位角和俯仰角 3 个坐标确定。其中，雷达在测定目标的方向时，必须将雷达的方位、俯仰转轴的角位置转换成计算机或其他装置可以利用的转角数据准确输出。

目前，在各种伺服控制系统中，作为角位置传感器的元件主要有自整角机、增量式编码器和绝对式编码器等。自整角机是一种感应式自同步微电机，与增量式编码器相比，其优点在于具有绝对位置检测的能力，并且能在较恶劣的环境条件下工作。绝对式编码器虽然也能提供绝对的位置信号，但其信号的精度受码道数目的限制；而且绝对式编码器对于工作环境有较高的要求。因此自整角机在方位角测量系统中得到广泛的使用。这里重点介绍雷达方位角位置检测系统组成、自整角机的测角原理以及利用单片机 MSP430F149 将自整角机产生的轴角信号转换成二进制数字信号，进而输入到显示系统中。

3.5.1 雷达方位角测量系统组成

雷达方位角测量系统由方位轴、自整角机、单片机 MSP430F149 组成的轴角/数字转换电路等部分组成。将自整角机安装在雷达方位轴的方位铰链上，雷达转盘转动时带动方位轴的方位铰链的活动，转角信号通过方位铰链的心轴传递到自整角机，自整角机将转角信号转换成三相交流调制信号，经隔离转换电路隔离并转换成两相正、余弦信号，输入到由单片机 MSP430F149 组成的轴角/数字转换电路，转换后的数字量通过单片机解算出方位角，最后可将在雷达终端显示或转发，其系统组成如图 3-16 所示。

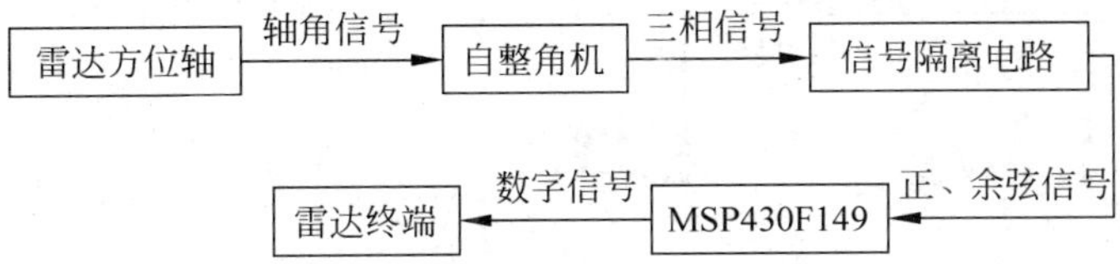

图 3-16 雷达方位角测量系统组成

3.5.2 自整角机的测角与控制

自整角机是系统的测角元件，如图 3-17 所示。

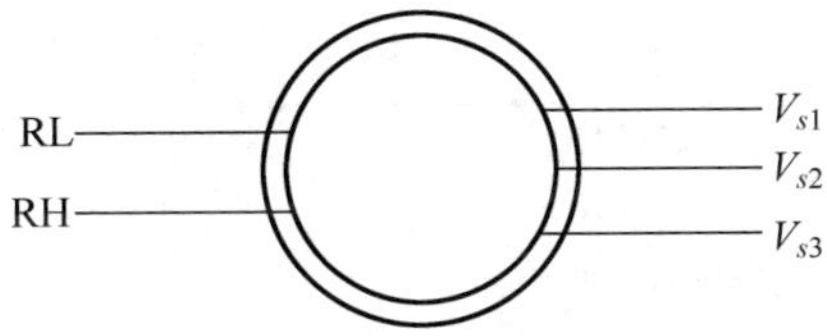

图 3-17 自整角机的示意图

假设在自整角机的转子一侧加励磁电压 $V_R=V_m\sin\omega t$，则在定子一侧将感应出相同频率的信号为

$$\begin{aligned} V_{s1} &= V_m\sin\omega t\times\sin\theta \\ V_{s2} &= V_m\sin\omega t\times\sin(\theta-120^\circ) \\ V_{s3} &= V_m\sin\omega t\times\sin(\theta+120^\circ) \end{aligned} \tag{3-21}$$

式中，θ 为转子相对于定子的转角(即所要测的方位角信号)。

这样，自整角机将雷达方位角轴角信号转换为三相交流调制信号 V_{s1}、V_{s2} 和 V_{s3}，将三相交流调制信号与隔离转换电路(见图 3-18)的 S_1、S_2 和 S_3 相连，激励参考信号由 RL 和 RH 输入。因此，三相信号经电阻降压及变压器隔离后，通过由运算放大器 A_1 和 A_2 构成的电子斯科特(Scott)变压器电路转换成正弦信号和余弦信号，即

$$\begin{aligned} V_z &= KU_m\sin\omega t\times\sin\alpha \\ V_y &= KU_m\sin\omega t\times\cos\alpha \end{aligned} \tag{3-22}$$

式中，V_z 为正弦信号；V_y 为余弦信号；α 为自整角机轴角；U_m 为激励参考电压幅值；K 为变比。

同样，参考信号经电阻降压、变压器隔离及运算放大器倒相。由于运算放大器可能产生低失调电压和漂移，因此电路中所有电阻应选用精密电阻，以保证降低后的三相信号幅度比例基本不变，同时电子斯科特变压器要有足够的转换精度。

3.5.3 轴角/数字转换电路的硬件设计

单片机 MSP430F149 是 TI 公司设计的超低功耗的微控制器，可使用电池长期工作，电源电压范围 1.8～3.6V。MSP430F149 具有 2KB 的 RAM 和 16 位总线并带 FLASH，采用 16 位的总线，外设和内存统一编址，寻址范围可达 64K；有 48 位可灵活编程的 I/O 接口，这

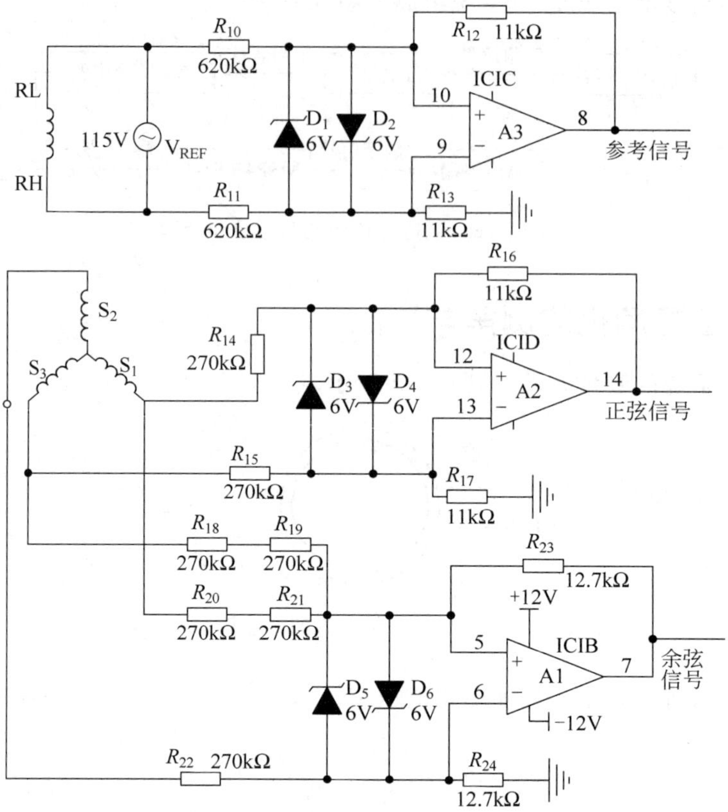

图 3-18 自整角机隔离转换电路

给系统的软硬件设计带来了极大的便利和灵活；外部不用扩展存储器和 I/O 口，外围设备得到了简化。

单片机 MSP430F149 是轴角/数字转换电路的中心处理单元，负责将自整角机隔离电路产生的正弦信号、余弦信号转换成二进制数字信号，转换控制电路如图 3-19 所示，单片机采用 3.3V 供电。

自整角机隔离转换电路完成的正弦和余弦信号以及参考信号，通过单片机的 P1.4、P1.5、P1.6 和 P1.7 口进行输入、存储，并经单片机 MSP430F149 的处理模块处理数据，将处理完的二进制数字量通过单片机的 P2.1、P2.2、P3.0、P3.1、P3.2、P3.3、P3.4 和 P3.5 输出，外部读写数据先读低 8 位，再读高 8 位，单片机再将处理完的数据通过 P3.6、P3.7、P2.3、P2.4、P1.0、P1.1、P1.2 和 P1.3 口送给雷达显示模块。这样，雷达转动的方位角就可以实时地在雷达终端显示，为操作者了解航向提供了有力的数据。

3.5.4 软件设计

系统运行过程中，软件程序不断发送指令信号，采集到自整角机/数字转换器发送的数字信号后，经过一定的运算规则转换成对应角度，输入到显示设备并同时供给其他子程序调用实时测量的角度值。具体角位置测量步骤如下：

(1) 程序发送读指令信号给转换器，经一定延时后，转换器的数字输出端出现有效数值；

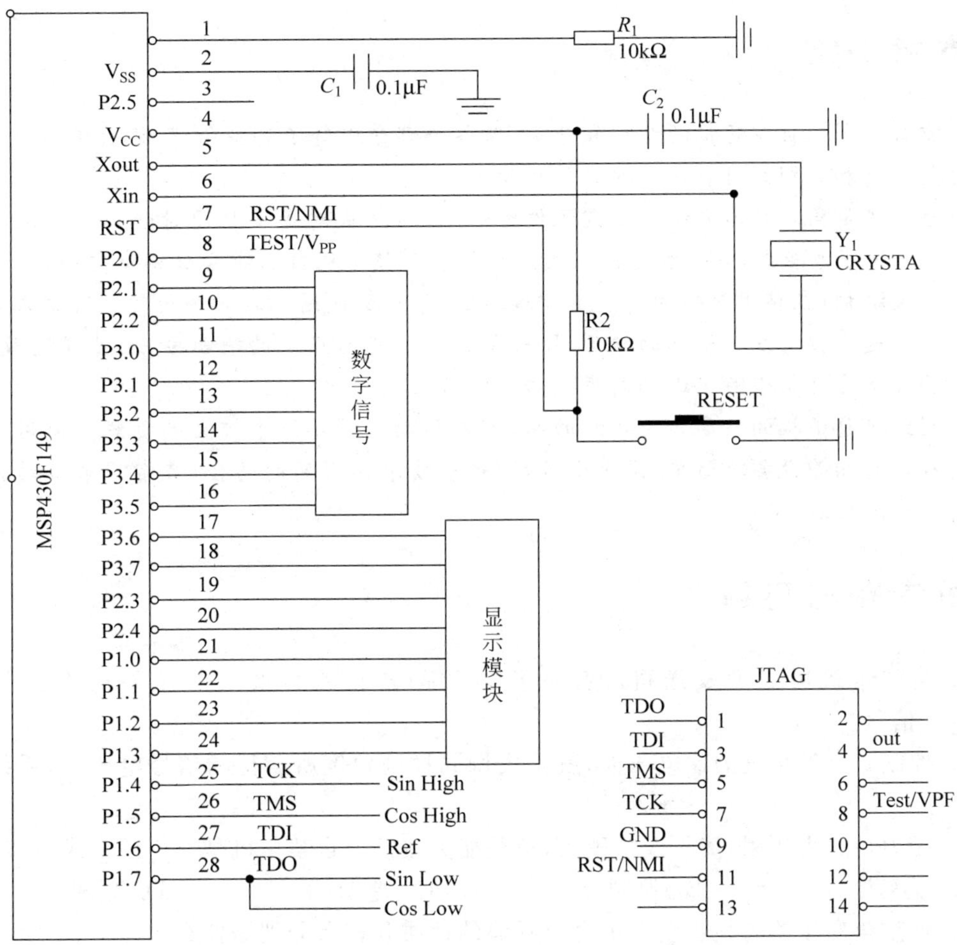

图 3-19 单片机控制转换电路图

(2) 程序读取该数据并进行处理,得到对应的测量角度值;

(3) 取消读指令信号,同时显示角度值,该值可供其他子程序调用。

软件设计采用 C 语言编程,角度测量采用模块化设计,可很好地嵌入综合检测系统软件中,软件流程图如图 3-20 所示。

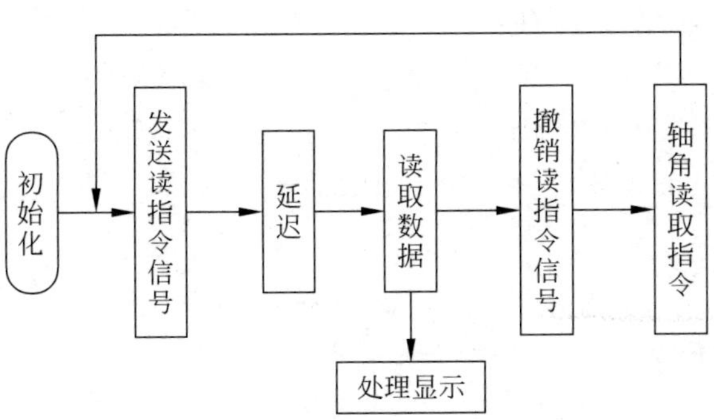

图 3-20 软件设计流程

本章小结

本章首先介绍自整角机的结构和分类，对各个部分进行了简要介绍，随后详细介绍了控制式自整角机和力矩式自整角机的工作原理。

自整角机是同步传递系统的关键元件之一，通常是成对或多只同时使用。其运行方式有两种：一种是力矩式，另一种是控制式。力矩式自整角机自己能输出整步转矩，不需要放大器和伺服机构，在整步转矩的作用下，接收机转子追随发送机轴同步旋转。控制式自整角机的输入量是自整角发送机轴的转角，输出量是自整角变压器的输出电压，并通过放大器、伺服机构带动接收轴追随发送轴同步旋转。

控制式自整角机的精度比力矩式的高，可以驱动随动系统中较大的负载。使用力矩式自整角机时的相关设备较简单，用于小负载、精度要求不太高的场合，常常用来带动指针或刻度盘作为测位器。

思考题与习题

1. 自整角机可以把发送机和接收机之间的转角差转换成与角差成正弦关系的________信号。

2. 控制式自整角机的比电压大，就是失调同样的角度所获得的信号电压大，系统的灵敏度就________。

3. 无力矩放大作用，接收误差稍大，负载能力较差的自整角机是________式自整角机。

A. 力矩　　B. 控制　　C. 差动　　D. 单机

4. 自整角变压器的整步绕组中合成磁势的性质和特点分别是什么？

5. 力矩式自整角发送机和接收机的整步绕组中合成磁势的性质和特点分别是什么？

6. 简述自整角机的结构和分类。

7. 何谓比整步转矩？有何特点？

第 4 章 旋转变压器

CHAPTER 4

旋转变压器(rotational transformer 或 resolver),又称同步分解器,是一种电磁式传感器,是一种精密的测位用的机电元件,其输出电信号与转子转角成某种函数关系。旋转变压器也是一种测量角度用的小型交流电动机,属自动控制系统中的精密感应式微电机的一种,主要用来测量旋转物体的转轴角位移和角速度。其外形如图 4-1 所示。

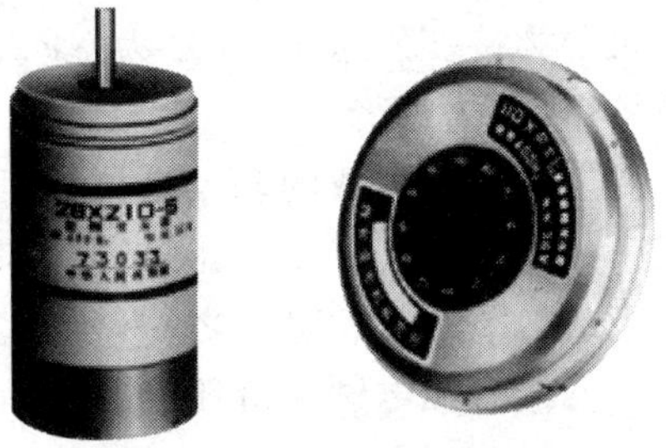

图 4-1 旋转变压器

旋转变压器是一种精密的角度、位置、速度检测装置,适用于所有使用旋转编码器的场合,特别是高温、严寒、潮湿、高速、高振动等旋转编码器无法正常工作的场合。因此旋转变压器凭借自身具有的特点,可完全替代光电编码器,广泛应用在伺服控制系统、机器人系统、机械工具、汽车、电力、冶金、纺织、航空航天、兵器、电子、轻工、建筑等行业的角度、位置检测系统中。也可用于坐标变换、三角运算和角度数据传输以及作为两相移相器用在角度——数字转换装置中。

尤其旋转变压器作为一种最常用的转角检测元件,结构简单,工作可靠,且其精度能满足一般的检测要求,广泛应用在各类数控机床上,例如,各类机床、镗床、回转工作台、加工中心、转台等。

本章将对旋转变压器进行详细讨论,结合各类应用场合,从结构、工作原理、选择和应用等方面进行讨论。

4.1 旋转变压器的类型和用途

旋转变压器由定子和转子组成,其中定子绕组作为变压器的一次侧(原边),接收励磁电压,励磁频率通常用 400Hz、3000Hz 及 5000Hz 等。转子绕组作为变压器的二次侧(副边),通过电磁耦合得到感应电压。

旋转变压器是一种输出电压随转子转角变化的信号元件。当励磁绕组以一定频率的交流电激励时,输出绕组的电压大小及相位可与转角成正余弦函数、线性关系,采用不同的结构或在一定范围内可以构成其他各种函数关系,例如,制成弹道函数、圆函数、锯齿波函数等特种用途的旋转变压器。为了获得这些函数关系,通常使定子、转子具有一个最佳的匝数比和对定子绕组、转子绕组采用不同的连接方式来实现。

按输出电压和转子转角间的函数关系不同,旋转变压器主要可以分为正余弦旋转变压器(代号为 XZ)、线性旋转变压器(代号为 XX)、比例式旋转变压器(代号为 XL)、矢量旋转变压器(代号为 XS)及特殊函数旋转变压器等。其中,正余弦旋转变压器当定子绕组外加单相交流电流励磁时其输出电压与转子转角成正余弦函数关系;线性旋转变压器的输出电压在一定转角范围内与转角成正比,线性旋转变压器按转子结构又分成隐极式和凸极式两种;比例式旋转变压器则在结构上增加了一个固定转子位置的装置,其输出电压也与转子转角成比例关系。

按旋转变压器在系统中用途可分为解算用旋转变压器和数据传输用旋转变压器。解算用旋转变压器在解算装置中可作为函数的解算之用,实现坐标变换、三角运算,故也称为解算器。数据传输用旋转变压器在同步随动系统及数字随动系统中可用于传递转角或电信号实现远距离测量、传输或再现一个角度。根据数据传输用旋转变压器在系统中的具体用途,又可分为旋变发送机(代号为 XF)、旋变差动发送机(代号为 XC)、旋变变压器(又名旋变接收器,代号为 XB)。

若按电机极数的多少来分,常见的旋转变压器一般有两极绕组和四极绕组两种结构形式。两极绕组旋转变压器的定子和转子各有一对磁极,四极绕组则有两对磁极,主要用于高精度的检测系统。除此之外,还有多极式旋转变压器,用于高精度绝对式检测系统。

若按有无电刷与滑环间的滑动接触来分类,旋转变压器可分为接触式和无接触式两大类,如图 4-2、图 4-3 所示。其中无接触式旋转变压器,无电刷和滑环的滑动接触,运行可靠,抗振动,适应恶劣环境。

图 4-2 接触式旋转变压器

图 4-3 无接触式旋转变压器

旋转变压器的工作原理和一般变压器基本相似,从物理本质上来看,旋转变压器可以看成是一种能转动的变压器。区别是普通变压器的一次、二次侧绕组耦合位置固定,所以输出电压和输入电压之比是常数,而旋转变压器的一次、二次侧绕组分别放置在定子、转子上,由于一次侧绕组、二次侧绕组间的相对位置可以改变,随着转子的转动,定子、转子绕组间的电磁耦合程度将发生变化,电磁耦合程度与转子的转角有关,因此,旋转变压器能得到与转角成某种函数关系的信号电压。其输出绕组的电压幅值与转子转角成正弦、余弦函数关系,或保持某一比例关系,或在一定转角范围内与转角成线性关系。

旋转变压器的结构与绕线式异步电机相似,定转子均由冲有齿和槽的电工钢片叠成,为了获得良好的电气对称性,以提高旋转变压器的精度,一般都设计成隐极式,定子、转子之间的气隙是均匀的,定子和转子槽中各布置两个轴线相互垂直的交流分布绕组。如图 4-4 为旋转变压器分离后的定子和转子。

旋转变压器的结构和工作原理与自整角电机也相似,区别在于旋转变压器定子和转子绕组通常是对称的两相绕组，分别嵌在空间相差90°电角度的槽中。自整角电机的定子绕组则是三相对称绕组，转子上布置单相绕组或三相绕组。各种数据传输用旋转变压器在系统中的作用与相应的控制式自整角机也相同。旋转变压器是精度较高的一类控制电机，它的精度比自整角机要高，其误差一般小于0.3%，特殊的应不大于0.05%。其定子绕组、转子绕组的感应电动势要按转角的正余弦关系变化，以满足输出电压和转角严格成正余弦关系。为此，要通过对绕组进行特殊的试验以及对整个电机精密的加工才能达到上述要求。

图4-4 旋转变压器定子和转子

对于线性旋转变压器，因为其工作转角有限，转子并非连续旋转而是仅转过一定角度，所以一般可用软导线直接将转子绕组引线固定的接线板上，即对于线性旋转变压器，可以省去滑环和电刷装置，结构简单。

近来旋转变压器的发展主要是解决满足数字化的要求，应用数字转换器件对旋转变压器输出互为正余弦关系的模拟信号进行采样，将其转换成数字信号，以便于各种微处理器进行处理，目前多用单片机控制。其目的是完成旋转变压器的数字化角度和长度测量显示，并达到比较高的精度水平。

例如，在车辆交流传动系统中，由于要适应冲击振动和温、湿度变化等恶劣的工作环境，普通检测转子位置的光电编码器很容易损坏，而旋转变压器由于其坚固耐用且可靠性高，可以很好地解决这一问题。而旋转变压器是一种模拟机电元件，不能满足数字化的要求，故需要接口电路实现其模拟信号与控制系统数字信号之间的相互转化，这类接口电路是一类特殊的模/数转换器，也就是常说的旋转变压器数字转换器。数字旋转变压器最大的优点在于其简单、可靠的硬件电路和较高的精度与分辨率，其在军用装甲车交流传动系统中很好地实现了异步电机转子位置信号的精确测量。

4.2 正余弦旋转变压器

旋转变压器是由定子、转子两部分组成的。每一部分又有自己的电磁部分和机械部分，总地来说，它和两相绕线式异步电机的结构更为相似，下面将对正余弦旋转变压器的典型结构和工作原理进行分析。

4.2.1 正余弦旋转变压器的结构

为了使气隙磁通密度分布呈正弦规律，获得在磁耦合和电气上的良好对称性，从而提高旋转变压器的精度，旋转变压器大多设计成两极隐极式的定子、转子的结构和定子、转子对称两套绕组。电磁部分仍由可导电的绕组和能导磁的铁芯组成，旋转变压器的定子、转子铁芯是采用导磁性能良好的硅钢片薄板冲成的槽状芯片叠装而成。为提高精度，通常采用铁镍软磁合金或高硅电工钢等高磁导率材料，并采用频率为400Hz的励磁电源。在定子铁芯的内周和转子铁芯外圆周上都冲有一定数量规格均匀的槽，里面分别放置两套空间轴线互相垂直的绕组，以便在运行时可以得到一次侧或二次侧补偿。正余弦旋转变压器的结构如图 4-5 所示。

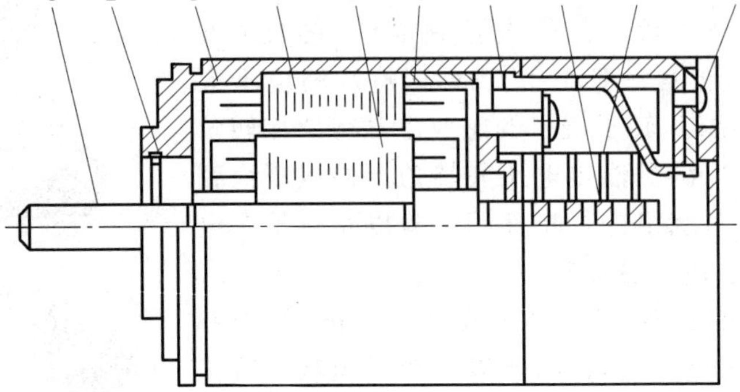

图 4-5 正余弦旋转变压器的结构图

1—转轴；2—挡圈；3—机壳；4—定子；5—转子；6—波纹垫圈；7—挡圈；8—集电环；9—电刷；10—接线柱

如图 4-6 所示，旋转变压器定子绕组和转子绕组都安装两套在空间互差 90°电角度、结构上完全相同的对称分布绕组，且导线截面、接线方式、绕组匝数都相同。定子上两套绕组分别叫定子励磁绕组（其引线端为 D_1-D_2）和定子交轴绕组（又叫补偿绕组，其引线端为 D_3-D_4）。图 4-6 中带有圆圈的表示转子，转子上两套绕组分别为正弦输出绕组（其引线端为 Z_1-Z_2）和余弦输出绕组（其引线端为 Z_3-Z_4）。有的时候也可在转子绕组上励磁，而从定子绕组上输出电压。

在结构上，旋转变压器定子、转子基本和自整角电机一样，其组件图如图 4-7 所示，定子绕组通过固定在壳体上的接线柱直接引出。注意定子和转子之间的空气隙是均匀的。气隙磁场一般为两极，定子铁芯外圆是和机壳内圆过盈配合，机壳、端盖等部件起支撑作用，是旋转电机的机械部分。

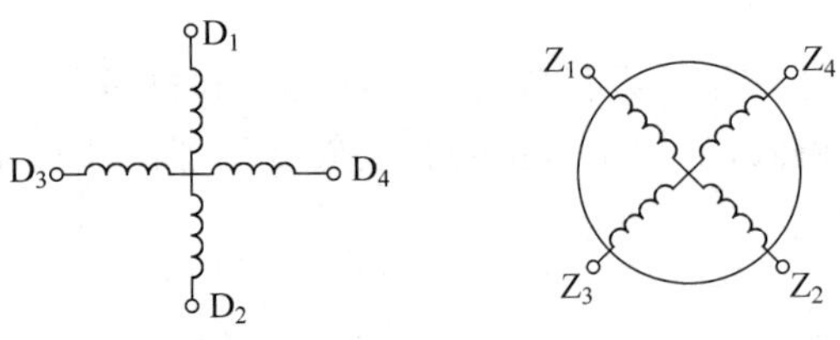

图 4-6 旋转变压器定子、转子绕组示意图

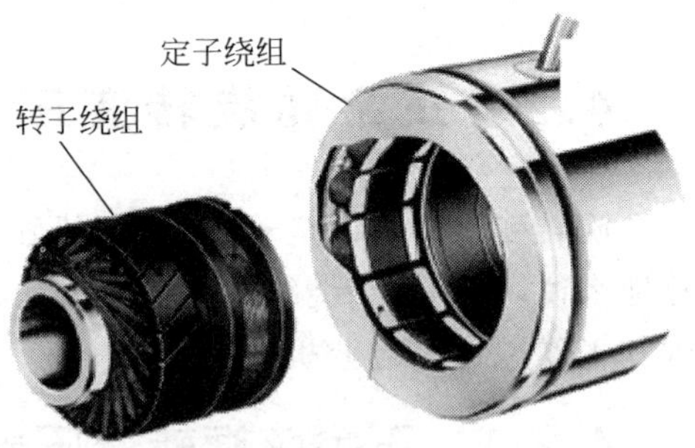

图 4-7 旋转变压器定子、转子组件图

定子绕组端点直接引至接线板上，而转子绕组有两种不同的引出方式。根据转子绕组引出方式的不同，旋转变压器分为有刷式和无刷式两种结构形式。有刷式旋转变压器的转子绕组通过滑环和电刷直接引出，见图 4-5 和图 4-8(a)，其特点是结构简单、体积小。但因电刷与滑环是机械滑动接触的，所以此类旋转变压器的可靠性差，寿命也较短。由于线性旋

转变压器的偏转角有限，转子绕组采用软绝缘导线或弹性卷带型引线直接引出电机。

无集电环的旋转变压器称为无接触式旋转变压器，也叫无刷式旋转变压器，如图 4-8(b)所示。其结构分为两大部分，即旋转变压器本体和附加变压器。附加变压器的一次、二次侧铁芯及其绕组均成环形，分别固定于转子轴和壳体上，径向留有一定的间隙。旋转变压器本体的转子绕组与附加变压器一次侧绕组连在一起，在附加变压器一次侧绕组中的电信号，即转子绕组中的电信号，通过电磁耦合，经附加变压器二次侧绕组间接送出去。这种结构没有接触摩擦，避免了电刷与滑环之间的不良接触造成的影响，提高了旋转变压器的可靠性及使用寿命，但其体积、质量、成本均有所增加。若无特别说明，通常是指接触式，即有集电环旋转变压器。

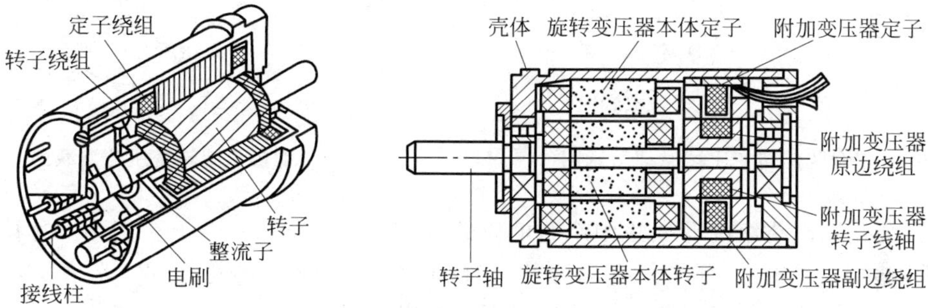

(a) 有刷式旋转变压器　　(b) 无刷式旋转变压器

图 4-8　旋转变压器转子绕组两种不同的引出方式

4.2.2 正余弦旋转变压器的工作原理

旋转变压器是一个能够转动的变压器，其定子绕组相当于普通变压器的一次侧绕组(励磁绕组)，转子绕组就相当于普通变压器的二次侧绕组。在各定子绕组加上交流电压后，转子绕组中由于交链磁通的变化产生感应电压，感应电压和励磁电压之间相关联的耦合系数随转子的转角而改变。因此，根据测得的输出电压，就可以知道转子转角的大小。可以认为，旋转变压器是由随转角而改变且具有一定耦合系数两个变压器构成的。可见，转子绕组输出电压幅值与励磁电压的幅值成正比，对励磁电压的相位移等于转子的转动角度，检测出相位，即可测出角位移。

但旋转变压器又区别于普通变压器，其区别在于其一次侧(定子)、二次侧(转子)间有气隙，旋转变压器的二次侧绕组(输出绕组)可随转子的转动而改变其与定子绕组的相对位置，从而导致一次、二次侧绕组间的互感发生变化。

正余弦旋转变压器原理示意图如图 4-9 所示，以定子励磁绕组 D_1-D_2 的轴线为基准，一般转子的转角定义为余弦输出绕组 Z_3-Z_4 的轴线与励磁绕组轴线之间的夹角，记为 α 角。

1. 空载运行时的情况

在图 4-10 中，先分析空载时的输出电压，即转子输出绕组 Z_1-Z_2 和 Z_3-Z_4 和定子交轴绕组 D_3-D_4 开路，仅将定子励磁绕组 D_1-D_2 加交流励磁电压 U_f。此时气隙中将产生一个脉振磁通密度 B_D，脉振磁场的轴线在定子励磁绕组的励磁轴线 D_1-D_2 上。据自整角机的电磁理论,磁场将在二次侧即转子的两个输出绕组中感应出变压器电动势。

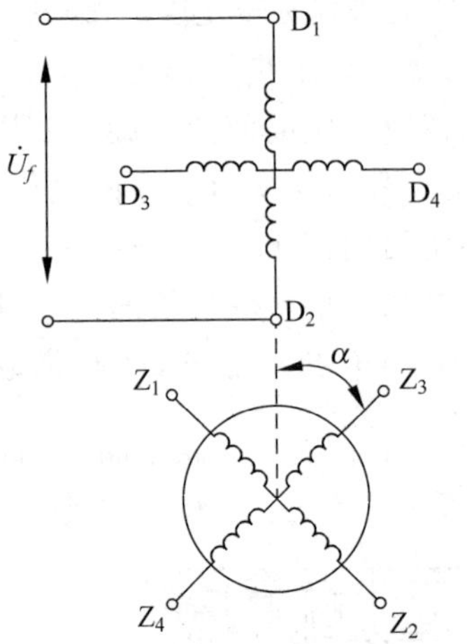

图 4-9 正余弦旋转变压器原理示意图

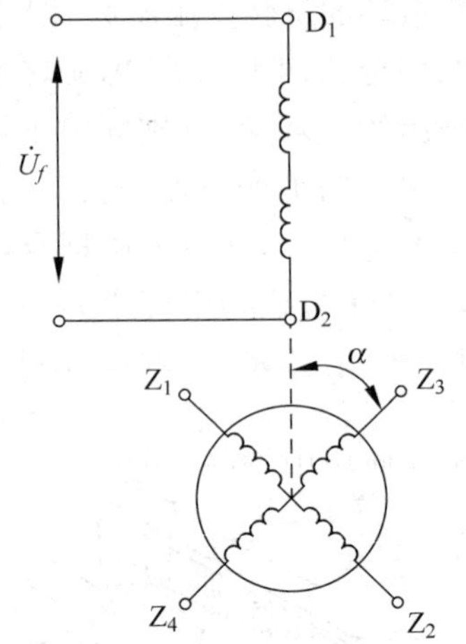

图 4-10 正余弦旋转变压器空载的工作原理

记正余弦输出绕组的等效集中绕组的匝数分别为 W_s 和 W_c,由于它们为对称绕组完全相同,所以有 $W_s=W_c$。为了分析问题的方便,可用一个统一的符号 W_r 来表示,即 $W_r=W_s=W_c$。同样,励磁绕组可等效为匝数是 W_f 的集中绕组。

与自整角机中所发生的情况一样,脉振磁场 B_D 将在转子的输出绕组 Z_1-Z_2 和 Z_3-Z_4 中感应变压器电动势,这些电动势在时间上是同相位的,其有效值和该绕组的位置有关。

当余弦输出绕组 Z_3-Z_4 轴线在直轴位置,即 Z_3-Z_4 绕组轴线与励磁绕组 D_1-D_2 的轴线相重合即 $\alpha=0$ 时,如同一台普通的双绕组变压器,可得到定子、转子感应电动势(余弦输出绕组上的感应电动势)为

$$E_f = 4.44fW_fK_{wf}\Phi_m \approx U_f \tag{4-1}$$

$$E_r = 4.44fW_rK_{wr}\Phi_m = K_eE_f \approx K_eU_f \tag{4-2}$$

$$K_e = \frac{W_rK_{wr}}{W_fK_{wf}} = \frac{W_r}{W_f} = \frac{E_r}{E_f} \tag{4-3}$$

式中,E_f 为励磁绕组电动势;E_r 为 $\alpha=0$ 时转子绕组的电动势;U_f 为励磁电压;W_f、W_r 为定子与转子绕组的等效集中匝数;K_{wf}、K_{wr} 为定子与转子绕组系数,近似等于 1;K_e 为转子与定子电动势比。式中忽略定子绕组漏阻抗和定子绕组电阻的压降,即 $E_f\approx U_f$。

若转子绕组轴线偏离励磁绕组轴线位置,即转子绕组 Z_3-Z_4 与励磁绕组 D_1-D_2 轴线的夹角为 α 角时,如图 4-10 所示,绕组 Z_3-Z_4 所匝链的磁通的幅值为

$$\Phi_c = \Phi_m\cos\alpha \tag{4-4}$$

根据变压器原理可得转子绕组 Z_3-Z_4 的电动势为

$$E_c = 4.44fW_rK_{wr}\Phi_c = 4.44fW_rK_{wr}\Phi_m\cos\alpha \tag{4-5}$$

由式(4-4)可知,磁动势沿气隙按余弦分布,保证了穿过转子绕组 Z_3-Z_4 的磁通和转子转角 α 成余弦的函数关系,从而保证了 Z_3-Z_4 绕组中感应电动势和转子的转角 α 成余弦函数关系。由式(4-5)可知,旋转变压器和普通变压器在工作原理上是完全一样的。它们都利用一次侧绕组和二次侧绕组之间的互感进行工作,所不同的是在普通变压器中总是使一次、二次侧绕组的互感为最大且保持不变;与此不同,在旋转变压器中正是利用转子相对定子的转角的

不同以改变一次、二次侧绕组之间的互感来达到输出电动势和转角成正余弦函数关系。从而得到 Z_3-Z_4 绕组的输出电动势为

$$E_c = E_r\cos\alpha = K_e E_f \cos\alpha \approx K_e U_f \cos\alpha \tag{4-6}$$

同理可得，与绕组 Z_3-Z_4 成正交的转子正弦输出绕组 Z_1-Z_2 的感应电动势为

$$E_s = E_r\cos(90° - \alpha) = E_r\sin\alpha = K_e E_f \sin\alpha \approx K_e U_f \sin\alpha \tag{4-7}$$

由式(4-6)和式(4-7)可知，当旋转变压器励磁后，如果电源电压保持不变，那么输出电动势与转子转角 α 角有严格的正余弦关系。因此绕组 Z_1-Z_2 和 Z_3-Z_4 分别称为正弦输出绕组和余弦输出绕组。

2. 负载运行时的情况

在实际使用中，旋转变压器要接上一定的负载，如图 4-11 所示。试验表明，一旦旋转变压器的正余弦输出绕组如 Z_1-Z_2 接上负载 Z_L 以后，其输出电压不再是转角的正余弦函数，并且负载电流越大，二者的差别也越大。这种输出特性偏离正余弦规律的现象称为输出特性的畸变。如图 4-12 所示，曲线 1 和 2 分别表示旋转变压器在空载和负载时的输出特性，旋转变压器的负载越大（I_s 越大），输出特性的畸变也越严重。这种畸变是必须加以消除的，为此应分析畸变的原因，寻找消除畸变的措施。

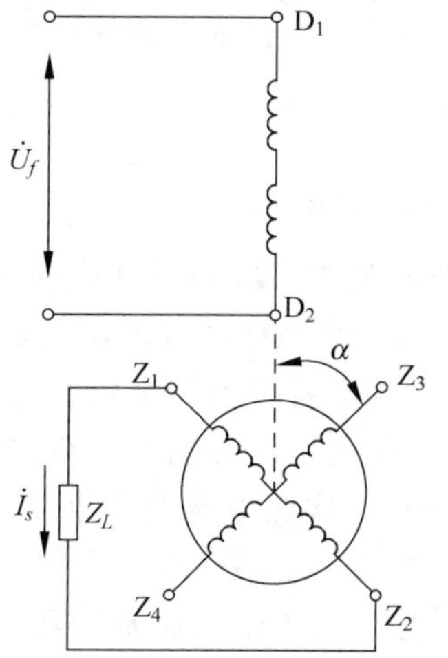

图 4-11　正弦输出绕组接上负载

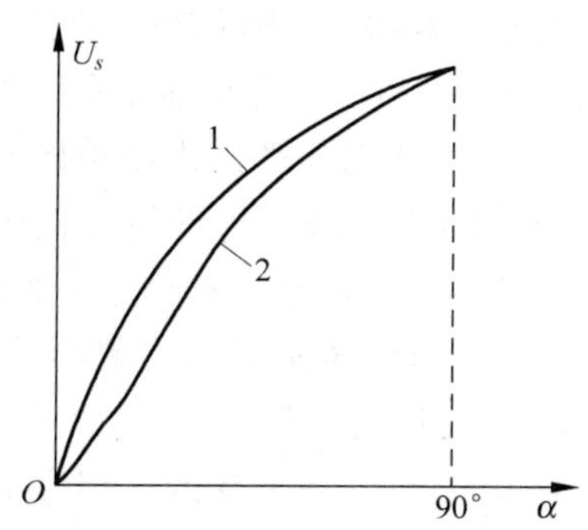

图 4-12　正弦绕组输出电压与转角的关系曲线
1—空载；2—负载

旋转变压器的定子励磁绕组和转子输出绕组，相当于变压器中的一次绕组和二次绕组，如图 4-13 所示，表示了余弦输出绕组 Z_3-Z_4 带负载的情况，在输出绕组 Z_3-Z_4 中感应出电动势 E_c。电动势 E_c 产生电流 I_c，电流 I_c 产生沿 Z_3-Z_4 绕组轴线方向的磁动势 F_c，它是一个脉振磁场，在空间正弦分布。F_c 可以分解为直轴磁动势 F_{cd}（直轴分量，和励磁绕组 D_1-D_2 轴线方向一致）和交轴磁动势 F_{cq}（交轴分量，和 D_1-D_2 轴线正交）其表达式为

$$F_{cd} = F_c\cos\alpha = I_c W_c \cos\alpha \tag{4-8}$$

$$F_{cq} = F_c\sin\alpha = I_c W_c \sin\alpha \tag{4-9}$$

因此，带负载后旋转变压器的工作情况可以用具有两部分绕组的普通变压器来表示，它的等效电路如图 4-14 所示。转子电流 I_c 相当于分别流过两个转子绕组，其中一个为等效

的直轴绕组具有 $W_c\cos\alpha$ 匝，直轴等效绕组轴线与励磁绕组轴线重合，彼此完全重合，如同普通变压器中一次、二次绕组的关系一样；另一个为等效的交轴绕组具有 $W_c\sin\alpha$ 匝，交轴等效绕组轴线与励磁绕组轴线不重合，但与定子上另一个绕组 D_3-D_4 的轴线完全重合，因此，由 $I_cW_c\sin\alpha$ 产生的磁通对定子励磁绕组 D_1-D_2 来说完全是漏磁通。

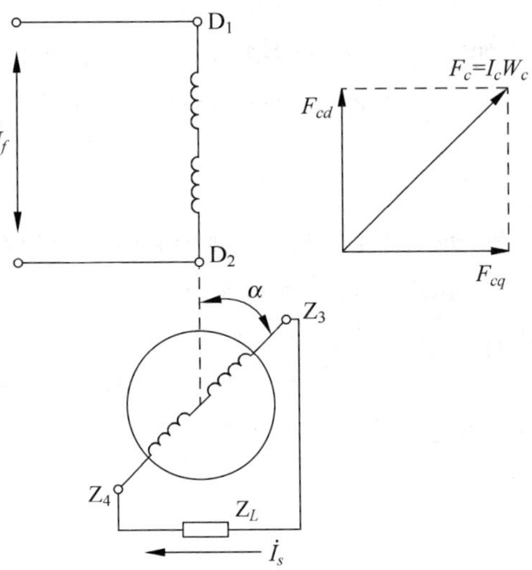

图 4-13 余弦输出绕组 Z_3-Z_4 带负载

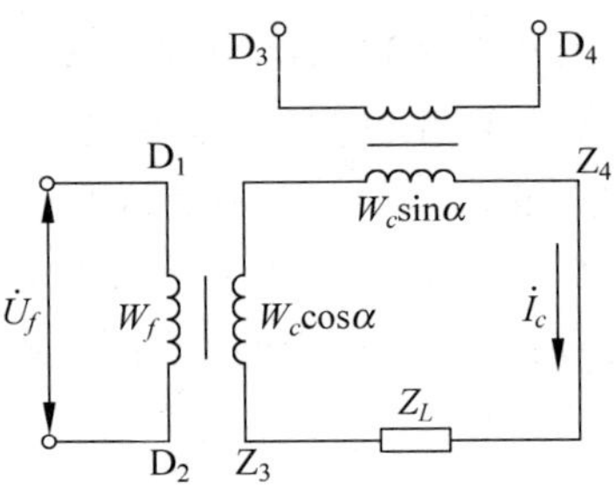

图 4-14 负载时旋转变压器等效电路

下面对直轴磁动势 F_{cd} 和交轴磁动势 F_{cq} 引起的影响分别进行分析。

直轴磁动势 F_{cd} 相当于变压器中的二次磁动势，直轴分量所对应的直轴磁通对励磁绕组 D_1-D_2 来说，相当于变压器二次绕组所产生的磁通。而按变压器磁动势平衡关系，当二次侧接上负载，流过电流 I_c 时，为维持电动势平衡，一次侧电流必将增加一个负载分量，以使主磁通和反电动势基本不变。但由于一次侧电流的增加会引起一次侧阻抗压降的增加，因此实际上反电动势和主磁通均略有减小。在旋转变应器中，二次侧电流所产生的直轴磁场对一次侧电动势主磁通的影响也是如此。所不同的是，在变压器中，当二次侧负载不变时，一次、二次侧电动势是不变的。但在旋转变压器中，由于二次侧电流及其所产生的直轴磁场不仅与负载有关，而且还与转角 α 有关。因此旋转变压器中直轴磁通对 E_c 的影响也随转角 α 变化而变化，但因为直轴磁通对一次侧电动势的影响本身就很小，所以直轴磁通对输出电压畸变的影响也很小，可以忽略不计。因此，可认为直轴脉振磁通与空载时近似相等。

引起输出电压畸变的主要原因是二次侧电流所产生的交轴磁场分量，F_{cq} 产生的磁通完全是漏磁通，由这个漏磁通产生的漏抗压降使输出绕组的输出电压与空载电动势之间出现较大的畸变。显然，F_{cq} 对应的交轴磁通 Φ_q 必定和其成正比，即

$$\Phi_q \propto F_{cq} \tag{4-10}$$

Φ_q 和输出绕组 Z_3-Z_4 的夹角为 α，若设匝链输出绕组 Z_3-Z_4 的磁通为 Φ_{q34}，则

$$\Phi_{q34} = \Phi_q\cos\alpha \tag{4-11}$$

若 B_Z 表示绕组磁通密度，代入上式，则

$$\Phi_{q34} \propto B_Z\cos^2\alpha \tag{4-12}$$

磁通 Φ_{q34} 在 Z_3-Z_4 统组中所产生的感应电动势也是变压器电动势，其有效值为

$$E_{q34} = 4.44 f W_r K_{wr} \Phi_{q34} \propto B_z \cos^2\alpha \tag{4-13}$$

可见旋转变压器正弦输出绕组 Z_3-Z_4 接上负载以后，除了仍存在 $E_c = K_e U_f \cos\alpha$ 的电动势以外，还附加了正比于 $B_Z \cos^2\alpha$ 的电动势 E_{q34}。显然后者的出现破坏了输出电压随转角作正弦函数变化的关系，造成输出特性的畸变。由式(4-13)还可以看出，在一定的转角下 E_{q34} 正比于 B_Z，而 B_Z 又正比于绕组 Z_3-Z_4 中的电流 I_c，所以负载电流愈大，E_{q34} 也愈大，输出特性偏离正弦函数关系就愈远。

从以上分析可知，旋转变压器带负载后旋转变压器输出特性产生畸变是由于交轴磁动势引起的。所以，若能消除交轴磁通的影响，则带负载后输出特性的畸变就能够被消除。消除畸变的方法称为补偿，补偿的方法有两种，一种是二次侧补偿，另一种是一次侧补偿。下面讨论一次、二次侧补偿的旋转变压器工作原理。

4.2.3 正余弦旋转变压器补偿方法

1. 二次侧补偿的正余弦旋转变压器

二次侧补偿就是把正余弦旋转变压器按图 4-15 所示的接线图进行接线。同时使用两个转子绕组，一个为转子绕组 Z_3-Z_4 接上负载 Z_L 作为输出绕组用；另一个转子绕组 Z_1-Z_2 接有阻抗 Z_e，作为补偿用。此时相当于二次侧对称的正余弦旋转变压器。

当定子绕组 D_3-D_4 开路，D_1-D_2 加上交流励磁电压 U_f 后，在转子两个绕组中分别感应出电动势 E_c 和 E_s，进而产生电流 I_c 和 I_s。在两电流的作用下，分别在绕组 Z_3-Z_4、Z_1-Z_2 中产生磁动势 F_c 和 F_s，由前面分析可知

$$E_c = E_r \cos\alpha \tag{4-14}$$

$$F_c = I_c W_r = \frac{E_r}{Z_c + Z_L} W_r \cos\alpha \tag{4-15}$$

式中，Z_c 为转子绕组 Z_3-Z_4 的阻抗。

同理

$$E_s = E_r \sin\alpha \tag{4-16}$$

$$F_s = I_s W_r = \frac{E_r}{Z_s + Z_e} W_r \sin\alpha \tag{4-17}$$

式中，Z_s 为转子绕组 Z_1-Z_2 的阻抗；Z_e 为补偿绕组的阻抗。

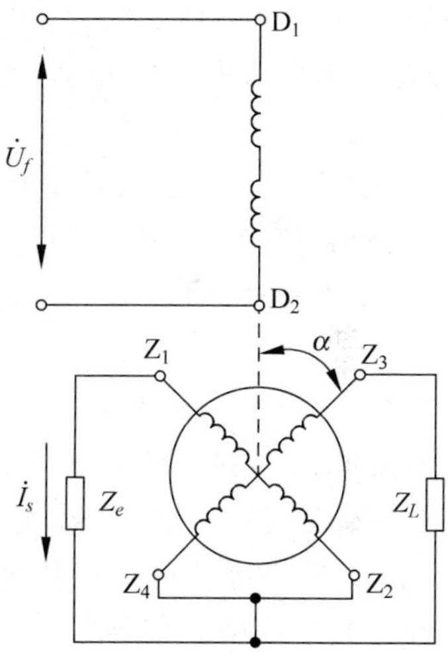

图 4-15 二次侧补偿的正余弦旋转变压器

若将转子各绕组产生磁动势分解为沿直轴和交轴方向的磁动势，如图 4-16 所示。从图中可以看出，转子两个绕组分解的交轴磁动势方向是相反的，其作用是相互抵消的，在一定条件下它们可以完全抵消。

转子两绕组磁动势在交轴方向的分量分别为

$$F_{cq} = F_c \sin\alpha = \frac{E_r}{Z_c + Z_L} W_r \cos\alpha \sin\alpha$$

$$F_{sq} = F_s \cos\alpha = \frac{E_r}{Z_s + Z_e} W_r \sin\alpha \cos\alpha \tag{4-18}$$

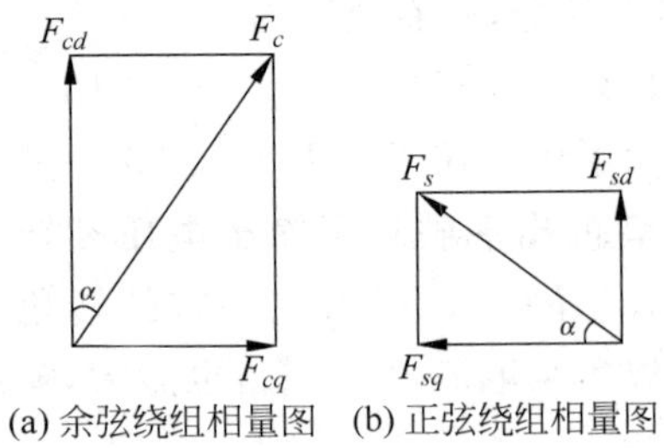

图 4-16 转子磁动势的相量图

由式(4-18)可知,要使交轴磁动势完全抵消的条件是

$$Z_c + Z_L = Z_s + Z_e \tag{4-19}$$

由于正余弦绕组是二相对称绕组,所以 $Z_c = Z_s$。因此,只要 $Z_L = Z_e$,即补偿绕组所接的阻抗 Z_e 与负载阻抗 Z_L 相等,则将得到完全补偿,即二次侧完全补偿条件是补偿阻抗等于负载阻抗。即

$$Z_e = Z_L \tag{4-20}$$

这时转子两绕组磁动势在直轴方向的分量为

$$F_{sd} = F_s \sin\alpha = \frac{E_r}{Z_s + Z_e} W_s \sin^2\alpha \tag{4-21}$$

$$F_{cd} = F_c \cos\alpha = \frac{E_r}{Z_e + Z_L} W_c \cos^2\alpha \tag{4-22}$$

直轴合成磁动势为

$$\begin{aligned} F_d &= F_{sd} + F_{cd} = F_c \cos\alpha \\ &= \frac{E_r}{Z_s + Z_e} W_r \sin^2\alpha + \frac{E_r}{Z_e + Z_L} W_r \cos^2\alpha \\ &= \frac{E_r}{Z_s + Z_L} W_r \end{aligned} \tag{4-23}$$

通过式(4-18)、式(4-19)和式(4-23)说明,在二次侧完全补偿的条件下,转子两绕组产生的合成磁动势的方向始终和励磁绕组轴线相一致,转子两个绕组产生的合成直轴磁动势 F_d 与转角 α 无关,是一个常数。

2. 一次侧补偿的正余弦旋转变压器

一次侧补偿时旋转变压器的接线如图 4-17 所示,定子绕组 D_1-D_2 加励磁电源电压,绕组 D_3-D_4 接有补偿阻抗 Z_e',转子绕组 Z_3-Z_4 接有负载 Z_L 作为输出绕组,另一个转子绕组 Z_1-Z_2 开路。

当定子绕组 D_1-D_2 加电后,转子绕组 Z_3-Z_4 便有电流流过,产生磁动势 F_c,可把它分解为直轴磁动势 F_{cd} 和交轴磁动势 F_{cq},F_{cd} 与 F_{cq} 所对应的绕组分别是等效匝数为 $W_c\cos\alpha$ 的直轴绕组和等效匝数为 $W_c\sin\alpha$ 的交轴绕组。这样补偿绕组轴线和转子等效匝数为 $W_c\sin\alpha$ 的交轴绕组的轴线完全重合,如图 4-18 所示。同普通变压器中一次、二次绕组关系一样,补偿绕组 D_3-D_4 相当于变压器的二次侧,转子等效交轴绕组 $W_c\sin\alpha$ 相当于变压器的一次侧。

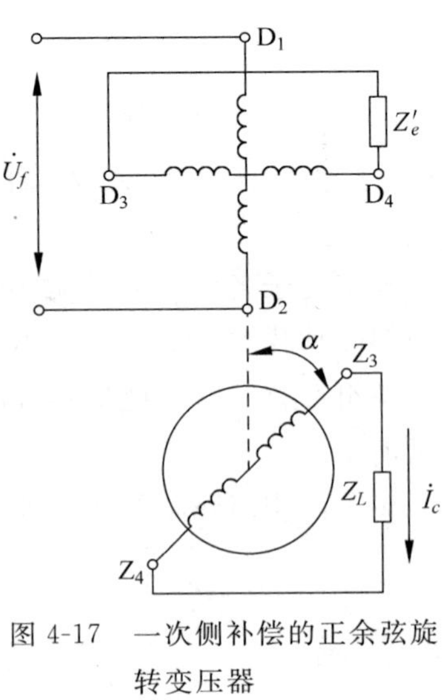

图 4-17 一次侧补偿的正余弦旋转变压器

根据变压器原理,当变压器二次侧绕组有负载电流时,它产生的磁场和原来的磁场方向相反,也就是说起抵消作用。在这里,补偿绕组接有负载 Z_e',它所产生的磁场对交轴磁场也起抵消作用(去磁作用),所以达到了补偿的目的。

当 Z_e' 等于定子绕组 D_1-D_2 的电源内阻抗 Z_i',即 $Z_e' = Z_i'$ 时,由负载引起的输出特性畸变将得到完全补偿。一般

情况下，电源内阻抗很小，因此可把补偿绕组 D_3-D_4 直接短接。

对比二次侧补偿和一次侧补偿，可以看到二次侧补偿时补偿阻抗 Z_e 的数值和旋转变压器的负载 Z_L 的大小有关，而一次侧补偿时，补偿阻抗 Z'_e和负载 Z_L 无关，因此易于实现。

正余弦旋转变压器在实际应用过程中，为了得到更好的补偿，还可采用一次、二次侧同时补偿的方法，此时旋转变压器的 4 个绕组连接线如图 4-19 所示。在正余弦输出绕组（二次侧）中分别接入负载 Z_L 和补偿阻抗 Z_e，一次侧交轴绕组接补偿阻抗 Z'_e或者直接短接，采用一次、二次侧同时补偿，二次侧接不变的补偿阻抗 Z_e，负载变动时二次侧未补偿的部分由一次侧补偿，从而达到全补偿的目的。

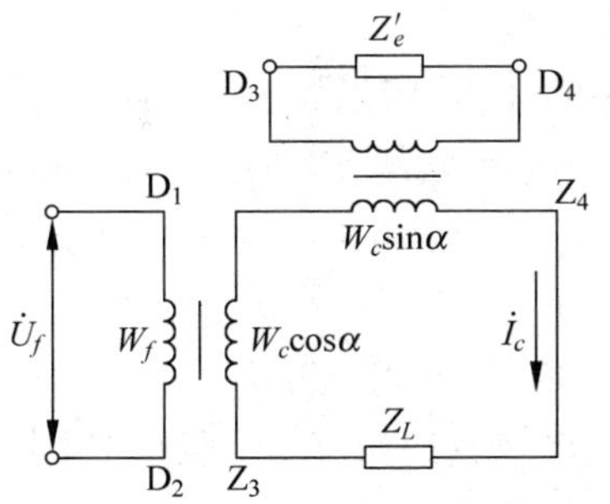

图 4-18　一次侧补偿时的等效电路

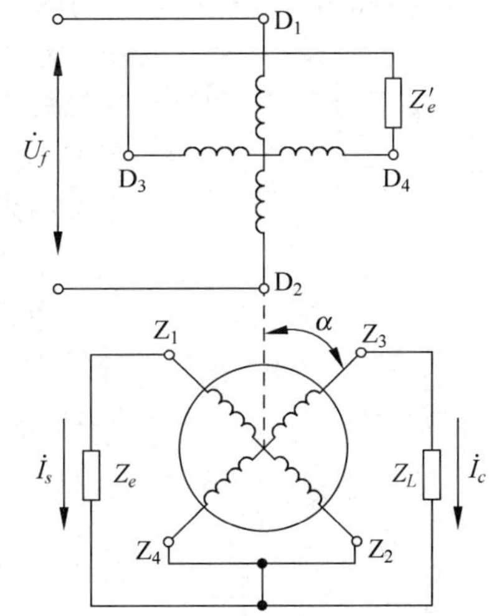

图 4-19　一次、二次侧补偿的正余弦旋转变压器

4.3　线性旋转变压器

4.3.1　线性旋转变压器的结构

线性旋转变压器的结构与正余弦旋转变压器结构上基本一样，主要是由定子、转子组成，绕组的形式也完全一样，定子、转子都由两相对称分布绕组组成，所不同的是转子、定子匝数比有一定的要求，且接线有所不同。

正余弦旋转变压器的输出电压随转角 α 是呈正余弦函数关系，但在某些情况下，要求旋转变压器输出电压在一定的范围内随转角 α 呈线性关系，即

$$U_s = K_s\alpha \tag{4-24}$$

式中，U_s 为线性旋转变压器的输出电压；K_s 为比例系数；α 为相对于初始状态的转角。

当角度 α 很小时，$\sin\alpha$ 和 α 近似相等，即 $\sin\alpha \approx \alpha$。因此，在转角很小时，正弦旋转变压器可以作为线性旋转变压器使用。当转角 α 小于 4.5°时，输出电压相对于线性函数的偏差小于 0.1％，当转角 α 小于 14°时，输出电压相对于线性函数的偏差小于 1％。

当要求在更大的范围内得到线性函数输出的电压时，简单地用正弦旋转变压器就不能满足了。这时就需要将旋转变压器的接线作相应的改变，使之得到如下输出电压

$$U_s = \frac{U_f K_e \sin\alpha}{1 + K_e \cos\alpha} \tag{4-25}$$

当上式中 $K_e=0.5$ 时,在 $\alpha=\pm 37.4°$的范围内,输出电压 U_s 和转角 α 之间可保持线性关系。与理想的线性关系相比较,在 $\alpha=\pm 37.4°$的范围内,其误差不会超过 0.1% ,当 $K_e=0.52$ 时,则线性误差不超过 0.1% 的范围可以扩大到 $\alpha=\pm 60°$。

4.3.2 线性旋转变压器的工作原理

线性旋转变压器按图 4-20 所示的线路接线,可使旋转变压器的输出特性为式(4-25)所示的函数关系,此图为一次侧补偿的线性旋转变压器工作原理图。图中将定子的 D_1-D_2 绕组和转子的 Z_3-Z_4 绕组串联后接到电源去作为变压器的一次侧绕组,Z_1-Z_2 绕组作为输出绕组并接有负载 Z_L,定子绕组 D_3-D_4 作一次侧补偿用,其中 Z_e'应等于电源内阻抗,由于电源内阻抗很小,可以忽略,故可将 D_3-D_4 绕组直接短路。下面来说明它的工作原理。

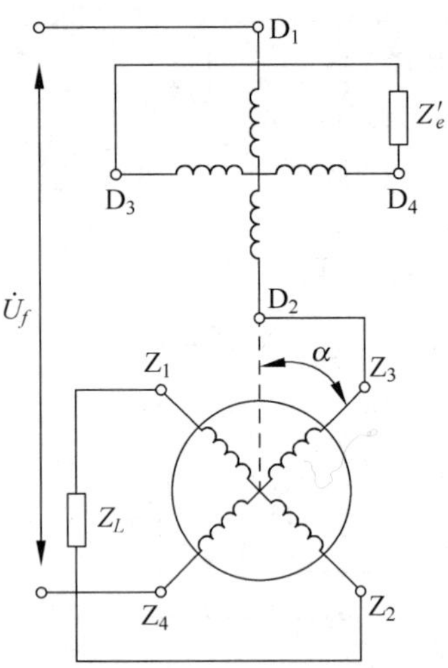

图 4-20 线性旋转变压器工作原理图

当旋转变压器按图 4-20 所示接线时,称为一次侧补偿的线性旋转变压器。设励磁绕组 D_1-D_2 的感应电动势为 E_f,前文已得余弦绕组电动势和正弦绕组电动势分别为

$$E_c = K_e E_f \cos\alpha$$
$$E_s = K_e E_f \sin\alpha \tag{4-26}$$

因为励磁绕组 D_1-D_2 与余弦绕组 Z_3-Z_4 相串联,余弦绕组等效于励磁绕组轴线上的匝数为 $W_r\cos\alpha$($W_c\cos\alpha$),所以可把 $W_f+W_r\cos\alpha$ 看成励磁绕组的等效匝数,故在励磁绕组轴线上的磁通 Φ_m 在合成励磁绕组中的感应电动势为

$$E_i = E_f + E_c = E_f + K_e E_f \cos\alpha \tag{4-27}$$

当忽略绕组的漏阻抗压降时,励磁电压为

$$U_f \approx E_f + K_e E_f \cos\alpha \tag{4-28}$$

余弦输出绕组 Z_1-Z_2 的电动势仍为

$$E_s = K_e E_f \sin\alpha \tag{4-29}$$

由式(4-28) 和式(4-29)可得出输出电动势与励磁电压之比为

$$\frac{E_s}{U_f} = \frac{K_e F_f \sin\alpha}{E_f + K_e E_f \cos\alpha} = \frac{K_e \sin\alpha}{1 + K_e \cos\alpha} \tag{4-30}$$

忽略输出绕组漏阻抗压降时,输出电压为

$$U_s = \frac{U_f K_e \sin\alpha}{1 + K_e \cos\alpha} \tag{4-31}$$

根据式(4-31)可绘制出输出电压与转子偏转角的关系曲线,称为线性旋转变压器的输出特性曲线,如图 4-21 所示,在比较大的范围内,输出电压和转子转角之间具有线性关系。当 $K_e=0.52$ 时,α 角可扩大到 $\alpha=\pm 60°$范围内,输出电压 U_s 和 α 角保持线性,与理想线性函数相比,线性误差不超过

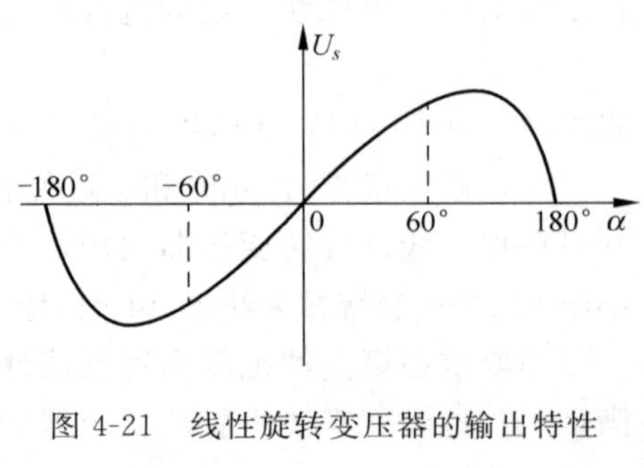

图 4-21 线性旋转变压器的输出特性

0.1% 范围。

上面讨论的是在理想情况下推导出来的，忽略绕组阻抗压降，为接近实际线性旋转变压器情况，应把绕组阻抗考虑进去，获得最佳线性特性一般取变比 $K_e=0.55\sim0.57$。所以一台变比为 0.56 的正弦旋转变压器，就可以作为线性旋转变压器使用。

4.4 旋转变压器的使用

4.4.1 工作方式

在实际应用中，考虑到使用的方便性和检测精度等因素，常采用四极绕组式旋转变压器。这种结构形式的旋转变压器可分为鉴相式和鉴幅式两种工作方式。鉴相式工作方式是一种根据旋转变压器转子绕组中感应电动势的相位来确定被测位移大小的检测方式。鉴幅式工作方式是通过对旋转变压器转子绕组中感应电动势幅值的检测来实现位移检测的。这两种工作方式最明显的区别就是励磁电压的不同。

1. 鉴相式工作方式

该工作方式的励磁电压是在定子两相正交绕组（正弦绕组 s 和余弦绕组 c）上分别加上幅值相等、频率相等，相位相差 90°的正弦交变电压，如图 4-22 所示。

$$V_s=V_m\sin\omega t \tag{4-32}$$

$$V_c=V_m\cos\omega t \tag{4-33}$$

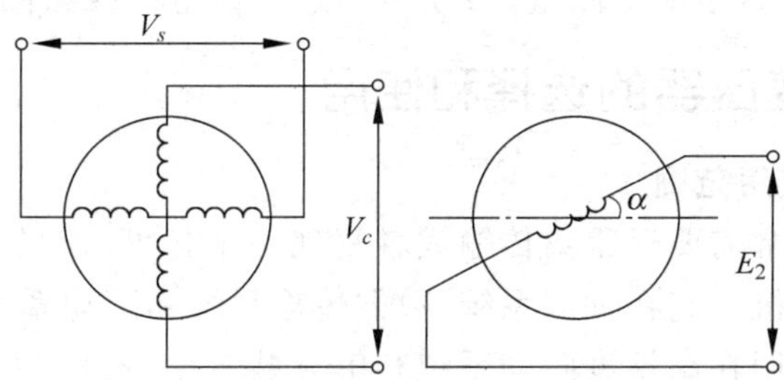

图 4-22 定子两相绕组励磁

通过电磁感应，在转子绕组中产生感应电动势。转子中的一相绕组作为工作绕组，另一相绕组用来补偿电枢反应。根据线性叠加原理，在转子工作绕组中产生的感应电动势为

$$\begin{aligned}E_2&=KV_S\cos\alpha-KV_C\sin\alpha\\&=KV_m(\sin\omega t\cos\alpha-\cos\omega t\sin\alpha)\\&=KV_m\sin(\omega t-\alpha)\end{aligned} \tag{4-34}$$

式中，α 为定子正弦绕组轴线与转子工作绕组轴线间的夹角；ω 为励磁角频率；K 为电压系数。

由式(4-34)可见，如果 $K=1$，那么旋转变压器感应电动势 E_2 与定子绕组中的励磁电压为相同频率、相同幅值，但相位不同，其差值为 α。若测量转子工作绕组输出电压的相位角 α，即可测得转子相对于定子的空间转角位置。实际应用中，将定子正弦励磁绕组的交流电压相位作为基准，与转子绕组输出电压相位作比较，来确定转子转角的位置。

2. 鉴幅式工作方式

该工作方式的励磁电压是在定子两相正向绕组(正弦绕组 s 和余弦绕组 c)上分别接上相位相等、频率相等,幅值按正弦、余弦变化的交变电压。

$$V_S = V_m \sin\theta \sin\omega t \tag{4-35}$$

$$V_C = V_m \cos\theta \sin\omega t \tag{4-36}$$

上两式中,$V_m \sin\theta$、$V_m \cos\theta$ 分别为定子两相励磁绕组交变电压信号的幅值;θ 为电气角,励磁交变电压信号的相位角。在转子中感应出的电动势为

$$\begin{aligned} E_2 &= KV_S \cos\alpha - KV_C \sin\alpha \\ &= KV_m \sin\omega t(\sin\theta\cos\alpha - \cos\theta\sin\alpha) \\ &= KV_m \sin(\theta - \alpha)\sin\omega t \end{aligned} \tag{4-37}$$

式中,α 为机械角,同式(4-34)中的 α 意义相同。

由式(4-37)可看出,转子感应电动势不但与转子和定子的相对位置 α 有关,还与励磁交变电压信号的幅值有关。感应电动势 E_2 是以 ω 为角频率、以 $V_m\ \sin(\theta-\alpha)$ 为幅值的交变电压信号。若电气角 θ 已知,那么只要测出 E_2 幅值,便可间接地求出机械角 α,从而得出被测角位移。实际应用中,利用幅值为零(即感应电动势等于零)的特殊情况进行测量。由感应电动势的幅值表达式知道,幅值为零,也就是 $\theta-\alpha=0$。当 $\theta-\alpha=\pm 90°$ 时,转子绕组感应电动势最大。鉴幅测量的具体过程是不断地调整定子励磁信号的电气角 θ,使转子感应电动势 E_2 为零(即感应信号的幅值为零),跟踪 α 的变化,当 E_2 等于零时,说明电气角和机械角相等。这样一来,用 θ 代替了对 α 测量。θ 可以通过具体电子线路测得。

4.4.2 旋转变压器的选择和使用

1. 旋转变压器的应用范围

在自动控制系统中常需要远距离传输或者复现一个角度,旋转变压器就是用来实现这类任务的一种交流微电机。它在伺服系统、数据传输系统和随动系统中得到了广泛的应用。同时旋转变压器广泛应用在高精度随动系统和解算装置中,有时也用于系统的装置电压调节和阻抗匹配等。在解算装置中主要用来求解矢量或进行坐标转换、求反三角函数、进行加减乘除及函数的微、积分运算等,其变比常为 1。

旋转变压器用于高精度的角度传输系统中作回线自整角机,其误差可为 $3'\sim5'$,在此类系统中其工作原理及使用要求和自整角机完全一样。它也分为旋转发送机、旋转差动发送机和旋转变压器 3 种。

旋转变压器用在高精度随动系统进行角度数据的传输或测量已知输入角的角度和或角度差;比例式旋转变压器则是匹配自控系统中的阻抗和调节电压。

2. 旋转变压器的选择

在选用旋转变压器时,应根据控制系统的要求,一般旋转变压器直接应用于高精度的角度传输系统和计算机中作为解算元件。作为角度传输系统,由于系统简单,不需要其他辅助设备,传输精度高。

在系统确定之后,可根据以下几点来选择合适的产品。电压和频率的选择,在一般的情况下应选择电压低的,特别是对尺寸小的旋转变压器,低压比较可靠;空载阻抗的选择,对于测量系统中的旋转发送机,在电源容量允许的情况下,为获得较高精度,应选用空载阻抗

低的产品；函数误差的选择，对于解算系统对旋转变压输出的正弦、余弦函数误差越小越好。

在正余弦旋转变压器的使用中，尤其是在测量系统中，都是成对的使用，定子绕组加励磁电压，转子绕组作为输出。但在实际使用中经常把转子绕组作为励磁绕组，而定子绕组作为输出绕组，这主要是减少电刷接触不良而影响测量精度。

3. 使用注意事项

为了保证旋转变压器有良好的特性，在使用中必须注意以下 4 点。

(1) 一次侧只用一相绕组励磁时，另一相绕组应连接一个与电源内阻抗相同的阻抗或直接短接。

(2) 一次侧两相绕组同时励磁时，因为只能采用二次侧补偿的方法，两个输出绕组的负载阻抗要尽可能相等。

(3) 使用中必须准确调整零位，以免引起旋转变压器性能变差。

(4) 因旋转变压器要求在接近空载的状态下工作，其开路输入阻抗应远大于旋转变压器的输出阻抗，两者的比值越大，输出特性的畸变就越小。

4.4.3 旋转变压器的误差

旋转变压器的误差有函数误差、零位误差、线性误差、电气误差、输出相位移等几个方面，旋转变压器误差原因有绕组谐波、齿槽效应、磁路饱和、材料、制造工艺、交轴磁场等。改进措施为严格控制加工工艺，采取补偿方法，采用正弦绕组、短距绕组、斜槽设计等。

1. 函数误差

根据产品技术条件的规定，正余弦旋转变压器的输出电压和理论值(即正弦函数值)之差与最大输出电压之比为函数误差，即

$$\delta_n = \frac{\Delta U}{U_m} \times 100\% \tag{4-38}$$

2. 零位误差

理论上，正弦输出绕组的输出电压在 $\alpha=0°$ 和 $\alpha=180°$ 时应等于零，余弦输出绕组的输出电压在 $\alpha=90°$ 及 $\alpha=270°$ 时应等于零，对应的角度称为理论电气零位。但实际上当 α 等于上述角度时输出电压不为零，称这个电压为零位电压。而当实际输出电压为零时所对应的角度称为实际电气零位。实际电气零位与理论电气零位之差就称为零位误差，单位以角分表示。

3. 线性误差

线性旋转变压器在工作角范围内，不同转角时，实际输出电压与理论直线值之差，对理论最大输出电压之比。

$$\delta_1 = \frac{U_\alpha{}' - U_\alpha}{U_{\alpha=60°}} \times 100\% \tag{4-39}$$

误差范围一般为 0.02%～0.1%。

4. 电气误差

旋转变压器励磁绕组加额定励磁电压，且交轴绕组短路，在不同转子转角 α 时，两个输

出绕组的输出电压之比所对应的正切或余切的角度与实际转角之差，通常以角分表示。

5. 输出相位移

输出电压的基波分量与励磁电压的基波分量之间的相位差，称为输出相位移，其范围为3°～12°。

6. 变压器的精度等级

旋转变压器的精度等级见表4-1。

表4-1 旋转变压器的精度等级

精度等级	0级	Ⅰ级	Ⅱ级	Ⅲ级
正余弦函数误差(%)	±0.05	±0.1	±0.2	±0.3
零位误差(′)	±3	±8	±16	—
线性误差(%)	±0.06	±0.11	±0.22	—
电气误差(′)	±0.3	±8	±12	±18

4.5 旋转变压器的应用举例

4.5.1 旋转变压器在角度测量系统中的应用

用一对旋转变压器测角原理和控制式自整角机完全相同，因为这两种电机的气隙磁场都是脉振磁场，虽然定子绕组的组数不同，但都属于对称绕组，两者内部的电磁关系是相同的。所以有时把这种工作方式的旋转变压器叫做四线自整角机。一般说来，旋转变压器的精度要比自整角机高。这是由于旋转变压器要满足输出电压和转角之间的正余弦关系而对绕组进行特殊的设计，再者旋转变压器发送机一次侧有短路补偿绕组，可以消除由于工艺上造成的两相同步绕组不对称所引起的交轴磁动势。远距离高精度角度传输系统若采用自整机角度传输系统其绝对误差为10′～30′，若采用两极正余弦旋转变压器作为发送机和接收机，其传输误差可下降至1′～5′，可见传输精度大大提高。但是旋转变压器用来测量差角时，发送机和接收机的同步绕组要有4根连接线，比自整角机多，而且旋转变压器价格比自整角机高。因此，在需要测量差角的场合，多数采用自整角机测量差角，只有高精度的随动系统，才采用旋转变压器。

利用一对旋转变压器测量角度差，具体接线如图4-23所示。图中与发送轴耦合的旋转变压器称为旋变发送机，与接收轴耦合旋转变压器称为旋变接收机或旋变变压器。如前所述，旋转变压器定转子绕组都是两相对称绕组，当用一对旋转变压器测量差角时，常常把定子、转子绕组互换使用，即在旋变发送机转子绕组 Z_1-Z_2 上加交流励磁电压 U_f，将绕组 Z_3-Z_4 短路作补偿用，旋转发送机和旋转变压器的定子绕组相互连接，这样旋转变压器的转子绕组 Z_3'-Z_4' 作为输出绕组，该绕组两端输出一个与两转轴的角差 $\beta=\alpha_1-\alpha_2$ 的正弦函数成正比的电动势，当角差较小时，该输出电动势近似正比于角差。可见一对旋转变压器可以达到测量角度差的目的。

具体言之，当发送机的转子绕组 Z_1-Z_2 接励磁电压 U_f 后，将在励磁绕组 Z_1-Z_2 轴线方向产生磁动势 F_r 和磁通。这时在定子绕组中 D_1-D_2、D_3-D_4 分别感应电动势，进而产生电流 I_{12}、I_{34}。两相绕组电流又分别在各相绕组的轴线位置产生两极脉振磁场，两个脉振磁场合

成磁动势 F 的方向在励磁绕组轴线上，如图 4-23 所示。也就是说，不管转子转到什么位置，即不管 α_1 为何值，定子绕组产生的合成磁动势总是沿着励磁绕组轴线方向，因此，定子合成磁场的轴线与 D_1-D_2 相夹角为 α_1。

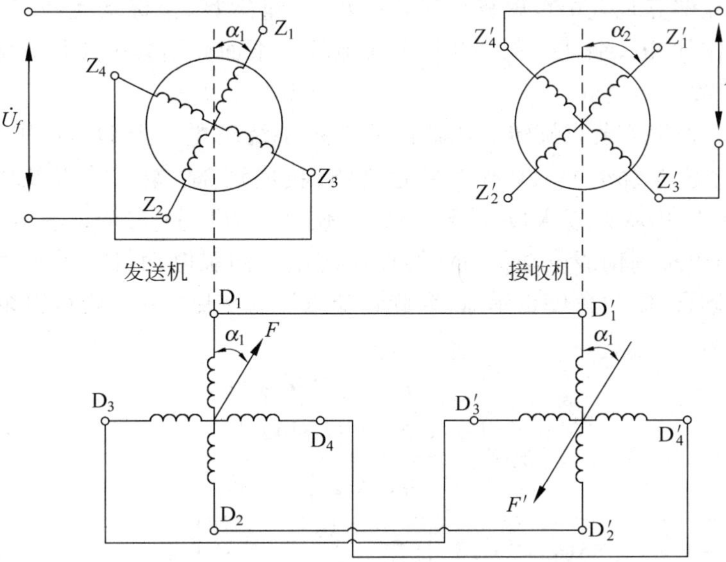

图 4-23 旋转变压器测量角度差的原理图

接收机定子是和发送机定子绕组对应连接的，下面来分析它产生的磁动势。可以看出，通过绕组 D_1-D_2 和 D_1'-D_2'的电流大小一样，只是方向相反；同样，流过绕组 D_3-D_4 和流过绕组 D_3'-D_4'的电流大小也一样，也只是方向相反。由于接收机定子绕组也是两相对称的，所以接收机合成磁动势轴线也与 D_1-D_2 相夹角 α_1，但是方向与发送机中的合成磁动势相反，如图 4-23 所示。已知接收机输出绕组 Z_3'-Z_4'轴线与绕组 D_1-D_2 轴线的夹角为 $90°-\alpha_2$，由图 4-24 可知，接收机定子产生的磁动势 F'与转子输出绕组 Z_3'-Z_4'轴线夹角为 $90°-\alpha_2+\alpha_1$。由此得出，其输出电动势 E_s 为

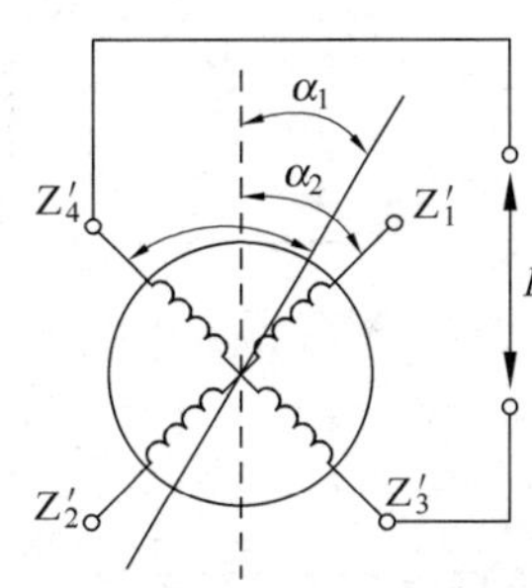

图 4-24 接收机定子合成磁动势与转子输出绕组轴线夹角

$$E_s = E_m\cos[90° + \alpha_1 - \alpha_2] = E_m\sin(\alpha_1 - \alpha_2) = E_m\sin\delta \tag{4-40}$$

由式(4-40)看出，利用图 4-23 所示的线路，确实可以测量两个轴之间的角度差，而输出电压的幅值与角差的正弦值成正比。

上述利用两台相同的正余弦旋转变压器组成的测角系统属于单通道测角系统。由于旋转变压器的精度为 6′，所以单通道系统的精度必然不小于 6′，可见用一对两极旋转变压器系统的精度也只能达到几个角分，有时还难以满足高精度系统的要求。为了适应更高精度同步随动系统的要求，可以采用由两极和多极旋转变压器组成的粗测、精测双通道同步随动系统，其中粗测通道由一对两极的旋转变压器组成，精测通道由一对多极的旋转变压器组成。

多极旋转变压器和两极旋转变压器的区别在于，当其定子、转子绕组通电时将会产生多

极的气隙磁场。两者的工作原理一样，只是输出电压的周期不同而已。

4.5.2 旋转变压器在解算装置中的应用

旋转变压器在解算装置中可解算反三角函数、矢量运算、坐标变换和三角函数等，经一定设计去除还可作加、减、乘、除、积分和微分等运算。下面介绍其中几种应用。

1. 反三角函数

如图 4-25 所示，将正余弦旋转变压器的两个定子绕组中一个 D_1-D_2 作为励磁绕组，外接电压 U_f，另一个定子绕组 D_3-D_4 作为补偿绕组，接成短路。转子余弦绕组 Z_3-Z_4 为输出绕组，与外加电压 U 串联后接入放大器 A 放大，使外接电压 U 与余弦输出电压 U_s 相位相反，并将放大器输出接到伺服电动机 SM 的控制绕组。伺服电动机转子通过减速器与旋转变压器转子机械耦合，Q 为角度指示器，令旋转变压器的变比 $k=1$，则可得余弦绕组及正弦绕组的输出电压为

$$\begin{aligned} U_c &\approx E_c = U_f\cos\alpha \\ U_s &\approx E_s = U_f\sin\alpha \end{aligned} \tag{4-41}$$

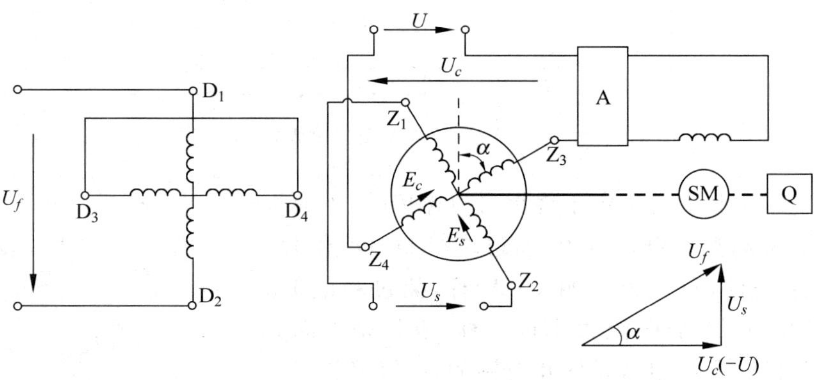

图 4-25 求反三角函数的接线图

信号电压 U-U_c 经放大器后控制伺服电动机的转动。当余弦输出电压 U_c 与外接输入电 U 相等时，放大器输出电压等于零，伺服电动机停转，则

$$\begin{aligned} U &= U_c = U_f\cos\alpha \\ \alpha &= \arccos\frac{U}{U_f} \end{aligned} \tag{4-42}$$

因此，角度指示器所显示的角度便是所求的函数角，式(4-42)中的电压 U 和 U_f 以模拟数输入。

同时可在正弦绕组输出电压 U_s，即

$$U_s = U_f\sin\alpha = \sqrt{U_f^2 - U^2} \tag{4-43}$$

由式(4-43)可知，用图 4-25 所示反三角函数解算电路还能计算平方差的开平方或计算三角形的另一条边长。只要将需运算的边长尺寸换成电压信号 U 和 U_f，输入正余弦旋转变压器的反三角函数运算电路，就能输出相应的角度和另一条边长的相应读数。

2. 矢量解算

矢量解算主要是反映一个边与参考轴的角度关系。矢量的分解和合成，就是直角三角

形各边与其夹角之间的相互转换。根据正余弦旋转变压器的工作原理，不难理解矢量解算过程的三角函数的关系。

若进行矢量分解运算，如图 4-26(a)所示，把需要分解的已知矢量模值 A 转换成电压值，作为励磁电压 U_f 输入到定子的直轴绕组 D_1-D_2（即模值 A 对应于 U_f），然后转动旋转变压器的转子会转过一个角度 α，α 等于已知矢量的幅角 θ。这时便可在旋转变压器转子的余弦绕组和正弦绕组测得输出电压 U_c 和 U_s，这两个电压就分别对应于需分解得出的交轴和直轴分量 U_d 和 U_q。由此可得

$$U_d = U_c = U_f\cos\alpha = A\cos\theta \tag{4-44}$$

$$U_q = U_s = U_f\sin\alpha = A\sin\theta \tag{4-45}$$

$$A\angle\theta = U_f\angle\alpha \tag{4-46}$$

注意，此处旋转变压器的变比 $k=1$。

若进行矢量合成，如图 4-26(b)所示，先将两正交量按比例换成交轴电压 U_q 和直轴电压 U_d，同时输入定子交轴绕组 D_3-D_4 和直轴绕组 D_1-D_2。这时定子两个正交的绕组 D_1-D_2 和 D_3-D_4 同时输入时间、相位相同的交变电流，则在两绕组轴向分别产生时间、相位相同的脉振磁场。根据磁场合成的原理，可得两相绕组 D_1-D_2 和 D_3-D_4 合成的等效磁场 B 的幅值和偏离角 γ。合成磁场 B 将在转子余弦绕组 Z_3-Z_4 上产生感应电动势 E_c，输出信号电压 U_c 经放大器放大后驱动旋转变压器转子偏转，直至余弦输出电压 $U_c=0$ 时，转子停止转动。此时在正弦绕组 Z_1-Z_2 上输出的电压 U_s 便是合成矢量 A 的相应值，转子的偏转角 α 则为合成矢量的幅角 θ。

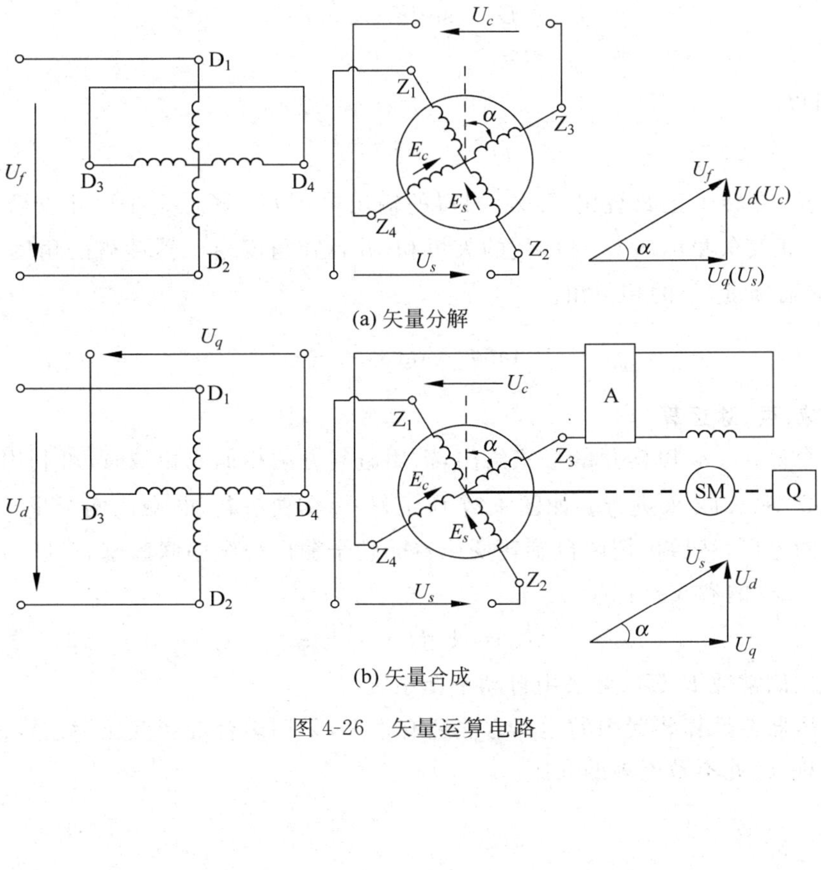

图 4-26　矢量运算电路

下面具体分析其原理。先假设旋转变压器的直轴绕组 D_1-D_2 单独输入励磁电压 U_d，而交轴绕组 D_3-D_4 短路时，可得转子两绕组 Z_3-Z_4 和 Z_1-Z_2 的输出电压为

$$\left.\begin{aligned} U'_c &= U_d\cos\alpha \\ U'_s &= U_d\sin\alpha \end{aligned}\right\} \tag{4-47}$$

再假设交轴绕组 D_3-D_4 单独输入励磁电压 U_q，同时直轴绕组 D_1-D_2 短路，则可得 Z_3-Z_4 和 Z_1-Z_2 的输出电压为

$$\left.\begin{aligned} U''_c &= -U_q\sin\alpha \\ U''_s &= U_q\cos\alpha \end{aligned}\right\} \tag{4-48}$$

根据叠加原理，当直轴绕组 D_1-D_2 和交轴绕组 D_3-D_4 同时分别输入励磁电压 U_d 和 U_q 时，则可将式(4-47)和式(4-48)相加，从而得到两绕组同时励磁时的输出电压为

$$\left.\begin{aligned} U_c &= U'_c + U''_c = U_d\cos\alpha - U_q\sin\alpha \\ U_s &= U'_s + U''_s = U_d\sin\alpha + U_q\cos\alpha \end{aligned}\right\} \tag{4-49}$$

当 $U_c=0$ 时，放大器没有信号电压，伺服电动机便停止在 α 角位置，即

$$U_c = U_d\cos\alpha - U_q\sin\alpha = 0 \tag{4-50}$$

则

$$\frac{U_d}{U_q} = \frac{\sin\alpha}{\cos\alpha} = \tan\alpha \tag{4-51}$$

式(4-49)中两输出电压 U_c 和 U_s 的平方和为

$$\begin{aligned} U_c^2 + U_s^2 &= (U_d\cos\alpha - U_q\sin\alpha)^2 + (U_d\sin\alpha + U_q\cos\alpha)^2 \\ &= (U_d^2 + U_q^2)(\sin^2\alpha + \cos^2\alpha) \\ &= U_d^2 + U_q^2 \end{aligned} \tag{4-52}$$

因 $U_c=0$，所以

$$U_s = \sqrt{U_d^2 + U_q^2} \tag{4-53}$$

由此可见，在转子正弦绕组 Z_1-Z_2 测得的输出电压 U_s，便是定子两正交绕组 D_1-D_2 和 D_3-D_4 输入的正交矢量电压 U_d 和 U_q 的矢量和，并且在角度指示器读得的角度 α，便是合成矢量 U_s 对交轴分量 U_q 的相位角。

$$\tan\theta = \tan\alpha = \frac{U_d}{U_q} \tag{4-54}$$

3. 加、减、乘、除运算

若有两个量 x_1、x_2 以转角的形式给出，欲用电气方法相加或相减时，可利用两台线性旋转变压器 RT1 和 RT2 来进行。如图 4-27 所示，先将需要进行加、减的两个量 x_1、x_2 变换成正比于它们的电压，然后再把两台旋转变压器的转子输出绕组串联起来，串联后的输出电压 U_{rsl} 正比于 x_1、x_2 的和或差：

$$U_{rsl} = K_u U_f(x_1 \pm x_2) \tag{4-55}$$

欲消去比例常数 $K_u U_f$，可采用自动平衡系统。

旋转变压器在计算装置中的运算方法还有很多，采用多台旋转变压器组合使用，可进行微积分等运算，此处不做更多的介绍。

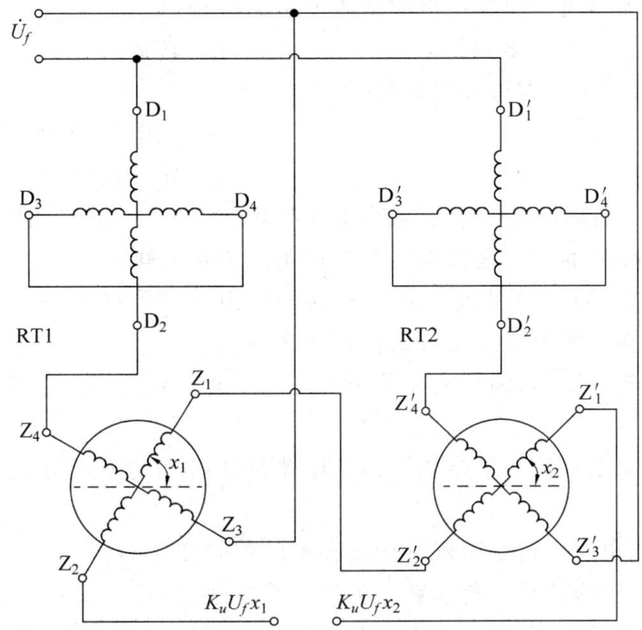

图 4-27 加、减运算接线图

本章小结

本章首先介绍了旋转变应器的主要结构，重点掌握其工作原理、补偿方法及其应用理论。

旋转变压器和自整角电机一样，是转子可以自由转动，但不作连续转动的一种静止型电机，是一种较精密的且具有角度函数特性的控制电机。定子和转子各装有两个结构完全相同，互成正交的绕组。其中旋转变压器励磁绕组产生的是两个在空间按余弦分布，在时间上作余弦变化的磁场，该磁场称为脉振磁场。

旋转变压器是一种高精度的机电式解算元件，能实现输出电压与输入转角之间的诸如正弦、余弦或线性等关系，改变接线方式还可得到其他函数关系。其中最常用的是正余弦旋转变压器，在自动控制系统中它主要用来测量发送轴和接收轴的差角，因此，必须掌握正余弦旋转变压器及其用来测量差角的工作原理。

旋转变压器带负载后出现的交轴效应，即交轴磁动势破坏了原来输出电压与输入角的函数变化规律，因此必须进行补偿。

本章最后重点介绍旋转变压器应用的情况。旋转变压器用于角传输系统，其工作原理、误差分析的方法及特性指标的定义均与控制式自整角机运行时相同。但旋转变压器的精度比自整角机高，它适用于高精度的同步系统。组成双通道系统时精度可达到几个角秒。

思考题与习题

1. 旋转变压器由________两大部分组成。

A. 定子和换向器　　B. 集电环和转子　　C. 定子和电刷　　D. 定子和转子

2. 与旋转变压器输出电压呈一定的函数关系的是转子________。

A. 电流　　B. 转角　　C. 转矩　　D. 转速

3. 旋转变压器的原边、副边分别装在________上。

A. 定子、转子　　B. 集电环、转子

C. 定子、电刷　　D. 定子、换向器

4. 线性旋转变压器正常工作时，其输出电压与转子转角在一定转角范围内成________。

5. 旋转变压器变比的含义是什么？它与转角的关系怎样？

6. 旋转变应器有哪几种？其输出电压与转子转角的关系如何？

7. 旋转变压器在结构上有什么特点？有什么用途？

8. 一台正弦旋转变压器，为什么在转子上安装一套余弦绕组？定子上的补偿绕组起什么作用？

9. 说明二次侧完全补偿的正余弦旋转变压器条件，转子绕组产生的合成磁动势和转子转角 α 有何关系。

10. 用来测量差角的旋转变压器是什么类型的旋转变压器？

11. 试述旋转变压器的反三角运算和矢量运算方法。

12. 简要说明在旋转变压器中产生误差的原因和改进方法。

第5章 伺服电动机及其控制

CHAPTER 5

伺服电动机控制系统是用来精确地跟随或复现某个过程的反馈控制系统，又称随动系统。在很多情况下，伺服系统专指被控制量（系统的输出量）是机械位移或位移速度、加速度的反馈控制系统，其作用是使输出的机械位移（或转角）准确地跟踪输入的位移（或转角）。如图5-1所示为伺服电动机控制系统装置。

图5-1 伺服电动机控制系统

伺服系统的发展与伺服电动机的发展紧密地联系在一起，在20世纪60年代以前，伺服驱动是以步进电动机驱动的液压伺服马达，或者以功率步进电动机直接驱动为特征，伺服系统的位置控制为开环控制。液压伺服系统能够传递巨大的转矩，控制简单，可靠性高，可保持恒定的转矩输出，主要应用于重型设备。如图5-2所示为采用了双回路液压伺服系统的紧凑型无尾挖掘机和比例液压伺服系统的顶墩弯管机。但该系统也存在发热大、效率低、易污染环境、不易维修等缺点。

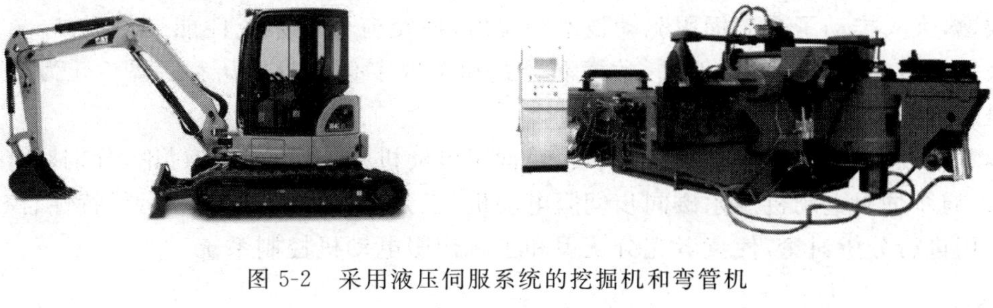

图5-2 采用液压伺服系统的挖掘机和弯管机

20 世纪 60～70 年代是直流伺服电动机诞生和全盛发展的时代，直流伺服系统在工业及相关领域获得了广泛的应用，伺服系统的位置控制也由开环控制发展成闭环控制。图 5-3 为采用直流伺服电动机控制系统的数控机床。在一些小型仪器设备中，直流伺服电动机也发挥着极其重要的作用，如图 5-4 所示。

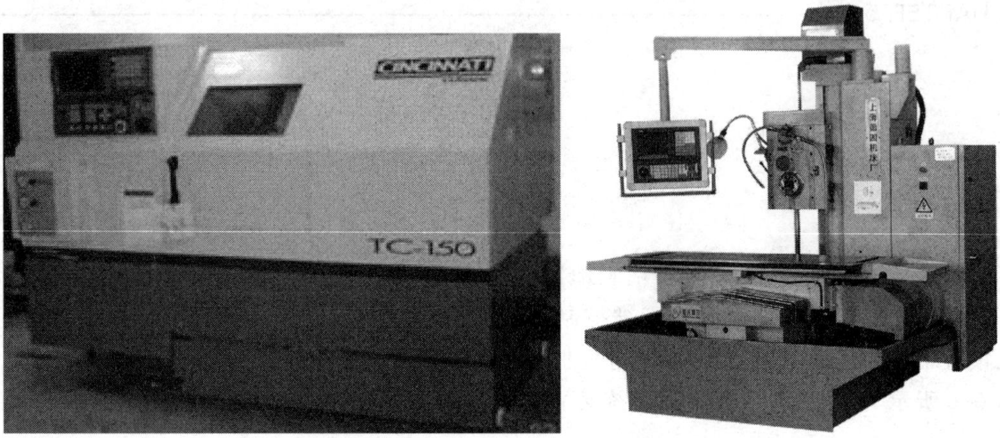

图 5-3　采用直流伺服电动机控制系统的数控车床和镗铣床

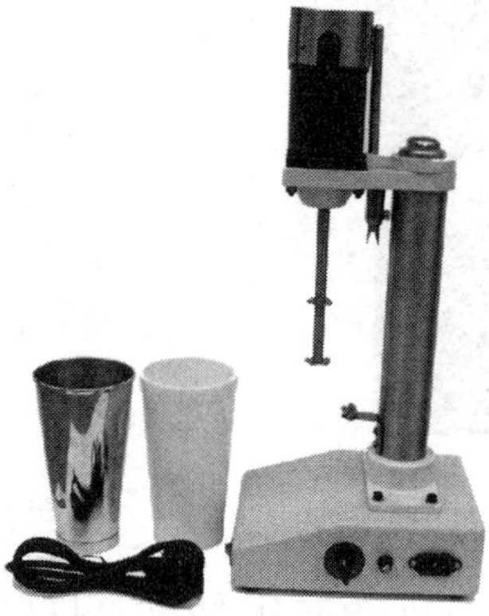

(a) 高速搅拌仪

(b) 全自动三坐标测量机

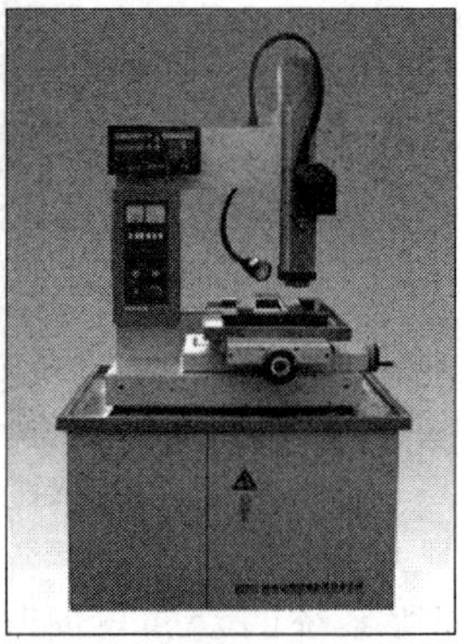

(c) 电火花小孔加工机

图 5-4　直流伺服电动机驱动在小型仪器设备中的应用

20 世纪 80 年代以来，随着伺服电动机结构及永磁材料、半导体功率器件技术、控制技术及计算机技术的突破性进展，出现了无刷直流伺服电动机（方波驱动）、交流伺服电动机（正弦波驱动）、矢量控制的感应电动机和开关磁阻电动机等新型电动机。矢量控制技术的不断成熟，大大推动了交流伺服驱动技术的发展，使交流伺服系统性能日益提高，与其相应的伺服传动装置也经历了模拟式、数模混合式和全数字化的发展历程。图 5-5 为交流伺服电动机驱动的部分应用。

本章将以伺服电动机的发展为线索，对伺服电动机系统进行详细讨论，分别对直流伺服电动机、异步伺服电动机及永磁同步伺服电动机（正弦波）的结构、原理、运行特性、控制方法及其应用进行分析讨论，使读者充分认识和了解伺服电动机控制系统。

(a) 雷达、卫星通信天线　(b) 机器人侦查相机

(c) 滚齿机　(d) 伺服压力机

图 5-5　交流伺服电动机驱动的部分应用

伺服电动机又称为执行电动机，在自动控制系统中作为执行元件。它将输入的电压信号变换成转轴的角位移或角速度而输出。输入的电压信号又称为控制信号或控制电压。改变控制电压可以变更伺服电动机的转速及转向。

伺服电动机按其使用的电源性质不同，可分为直流伺服电动机和交流伺服电动机两大类。交流伺服电动机通常采用笼形转子两相伺服电动机和空心杯转子两相伺服电动机，所以常把交流伺服电动机称为两相伺服电动机。直流伺服电动机能用在功率稍大的系统中。其输出功率约为 1～600W，但也有的可达数千瓦；两相伺服电动机输出功率约为 0.1～100W，其中最常用的是在 30W 以下。

近年来，由于伺服电动机的应用范围日益扩展，要求不断提高，促使其有了很大发展，出现了许多新型结构。又因系统对电动机快速响应的要求越来越高，使各种低惯量的伺服电动机相继出现，例如，盘形电枢直流电动机、空心杯电枢直流电动机和电枢绕组直接绕在铁芯上的无槽电枢直流电动机等。

随着电子技术的发展，又出现了采用电子器件换向的新型直流伺服电动机，它取消了传统直流电动机上的电刷和换向器，故称为无刷直流伺服电动机。此外，为了适应高精度低速伺服系统的需要，研制出直流力矩电动机，它取消了减速机构而直接驱动负载。

伺服电动机的种类虽多，用途也很广泛，但自动控制系统对其基本要求可归结如下。

(1) 宽广的调速范围。伺服电动机的转速随着控制电压的改变能在宽广的范围内连续调节。

(2) 机械特性和调节特性均为线性。伺服电动机的机械特性是指控制电压一定时，转速随转矩的变化关系；调节特性是指电动机转矩一定时，转速随控制电压的变化关系。线性的机械特性和调节特性有利于提高自动控制系统的动态精度。

(3) 无"自转"现象。伺服电动机在控制电压为零时能自行停转。

(4) 快速响应。电动机的机电时间常数要小，相应伺服电动机要有较大的堵转转矩和较小的转动惯量。这样，电动机的转速便能随着控制电压的改变而迅速变化。

此外，还有一些其他的要求，例如，希望伺服电动机的控制功率要小，这样可使放大器的尺寸相应减小；在航空上使用的伺服电动机还要求其重量轻、体积小。

5.1 直流伺服电动机及其控制

5.1.1 直流伺服电动机的结构和分类

直流伺服电动机是指使用直流电源驱动的伺服电动机，它实际上就是一台他励式直流电动机。直流伺服电动机的结构可分为传统型和低惯量型两大类。

1. 传统型直流伺服电动机

传统型直流伺服电动机的结构形式和普通直流电动机基本相同，也是由定子、转子两大部分所组成，其容量与体积较小。按照励磁方式的不同，它又可以分为永磁式和电磁式两种。永磁式直流伺服电动机的定子磁极由永久磁钢构成。电磁式直流伺服电动机的定子磁极通常由硅钢片铁芯和励磁绕组构成，其结构如图 5-6 所示。这两种电动机的转子结构同普通直流电动机的结构相同，其铁芯均由硅钢片冲制叠压而成，在转子冲片的外圆周上开有均布的齿槽，在槽中放置电枢绕组，并通过换向器和电刷与外部电路连接。

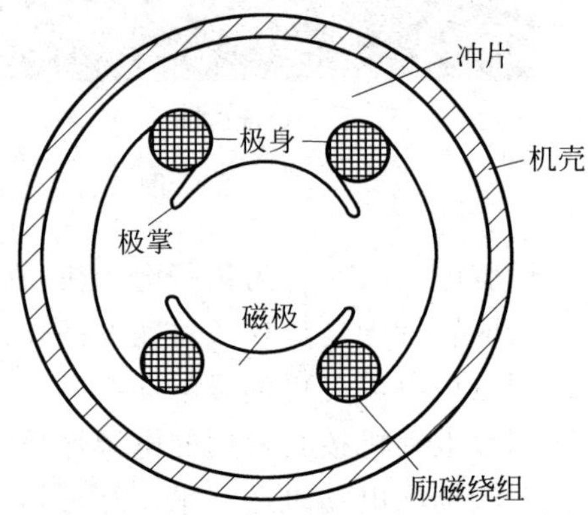

图 5-6 电磁式直流伺服电动机定子结构简图

2. 低惯量型直流伺服电动机

与传统的直流伺服电动机相比，低惯量型直流伺服电动机具有时间常数小、响应速度快的特点。目前低惯量型直流伺服电动机主要形式有杯形电枢直流伺服电动机、无槽电枢直流伺服电动机和盘式电枢直流伺服电动机。

1) 杯形电枢直流伺服电动机

图 5-7 为杯形电枢永磁式直流伺服电动机的结构简图。它有一个外定子和一个内定子。通常外定子是由两个半圆形的永久磁钢所组成，内定子则为圆柱形的软磁材料做成，仅作为磁路的一部分，以减小磁路磁阻。但也有内定子由永久磁钢做成，外定子采用软磁材料的结构形式。杯形电枢上的绕组可以先绕成单个成型线圈，然后将它们沿圆周的轴向排列成杯形，再用环氧树脂热固化成型，也可采用印制绕组。杯形电枢直接装在电动机轴上，在内定子、外定子间的气隙中旋转。电枢绕组接到换向器上，由电刷引出。

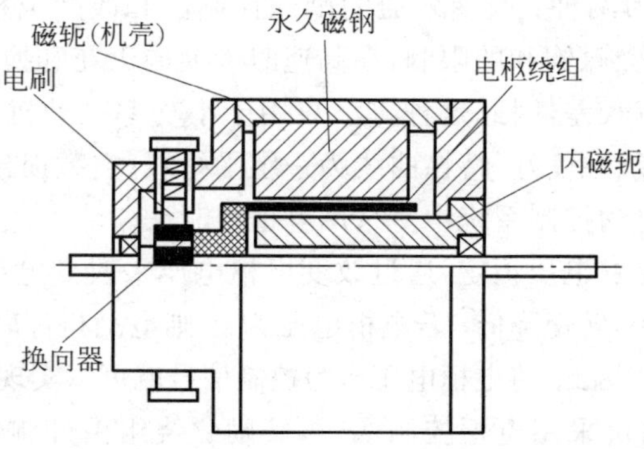

图 5-7 杯形电枢永磁式直流伺服电动机的结构简图

这种电动机的性能特点有以下 5 点。

(1) 低惯量。由于转子无铁芯,且薄壁细长,惯量极低,有超低惯量电动机之称。

(2) 灵敏度高。因转子绕组散热条件好,绕组的电流密度可取到 $30A/mm^2$,并且永久磁钢体积大,可提高气隙的磁通密度,所以力矩大。加上惯量又小,因而转矩/惯量比很大,机电时间常数很小(最小的在 1ms 以下),灵敏度高,快速性好。其启动电压在 100mV 以下,可完成每秒钟 250 个启—停循环。

(3) 损耗小,效率高。因转子中无磁滞和涡流造成的铁耗,所以效率可达 80%或更高。

(4) 力矩波动小,低速运转平稳,噪声很小。由于绕组在气隙中均匀分布,不存在齿槽效应,因此力矩传递均匀,波动小,故运转时噪音小,低速运转平稳。

(5) 换向性能好,寿命长。由于杯形转子无铁芯,换向元件电感很小,几乎不产生火花,换向性能好,因此大大提高了电动机的使用寿命。据有关资料介绍,这种电动机的寿命可达 3～5kh,甚至高于 10kh。而且换向火花很小,可大大减小对无线电的干扰。

这种形式的直流伺服电动机的制造成本较高。它大多用于高精度的自动控制系统及测量装置等设备中,例如,电视摄像机、录音机、X-Y 函数记录仪、机床控制系统等方面。该类电动机是直流伺服电动机中应用最广泛的。

2) 无槽电枢直流伺服电动机

无槽电枢直流伺服电动机的结构同普通直流电动机的差别仅在于其电枢铁芯是光滑、无槽的圆柱体,电枢绕组直接排列在铁芯表面,再用环氧树脂把它与电枢铁芯固化成一个整体,如图 5-8 所示。定子磁极可以用永久磁钢做成,也可以采用电磁式结构。这种电动机的转动惯量和电枢绕组的电感比前面介绍的两种无铁芯转子的电动机要大些,因而其动态性能较差。

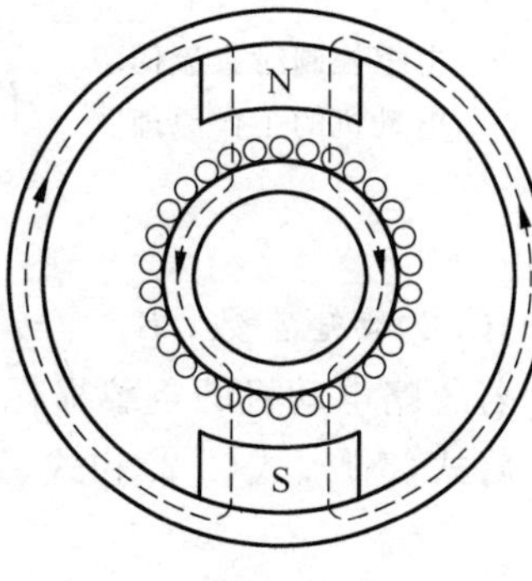

图 5-8 无槽电枢直流伺服电动机结构简图

盘式电枢直流伺服电动机与盘式直流电动机类似,详情请参见第 10 章。

5.1.2 直流伺服电动机的控制方式

直流伺服电动机的工作原理与一般的他励式直流电动机相同,因此其控制方式同他励式直流电动机一样，可分为两种：改变磁通的励磁控制法和改变电枢电压的电枢控制法。

励磁控制法在低速时受磁饱和的限制，在高速时受换向火花和换向结构强度的限制，且励磁线圈电感较大，动态响应较差，因此这种方法只用于小功率电动机，应用较少。电枢控制法具有机械特性和控制特性线性度好、特性曲线为一组平行线、空载损耗较小、控制回路电感小、响应速度快等优点，所以自动控制系统中多采用电枢控制法。该方法以电枢绕组为控制绕组，在负载转矩一定时，保持励磁电压恒定，通过改变电枢电压来改变电动机的转速。电枢电压增加，转速增大，电枢电压减小，转速降低；若电枢电压为0，则电动机停转；当电枢电压极性改变，电动机的转向也随之改变。因此，将电枢电压作为控制信号就可以实现对电动机的转速控制。

电磁式直流伺服电动机采用电枢控制法时，其励磁绕组由外施恒压的直流电源励磁，永磁式直流伺服电动机则由永磁磁极励磁。

5.1.3 直流伺服电动机的稳态特性

直流伺服电动机的稳态特性主要指机械特性和调节特性。电枢控制时直流伺服电动机的工作原理如图5-9所示。为了分析简便，先作如下假设：电动机的磁路不饱和，电刷位于几何中性线。因此可认为，负载时电枢反应磁势的影响可忽略，电动机的每极气隙磁通保持恒定。

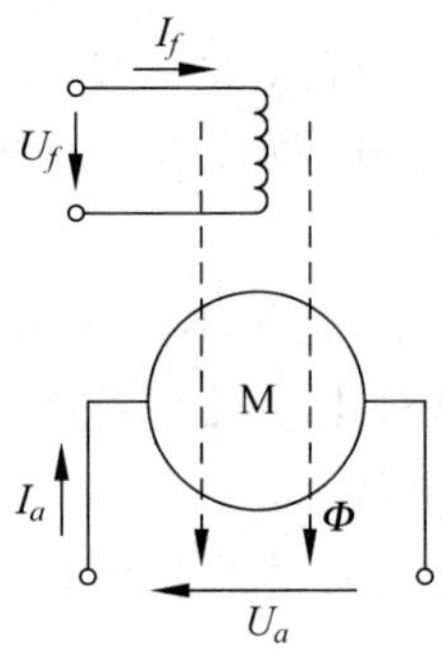

图5-9 电枢控制时直流伺服电动机的工作原理图

这样，直流电动机电枢回路的电压平衡方程式为

$$U_a = E_a + I_a R_a \tag{5-1}$$

式中，U_a为电动机电枢绕组两端的电压；E_a为电动机电枢回路的电动势；I_a为电动机电枢回路的电流；R_a为电动机电枢回路的总电阻(包括电刷的接触电阻)。

当磁通Φ恒定时，电枢绕组的感应电动势将与转速成正比，则

$$E_a = C_e \Phi n = K_e n \tag{5-2}$$

式中，C_e为电动势常数；n为转速；K_e为电动势系数，表示单位转速时所产生的电动势。

电动机的电磁转矩为

$$T = C_t \Phi I_a = K_t I_a \tag{5-3}$$

式中，C_t为转矩常数；K_t为转矩系数，表示单位电枢电流所产生的转矩。

若忽略电动机的空载损耗和转轴机械损耗等，则电磁转矩等于负载转矩。

将式(5-1)、式(5-2)和式(5-3)联立求解，可得直流伺服电动机的转速公式为

$$n = \frac{U_a}{K_e} - \frac{R_a}{K_e K_t} T \tag{5-4}$$

由式(5-4)便可得到直流伺服电动机的机械特性和调节特性。

1. 机械特性

机械特性是指控制电压恒定时，电动机的转速随转矩变化的关系，即$U_a = C$为常数时，$n = f(T)$。由式(5-4)可得

$$n = \frac{U_a}{K_e} - \frac{R_a}{K_e K_t} T = n_0 - kT \tag{5-5}$$

由式(5-5)可画出直流伺服电动机的机械特性，如图 5-10 所示。从图中可以看出，机械特性是以 U_a 为参变量的一组平行直线。这些特性曲线与纵轴的交点为电磁转矩等于 0 时电动机的理想空载转速 n_0，即

$$n_0 = \frac{U_a}{K_e} \tag{5-6}$$

实际上，当电动机轴上不带负载时，由于其自身的空载损耗和转轴的机械损耗，电磁转矩并不为 0。因此，转速 n_0 是指在理想空载时的电动机转速，故称理想空载转速。

当 $n=0$ 时，机械特性曲线与横轴的交点为电动机堵转时的转矩，即电动机的堵转转矩 T_d。

$$T_d = \frac{U_a K_t}{R_a} \tag{5-7}$$

在图 5-10 中机械特性曲线的斜率为

$$k = \frac{n_0}{T_d} = \frac{R_a}{K_e K_t} \tag{5-8}$$

式中，k 为机械特性的斜率，表示了电动机机械特性的硬度，即电动机电磁转矩的变化所引起的转速变化的程度。

由式(5-5)或图 5-10 中都可看出，随着控制电压 U_a 增大，理想空载转速 n_0 和堵转转矩 T_d 同时增大，但斜率 k 保持不变，电动机的机械特性曲线平行地向转速和转矩增加的方向移动。斜率 k 的大小只正比于电枢电阻 R_a 而与 U_a 无关。电枢电阻 R_a 变大，斜率 k 也变大，机械特性就越软；反之，电枢电阻 R_a 变小，斜率 k 也变小，机械特性就变硬。因此总希望电枢电阻 R_a 数值小，这样机械特性就硬。

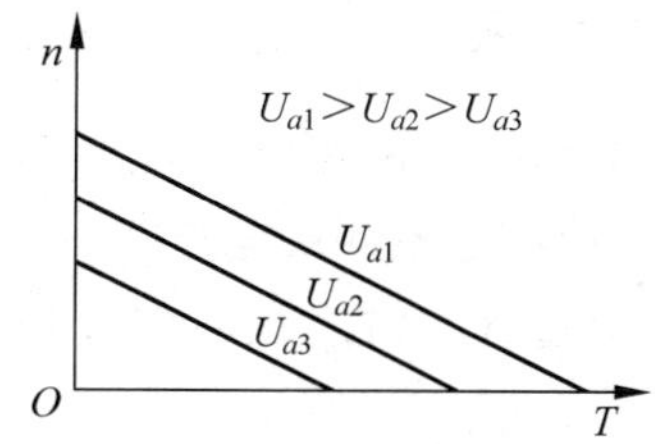

图 5-10　直流伺服电动机的机械特性

在实际应用中，电动机的电枢电压 U_a 通常由系统中的放大器提供，因此还要考虑放大器的内阻，此时式(5-8)中的 R_a 应为电动机电枢电阻与放大器内阻之和。

2. 调节特性

调节特性是指电磁转矩恒定时，电动机的转速随控制电压变化的关系，即 $n=f(U_a)|_{T=C}$。调节特性曲线如图 5-11 所示，它们是以 T 为参变量的一组平行直线。

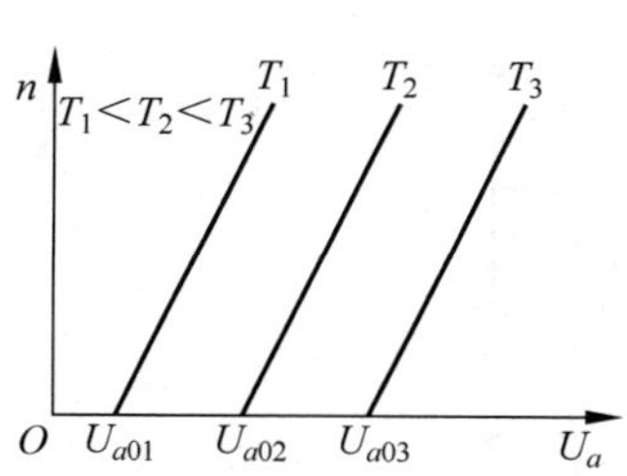

图 5-11　直流伺服电动机的调节特性

当 $n=0$ 时，调节特性曲线与横轴的交点就表示在某一电磁转矩(若略去电动机的空载损耗和机械损耗，则为负载转矩值)时电动机的始动电压 U_{a0} 为

$$U_{a0} = \frac{R_a}{K_t} T \tag{5-9}$$

当电磁转矩一定时，电动机的控制电压大于相应的始动电压，电动机便能启动起来并达到某一转速；反之，当控制电压小于相应的始动电压时，电动机所能产生的最大电磁转矩仍小于所要求的负载转矩值，电动机就不能启动。所以，在调节特性曲线上从原点到始动电压点的这一段横坐标所示的范围，称为在某一电磁转矩值时伺服电动机的死区。显然，死区的大小与电磁转矩的大小成正比，负载转矩越大，要想使直流伺服电动机运

转起来，电枢绕组需要加的控制电压也要相应增大。

由以上分析可知，电枢控制时直流伺服电动机的机械特性和调节特性都是一组平行的直线。这是直流伺服电动机很可贵的优点，也是两相交流伺服电动机所不及的。但是上述的结论，是在本节开始时所作假设的前提下才得到的，而实际的直流伺服电动机的特性曲线仅是一组接近直线的曲线。

5.1.4 直流伺服控制技术

近年来，直流伺服电动机的结构和控制方式都发生了很大变化。随着计算机技术的发展以及新型的电力电子功率器件的不断出现，采用全控型开关功率元件进行脉宽调制(PWM)的控制方式已经成为主流。

1. PWM 控制原理

在 5.1.2 节中已经介绍，直流伺服电动机的转速控制方法可以分为两类，即对磁通 Φ 进行控制的励磁控制和对电枢电压 U_a 进行控制的电枢电压控制。

绝大多数直流伺服电动机采用开关驱动方式，现以直流伺服电动机为分析对象，介绍通过 PWM 来控制电枢电压实现调速的方法。

图 5-12 是利用开关管对直流电动机进行 PWM 调速控制的原理图和输入/输出电压波形。在图 5-12(a)中，当开关管的栅极输入信号 U_P 为高电平时，开关管导通，直流伺服电动机的电枢绕组两端电压 $U_a=U_s$，经历 t_1 时间后，栅极输入信号 U_P 变为低电平，开关管截止，电动机电枢两端电压为 0。经历 t_2 时间后，栅极输入重新变为高电平，开关管的动作重复以上过程，这样，在一个周期时间 $T=t_1+t_2$ 内，直流伺服电动机电枢绕组两端的电压平均值 U_a 为

$$U_a=\frac{t_1U_s+0}{t_1+t_2}=\frac{t_1U_s}{T}=aU_s \tag{5-10}$$

$$a=\frac{t_1}{T} \tag{5-11}$$

式中，a 为占空比。表示在一个周期 T 里，功率开关管导通时间与周期的比值。a 的变化范围为 $0\leqslant a\leqslant 1$。因此，当电源电压 U_s 不变时，电枢绕组两端电压平均值 U_a 取决于占空比 a 的大小，改变 a 的值，就可以改变 U_a 的平均值，从而达到调速的目的，这就是 PWM 调速原理。

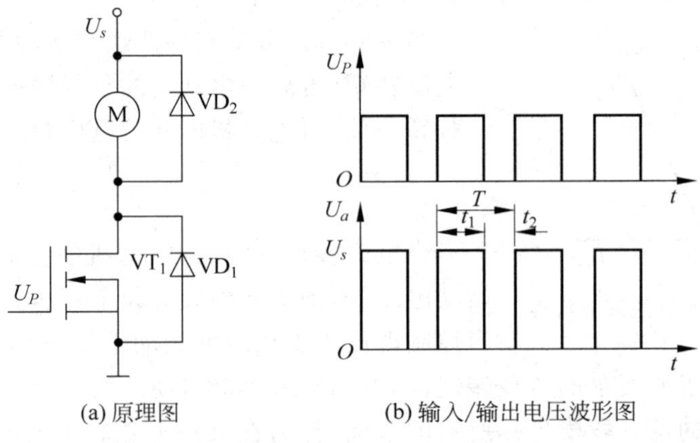

图 5-12 PWM 调速控制原理图和输入/输出电压波形图

在 PWM 调速中，占空比是一个重要的参数，有 3 种方法可以改变占空比值。

(1) 定宽调频法。该方法保持 t_1 不变，只改变 t_2 的值，这样周期 T 或斩波频率随之发生改变。

(2) 调宽调频法。该方法保持 t_2 不变，只改变 t_1 的值，这样周期 T 或斩波频率随之发生改变。

(3) 定频调宽法。该方法同时改变 t_1 和 t_2，而保持周期 T 或斩波频率不变。

由于前两种方法在调速过程中改变了斩波频率，当斩波频率与系统固有频率接近时，会引起振荡，因此，这两种方法应用较少。一般采用第三种调速方法，即定频调宽法。

可逆 PWM 系统可以使直流伺服电动机工作在正反转的场合。可逆 PWM 系统可分为单极性驱动和双极性驱动两种。

2. 可逆调速系统

可逆调速系统的驱动电路有两种，一种称为 T 型，由两个开关管组成，需要采用正负电源，相当于两个不可逆系统的组合，因其电路形状像"T"字，故称为 T 型。由于 T 型单极性驱动系统的电流不能反向，并且两个开关管正反转切换的工作条件是电枢电流为 0。因此电动机动态性能较差，这种电路很少采用。

另一种称为 H 型，也称为桥式电路。这种电路中电动机动态性能较好，因此在各种控制系统中广泛采用。

图 5-13 为 H 型单极性 PWM 驱动系统示意图。系统由 4 个开关管和 4 个续流二极管组成，单电源供电。图中 $U_{P1} \sim U_{P4}$ 分别为开关管 $VT_1 \sim VT_4$ 的触发脉冲。若在 $t_0 \sim t_1$ 时刻，VT_1 开关管根据 PWM 控制信号同步导通，而 VT_2 开关管则受 PWM 反相控制信号控制关断，VT_3 触发信号保持为低电平，VT_4 触发信号保持为高电平，4 个触发信号波形如图 5-13 所示，此时电动机正转。若在 $t_0 \sim t_1$ 时刻，VT_3 开关管根据 PWM 控制信号同步导

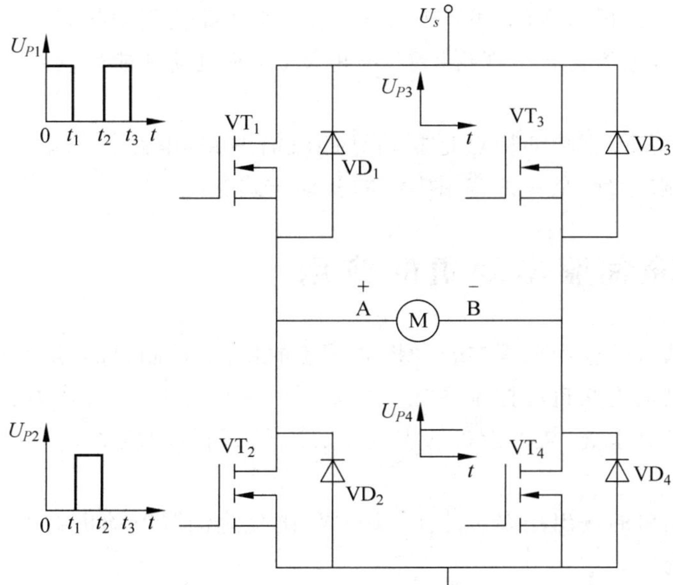

图 5-13　H 型单极性 PWM 驱动系统示意图

通，而 VT_4 开关管则受 PWM 反相控制信号控制关断，VT_1 触发信号保持为 0，VT_2 触发信号保持为 1，此时电动机反转。

当要求电动机在较大负载下加速运行时，电枢平均电压大于感应电动势，即 $U_a > E_a$。在每个 PWM 周期的 $0 \sim t_1$ 区间，VT_1 截止，VT_2 导通，电流 I_a 经 VT_1、VT_4 从 A 到 B 流过电枢绕组。在 $t_1 \sim t_2$ 区间，VT_1 截止，电源断开，在自感电动势的作用下，经二极管 VD_2 和开关管 VT_4 进行续流，使电枢仍然有电流流过，方向仍然从 A 到 B。此时，由于二极管的箝位作用，虽然 U_{P2} 为高电平，但 VT_2 实际不导通。直流伺服电动机重载时电流波形图如图 5-14 所示。

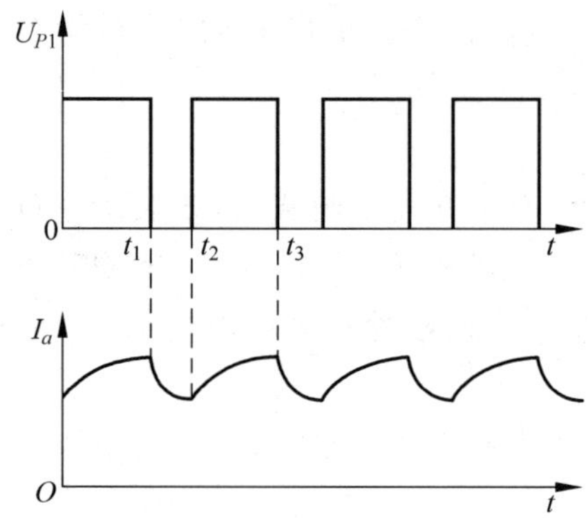

图 5-14 H 型单极性可逆 PWM 驱动正转运行电流波形图

当电动机在减速运行时，电枢平均电压小于感应电动势，即 $U_a < E_a$。在每个 PWM 周期的 $0 \sim t_1$ 区间，在感应电动势和自感电动势的共同作用下，电流经续流二极管 VD_4、VD_1 流向电源，方向从 B 到 A，电动机处于再生制动状态。在 $t_1 \sim t_2$ 区间，VT_2 导通，VT_1 截止，在感应电动势的作用下，电流经续流二极管 VD_4 和开关管 VT_2 仍然从 B 到 A 流过绕组，电动机处于能耗制动状态。

当电动机轻载或空载运行时，平均电压与感应电动势几乎相当，即 $U_a \approx E_a$。在每个 PWM 周期的 $0 \sim t_1$ 区间，VT_2 截止，电流先经续流二极管 VD_4、VD_1 流向电源，方向从 B 到 A，电动机工作于再生制动状态。当电流减小到 0 后，VT_1 导通，电流改变方向，从 A 到 B 经 VT_4 回到地，电动机工作于电动状态。在 $t_1 \sim t_2$ 区间，VT_1 截止，电流先经过二极管 VD_2 和开关管 VT_4 进行续流，电动机工作在续流电动状态。当电流减小到 0 后，VT_2 导通，在感应电动势的作用下电流变向，流过二极管 VD_4 和开关管 VT_2，工作在能耗制动状态。由上述分析可见，在每个 PWM 周期中，电流交替呈现再生制动、电动、续流电动和能耗制动 4 种状态，电流围绕横轴上下波动。

单极性可逆 PWM 驱动的特点是驱动脉冲仅需两路，电路较简单，驱动的电流波动较小，可以实现四象限运行，是一种应用广泛的驱动方式。

5.2 直流伺服电动机的应用

各种伺服电动机的应用范围与自动控制系统的特性、控制目的、工作条件和对电动机的要求有关。伺服电动机在自动控制系统中主要用作执行元件，通常作为随动系统、遥测和遥控系统以及各种增量系统（如磁带机的主动轮、计算机和打印机的纸带、磁盘存储器的磁头等）的主传动元件。

直流伺服电动机的输出功率可达 1～100W，比交流伺服电动机的大。通常用于功率较大的自动控制系统中。

根据被控制的对象不同，由伺服电动机组成的伺服系统分为位置、速度和力矩（或力）3 种基本控制方式，前两种用得更多，本节将列举几个应用实例。

5.2.1 在位置控制系统中的应用

用电火花加工金属的方法越来越普遍应用。为了保持最佳的焊接间隙(火花间隙)，电火花加工机械，通常都包含电动机伺服系统，如图 5-15 所示。

被加工的工件和焊枪之间的间隙通常由他励直流伺服电动机来调整。直流伺服电动机的电枢绕组接在由电阻 R_1、R_2 和火花间隙所组成的电桥对角线上。

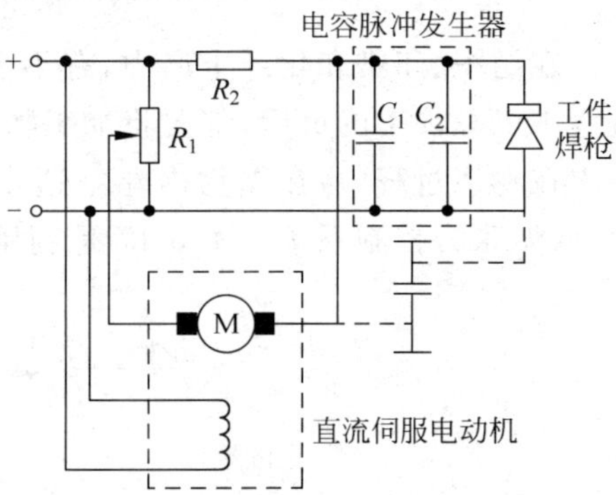

图 5-15 电火花加工

电枢旋转的速度和转向取决于电桥对角线中流过的电流大小和方向。电枢通过减速装置与焊枪相连。电枢旋转时，焊枪相对加工工件的位置也跟着移动。脉动电流由电容型脉冲发生器供给。适当地移动变阻器 R_1 的滑动端，可预先调整好击穿电压(也就是火花间隙的大小)。

如果火花不跳越焊接间隙(火花间隙电阻无穷大)，那么，电桥对角线上就有电流流过，电流方向使电动机带动焊枪朝着被加工的工件方向移动(减小间隙)。电容器开始放电，火花间隙内电子浓度减小，并发生击穿现象。由于火花放电，工件也就开始被加工。如焊枪和工件直接短路，电桥对角线中的电流改变方向。因此，伺服电动机改变转向，并迅速带动焊枪离开加工工件，火花间隙中的电子浓度复原。上述过程就如此周而复始。

在这个系统中，直流伺服电动机按输入量(火花间隙)的大小控制输出量(焊枪位置)的变化，是典型的位置伺服系统。

5.2.2 在速度控制系统中的应用

在一些老式连续轧钢机的电力拖动系统中，仍然采用发电机——电动机组的调速系统。例如图 5-16 所示的伺服电动机控制的无静差调速系统就是一个简单的例子。

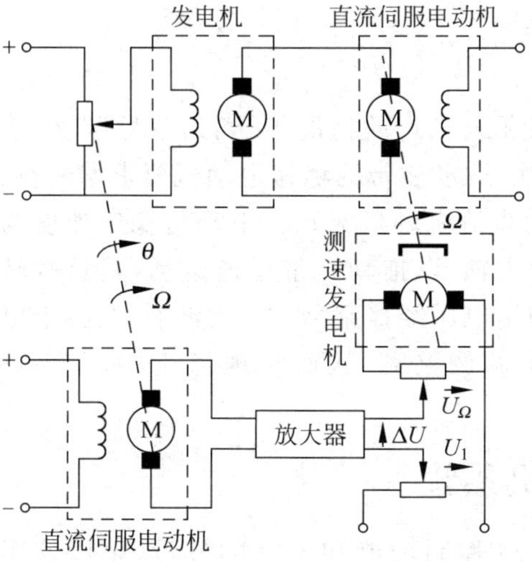

图 5-16 伺服电动机控制的无静差调速系统

在该调速系统中，采用永磁式直流测速发电机的输出电压作为测速反馈电压 U_Ω。它与给定电压 U_1 比较后，得到偏差电压 $\Delta U = U_1 - U_\Omega$，经放大器放大后，直接控制发电机的励磁，这就是电机拖动课程中讨论过的有静差调速系统；ΔU 放大后，先给伺服电动机供电，由伺服电动机去带动发电机励磁电位器的滑动端，然后，再控制发电机的励磁。如果系统出现偏差电压 ΔU，经放大器放大后，使伺服电动机转动，并移动电位器的滑动端，改变发电机的励磁电压，以调节电动机的转子速度。如不考虑伺服电动机及其负载的摩擦转矩，只要存在 ΔU，伺服电动机就不会停止转动，只有 ΔU 为零，伺服电动机才停止转动。发电机励磁电位器的滑动端停在某一位置，以提供保证电动机按给定转子速度旋转所需要的励磁电压。这就是无静差调速。在这个系统中，直流伺服电动机根据输入的偏差信号，控制直流电动机的转速，属于速度控制方式。

5.2.3 在张力控制系统中的应用

在纺织、印染和化纤生产中，有不少生产机械(例如，整纱机、浆纱机和卷染机等)在加工过程中以及加工的最后，都要将加工物——纱线或织物卷绕成筒形，为使其卷绕紧密、整齐，要求在卷绕过程中，在织物内建立适当的张力，并保证张力恒定。实现这种要求的控制系统，叫做张力控制系统。图 5-17 是利用张力辊进行检测的张力控制系统。

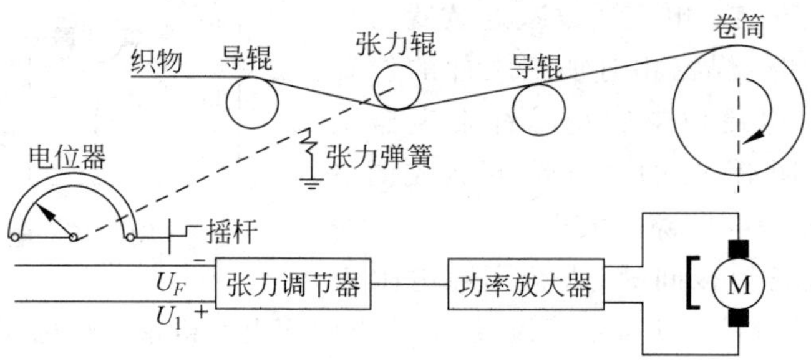

图 5-17 张力控制系统

当织物经过导辊从张力辊上兜过时，张力弹簧通过摇杆拉紧张力辊，如织物张力发生波动，则张力辊的位置将上下移动。它带动摇杆改变电位器滑动端位置，使张力反馈信号 U_F 随之发生变化。譬如，张力减小，在张力弹簧的作用下，摇杆使电位器滑动端向反馈信号减小的方向移动，在某一张力给定信号 U_1 下，输入到张力调节器的差值电压 $\Delta U_F = U_1 - U_F$ 增加，经功率放大后，使直流伺服电动机的转子速度升高，因而张力增大并保持近似恒定。这种张力控制系统简单易行，不少纺织机台都采用。

卷绕机构的张力控制系统在造纸工业和钢铁企业都有广泛的应用，例如，钢板或薄钢片卷绕机就采用这种控制系统。

5.2.4 在自动检测装置中的应用

CJ-1C 型地震磁带记录仪采用直流电源供电，在无人管理的情况下运行，仪器装 20 盒磁带，记录 36 小时，完毕后自动装换，一个月索取一次，驱动磁带的稳速电动机要求寿命长、可靠、无火花、不产生无线电干扰等。因此，选用无刷直流电动机驱动。电动机稳定速度为 500r/min，经两级皮带减速后驱动直径为 Φ_2 的卷轮主轴，以拖动磁带稳速运动，其负载转矩不大。电动机轴上带一个永磁式测速发电机，其输出电压经整流、放大、滤波后，与标准电压进行比较，由差值电压去控制串联在换向电路中的调整管，从而实现稳速，如图 5-18 所示。

5.2.5 基于 DSP 的直流伺服电动机系统

基于 DSP 芯片强大的高速运算能力、强大的 I/O 控制功能和丰富的外设，可以使用 DSP 方便地实现直流伺服电动机的全数字控制。图 5-19 是直流伺服电动机全数字双闭环控制系统框图。控制模块如速度 PI 调节、电流 PI 调节、PWM 控制等均可通过软件实现。

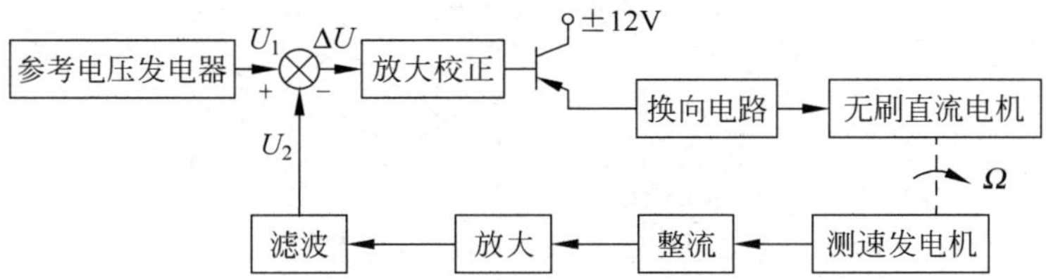

图 5-18 地震磁带记录仪框图

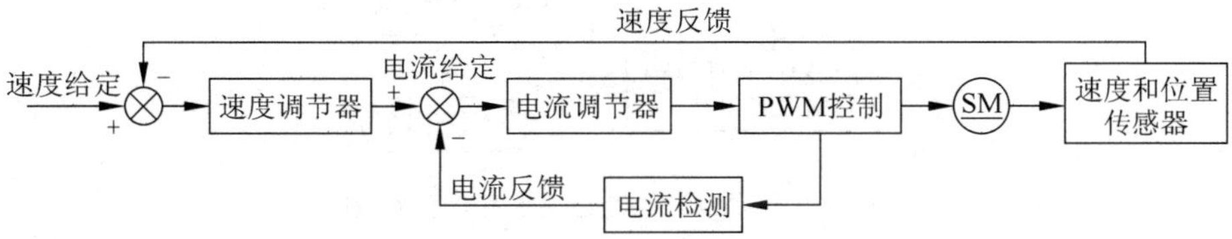

图 5-19 直流伺服电动机全数字双闭环调速框图

图 5-20 是根据图 5-19 的控制原理设计的采用 TMS320LF2407A DSP 实现的直流伺服控制系统。该系统中,采用了 H 桥驱动电路,通过 DSP 的 PWM 输出引脚 PWM1～PWM4 输出的控制信号进行控制。用霍尔电流传感器检测电流变化,并通过 ADCIN00 引脚输入给 DSP,经过 A/D 转换产生电流反馈信号。采用增量式光电编码器检测电动机的速度变化,经过 QEP1、QEP2 引脚输出给 DSP,获得速度反馈信号。该系统同样可以实现位置控制。

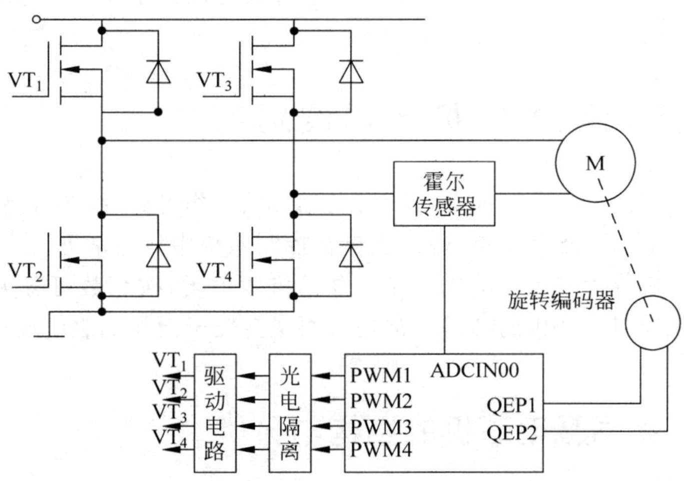

图 5-20 基于 DSP 控制的直流伺服电动机系统

采用 DSP 实现直流伺服电动机速度控制的软件由 3 部分组成:初始化程序、主程序、中断服务子程序。其中主程序只进行电动机的转向判断,用来改变比较方式寄存器 ACTRA 的设置。用户可在主程序中添加其他控制程序。在每个 PWM 周期中都进行一次电流采样和电流 PI 调节,因此电流采样周期与 PWM 周期相同,从而实现实时控制。采用定时器 1 周期中断标志来启动 A/D 转换,转换结束后申请 ADC 中断,图 5-21 为 ADC 中断处理子程序流程图,全部控制功能都通过中断处理子程序来完成。

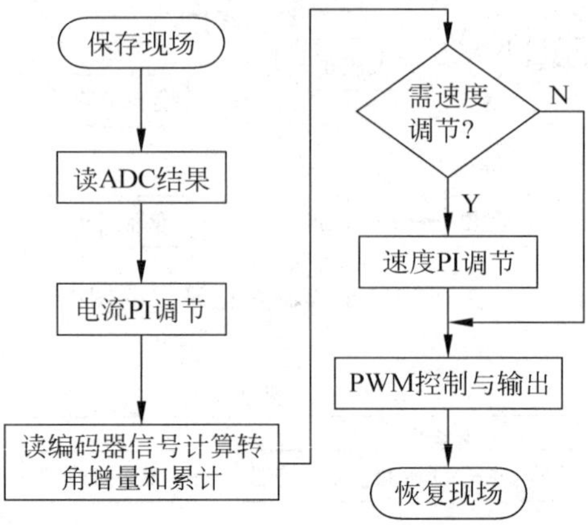

图 5-21 ADC 中断处理子程序流程图

由于速度时间常数比较大,本程序设计每 100 个 PWM 周期对速度进行一次 PI 调节。速度反馈量按以下方法计算:在每个 PWM 周期都通过读编码器求一次编码脉冲增量,并累计。设电动机最高转速为 300r/min,即 50r/s。采用 1024 线的编码器,通过 DSP 四倍频后每转发出 4096 个脉冲,因此在该转速下每秒发出 $50\times4096=204\,800$ 个脉冲,那么 5ms 发出的最大脉冲数为 $204\,800\times5\times10^{-3}=1024=2^{10}$,令编码脉冲速度转换系数 $K_{\text{speed}}=1/1024$,其 Q22 格式为 $K_{\text{speed}}=2^{22}/1024=2^{10}$,即 1000H。用编码器的脉冲累计值乘以 K_{speed} 就可以得到当前转速反馈量相对于最高转速的比值 n,当前转速反馈量等于 $3000\times n/2^{22}$。

程序中的速度 PI 调节和电流 PI 调节的各个参数可以根据用户特殊应用要求在初始化程序中修改。

5.3 异步伺服电动机及其控制

交流伺服电动机由于没有换向器,具有构造简单、工作可靠、维护容易、效率较高和价格便宜以及不需整流电源设备等优点,因此在自动控制系统中较为常见。

交流伺服电动机分为同步电动机和异步电动机两大类,按相数可分为单相、两相、三相和多相。传统交流伺服电动机的结构通常是采用鼠笼转子两相伺服电动机及空心杯转子两相伺服电动机。

5.3.1 异步伺服电动机的结构与分类

异步伺服电动机结构分为定子和转子两大部分。定子铁芯中安放着空间互成 90°电角度的两相绕组,其中一相作为励磁绕组,运行时接至电压为 U_f 的交流电源上;另一相作为控制绕组,输入控制电压 U_c,电压 U_c 与 U_f 的频率相同。

异步伺服电动机的转子通常有 3 种结构形式:高电阻率导条的笼形转子、非磁性空心杯转子和铁磁性空心转子。应用较多的是前两种结构。

1. 高电阻率导条的笼形转子

这种转子结构与普通鼠笼式异步电动机类似,但是为了减小转子的转动惯量,做得细而长。转子笼条和端环既可采用高电阻率的导电材料(如黄铜、青铜等)制造,也可采用铸铝转子。其结构示意图如图 5-22 所示。

2. 非磁性空心杯形转子

这种电动机的结构形式如图 5-23 所示。定子分外定子铁芯和内定子铁芯两部分,由硅钢片冲制后叠压而成。外定子铁芯槽中放置空间相距 90°电角度的两相分布绕组。内定子铁芯中不放绕组,仅作为磁路的一部分,以减小主磁通磁路的磁阻。空心杯形转子用非磁性铝或铝合金制成,放在内、外定子铁芯之间,并固定在转轴上。

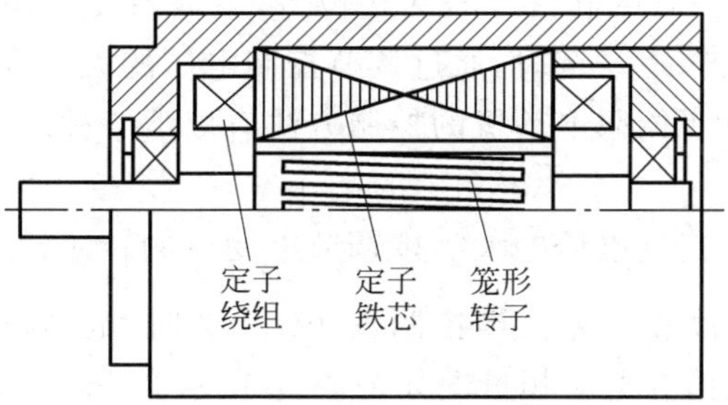

图 5-22 笼形转子异步伺服电动机

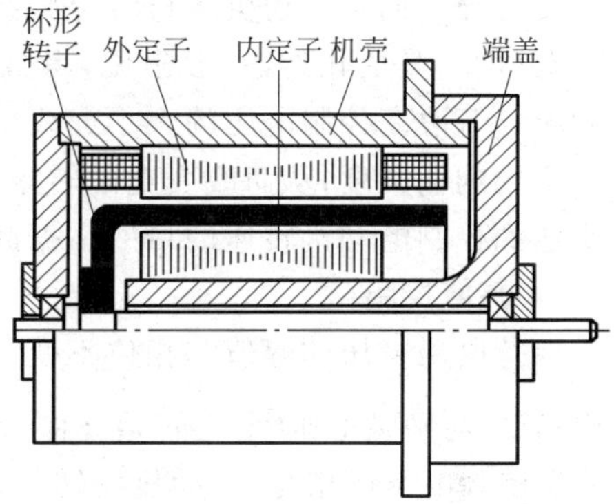

图 5-23 非磁性杯形转子异步伺服电动机

非磁性杯形转子的壁很薄,一般在 0.3mm 左右,因而具有较大的转子电阻和很小的转动惯量。其转子上无齿槽,故运行平稳、噪声小。这种结构的电动机空气隙较大,内、外定子铁芯之间的气隙可达 0.5~1.5mm。因此,电动机的励磁电流较大,约为额定电流的 80%~90%,致使电动机的功率因数较低,效率也较低。它的体积和质量都要比同容量的笼形伺服电动机大得多。同样体积下,杯形转子伺服电动机的堵转转矩要比笼形的小得多,因此采用杯形转子大大减小了转动惯量,但是它的快速响应性能并不一定优于笼形结构。因笼形伺服电动机在低速运行时有抖动现象,非磁性杯形转子异步伺服电动机可克服这一缺点,常用于要求低速平滑运行的系统中。

3. 铁磁性空心转子

这种电动机结构比较简单,转子采用铁磁材料制成,转子本身既是主磁通的磁路,又作为转子绕组,因此不需要内定子铁芯。其转子结构有两种形式,如图 5-24 所示。为了使转子中的磁通密度不至于过高,铁磁性空心转子的壁厚也相应增加,约为 0.5~3mm,因而其转动惯量较非磁性空心杯转子要大得多,快速响应性能也较差。但是当定子、转子气隙稍有不均匀时,转子就容易因单边磁拉力而被“吸住”,所以目前应用得较少。

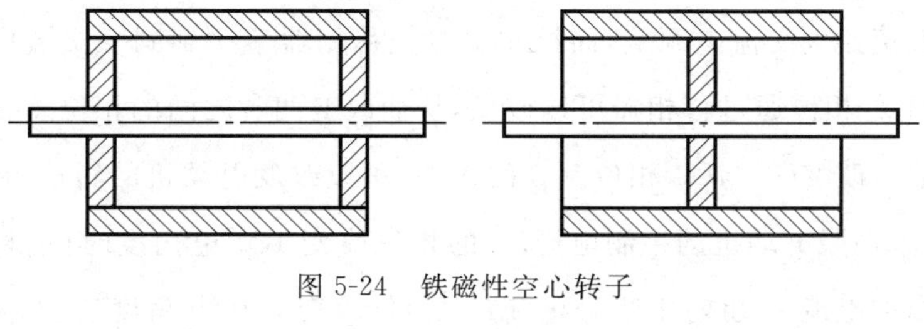
图 5-24 铁磁性空心转子

5.3.2 异步伺服电动机的控制

由电机学中的旋转磁场理论知道，对于两相交流异步伺服电动机，若在两相对称绕组中施加两相对称电压，即励磁绕组和控制绕组电压幅值相等且两者之间的相位差为90°电角度，便可在气隙中得到圆形旋转磁场。否则，若施加两相不对称电压，即两相电压幅值不同，或电压间的相位差不是90°电角度，得到的便是椭圆形旋转磁场。当气隙中的磁场为圆形旋转磁场时，电动机运行在最佳工作状态。

交流异步伺服电动机运行时，励磁绕组接至电压值恒定的励磁电源，而控制绕组所加的控制电压 U_c 是变化的，一般来说，得到的是椭圆形旋转磁场，由此产生电磁转矩驱动电动机旋转。若改变控制电压的大小或改变它相对子励磁电压之间的相位差，就能改变气隙中旋转磁场的椭圆度，从而改变电磁转矩。当负载转矩一定时，通过调节控制电压的大小或相位来达到控制电动机转速的目的。据此，交流异步伺服电动机的控制方法有以下4种。

1）幅值控制

保持励磁电压的幅值和相位不变，通过调节控制电压的大小来调节电动机的转速，而控制电压$\dot{U}_c$与励磁电压$\dot{U}_f$之间始终保持90°电角度相位差。当控制电压$\dot{U}_c=0$时，电动机停转；当控制电压反相时，电动机反转。其原理电路和电压相量图如图5-25所示。

如令 $\alpha=U_c/U_f=U_c/U$ 为信号系数，则 $U_c=\alpha U$。当 $\alpha=0$，$U_c=0$ 时，定子电流产生脉振磁场，电动机的不对称度最大；当 $\alpha=1$ 时，$U_c=U$，产生圆形旋转磁场，电动机处于对称运行状态；当 $0<\alpha<1$，即 $0<U_c<U$ 时，产生椭圆形旋转磁场，电动机运行的不对称程度随 α 的增大而减小。

2）相位控制

保持控制电压的幅值不变，通过调节控制电压的相位，即改变控制电压相对励磁电压的相位角，实现对电动机的控制。其原理电路和电压相量图如图5-26所示。

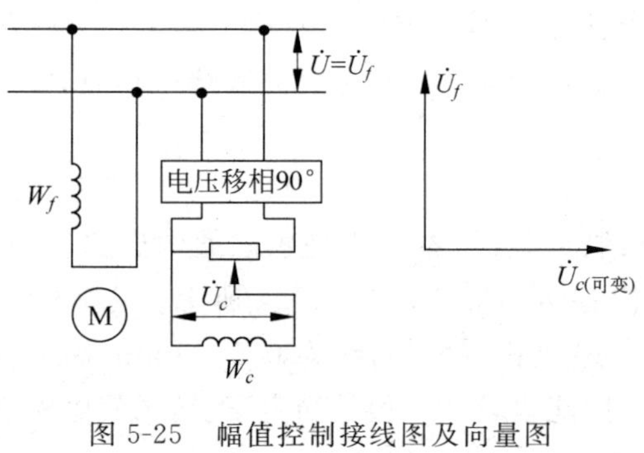

图5-25 幅值控制接线图及向量图

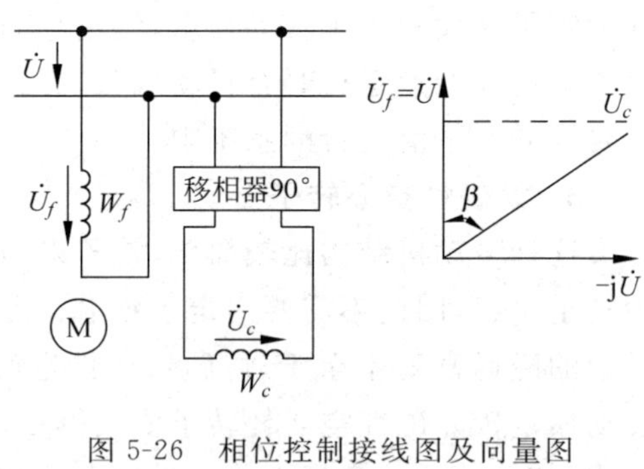

图5-26 相位控制接线图及向量图

励磁绕组直接接到交流电源上，而控制绕组经移相器后接到同一交流电压上，$\dot{U}_c$与$\dot{U}_f$的频率相同。而$\dot{U}_c$相位通过移相器可以改变，从而改变两者之间的相位差 β，$\sin\beta$ 称为相位控制的信号系数。改变$\dot{U}_c$与$\dot{U}_f$相位差 β 的大小，可以改变电动机的转速，还可以改变电动机的转向，将交流伺服电动机的控制电压$\dot{U}_c$的相位改变180°电角度时（即极性对换），若原来的控制绕组内的电流$\dot{I}_c$超前于励磁电流$\dot{I}_f$，相位改变180°电角度后，$\dot{I}_c$反而滞后$\dot{I}_f$，从而电动机气隙磁场的旋转方向与原来相反，从而使交流伺服电动机反转。

3）幅值-相位控制（或称电容控制）

这种控制方式是将励磁绕组串联电容 C 后，接到励磁电源上，这时励磁绕组上的电压为 $\dot{U}_f=\dot{U}-\dot{U}_c$，其原理电路和电压相量图如图 5-27 所示。控制绕组电压 $\dot{U}_c$ 的相位始终与 $\dot{U}$ 相同。调节控制电压的幅值来改变电动机的转速时，由于转子绕组的耦合作用，励磁回路中的电流 $\dot{I}_f$ 也发生变化，使励磁绕组的电压 $\dot{U}_f$ 及串联电容上的电压 $\dot{U}_{ca}$ 也随之改变。也就是说，控制绕组电压 $\dot{U}_c$ 和励磁绕组电压 $\dot{U}_f$ 的大小及它们之间的相位角也都跟着改变，所以这是一种幅值-相位控制方式。这种控制方式利用励磁绕组中的串联电容来分相，它不需要复杂的移相装置，所以设备简单，成本较低，成为较常用的控制方式。

4）双相控制

其原理电路和电压相量图如图 5-28 所示。励磁绕组与控制绕组间的相位差固定为 90° 电角度，而励磁绕组电压的幅值随控制电压的改变而同样改变。也就是说，不论控制电压的大小如何，伺服电动机始终在圆形旋转磁场下工作，获得的输出功率和效率最大。

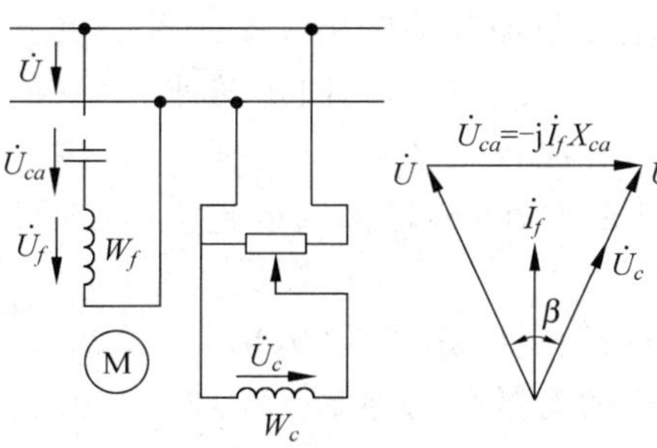

图 5-27　幅相控制接线图和向量图

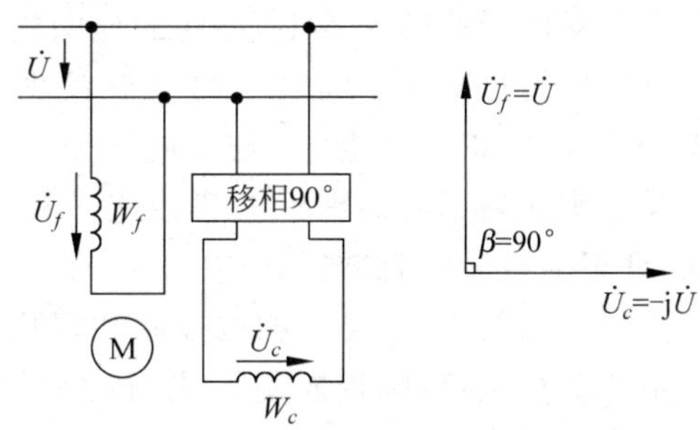

图 5-28　双相控制原理电路和电压相量图

5.3.3　异步伺服电动机的静态特性

1. 机械特性

在不同的控制方式下，交流异步伺服电动机的机械特性不同，但它们的分析方法相同。现以幅值控制方式为例来说明。

电磁转矩的标么值表达式为

$$T_{e^*}=\frac{T_e}{T_{est}}=\frac{Z_c^2R'_{rm1}}{Z_{c1}^2R'_{rm}}\left(\frac{1+\alpha_e}{2}\right)^2-\frac{Z_c^2R'_{rm2}}{Z_{c2}^2R'_{rm}}\left(\frac{1-\alpha_e}{2}\right)^2 \tag{5-12}$$

式中，T_e 为电磁转矩；T_{est} 为电磁转矩基准值；Z_{c1} 和 Z_{c2} 分别为控制绕组的正、负序阻抗；R'_{rm1} 和 R'_{rm2} 分别为正、负序转子励磁绕组电阻折合值；$\alpha_e=U_c/U'$，其中 U' 为转子励磁绕组折合到控制绕组后的电压。

阻抗 Z_{c1}、Z_{c2}、R'_{rm1}、R'_{rm2} 都是转速的函数，所以当控制电压不变，即 α_e = 常数时，它表示电动机的电磁转矩和转速之间的关系。故式(5-12)为异步伺服电动机幅值控制方式下的机械特性。

式(5-12)中，转矩 T_{e^*} 和转速 n^* 的关系十分复杂。因此，常采用实际电机的参数，按式(5-12)进行计算，作出不同有效信号系数时的机械特性曲线，由于式(5-12)使用标幺值表示,选用实际电机参数得到的电动机特性曲线仍具有普遍意义。图 5-29(a)给出了某台交流异步伺服电动机当 $\alpha_e=0.25$、0.5、0.75、1 时的一组机械特性曲线。

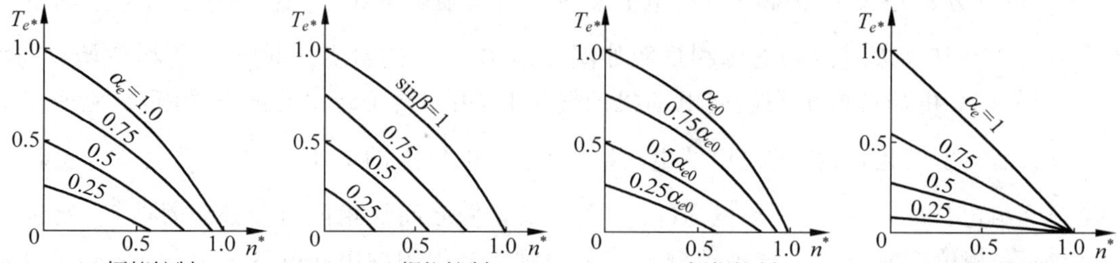

(a) 幅值控制　(b) 相位控制　(c) 幅相控制　(d) 双相控制

图 5-29 交流异步伺服电动机的机械特性

从图 5-29(a)中可以看出,幅值控制时异步伺服电动机的机械特性是一组曲线。只有当有效信号系数 $\alpha_e=1$,即圆形旋转磁场时,异步伺服电动机的理想空载转速才是同步转速。当有效信号系数 $\alpha_e\neq1$,即椭圆形旋转磁场时,电动机的理想空载转速将低于同步转速。这是因为在椭圆形旋转磁场中,存在的反向旋转磁场产生了附加制动转矩 T_2(见图 5-29),使电动机输出转矩减小。同时在理想空载情况下,转子转速已不能达到同步转速 n_s,只能是小于 n_s 的 n_0。正向转矩 T_1 与反向转矩 T_2 正好相等,合成转矩 $T_e=T_1-T_2=0$,转速 n_0 为椭圆形旋转磁场时的理想空载转速。有效信号系数 α_e 越小,磁场椭圆度越大,反向转矩越大,理想空载转速就越低。

应用类似的方法,可得相位控制和幅相控制时的机械特性,如图 5-29(b)、图 5-29(c)所示。图 5-29(c)表示幅相控制方式时的机械特性,对应的有效信号系数为 $0.25\alpha_{e0}$、$0.5\alpha_{e0}$、$0.75\alpha_{e0}$、α_{e0}。这里选定电动机启动时获得圆形旋转磁场,所以电动机运转后便有椭圆形磁场。这使得理想空载情况下负序磁场产生反向转矩,理想空载转速低于同步转速。

对于双相控制方式,励磁电压与控制电压相等,且两个电压间的相位差固定为 90°电角度,气隙磁场始终为圆形旋转磁场。从图 5-29(d)可见,理想空载转速为同步转速 n_s,不随有效信号系数 α_e 的变化而改变。与另外 3 种控制方式不同的是,这里取控制电压为额定值时的启动转矩为转矩基值。

比较图 5-29 中交流异步伺服电动机在 4 种控制方式时的机械特性可以看出,若堵转转矩的标么值相同,对应于同一转速下,在幅值、相位和幅相控制中,幅相控制时电动机的转矩标么值较大,而相位控制时最小。这是因为在幅相控制时,励磁回路中串联有电容器,当电动机启动后,励磁绕组中的电流将发生变化,电容电压 U'_{ca} 也随之改变,因此使励磁绕组的端电压 $\dot{U}'_f$ 有可能比堵转时还高,使转矩略有增高。双相控制时,气隙磁场始终为圆形旋转磁场,使电动机运行在最佳状态。

2. 调节特性

交流异步伺服电动机的调节特性是指电磁转矩不变时,转速与控制电压的关系,即 $T_{e*}=$ 常数,$n^*=f(\alpha_e)$ 或 $n^*=f(\sin\beta)$。

从电动机的转矩表达式直接推导出调节特性相当复杂,所以各种控制方式下的调节特性曲线,都是从相应的机械特性曲线用作图法求得,即在某一转矩值下,由机械特性曲线上找出转速和相对应的信号系数,并绘成曲线。各种控制方式下的调节特性如图 5-30 所示。

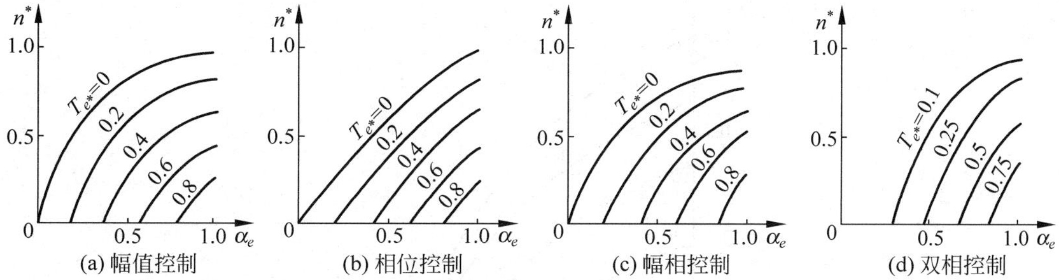

图 5-30 交流异步伺服电动机的调节特性

由图 5-30 可见，交流异步伺服电动机的调节特性都不是线性关系，仅在转速标么值较小和信号系数 α_e 不大的范围内才近似于线性关系。所以，为了获得线性的调节特性，伺服电动机应工作在较小的相对转速范围内，这可通过提高伺服电动机的工作频率来实现。例如，伺服电动机的调速范围是 0～2400r/min，若电源频率为 50Hz，同步转速 $n_s=3000$r/min，转速 n^* 的调节范围为 $n^*=0$～0.8；若电源额率为 500Hz，同步转速 $n_s=3000$r/min，转速 n^* 的调节范围仅为 0～0.08，这样伺服电动机便可工作在调节特性的线性部分。

5.3.4 异步伺服电动机和直流伺服电动机的性能比较

异步伺服电动机和直流伺服电动机在自动控制系统中被广泛使用。下面就这两类电动机的性能作简要的比较，分别说明其优缺点，以便选用时参考。

1）机械特性和调节特性

直流伺服电动机的机械特性和调节特性均为线性关系，且在不同的控制电压下，机械特性曲线相互平行，斜率不变。异步伺服电动机的机械特性和调节特性均为非线性关系，且在不同的控制电压下，理想线性机械特性也不是相互平行的。机械特性和调节特性的非线性都将直接影响到系统的动态精度，一般来说，特性的非线性度越大，系统的动态精度越低。此外，当控制电压不同时，电动机的理想线性机械特性的斜率变化也会给系统的稳定和校正带来麻烦。

图 5-31 中用实线表示了一台空心杯转子异步伺服电动机的机械特性，同时用虚线表示了一台直流伺服电动机的机械特性。这两台电动机在体积、重量和额定转速等方面都很相近。

由图 5-31 可以看出，直流伺服电动机的机械特性为硬特性；异步伺服电动机的机械特性与之相比为软特性，特别是当它经常运行在低速时，机械特性就更软，这会使系统的品质降低。

2）体积、重量和效率

为了满足控制系统对电动机性能的要求，转子电阻就得相当大，又电动机经常运行在椭圆形旋转磁场下，由于负序磁场的存在要产生制动转矩，使电磁转矩减小，并使电动机的损耗增大。当输出功率相同时，异步伺服电动机要比直流伺服电动机的体积大、重量大、效率低。所以异步伺服电动机只适用于小功率系统，对于功率较大的控制系统，则普遍采用直流伺服电动机。

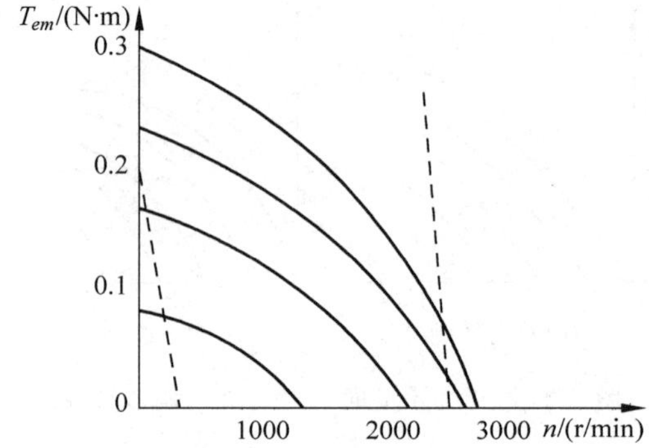

图 5-31　异步伺服电动机和直流伺服电动机机械特性的比较

3）动态响应

电动机动态响应的快速性常常以机电时间常数来衡量。直流伺服电动机的转子上带有电枢和换向器，它的转动惯量要比异步伺服电动机大些。若两电动机的空载转速相同，而直流伺服电动机的堵转转矩要比异步伺服电动机大得多。综合比较，它们的机电时间常数就较为接近。在负载时，若电动机所带负载的转动惯量较大，这时两种电动机系统的总惯量（即负载的转动惯量与电动机的转动惯量之和）就相差不太多，可使直流伺服电动机系统的机电时间常数反而比异步伺服电动机系统的机电时间常数为小。

4）"自转"现象

对于两相伺服电动机，若参数选择不适当或制造工艺上带来缺陷，都会使电动机在单相状态下产生"自转"现象，而直流伺服电动机却不存在"自转"现象。

5）电刷和换向器的滑动接触

直流伺服电动机由于存在着电刷和换向器，因而其结构复杂、制造困难。又因为电刷与换向器之间存在滑动接触和电刷接触电阻的不稳定，这些都将影响到电动机运行的稳定性。此外，直流伺服电动机中存在着换向器火花，它既会引起对无线电通信的干扰，又会给运行和维护带来麻烦。

异步伺服电动机结构简单、运行可靠、维护方便，适合在不易检修的场合使用。

6）放大器装置

直流伺服电动机的控制绕组通常由直流放大器供电，而直流放大器有零点漂移现象，这将影响到系统工作的精度和稳定性。直流放大器的体积和重量要比交流放大器大得多。这些都是直流伺服系统存在的缺点。

5.4　异步伺服电动机的应用

交流异步伺服电动机广泛应用于自动控制系统、自动检测系统和计算装置以及增量运动中。在这些系统和装置中，它主要作为执行元件。

5.4.1　在位置控制系统中的作用

自动控制系统根据被控制的对象不同，有速度控制和位置控制之分。图 5-32 所示为最简单的位置控制系统。

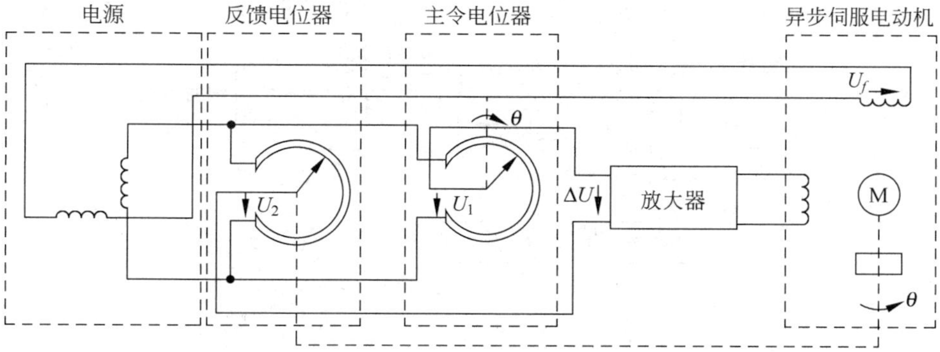

图 5-32 简单的位置控制系统

采用图 5-32 系统可以实现远距离角度传递，即将主令轴的转角 θ 传递到远距离的执行轴，使之复现主令轴的转角位置。这类应用实例，在民用工业、国防建设中是很多的。例如，轧钢机中轧辊间隙的自动控制、火炮和雷达天线的定位、船舰方向舵和驾驶盘的自动控制等。在这里，只简单地介绍图 5-32 所示系统的工作原理。

主令轴的转角 θ 可任意变动，它在任何瞬间的数值由刻度盘读数指示。执行轴必须准确地复现主令轴的转角。为了完成这个动作，用线绕电位器（主令电位器）将转角变成与转角成比例的电压，这个电压就是该系统的输入信号电压 U_1。执行轴的转角同样用另一线绕电位器（反馈电位器）变成与转角成比例的电压，这个电压就是反馈信号电压 U_2。这一对电位器的电压用同一电源供给。输入信号电压与反馈信号电压之差 $\Delta U=U_1-U_2$，经放大器放大后，加到交流伺服电动机的控制绕组上。信号放大后，其输出功率足以驱动电动机。电动机的励磁绕组接到与放大器输入电压有 90°相位差的恒定交流电压上。电动机的转轴通过减速齿轮组转动执行轴，转动的方向必须能降低放大器的输入电压 ΔU。因此，当放大器的输入端有电压时，电动机就会转动，直到放大器输入电压减小到零时为止。由于加在两电位器输入端的电压相同，所以，当执行轴和主令轴的转角 θ 相等时，两电位器的输出电压也相等。此时，$\Delta U=0$，伺服电动机停止转动。

5.4.2 在检测装置中的应用

用交流伺服电动机组成的自动化仪表和检测装置的例子非常多。例如，电子自动电位差计、电子自动平衡电桥以及某些轧钢检测仪表等。图 5-33 为钢板厚度测量装置示意图。

该测量装置使用了两个电离室和两个放射源。所谓放射源是指某些放射物质，这些放射物质能自动地放射出一种射线。这些射线穿过钢板厚度进入电离室，使气体电离并产生离子，在电离室外加电压的作用下，正离子向明极、电子向阳极流动形成电流。这些电流是射线强度的函数。钢板厚度不同，进入电离宝的射线强弱不同，产生的电流大小也不一样，因而，电离室的输出电压也就不同。

正常情况下，当钢板厚度 δ 和标准调节片的厚度相同时，两电离室的输出电压 $U_1=U_2$，放大器的输入电压 $\Delta U=U_1-U_2=0$。当钢板厚度改变时，则电离室 1 和电离室 2 的输出电压 $U_1\neq U_2$，差值电压 $\Delta U\neq 0$，经放大后加到交流伺服电动机的控制绕组 C 上（其励磁

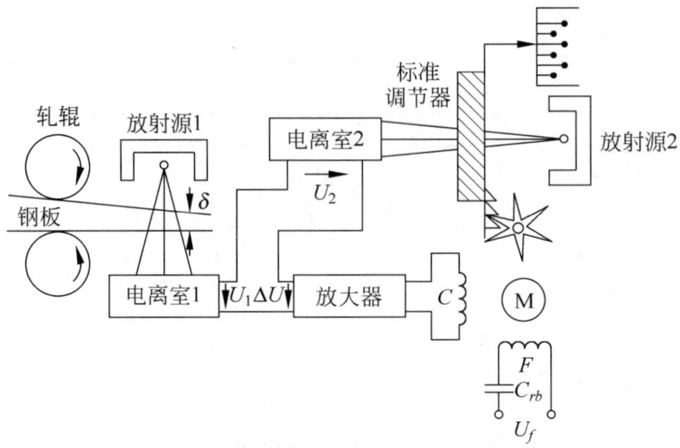

图 5-33 钢板厚度测量装置示意图

绕组 F 已由励磁电压 U_f 供电),伺服电动机转动并移动标准调节片,直到标准调节片的厚度与被测的钢板厚度相等时,进入两电离室的射线相等,输出电压 $U_1=U_2$,$\Delta U=0$,电动机就停止转动。此时指针可在刻度盘上直接指示出钢板的厚度。

5.4.3 在计算装置中的应用

交流伺服电动机和其他控制元件一起可组成各种计算装置,以进行加、减、乘、除、乘方、开方、正弦函数、微分和积分等运算。例如,异步测速发电机组成积分运算器、旋转变压器组成乘法运算器等。

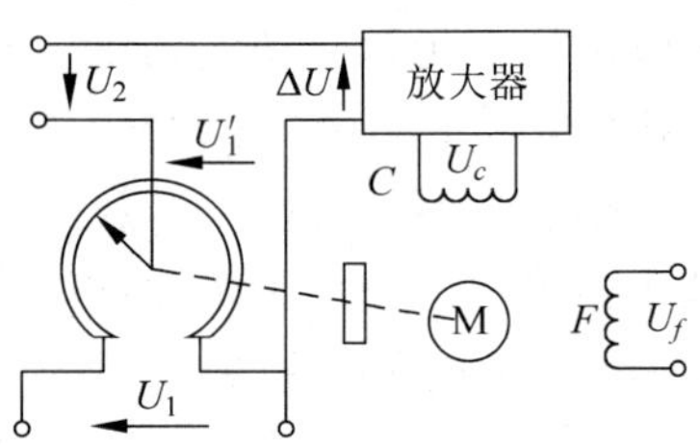

图 5-34 倒数计算装置

图 5-34 表示用交流伺服电动机进行倒数计算的装置,其工作原理如下:当线性电位器的输入端外施交流电压 U_1 时,在电位器的输出端得到与电动机转轴的旋转角度 θ 成正比的电压 $U_1'=U_1\theta$,然后与一个幅值为 1 的恒值电压 U_2 比较。差值电压 $\Delta U=U_1'-U_2=U_1\theta-U_2$,经放大后,加到伺服电动机的控制绕组上,电动机转动并通过齿轮组带动线性电位器的滑动头。于是,电位器的输出电压 U_1' 随之改变,一旦差值电压 ΔU 为零,则电动机停止转动。此时电动机转轴的角位移 θ 就必然等于输入电压的倒数。即

$$\Delta U=U_1\theta-1=0$$

所以

$$\theta=\frac{1}{U_1} \tag{5-13}$$

5.4.4 在增量运动的控制系统中的应用

图 5-35 为机床的数字控制系统,属于增量运动控制系统的典型例子。

在图 5-35 所示的系统中,用数字纸带控制机器部件或刀具的运动。系统工作过程如下所述:系统启动后,纸带上的信息通过读出器送出脉冲信号,这个脉冲信号在控制器中,与

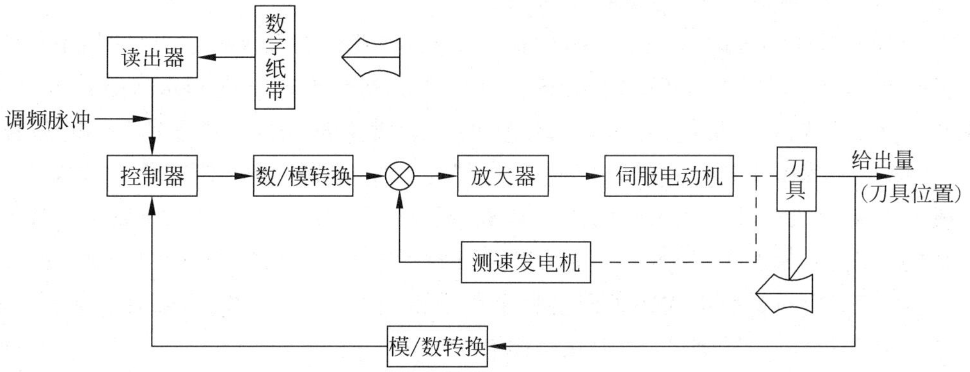

图 5-35　机床的数字控制系统

反馈脉冲进行比较和运算，再经数/模转换器将脉冲信号转换为模拟信号，即大小一定的电压，以控制伺服电动机的动作。根据不同的输入信号，伺服电动机制控刀架的位置，再由与刀盘相连的模/数转换器，将刀具的运动转变为数字脉冲信号，即反馈信号。伺服电动机力图使输入脉冲和反馈脉冲的差值减至最小。这样加工的误差就可以减小。为了稳定系统的速度，还采用了由测速发电机组成的速度反馈环节。

5.5　永磁同步伺服电动机及其控制

近年来，随着高性能永磁材料技术、电力电子技术、微电子技术的飞速发展以及矢量控制理论、自动控制理论研究的不断深入，永磁同步电动机伺服控制系统得到了迅速发展。由于其调速性能优越，克服了直流伺服电动机机械式换向器和电刷带来的一系列限制，结构简单、运行可靠，且体积小、重量轻、效率高、功率因数高、转动惯量小、过载能力强；与异步伺服电动机相比，控制简单、不存在励磁损耗等问题，因而在高性能、高精度的伺服驱动等领域具有广阔的应用前景。

5.5.1　永磁同步伺服电动机的结构与分类

永磁同步电动机分类方法比较多。按工作主磁场方向的不同，可分为径向磁场式和轴向磁场式；按电枢绕组位置的不同，可分为内转子式（常规式）和外转子式；按转子上有无启动绕组，可分为无启动绕组的电动机（常称为调速永磁同步电动机）和有启动绕组的电动机（常称为异步启动永磁同步电动机）；按供电电流波形的不同，可分为矩形波永磁同步电动机和正弦波永磁同步电动机（简称为永磁同步电动机）。异步启动永磁同步电动机用于频率可调的传动系统时，形成一台具有阻尼（启动）绕组的调速永磁同步电动机。

永磁同步伺服电动机由定子、转子和端盖等部件组成。永磁同步伺服电动机的定子与异步伺服电动机定子结构相似，主要是由硅钢片、三相对称绕组、固定铁芯的机壳及端盖部分组成。对其三相对称绕组输入三相对称的空间电流可以得到一个圆形旋转磁场，旋转磁场的转速称为同步转速，即

$$n_s = \frac{60f}{p} \tag{5-14}$$

式中，f 为定子电流频率；p 为电动机的极对数。

永磁同步伺服电动机的转子采用磁性材料组成，如钕铁硼等永磁稀土材料，不再需要额外的直流励磁电路。这样的永磁稀土材料具有很高的剩余磁通密度和很大的矫顽力，加上它的磁导率与空气磁导率相仿，对于径向结构的电动机交轴（q 轴）和直轴（d 轴）磁路磁阻都很大，可以在很大程度上减少电枢反应。永磁同步电动机转子按其形状可分为两类：凸极式永磁同步电动机和隐极式永磁同步电动机，如图 5-36 所示。凸极式是将永久磁铁安装在转子轴的表面，因为永磁材料的磁导率很接近空气磁导率，所以在交轴（q 轴）和直轴（d 轴）上的电感基本相同。隐极式转子则是将永久磁铁嵌入到转子轴的内部，因此交轴电感大于直轴电感，且除了电磁转矩外，还存在磁阻转矩。

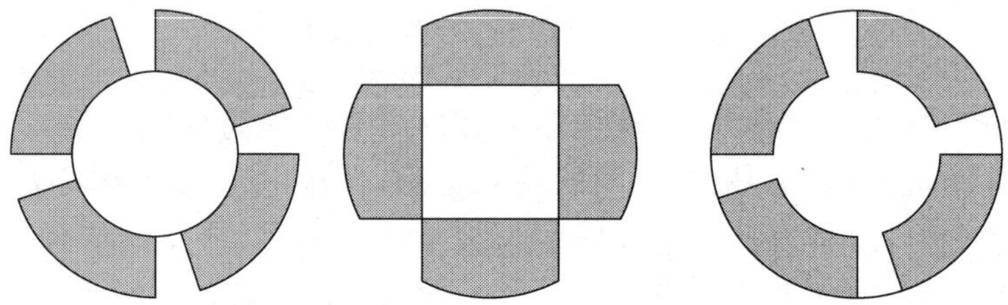

(a) 凸极式电机转子　　(b) 隐极式电机转子

图 5-36　永磁同步电动机转子类型

为了使得永磁同步伺服电动机具有正弦波感应电动势波形，其转子磁钢形状呈抛物线状，使其气隙中产生的磁通密度尽量呈正弦分布。定子电枢采用短距分布式绕组，能最大限度地消除谐波磁动势。

转子磁路结构是永磁同步伺服电动机与其他电动机最主要的区别。转子磁路结构不同，电动机的运行性能、控制系统、制造工艺和适用场合也不同。按照永磁体在转子上位置的不同，永磁同步伺服电动机的转子磁路结构一般可分为表面式、内置式和爪极式。

1. 表面式转子磁路结构

这种结构中，永磁体通常呈瓦片形，并位于转子铁芯的外表面上，永磁体提供磁通的方向为径向，且永磁体外表面与定子铁芯内圆之间一般仅套上一个起保护作用的非磁性圆筒，或在永磁磁极表面包以无纬玻璃丝带作保护层。有的调速永磁同步电动机的永磁磁极用许多矩形小条拼装成瓦片形，能降低电动机的制造成本。

表面式转子磁路结构又分为凸出式和插入式两种，如图 5-37 所示。对采用稀土永磁的电动机来说，永磁材料的相对恢复磁导率接近 1，所以表面凸出式转子在电磁性能上属于隐极转子结构；而在表面插入式转子的相邻两永磁磁极间有着磁导率很大的铁磁材料，故在电磁性能上属于凸极转子结构。

表面式转子磁路结构的制造工艺简单、成本低、应用较为广泛，尤其适于矩形波永磁同步电动机，但因转子表面无法安放启动绕组，无异步启动能力，故不能用于异步启动永磁同步电动机。

2. 内置式转子磁路结构

这类结构的永磁体位于转子内部，永磁体外表面与定子铁芯内圆之间有铁磁物质制成

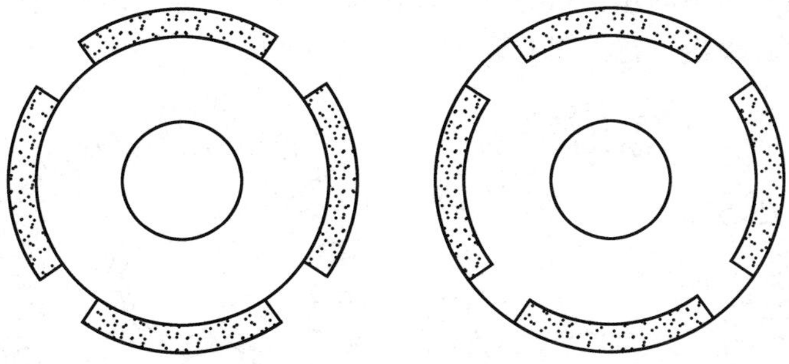

(a) 凸出式　　(b) 插入式

图 5-37　表面式转子磁路结构

的极靴，极靴中可以放置铸铝笼或铜条笼，起阻尼或（和）启动作用，动、稳态性能好，广泛用于要求有异步启动能力或动态性能高的永磁同步电动机。内置式转子内的永磁体受到极靴的保护，其转子磁路结构的不对称性所产生的磁阻转矩有助于提高电动机的过载能力和功率密度，而且易于“弱磁”扩速，按永磁体磁化方向与转子旋转方向的相互关系，内置式转子磁路结构又可分为径向式、切向式和混合式 3 种。

1）径向式结构

这类结构（如图 5-38 所示）的优点是漏磁系数小、轴上不需采取隔磁措施，极弧系数易于控制，转子冲片机械强度高，安装永磁体后转子不易受形。图 5-38(a)是早期采用转子磁路结构，现已较少采用。图 5-38(b)和图 5-38(c)中，永磁体轴向插入永磁体槽并通过隔磁磁桥限制漏磁通，结构简单可靠，转子机械强度高，因而近年来应用较为广泛。图 5-38(c)比图 5-38(b)提供了更大的永磁空间。

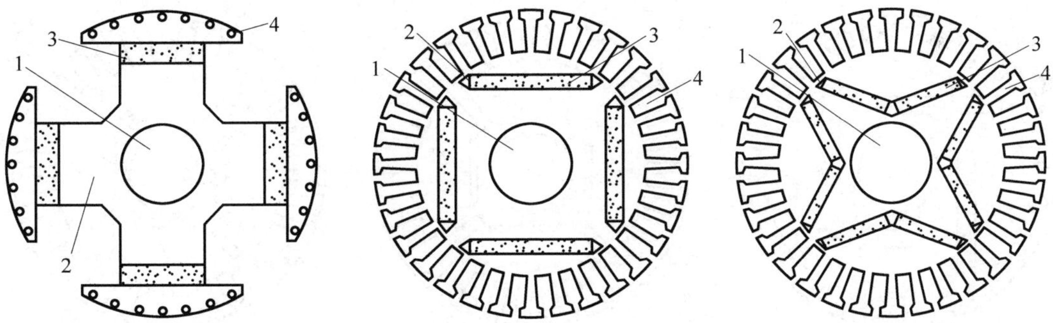

(a) 转子磁路结构　　(b) 永磁体轴向插入方式一　　(b) 永磁体轴向插入方式二

图 5-38　内置径向式转子磁路结构

1—转轴；2—永磁体槽；3—永磁体；4—启动笼

2）切向式结构

这类结构（如图 5-39 所示）的漏磁系数较大，并且需采用相应的隔磁措施，电动机的制造工艺和制造成本较径向式结构有所增加。其优点在于一个极距下的磁通由相邻两个磁极并联提供，可得到更大的每极磁通，尤其当电动机极数较多、径向式结构不能提供足够的每极磁通时，这种结构的优势更为突出。此外，采用切向式转子结构的永磁同步电动机磁阻转矩在电动机总电磁转矩中的比例可达 40%，这对充分利用磁阻转矩，提高电动机功率密度和扩展电动机的恒功率运行范围很有利。

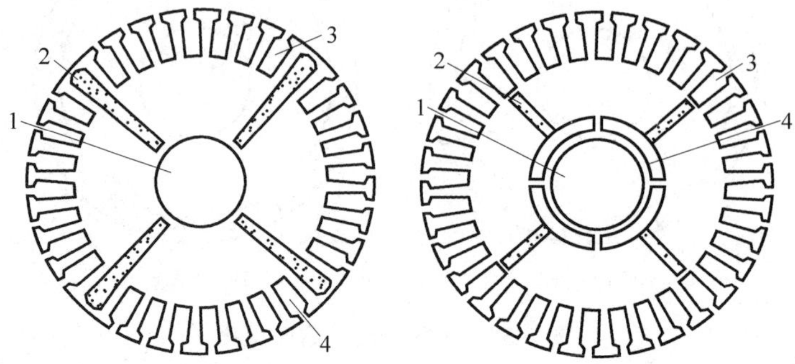

(a) 无隔磁措施　(b) 有隔磁措施

图 5-39　内置切向转子磁路结构

1—转轴；2—永磁体槽；3—永磁体；4—启动笼

3）混合式结构

这类结构(如图 5-40 所示)集中了径向式和切向式转子结构的优点，但其结构和制造工艺较复杂，制造成本也比较高。图 5-40(a)是由德国西门子公司发明的混合式转子磁路结构，需采用非磁性轴或采用隔磁铜套，主要应用于采用剩磁密度较低的铁氧体等永磁材料的永磁同步电动机。图 5-40(b)所示结构采用隔磁磁桥隔磁。需指出的是，这种结构的径向部分永磁体磁化方向长度约是切向部分永磁体磁化方向长度的一半。图 5-40(c)是由图 5-40(b)的径向式结构衍生来的一种混合式转子磁路结构，其中，永磁体的径向部分与切向部分的磁化方向长度相等，也采取隔磁磁桥隔磁。

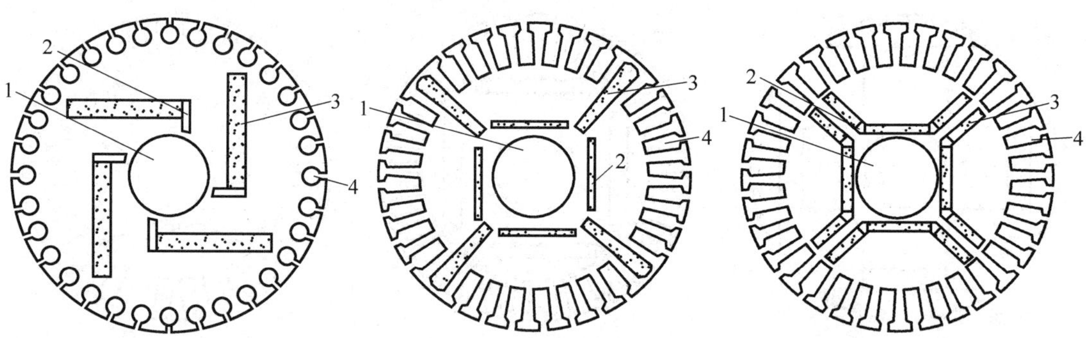

(a) 非磁性轴或隔磁铜套隔磁　(b) 隔磁磁桥方式一　(c) 隔磁磁桥方式二

图 5-40　内置混合式转子磁路结构

1—转轴；2—永磁体槽；3—永磁体；4—启动笼

在选择转子磁路结构时还应考虑到不同转子磁路结构电动机的直、交轴同步电抗 X_d、X_q 及其比例关系 X_q/X_d(称为凸极率)也不同。在相同条件下，上述 3 类转子磁路结构电动机的直轴同步电抗 X_d 相差不大，但它们的交轴同步电抗 X_q 却相差较大。切向式转子结构电动机的 X_q 最大，径向式转子结构电动机的 X_q 次之。

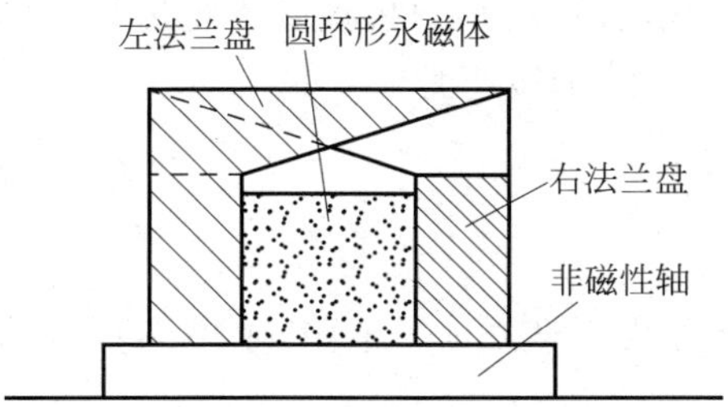

图 5-41 爪极式永磁转子结构

3. 爪极式转子磁路结构

爪极式转子结构通常由两个带爪的法兰盘和一个圆环形的永磁体构成，图 5-41 为其结构示意图。左右法兰盘的爪数相同，且两者的爪极互相错开，沿圆周均匀分布，永磁体轴向充磁，因而左右法兰盘的爪极形成极性相异、相互错开的永磁同步电动机的磁极。爪极式转子结构永磁同步电动机的性能较低，又不具备异步启动能力，但结构印工艺较为简单。

4. 隔磁措施

如前所述，为不使电动机中永磁体的漏磁系数过大而导致永磁材料利用率较低，应注意各种转子结构的隔磁措施。图 5-42 为几种典型的隔磁措施。图中标注尺寸 b 的冲片部位称为隔磁磁桥，通过磁桥部位磁通达到饱和来起限制漏磁的作用。

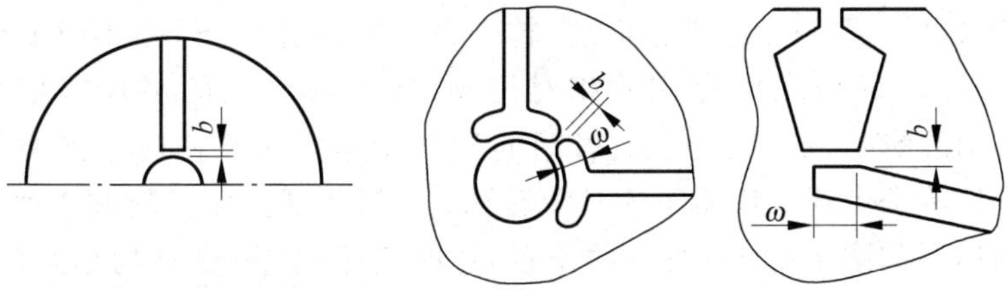

(a) 隔磁磁桥隔磁措施　　(b) 空气隔磁加隔磁磁桥隔磁措施

图 5-42 几种典型的隔磁措施

切向式转子结构的隔磁措施一般采用非磁性铂或在轴上加隔磁铜套，这使得电动机的制造成本增加，制造工艺变得复杂。近年来，研制出了采用空气隔磁加隔磁磁桥的新技术(如图 5-42(b)和图 5-42(c)所示)，取得了一定的效果。但是，当电动机容量较大时，这种结构使得转子的机械强度显得不足，电动机可靠性下降。

5.5.2 永磁同步伺服电动机的工作原理

如前所述，永磁同步电动机的转子可以制成一对极的，也可制成多对极的，下面以两极电动机为例说明其工作原理。

图 5-43 所示为两极转子的永磁同步电动机的工作原理。当电机的定子绕组通上交流电后，就产生一旋转磁场，在图中以一对旋转磁极 N、S 表示。当定子磁场以同步转速 n_s 逆时针方向旋转时，根据异性极相吸的原理，定子旋转磁极就吸引转子磁极，带动转子一起旋转。转子的旋转速度与定子旋转磁场(同步转速 n_s)相等。当电动机转子上的负载转矩增大时，定子、转子磁极轴线间的夹角 θ 就相应增大；反之，夹角 θ 则减小。定子、转子磁极间的磁力线如同具有弹性的橡皮筋，随着负载的增大和减小而拉长和缩

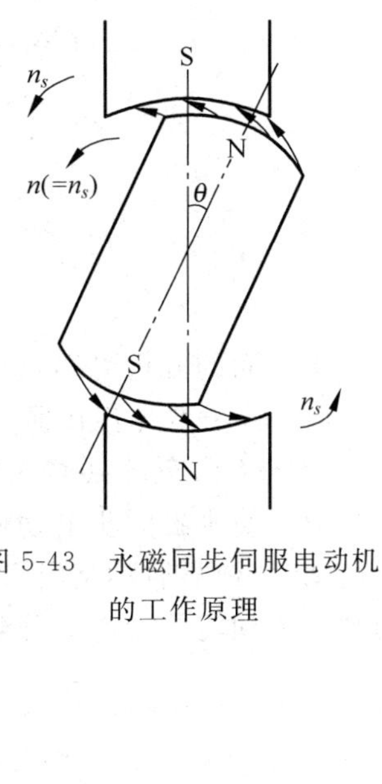

图 5-43 永磁同步伺服电动机的工作原理

短。虽然定子、转子磁极轴线之间的夹角会随负载的变化而改变，但只要负载不超过某一极限，转子就始终跟着定子旋转磁场以同步转速 n_s 转动。即转子转速为

$$n = n_s = \frac{60f}{p}(\mathrm{r/min}) \tag{5-15}$$

式中，f 为定子电流频率；p 为电动机的极对数。

由式(5-15)可知，转子转速仅取决于电源频率和极对数。略去定子电阻，永磁同步电动机的电磁转矩为

$$T_{em} = \frac{mpE_0U}{\omega_s X_d}\sin\theta + \frac{mpU^2}{2\omega_s}\left(\frac{1}{X_d} - \frac{1}{X_q}\right)\sin 2\theta \tag{5-16}$$

式中，m 为电机相数；$\omega_s = 2\pi f$ 为电角速度；U、E_0 分别为电源电压和空载反电动势有效值；X_d、X_q 分别为电机直轴、交轴同步电抗；θ 称为功角或转矩角。由于永磁同步电动机的直轴同步电抗 X_d 一般小于交轴同步电抗 X_q，磁阻转矩为一负正弦函数，因而最大转矩值对应的转矩角大于 90°。

一般来讲，永磁同步电动机的启动比较困难。其主要原因是刚合上电源启动时，虽然气隙内产生了旋转磁场，但转子还是静止的，转子在惯性的作用下，跟不上旋转磁场的转动。因为定子和转子两对磁极之间存在着相对运动，转子所受到的平均转矩为零。例如，在图 5-44(a)所表示的瞬间，定子、转子磁极间的相互作用倾向于使转子逆时针方向旋转，但由于惯性的影响，转子受到作用后不能马上转动；当转子还来不及转起来时，定子旋转磁场已转过 180°，到达了如图 5-44(b)所示的位置，这时定子、转子磁极的相互作用又趋向于使转子依顺时针方向旋转。所以转子所受到的转矩方向时正时反，其平均转矩为 0。因而，永磁式同步电动机往往不能自启动。从图 5-44 还可看出，在同步伺服电动机中，如果转子的转速与旋转磁场的转速不相等，转子所受到的平均转矩也总是为 0。

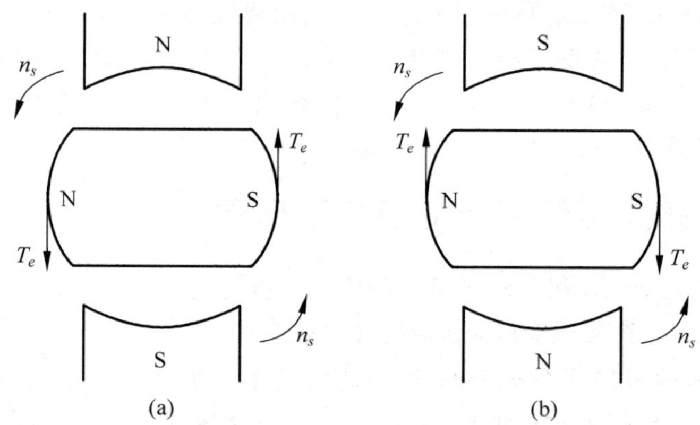

图 5-44 永磁同步电动机的启动转矩

从上面的分析可知，影响永磁式同步电动机不能自启动主要有下面两个因素。

(1) 转子本身存在惯性；

(2) 定子、转子磁场之间转速相差过大。

为了使永磁同步电动机能自行启动，在转子上一般都装有启动绕组。当永磁同步电动机启动时，依靠启动绕组可使电动机如同异步电动机启动时一样产生启动转矩，使转子转动起来。等到转子转速上升到接近同步速时，定子旋转磁场就与转子永久磁钢相互吸引把转

子牵入同步，转子与旋转磁场一起以同步转速旋转。

如果电动机转子本身惯性不大，或者是多极的低速电动机，定子旋转磁场转速不是很大，那么永磁同步电动机不另装启动绕组还是可自启动的。永磁同步电动机的转子具有永久磁钢和鼠笼式启动绕组两部分。

5.5.3 永磁同步伺服电动机的稳态性能

1. 稳态运行和相量图

正弦波永磁同步电动机与电励磁凸极同步电动机有着相似的内部电磁关系，故可采用双反应理论来研究永磁同步电动机。需要指出的是，由于永磁同步电动机转子直轴磁路中永磁体的磁导率很小，X_{ad} 较小，故一般 $X_{ad}<X_{aq}$，这与电励磁凸极同步电动机 $X_{ad}>X_{aq}$ 正好相反，分析时应注意这一参数特点。

电动机稳定运行于同步转速时，根据双反应理论，可写出永磁同步电动机的电压方程为

$$\begin{aligned}\dot{U}&=\dot{E}_0+\dot{I}R_1+\mathrm{j}\,\dot{I}X_1+\mathrm{j}\,\dot{I}_dX_{ad}+\mathrm{j}\,\dot{I}_qX_{aq}\\&=\dot{E}_0+\dot{I}R_1+\mathrm{j}\,\dot{I}_dX_d+\mathrm{j}\,\dot{I}_qX_q\end{aligned}\tag{5-17}$$

式中，$\dot{E}_0$ 为永磁气隙基波磁场所产生的空载反电动势；$\dot{U}$为外施相电压；R_1 为定子绕组每相电阻；X_{ad}、X_{aq} 为直轴、交轴电枢反应电抗；X_1 为定子漏抗；X_d 为直轴同步电抗，$X_d=X_{ad}+X_1$；X_q 为交轴同步电抗，$X_q=X_{aq}+X_1$；$\dot{I}_d$、$\dot{I}_q$ 分别为直轴、交轴电枢电流，$I_d=I\sin\phi$，$I_q=I\cos\phi$；ϕ 为$\dot{I}$与$\dot{E}_0$ 间的夹角，称为功率因数角，$\dot{I}$ 超前$\dot{E}_0$ 时为正。

由电压方程可画出永磁同步电动机于不同情况下稳定运行时的几种典型相量图，如图 5-45 所示。

图中，E_δ 为气隙合成基波磁场所产生的电动势，称为气隙合成电动势；E_d 为气隙合成基波磁场直轴分量所产生的电动势，称为直轴内电动势；θ 为$\dot{U}$超前$\dot{E}_0$ 的角度，即功率角，或称转矩角；φ 为电压$\dot{U}$超前定子相电流$\dot{I}$ 的角度，即功率因数角。图 5-45(a)、图 5-45(b)和图 5-45(c)中的电流$\dot{I}$ 均超前于空载反电动势$\dot{E}_0$，这时的直轴电枢反应(图中的 $\mathrm{j}\,\dot{I}_dX_{ad}$)均为去磁性质，导致电动机直轴内电动势 E_d 小于空载反电动势 E_0。图 5-45(e)中电流$\dot{I}$ 滞后于$\dot{E}_0$，此时直轴电枢反应为增磁性质，导致直轴内电动势 E_d 大于 E_0。图 5-45(d)所示是直轴增、去磁临界状态($\dot{I}$ 与$\dot{E}_0$ 同相)下的相量图，由此可列出如下电压方程：

$$\left.\begin{aligned}U\cos\theta&=E'_0+IR_1\\U\sin\theta&=IX_q\end{aligned}\right\}\tag{5-18}$$

从而可以求得直轴增、去磁临界状态时的空载反电动势 E'_0 为

$$E'_0=\sqrt{U^2-(IX_q)^2}-IR_1\tag{5-19}$$

式(5-19)可用于判断所设计的电动机是运行于增磁状态还是运行于去磁状态。实际 E_0 值由永磁体产生的空载气隙磁通算出，比较 E_0 与 E'_0，如 $E_0>E'_0$，电动机将运行于去磁工作状态，反之将运行于增磁工作状态。从图 5-45 还可看出，要使电动机运行于单位功率因数(见图 5-45(b))或容性功率因数(见图 5-45(a))状态，只有设计在去磁状态时才能达到。

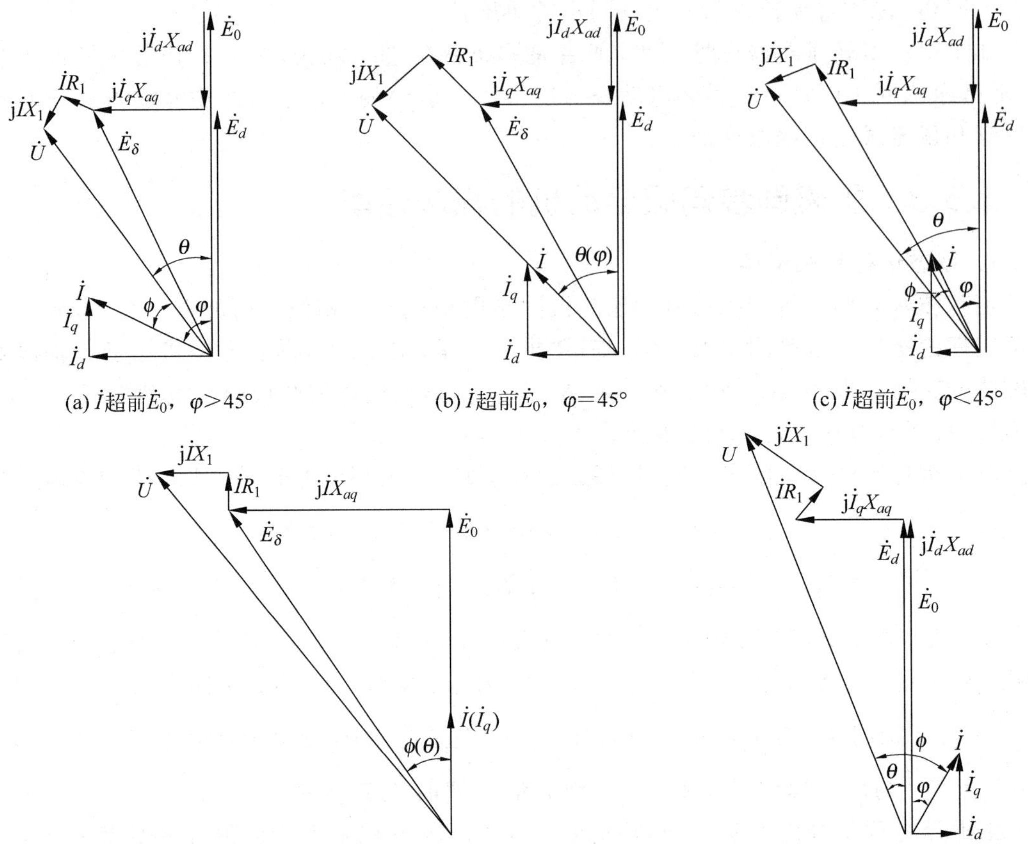

(a) $\dot{I}$超前$\dot{E}_0$，$\varphi>45°$　(b) $\dot{I}$超前$\dot{E}_0$，$\varphi=45°$　(c) $\dot{I}$超前$\dot{E}_0$，$\varphi<45°$

(d) $\dot{I}$与$\dot{E}_0$同相，$\varphi=0$　(e) $\dot{I}$滞后$\dot{E}_0$同相，$\varphi\neq0$

图 5-45　永磁同步电动机几种典型相量图

2．稳态运行性能分析计算

永磁同步电动机的稳态运行性能包括效率、功率因数、输入功率和电枢电流等与输出功率之间的关系以及失步转矩倍数等。电动机的这些稳态性能均可从电动机的基本电磁关系或相量图推导而得。

1）电磁转矩和功角特性

从图 5-45 和式(5-44)可得出如下关系

$$\phi=\arctan\frac{I_d}{I_q} \tag{5-20}$$

$$\varphi=\theta-\phi \tag{5-21}$$

$$U\sin\theta=I_qX_q+I_dR_1 \tag{5-22}$$

$$U\cos\theta=E_0-I_dX_d+I_qR_1 \tag{5-23}$$

从式(5-22)和式(5-23)中不难求出电动机定子电流直轴、交轴分量为

$$I_d=\frac{R_1U\sin\theta+X_q(E_0-U\cos\theta)}{R_1^2+X_dX_q} \tag{5-24}$$

$$I_q=\frac{X_dU\sin\theta-R_1(E_0-U\cos\theta)}{R_1^2+X_dX_q} \tag{5-25}$$

定子相电流为

$$I_1 = \sqrt{I_d^2 + I_q^2} \tag{5-26}$$

而电动机的输入功率为

$$\begin{aligned} P_1 &= mUI_1\cos\varphi = mUI_1\cos(\theta - \phi) = mU(I_d\sin\theta + I_q\cos\theta) \\ &= \frac{mU\left[E_0(X_q\sin\theta - R_1\cos\theta) + R_1U + \frac{1}{2}U(X_d - X_q)\sin2\theta\right]}{R_1^2 + X_dX_q} \end{aligned} \tag{5-27}$$

忽略电动机定子电阻，由式(5-27)可得电动机的电磁功率为

$$P_{em} \approx P_1 \approx \frac{mE_0U\sin\theta}{X_d} + \frac{mU^2}{2}\left(\frac{1}{X_d} - \frac{1}{X_q}\right)\sin2\theta \tag{5-28}$$

除以电动机的机械角速度 Ω，即可得电动机的电磁转矩 T_{em} 为

$$T_{em} = \frac{P_{em}}{\Omega} = \frac{mp}{\omega}\left[\frac{E_0U\sin\theta}{X_d} + \frac{U^2}{2}\left(\frac{1}{X_d} - \frac{1}{X_q}\right)\sin2\theta\right] \tag{5-29}$$

图 5-46 是永磁同步电动机的功角特性曲线，图 5-46(a)中，曲线 1 为式(5-29)第 1 项由永磁气隙磁场与定子电枢反应磁场相互作用产生的基本电磁转矩，又称永磁转矩；曲线 2 为由于 d、q 轴不对称而产生的磁阻转矩；曲线 3 为曲线 1 和曲线 2 的合成。由于永磁同步电动机直轴同步电抗 X_d 一般小于交轴同步电抗 X_q，磁阻转矩为一负正弦函数，因而功角特性曲线上转矩最大值所对应的功率角大于 90°，而不像电励磁同步电动机那样小于 90°，这是永磁同步电动机一个值得注意的特点。图 5-46(b)为某台永磁同步电动机的实测 T_2-θ 曲线。

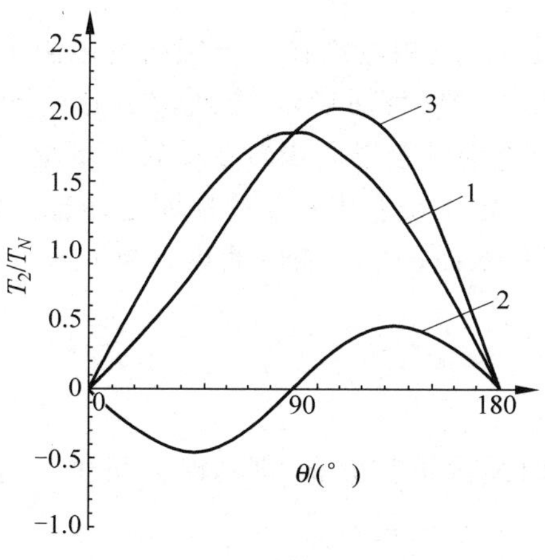

(a) 计算曲线

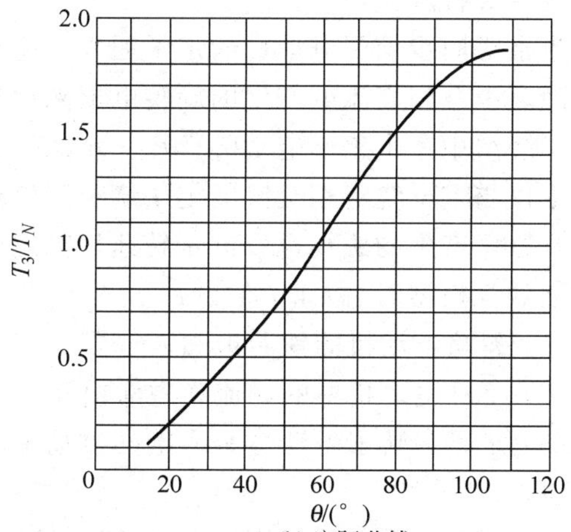

(b) 实际曲线

图 5-46 永磁同步电动机的功角特性

1—永磁转矩；2—磁阻转矩；3—合成转矩

功角特性上的转矩最大值 T_{max} 称为永磁同步电动机的失步转矩，如果电动机负载转矩超过此值，则电动机将不再能保持同步转速。

2）工作特性曲线

计算出电动机的 E_0、X_d 和 R_1 等参数后，给定一系列不同的功率角 θ，便可求出相应的电动机输入功率、定子相电流和功率因数角 φ 等，然后求出电动机此时的各个损耗，便可得

到电动机的效率 η，从而得到电动机稳态运行性能(P_1、η、$\cos\varphi$ 和 I_1 等)与输出功率 P_2 之间的关系曲线，即电动机的工作特性曲线。图 5-47 为用以上步骤求出的某台永磁同步电动机的工作特性曲线。

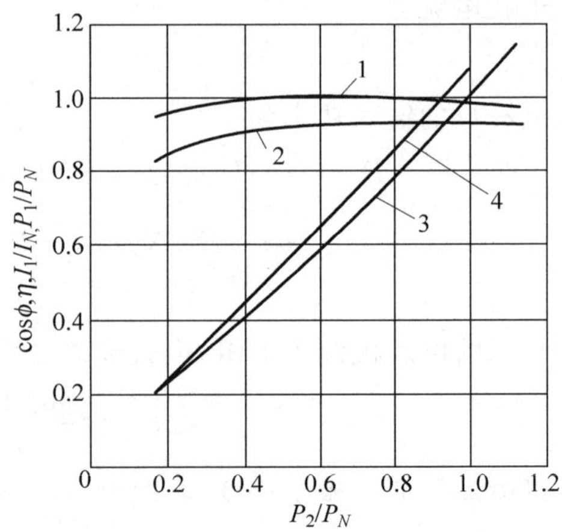

图 5-47 工作特性曲线

1—功率因数 $\cos\varphi$；2—功率 η 曲线；3—I_1/I_N 曲线；4—P_1/P_2 曲线

对于永磁同步电动机的稳态分析，由于电动机的物理过程是相同的，因此同样可以应用到永磁同步伺服电动机的稳态分析。但是由于永磁同步伺服电动机通常工作在动态过程，电动机的转速和转矩总是处于变化的状态，因此必须采用永磁同步伺服电动机的暂态分析方法来分析电动机的动态控制过程，其通常采用的数学方法是采用电动机转子坐标系的 Park 方程来建立永磁同步电动机的动态数学方程和传递函数，进而建立起基于 PID 调节器的伺服电动机的前向控制框图，同时，可采用单片机或数字信号处理器对永磁同步伺服电动机进行全数字化离散控制。

5.5.4 永磁同步伺服电动机的数学模型

三相永磁同步伺服电动机采用三相逆变器交流供电，其数学模型具有多变性、强耦合性及非线性等特点。

当永磁同步伺服电动机的定子通入三相交流电时，三相电流在定子绕组的电阻上产生电压降。由三相交流电产生的旋转电枢磁动势及建立的电枢磁场，一方面切割定子绕组，并在定子绕组中产生感应电动势；另一方面以电磁力拖动转子以同步转速旋转。电枢电流还会产生仅与定子绕组相交链的定子绕组漏磁通，并在定子绕组中产生感应漏电动势。此外，转子永磁体产生的磁场也以同步转速切割定子绕组，从而产生空载电动势。为了便于分析，在建立数学模型时，做如下假设：

(1) 忽略电动机的铁芯饱和；

(2) 不计电动机中的涡流和磁滞损耗；

(3) 定子和转子磁动势所产生的磁场沿定子内圆按正弦分布，即忽略磁场中所有的空间谐波；

(4) 转子上没有阻尼绕组，永磁体也没有阻尼作用；

(5) 各相绕组对称，即各相绕组的匝数与电阻相同，各相轴线相互位移同样的电角度。

永磁同步电动机的数学模型由两部分组成，即电动机的机械模型和绕组电压模型。其中，电动机的机械运动方程是固定的，不随坐标系的不同而变化，电动机的机械运动方程为

$$T_{em} + T_l = J\frac{\mathrm{d}\omega_m}{\mathrm{d}t} + B\omega_m \tag{5-30}$$

式中，T_{em} 为电动机电磁转矩；T_l 为电动机负载转矩；J 为电动机转子及负载惯量；B 为电动机黏滞摩擦系数；ω_m 为电动机机械转速。

下面将基于以上假设，建立在不同坐标系下永磁同步电动机的数学模型。

1）永磁同步电动机在静止坐标系(ABC)上的数学模型

永磁同步电动机三相集中绕组分别为 A、B、C，各相绕组的中心线在与转子轴垂直的平面上，分布如图 5-48 所示。图中定子三相绕组用 3 个线圈来表示，各相绕组的轴线在空间是固定的，ψ_r 为转子上安装的永磁磁钢的磁场方向，转子上无任何线圈。电动机转子以 ω_r 角速度顺时针方向旋转，其中 θ 为 ψ_r 与 A 相绕组间的夹角，$\theta=\omega_r t$。

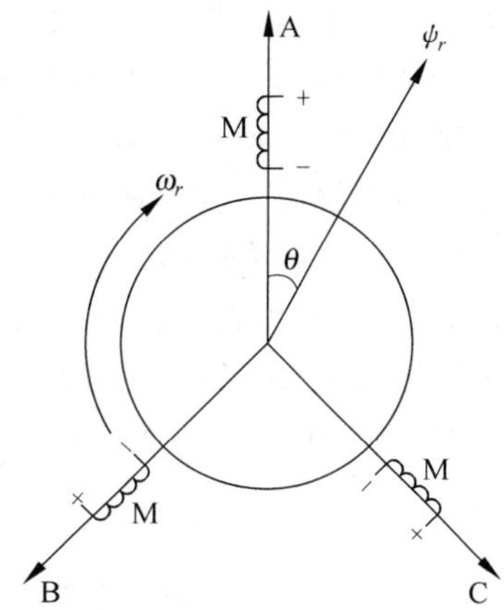

图 5-48　永磁同步伺服电动机在(ABC)坐标下的模型

三相绕组的电压回路方程为

$$\begin{bmatrix}u_A\\u_B\\u_C\end{bmatrix}=\begin{bmatrix}R_A&0&0\\0&R_B&0\\0&0&R_C\end{bmatrix}\begin{bmatrix}i_A\\i_B\\i_C\end{bmatrix}+\mathrm{P}\begin{bmatrix}\psi_A\\\psi_B\\\psi_C\end{bmatrix}\tag{5-31}$$

式中，u_A、u_B、u_C 为各相绕组两端的电压；i_A、i_B、i_C 为各相线电流；ψ_A、ψ_B、ψ_C 为各相绕组总磁链；P 为微分算子($\mathrm{d}/\mathrm{d}t$)。

磁链方程为

$$\begin{bmatrix}\psi_A\\\psi_B\\\psi_C\end{bmatrix}=\begin{bmatrix}L_A&M_{AB}&M_{AC}\\M_{BA}&L_B&M_{BC}\\M_{CA}&M_{CB}&L_C\end{bmatrix}\begin{bmatrix}i_A\\i_B\\i_C\end{bmatrix}+\begin{bmatrix}\psi_{rA}\\\psi_{rB}\\\psi_{rC}\end{bmatrix}\tag{5-32}$$

式中，L_X 为各相绕组自感；M_{XX} 为各相绕组之间的互感；ψ_{rX} 为永磁体磁链在各相绕组中产生的交链，是 θ 的函数。

如果下面的条件可以满足，那么电压回路方程就可以得到简化。

(1) 气隙分布均匀，磁回路与转子的位置无关，即各相绕组的自感 L_X、绕组之间的互感 M_{XX} 与转子的位置无关。

(2) 不考虑磁饱和现象，即各相绕组的自感 L_X、绕组之间的互感 M_{XX} 与通入绕组中的电流大小无关，忽略漏磁通的影响。

(3) 转子磁链在气隙中呈正弦分布。

转子在各相绕组中的交链分别为

$$\begin{bmatrix}\psi_{rA}\\\psi_{rB}\\\psi_{rC}\end{bmatrix}=\psi_f\begin{bmatrix}\cos\theta\\\cos(\theta-2\pi/3)\\\cos(\theta+2\pi/3)\end{bmatrix}\tag{5-33}$$

式中，ψ_f 为转子永磁体磁链的最大值，对于特定的永磁同步伺服电动机为一常数。

三相绕组在空间上对称分布，并且通入三相绕组中的电流是对称的，则有下述关系成立：

$$L_A=L_B=L_C;\quad M_{AB}=M_{AC}=M_{BA}=M_{BC}=M_{CA}=M_{CB};\quad i_A+i_B+i_C=0$$

设 $L=L_X-M_{XX}$，则电动机在三相坐标系下的方程可写为

$$\begin{bmatrix}u_A\\u_B\\u_C\end{bmatrix}=\begin{bmatrix}R_A+\mathrm{P}L&0&0\\0&R_B+\mathrm{P}L&0\\0&0&R_C+\mathrm{P}L\end{bmatrix}\begin{bmatrix}i_A\\i_B\\i_C\end{bmatrix}-\omega_r\psi_f\begin{bmatrix}\sin\theta\\\sin(\theta-2\pi/3)\\\sin(\theta+2\pi/3)\end{bmatrix}\tag{5-34}$$

由式(5-34)可以看出，永磁同步电动机在三相实际轴系下的电压方程为一组变系数的线性微分方程，不易直接求解。为方便分析，常用几种更为简单的等效的模型电动机来替代实际

电动机，并使用采用恒功率变换的原则，利用坐标变换方法分析和求解。

2）永磁同步电动机在静止坐标系（α-β）上的数学模型

众所周知，电磁场是电动机进行能量交换的媒体，电动机之所以能够产生转矩做功，是因为定子产生的磁场和转子产生的磁场相互作用的结果。为了使交流电动机达到与直流电动机一样的控制效果，也即能对负载电流和励磁电流分别进行独立的控制，并使其磁场在空间位置上也能相差 90°，实现完全解耦控制，首先了解产生旋转磁场的方法，然后用磁场等效的观点简化三相永磁同步电动机的模型，将原来的三相绕组上的电压回路方程式转化并简化为两相绕组上的电压回路方程式。

（1）三相旋转磁场如图 5-49 所示。三相固定绕组 A、B、C 的特点是三相绕组在空间上相差 120°，三相平衡电流 i_A、i_B、i_C 在相位上相差 120°。对三相绕组通入三相交流电后，其合成磁场如图 5-50 所示。由图可知，随着时间的变化，合成磁场的轴线也在旋转，电流交变一个周期，磁场也旋转一周。在合成磁场旋转的过程中，合成磁感应强度不变，所以称为圆磁场。

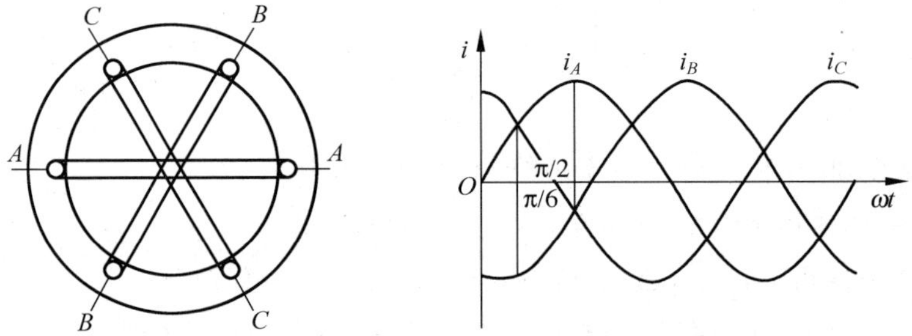

(a) 三相绕组　　(b) 三相交流电流

图 5-49　三相绕组和三相交流电流

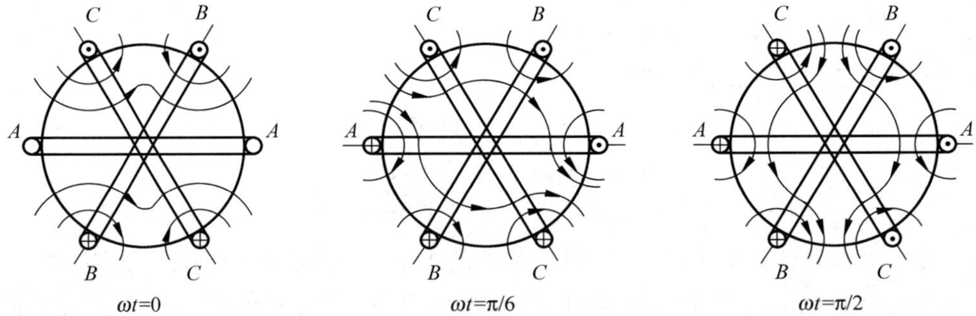

图 5-50　三相合成磁场

（2）两相旋转磁场如图 5-51 所示，两相固定绕组 α、β 在空间上相差 90°，两相平衡的交流电流 i_α、i_β 在相位上相差 90°，对两相绕组通入两相电流后，其合成磁场如图 5-52 所示，由图可知，两相合成磁场也具有和三相旋转磁场完全相同的特点。

若用上述方法产生的旋转磁场完全相同（即磁极对数相同、磁感应强度相同、转速相同）的话，则可认为这时的三相磁场和两相磁场是等效的。因此，这两种旋转磁场之间可以互相进行等效转换。

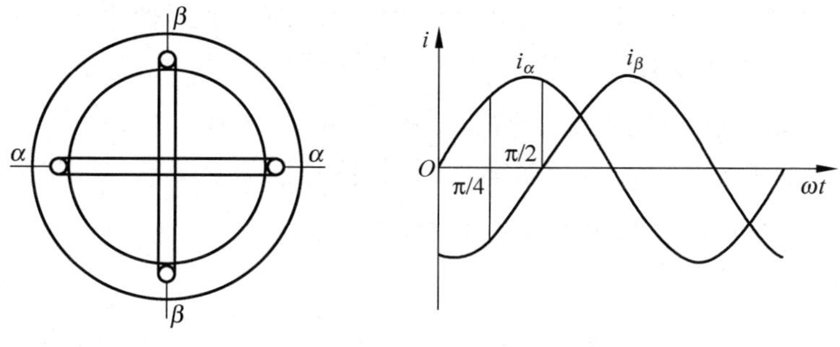

(a) 两相绕组　　(b) 两相交流电流

图 5-51　两相绕组和两相交流电流

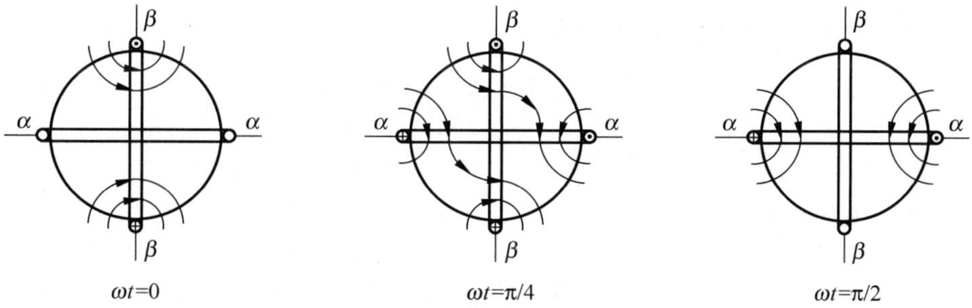

图 5-52　两相合成磁场

如图 5-53 所示三相电动机集中绕组 A、B、C 的轴线在与转子轴垂直的平面分布，轴线之间相互间相差 120°。每相绕组在气隙中产生的单位磁势(磁势方向)记为$\vec{F}_A$、$\vec{F}_B$、$\vec{F}_C$。因为$\vec{F}_A$、$\vec{F}_B$、$\vec{F}_C$ 不会在轴向上产生分量，可以把气隙内的磁场简化为一个二维的平面场，所以磁势$\vec{F}_A$、$\vec{F}_B$、$\vec{F}_C$ 就成为在同一个平面场内的 3 个向量，它们分别为 $e^{j\cdot 0}$、$e^{j\cdot 2\pi/3}$、$e^{j\cdot 4\pi/3}$。由于在二维线性空间的三个线性向量一定线性相关，即$\vec{F}_A$、$\vec{F}_B$、$\vec{F}_C$ 的线性张成($S_1=k_A\vec{F}_A+k_B\vec{F}_B+k_C\vec{F}_C$，$k_A$、$k_B$、$k_C$ 为任意实数)与二维平面场(R^2)内任意两个不相关的向量($\vec{F}_\alpha$、$\vec{F}_\beta$)

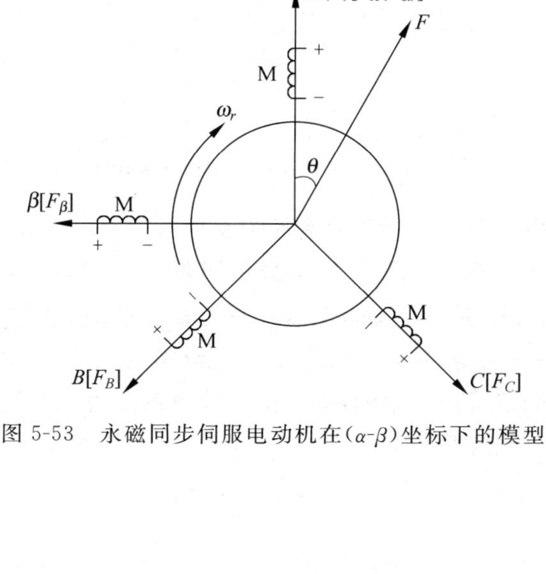

图 5-53　永磁同步伺服电动机在(α-β)坐标下的模型

的线性张成($S_2=k_\alpha\vec{F}_\alpha+k_\beta\vec{F}_\beta$,$k_\alpha$、$k_\beta$ 为任意实数)构成同一个线性空间。S_1 和 S_2 中的每一个元素都具有一一对应的关系,给定向量就可以得到 S_1 与 S_2 之间的变换关系。

选取 α 轴同 A 轴重合,β 轴超前 α 轴 90°,则 $\vec{F}_\alpha$ 同 $\vec{F}_A$ 方向一致,$\vec{F}_\beta$ 超前 $\vec{F}_\alpha$ 90°,$\vec{F}_\alpha$、$\vec{F}_\beta$ 分别代表 α、β 轴上的集中绕组产生的磁势方向,其值分别为 $e^{j\cdot 0}$、$e^{j\cdot\pi/2}$,那么三相绕组在气隙中产生的总磁势 $\vec{F}$ 就可以由两相绕组 α、β 等效产生。

等效关系为

$$\vec{F}=\begin{bmatrix}\vec{F}_\alpha & \vec{F}_\beta\end{bmatrix}N_2\begin{bmatrix}i_\alpha\\ i_\beta\end{bmatrix}=\begin{bmatrix}\vec{F}_A & \vec{F}_B & \vec{F}_C\end{bmatrix}N_3\begin{bmatrix}i_A\\ i_B\\ i_C\end{bmatrix}\tag{5-35}$$

式中,N_2 为两相绕组 α、β 的匝数;N_3 为三相绕组 A、B、C 的匝数。

根据式(5-35)可得电流的变化矩阵为

$$\begin{bmatrix}i_\alpha\\ i_\beta\end{bmatrix}=\frac{N_3}{N_2}\begin{bmatrix}1 & -1/2 & -1/2\\ 0 & \sqrt{3}/2 & -\sqrt{3}/2\end{bmatrix}\begin{bmatrix}i_A\\ i_B\\ i_C\end{bmatrix}=T\begin{bmatrix}i_A\\ i_B\\ i_C\end{bmatrix}\tag{5-36}$$

满足功率不变时应有

$$\frac{N_3}{N_2}=\sqrt{\frac{2}{3}}$$

因此得变换矩阵为

$$\boldsymbol{T}=\sqrt{\frac{2}{3}}\times\begin{bmatrix}1 & -1/2 & -1/2\\ 0 & \sqrt{3}/2 & -\sqrt{3}/2\end{bmatrix}\tag{5-37}$$

永磁电动机的电压变换关系与磁动势的变换关系是一致的。由此,三相绕组的电压回路方程可以简化为两相绕组上的电压回路方程。

$$\begin{bmatrix}u_\alpha\\ u_\beta\end{bmatrix}=\begin{bmatrix}R_s+\mathrm{P}L_\alpha & 0\\ 0 & R_s+\mathrm{P}L_\beta\end{bmatrix}\begin{bmatrix}i_\alpha\\ i_\beta\end{bmatrix}+\omega_r\boldsymbol{\Psi}_f\begin{bmatrix}-\sin\theta\\ \cos\theta\end{bmatrix}\tag{5-38}$$

$$\begin{bmatrix}i_\alpha\\ i_\beta\end{bmatrix}=\boldsymbol{T}\begin{bmatrix}i_A\\ i_B\\ i_C\end{bmatrix},\quad\begin{bmatrix}u_\alpha\\ u_\beta\end{bmatrix}=\boldsymbol{T}\begin{bmatrix}u_A\\ u_B\\ u_C\end{bmatrix}$$

式中,$R_s=R_\alpha=R_\beta$。

则转矩方程为

$$T_{em}=\sqrt{\frac{3}{2}}\boldsymbol{\Psi}_f(i_\beta\cos\theta-i_\alpha\sin\theta)\tag{5-39}$$

通过对于三相坐标系向两相坐标系的变换关系分析可得:

(1) 电压回路方程与变量的个数减少,给分析问题带来了很大方便;

(2) 当 A、B、C 各相绕组上的电压与电流分别为相位互差 120°的正弦波时,通过变换方程式和变换矩阵可以看到在 α、β 绕组上的电压与电流相位互差 90°的正弦波。三相绕组与两相绕组在气隙中产生的磁势是一致的,并且由矩阵方程式可以看到磁势为一个旋转磁势,旋转角度为电源电流(电压)的角频率。

3）永磁同步电动机在旋转坐标系(d-q)上的数学模型

上面是用磁场等效的观点简化了三相永磁同步电动机的模型，将原来的三相绕组上的电压回路方程式转化为两相绕组上的电压回路方程式。从式(5-38)可见，电动机的输出转矩与 i_α、i_β 电流及 θ 有关，控制电动机的输出转矩就必须控制电流 i_α、i_β 的频率、幅值和相位。为了进行矢量控制的方便，还必须同样的用磁场等效的观点把 α、β 轴坐标系上的电动机模型变换为旋转坐标系(d-q)上的电动机模型。

同样如前所述，首先了解旋转体的旋转磁场，在图 5-54 所示的旋转体上放置一个直流绕组 M，M 内通入直流电流，这样它将产生一个恒定的磁场，这个恒定的磁场是不旋转的。但是旋转体旋转时，恒定磁场也随之旋转，在空间形成了一个旋转磁场，由于是借助于机械运动而得到的，所以也称为机械旋转磁场。

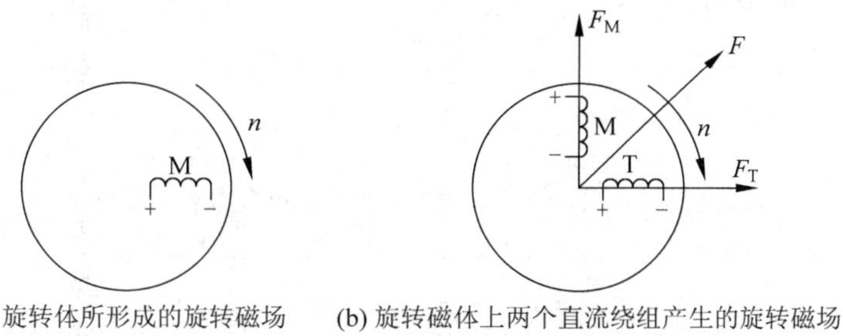

图 5-54　机械旋转磁场

如果在旋转体上放置两个互相垂直的直流绕组 M、T，则当给这两个绕组分别通入直流电流时，它们的合成磁场仍然是恒定磁场，如图 5-54(b)所示；同样，当旋转体旋转时，该合成磁场也随之旋转，我们称它为机械旋转直流合成磁场，而且，如果调整直流电流 i_M、i_T 中的任何一路时，直流合成磁场的磁感应强度也得到了调整。

若用该方法产生的旋转磁场同前面产生的磁场完全相同(即磁极对数相同、磁感应强度相同、转速相同)的话，则可认为这时的三相磁场、两相磁场、旋转直流磁场系统是等效的。因此，这三种旋转磁场之间可以互相进行等效转换。从而可以进一步用磁场等效的观点把 α、β 轴坐标系上的电动机模型变换为旋转坐标系上(d-q)的电动机模型。

如图 5-55 所示，静止坐标系 α-β 与旋转坐标系 d-q 中的坐标轴在二维平面场中的分布；

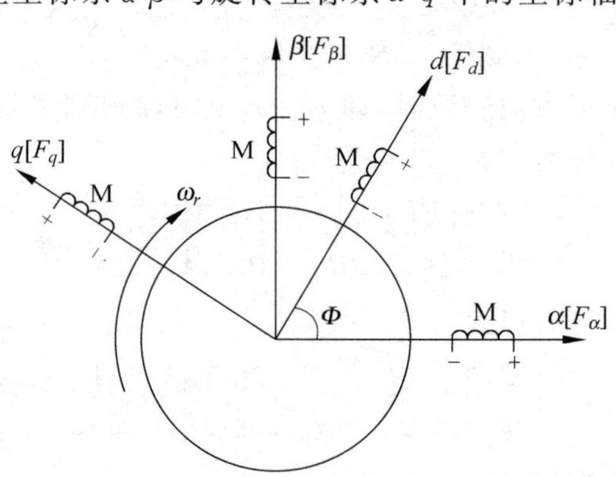

图 5-55　永磁同步伺服电动机在(d-q)坐标下的模型

d-q 轴的旋转角频率为 ω_n，d 轴与 α 轴的初始位置角为 φ，所以，在 d-q 轴上的集中绕组产生的单位磁势 $\vec{F}_d$、$\vec{F}_q$ 定义为 $e^{j(\omega_n t+\varphi)}$、$e^{j(\omega_n t+\varphi+\pi/2)}$。

根据磁势等效的原则有以下方程式成立：

$$\begin{bmatrix}\vec{F}_\alpha & \vec{F}_\beta\end{bmatrix}N_2\begin{bmatrix}i_\alpha\\ i_\beta\end{bmatrix}=\begin{bmatrix}\vec{F}_d & \vec{F}_q\end{bmatrix}N_4\begin{bmatrix}i_d\\ i_q\end{bmatrix} \tag{5-40}$$

式中，N_4 为 d-q 轴上集中绕组的匝数。

由式(5-40)可得静止坐标系 α-β 与旋转坐标系 d-q 中的电流变换关系为

$$\begin{bmatrix}i_\alpha\\ i_\beta\end{bmatrix}=\frac{N_4}{N_2}\begin{bmatrix}\cos(\omega_n t+\varphi) & -\sin(\omega_n t+\varphi)\\ \sin(\omega_n t+\varphi) & \cos(\omega_n t+\varphi)\end{bmatrix}\begin{bmatrix}i_d\\ i_q\end{bmatrix} \tag{5-41}$$

满足功率不变时应有

$$\frac{N_4}{N_2}=1$$

所以可得

$$\begin{bmatrix}u_\alpha\\ u_\beta\end{bmatrix}=\begin{bmatrix}\cos(\omega_n t+\varphi) & -\sin(\omega_n t+\varphi)\\ \sin(\omega_n t+\varphi) & \cos(\omega_n t+\varphi)\end{bmatrix}\begin{bmatrix}u_d\\ u_q\end{bmatrix} \tag{5-42}$$

$$\begin{bmatrix}i_\alpha\\ i_\beta\end{bmatrix}=\begin{bmatrix}\cos(\omega_n t+\varphi) & -\sin(\omega_n t+\varphi)\\ \sin(\omega_n t+\varphi) & \cos(\omega_n t+\varphi)\end{bmatrix}\begin{bmatrix}i_d\\ i_q\end{bmatrix} \tag{5-43}$$

将式(5-42)和式(5-43)代入式(5-39)可得永磁同步电动机在旋转坐标系 d-q 下的电压回路方程式为

$$\begin{bmatrix}u_d\\ u_q\end{bmatrix}=\begin{bmatrix}R_s+\mathrm{P}L_d & -\omega_n L_q\\ -\omega_n L_d & R_s+\mathrm{P}L_q\end{bmatrix}\begin{bmatrix}i_d\\ i_q\end{bmatrix}+\omega_r\Psi_f\begin{bmatrix}-\sin(\theta-\omega_n t+\varphi)\\ \cos(\theta-\omega_n t+\varphi)\end{bmatrix} \tag{5-44}$$

又因为 $\theta=\omega_r t$，所以式(5-44)可化简为

$$\begin{bmatrix}u_d\\ u_q\end{bmatrix}=\begin{bmatrix}R_s+\mathrm{P}L_d & -\omega_n L_q\\ -\omega_n L_d & R_s+\mathrm{P}L_q\end{bmatrix}\begin{bmatrix}i_d\\ i_q\end{bmatrix}+\omega_r\Psi_f\begin{bmatrix}-\sin((\omega_r-\omega_n)t+\varphi)\\ \cos((\omega_r-\omega_n)t+\varphi)\end{bmatrix} \tag{5-45}$$

当 d-q 坐标系的旋转角频率与转子的旋转角频率一致时，即 $\omega_r=\omega_n$ 时，可得永磁同步电动机在同步运转时的电压回路方程为

$$\begin{bmatrix}u_d\\ u_q\end{bmatrix}=\begin{bmatrix}R_s+\mathrm{P}L_d & -\omega_n L_q\\ -\omega_n L_d & R_s+\mathrm{P}L_q\end{bmatrix}\begin{bmatrix}i_d\\ i_q\end{bmatrix}+\omega_r\Psi_f\begin{bmatrix}-\sin\varphi\\ \cos\varphi\end{bmatrix} \tag{5-46}$$

如果 d 轴与转子主磁通方向一致时，即 $\varphi=0$，就可以得到永磁同步电动机同步运转转子磁通定向的电压回路方程为

$$\begin{bmatrix}u_d\\ u_q\end{bmatrix}=\begin{bmatrix}R_s+\mathrm{P}L_d & -\omega_n L_q\\ -\omega_n L_d & R_s+\mathrm{P}L_q\end{bmatrix}\begin{bmatrix}i_d\\ i_q\end{bmatrix}+\omega_r\Psi_f\begin{bmatrix}0\\ 1\end{bmatrix} \tag{5-47}$$

永磁同步电机定子磁链方程为

$$\begin{bmatrix}\Psi_d\\ \Psi_q\end{bmatrix}=\begin{bmatrix}L_d & 0\\ 0 & L_q\end{bmatrix}\begin{bmatrix}i_d\\ i_q\end{bmatrix}+\Psi_f\begin{bmatrix}1\\ 0\end{bmatrix} \tag{5-48}$$

永磁同步电机的转矩方程可以表示为

$$T_{em}=p(\psi_d i_d-\psi_q i_q)=p[\psi_f i_q+(L_d-L_q)i_d i_q] \tag{5-49}$$

式中，p 为电动机极对数。

将式(5-30)、式(5-47)和式(5-49)整理后可得永磁同步电机的数学模型为

$$\left.\begin{aligned} \mathrm{P}i_d &= (u_d - R_s i_d + p\omega_m L_q i_q)/L_d \\ \mathrm{P}i_q &= (u_q - R_s i_q - p\omega_m L_d i_d - p\omega_m \Psi_f)/L_q \\ \mathrm{P}\omega_m &= [p\Psi_f i_q + p(L_d - L_q)i_d i_q - T_l - B\omega_m]/J \end{aligned}\right\} \tag{5-50}$$

通过从静止坐标系 α-β 向旋转坐标系 d-q 的变换中可以看出：

(1) 在旋转坐标系 d-q 轴中的变量都为直流变量，并且由转矩方程式可以看出电动机的输出转矩与电流呈线性关系；

(2) 在旋转坐标系 d-q 轴上的绕组中，如果分别通入直流电流 i_d、i_q 同样可以产生旋转磁势，并且可以知道电流 i_d、i_q 为互差 90°的正弦量，其角频率与 d-q 轴的旋转角频率一致。

5.5.5 永磁同步伺服电动机的矢量控制策略

永磁同步电动机的特点是转速与电源频率的严格同步，采用变压变频来实现调速。目前，永磁同步电动机采用的控制策略主要有恒压频比控制、直接转矩控制、矢量控制等。

1) 恒压频比控制

恒压频比控制是一种开环控制。它根据系统的给定，利用空间矢量脉宽调制转化为期望的输出电压 u_{out} 进行控制，使电动机以一定的转速运转。在一些动态性能要求不高的场所，由于开环变压变频控制方式简单，至今仍普遍用于一般的调速系统中，但因其依据电动机的稳态模型，无法获得理想的动态控制性能，因此必须依据电动机的动态数学模型。永磁同步电动机的动态数学模型为非线性、多变量，它含有 ω_m 与 i_d 或 i_q 的乘积项，因此要得到精确的动态控制性能，必须对 ω_m 和 i_d、i_q 解耦。近年来，研究各种非线性控制器用于解决永磁同步电动机的非线性特性。

2) 矢量控制

高性能的交流调速系统需要现代控制理论的支持，对于交流电动机，目前使用最广泛的当属矢量控制方案。

矢量控制的基本思想是在普通的三相交流电动机上模拟直流电动机转矩的控制规律，磁场定向坐标通过矢量变换，将三相交流电动机的定子电流分解成励磁电流分量和转矩电流分量，并使这两个分量相互垂直，彼此独立，然后分别调节，以获得像直流电动机一样良好的动态特性。因此矢量控制的关键在于对定子电流幅值和空间位置(频率和相位)的控制。矢量控制的目的是改善转矩控制性能，最终的实施是对 i_d、i_q 的控制。由于定子侧的物理量都是交流量，其空间矢量在空间以同步转速旋转，因此调节、控制和计算都不方便。需借助复杂的坐标变换进行矢量控制，而且对电动机参数的依赖性很大，难以保证完全解耦，使控制效果大打折扣。

3) 直接转矩控制

矢量控制方案是一种有效的交流伺服电动机控制方案。但因其需要复杂的矢量旋转变换，而且电动机的机械常数低于电磁常数，所以不能迅速地响应矢量控制中的转矩。针对矢量控制的这一缺点，德国学者 Depenbrock 于 20 世纪 80 年代提出了一种具有快速转矩响应

特性的控制方案,即直接转矩控制(DTC)。该控制方案摒弃了矢量控制中解耦的控制思想及电流反馈环节,采取定子磁链定向的方法,利用离散的两点式控制直接对电动机的定子磁链和转矩进行调节,具有结构简单、转矩响应快等优点。

DTC方法实现磁链和转矩的双闭环控制。在得到电动机的磁链和转矩值后,即可对永磁同步电动机进行DTC。图5-56给出永磁同步电动机的DTC方案结构框图。它由永磁同步电动机、逆变器、转矩估算、磁链估算及电压矢量切换开关表等环节组成,其中u_d、u_q,i_d、i_q为静止(d-q)坐标系下电压、电流分量。

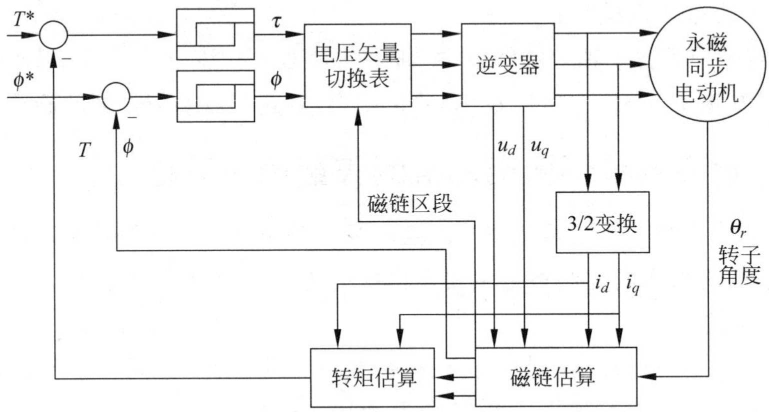

图5-56 永磁同步电动机的直接转矩控制框图

虽然对DTC的研究已取得了很大的进展,但在理论和实践上还不够成熟,例如,低速性能、带负载能力等,而且它对实时性要求高,计算量大。

上述永磁同步电动机的各种控制策略各有优缺点,实际应用中应当根据性能要求采用与之相适应的控制策略,以获得最佳性能。下面主要介绍永磁同步电动机的矢量控制策略。

1. 矢量控制策略分析

通过对永磁同步伺服电动机的数学分析可见,电动机动态特性的调节和控制完全取决于动态中能否简便而精确地控制电动机的电磁转矩输出。在忽略转子阻尼绕组影响的条件下,永磁同步电动机的电磁转矩基本上取决于交轴电流和直轴电流,对力矩的控制最终可归结为对交轴、直轴电流的控制。在输出力矩为某一值时,对交轴、直轴电流的不同组合的选择,将影响电动机的逆变器的输出能力及系统的效率、功率因数等。如何根据给定力矩确定交轴、直轴电流,使其满足力矩方程构成了永磁同步电动机电流的控制策略问题。

根据矢量控制原理,在不同的应用场合可选择不同的磁链矢量作为定向坐标轴。目前存在4种磁场定向控制方式:转子磁链定向控制、定子磁链定向控制、气隙磁链定向控制和阻尼磁链定向控制。对于永磁同步电动机主要采用转子磁链控制方式,该方式对交流伺服系统等小容量驱动场合特别适用。按照控制目标可以分为$i_d=0$控制、$\cos\varphi=1$控制、总磁链恒定控制、最大转矩/电流控制、最大输出功率控制、转矩线性控制、直接转矩控制等。

(1) $i_d=0$控制是一种最简单的电流控制方法,该方法用于电枢反应没有直轴去磁分量而不会产生去磁效应，不会出现永磁电动机退磁而使电动机性能变坏的现象，能保证电动机的电磁转矩和电枢电流成正比。其主要的缺点是功角和电动机端电压均随负载而增大，功率因数低，要求逆变器的输出电压高，容量比较大。另外，该方法输出转矩中磁阻反应转矩为0，未能充分利用永磁同步电动机的力矩输出能力，电动机的能力指标不够理想。

(2) 力矩电流比最大控制在电动机输出力矩满足要求的条件下使定子电流最小，减小了电动机的铜耗，有利于逆变器开关器件的工作，逆变器损耗也最小。同时，运用该控制方法由于逆变器需要的输出电流小，可以选用较小运行电流的逆变器，使系统运行成本下降。在该方法的基础上，采用适当的弱磁控制方法，可以改善电动机高速时的性能。因此该方法是一种较适合永磁同步电动机的电流控制方法。缺点是功率因数随着输出力矩的增大下降较快。

(3) $\cos\varphi=1$ 控制方法使电动机的功率因数恒为1，逆变器的容量得到充分的利用。但是在永磁同步电动机中，由于转子励磁不能调节，在负载变化时，转矩绕组的总磁链无法保持恒定，所以电枢电流和转矩之间不能保持线性关系。而且最大输出力矩小，退磁系数较大，永磁材料可能被去磁，造成电动机电磁转矩、功率因数和效率下降。

(4) 恒磁链控制方法就是控制电动机定子电流，使气隙磁链与定子交链磁链的幅值相等。这种方法在功率因数较高的条件下，一定程度上提高了电动机的最大输出力矩，但仍存在最大输出力矩的限制。

以上各种电流控制方法各有特点，适用于不同的运行场合。下面详细介绍 $i_d=0$ 转子磁场定向矢量控制方式的特点和实施。

2. $i_d=0$ 控制方式的特点

由转矩公式可以看出，只要在同步电动机的整个运行过程中，保证 $i_d=0$，使定子电流产生的电枢磁动势与转子励磁磁场间的角度 β 为90°，即保证正交，则 $\vec{i}_s$ 与 q 轴重合时，那么电磁转矩只与定子电流的幅值 $\vec{i}_s$ 成正比。在转子磁链定向时，如图5-57所示，采用 $i_d=0$ 控制，具有以下特点。

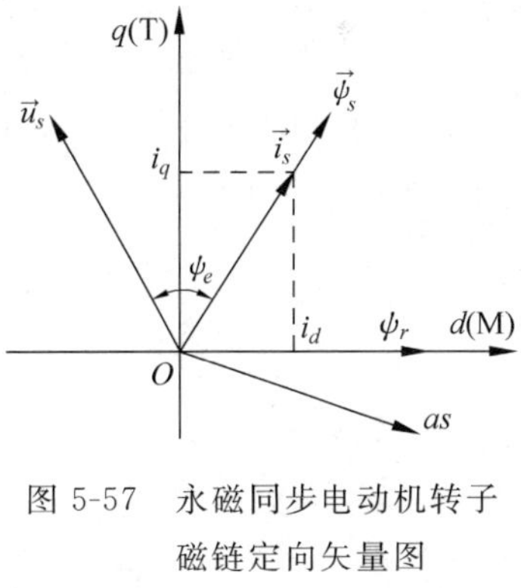

图5-57 永磁同步电动机转子磁链定向矢量图

(1) 由于 d 轴定子电流分量为0，d 轴阻尼绕组与励磁绕组是一对简单耦合的线圈，与定子电流无相互作用，实现了定子绕组与 d 轴的完全解耦。

(2) 转矩方程中磁链 ψ_r 与电流 i_q 解耦，相互独立。

(3) 定子电流 d 轴分量为0，可以使同步电动机数学模型进一步简化。

(4) 当负载增加时，定子电流增大，由于电枢反应影响，造成气隙合成磁链 ψ_δ 加大，这样会使得电动机的电子电压大幅度上升，如果同步电动机过载2～3倍，电压幅值会到达150%～200%额定电压。同步电动机电压升高要求电控装置和变压器是足够的容量，降低了同步电动机的利用率，因此采用这种方法不经济。

(5) 随负载增加，定子电流的增加，由于电枢反应的影响，造成气隙磁链和定子反电动势都加大，迫使定子电压升高。由图5-57可知，定子电压矢量 $\vec{u}_s$ 和电子电流矢量 $\vec{i}_s$ 的夹角

φ_e 将增大，造成同步电动机功率因数降低。

因此，在这种基于 $i_d=0$ 转子磁场定向方式的矢量控制中，定子电流与转子永磁磁通互相独立(解耦)，控制系统简单，转矩定性好，可以获得很宽的调速范围，适用于高性能的数控机床、机器人等场合。但由于上述(4)、(5)缺点，这种转子磁场定向方式对于小容量交流伺服系统，特别适合永磁同步电动机伺服系统。

3. $i_d=0$ 控制方式的实施

永磁同步伺服电动机矢量控制的基本思想是模仿直流电动机的控制方式，具有转矩响应快、速度控制精确等优点。矢量控制是通过控制定子电流的转矩分量来间接控制电动机转矩，所以内部电流环调节器的参数会影响到电动机转矩的动态响应性能。而且，为了实现高性能的速度和转矩控制，需要精确知道转子磁链矢量的空间位置，这就需要电动机额外安装位置编码器，引起系统造价的提高，并使得电动机的结构变得复杂。

当转速在基速以下时，在定子电流给定的情况下，控制 $i_d=0$，可以更有效产生转矩，这时电磁转矩 $T_{em}=\psi_r i_q$，电磁转矩就随着的 i_q 变化而变化。控制系统只要控制 i_q 大小就能控制转速，实现矢量控制。当转速在基速以上时，因为永磁铁的励磁磁链为常数，电动机感应电动势随着电动机转速成正比例增加。电动机感应电压也跟着提高，但是又要受到与电动机端相连的逆变器的电压上限的限制，所以必须进行弱磁升速。通过控制 i_d 来控制磁链，通过控制 i_q 来控制转速，实现矢量控制。最简单的方法是利用电枢反应消弱磁场，即使定子电流的直轴分量 $i_d<0$，其方向与 ψ_r 相反，起去磁作用。但是由于稀土永磁材料的磁导率与空气相仿，磁阻很大，相当于定转子间有很大的有效气隙，利用电枢反应弱磁的方法需要较大的定子电流直轴分量。作为短时运行，这种方法才可以接受，长期弱磁工作时，还须采用特殊的弱磁方法，这是永磁同步伺服电动机设计的主要问题。

通常 $i_d=0$ 实施的方案有两种，即采用电流滞环控制和转速及电流双闭环控制。但两种方法具体实施差异较大，因此分别介绍。

1) 电流滞环控制

图 5-58 和图 5-59 所示分别为电流滞环控制电流追踪波形图和逆变器原理电路图，折线所示为电流波形。

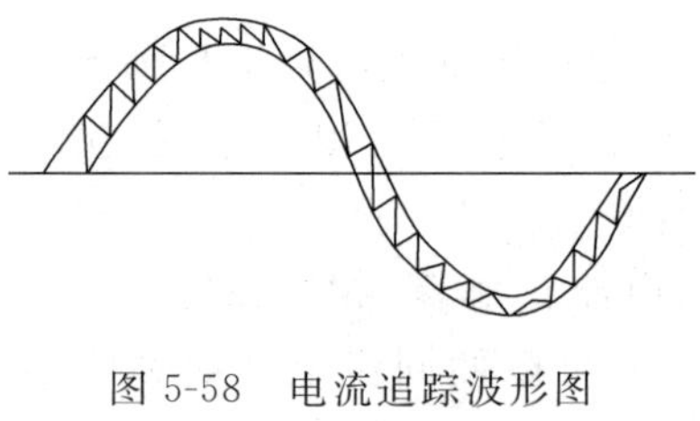

图 5-58 电流追踪波形图

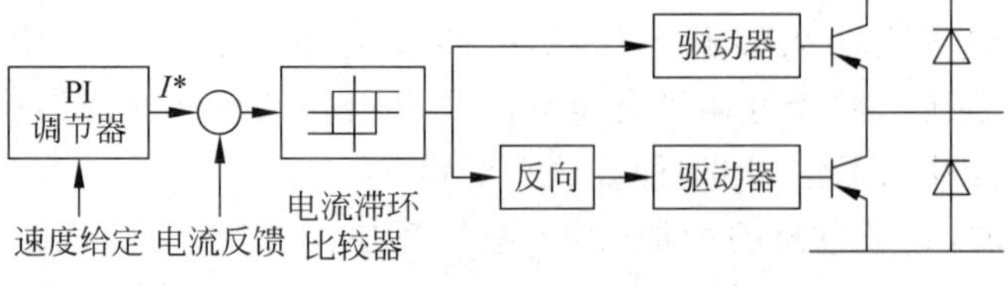

图 5-59 电流滞环控制电路原理示意图

通常是生成一个正弦波电流信号作为电流给定信号，将它与实际检测得到的电动机电流信号进行比较，再经过滞环比较器导通或关断逆变器的相应开关器件，使实际电流追踪给定电流的变化。如果电动机电流比给定电流大，并且大于滞环宽度的一半，则上桥臂开关截止，下桥臂导通，从而电动机电流减小；反之，如果电动机电流比给定电流小，并且小于滞环宽度的一半，则电动机电流增大。滞环的宽度决定了在某一开关动作之前，实际电流同给定电流的偏差值。上、下桥臂要有一个互锁延迟电路，以便形成足够的死区时间。

显然，滞环宽度越窄，则开关频率越高。但对于给定的滞环宽度，开关频率并不是一个常数，而是受电动机定子漏感和反电动势制约的。当频率降低、电动机转速降低，因而电动机反电动势降低时，由于电流上升增大，因此开关频率提高；反之，则开关频率降低。

以上是针对三相逆变器中的一相而讨论的。对于三相逆变器的滞环控制，上述结论也是适用的。只是，由于三相电流的平衡关系，某一相的电流变化率要受到其他两相的影响。在一个开关周期内，由于其他两相开关状态的不定性，电流的变化率也就不是唯一的。一般来说，其电流变化率比一相时平坦，因而开关频率可以略低些。

由以上分析可知在电流滞环控制中，它的开关频率是变化的。如果开关频率的变化范围是在 8kHz 以下，将产生刺耳的噪声。此外，滞环控制不能使输出电流达到很低，因为当给定电流太低时，滞环调节作用将消失。

2）速度和电流的双闭环控制

图 5-60 所示为 $i_d=0$ 转子磁链定向矢量控制的永磁同步电动机伺服控制系统原理，从框图中可见，控制方案包含了速度环和电流环的双闭环系统。其中速度控制作为外环，电流闭环作为内环，采用直流电流的控制方式。该方案结构简洁明了，主要包括定子电流检测、转子位置与速度检测、速度环调节器、电流环调节器、clarke 变换、park 变换与逆变换、电压空间矢量 PWM 控制等几个环节。具体的实施过程如下：通过位置传感器准确检测电动机转子空间位置（d 轴），计算得到转子速度和电角度；速度调节器输出定子电流 q 轴分量的参考值 i_{qref}，同时给定 $i_d=0$；由电流传感器测得定子相电流，分解得定子电流的 d、q 轴分量 i_d 和 i_q；由两个电流调节器分别预测需要施加的空间电压矢量的 d、q 轴分量 i_{dref} 和 i_{qref}；将预测得到的空间电压矢量经坐标变换后，形成 SVPWM 控制信号，驱动逆变器对电动机施加电压，从而实现 $i_d=0$ 控制。

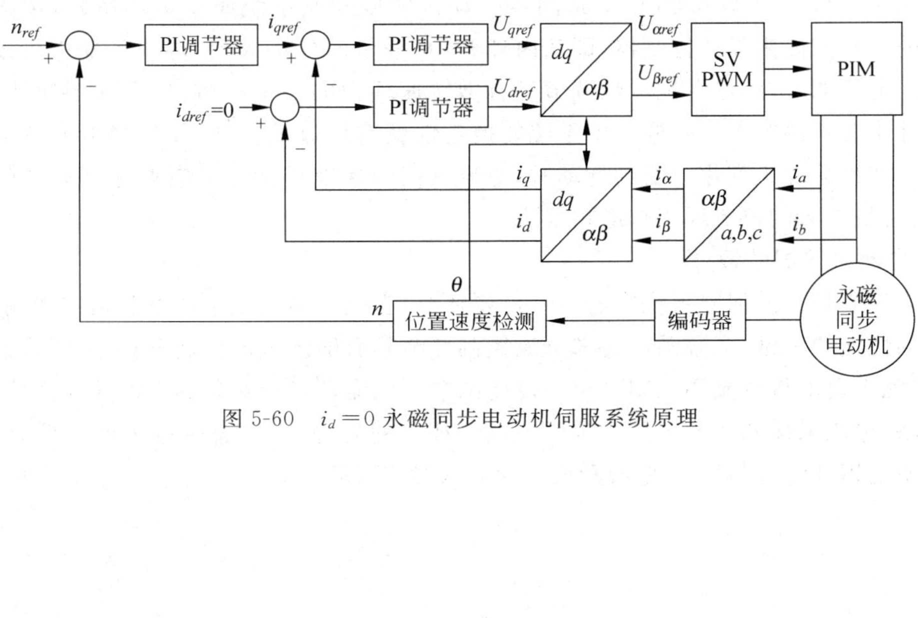

图 5-60　$i_d=0$ 永磁同步电动机伺服系统原理

采用这种方法逆变器的开关频率是恒定的，通过适当调节 PWM 的占空比便可实现真正意义上的解耦控制，且系统输出电流谐波分量小、无稳态误差、稳定性好。

5.6 永磁同步伺服电动机系统设计

永磁同步电动机具有功率因数高、动态响应快、运行平稳、过载能力强等优点，目前交流伺服系统中应用最为广泛的执行元件。本节将详细介绍永磁同步电动机伺服系统的设计方法，使读者了解永磁同步电动机在交流伺服系统的应用。

5.6.1 永磁同步伺服电动机系统的理论设计

通常永磁同步电动机伺服控制系统由位置环、速度环、电流环 3 个闭环构成，其动态结构框图如图 5-61 所示。

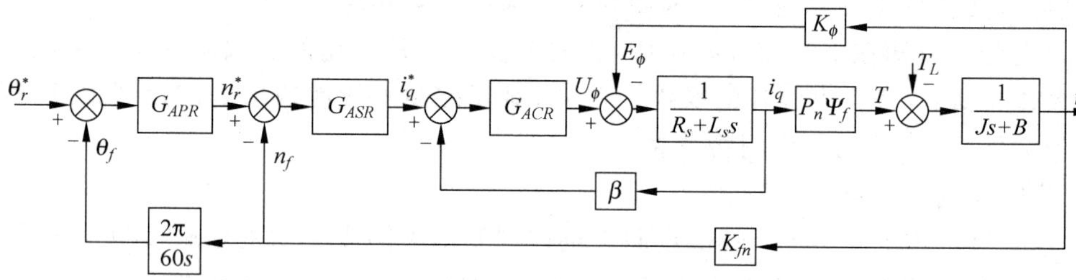

图 5-61 伺服系统三闭环动态结构

图中，θ_r*、θ_f 分别为位置给定与反馈，n_{r*}、n_f 分别为转速给定与反馈，i_{q*}、i_q 分别为交轴电流给定与反馈，U_ϕ、E_ϕ 分别为电动机相电压和相电动势(U_ϕ、E_ϕ 为等效的直流量)，K_ϕ 为电动机电动势系数，P_n 为电动机的极对数，Ψ_f 为永磁体的磁链，$K_r=P_n\Psi_f$ 为电磁转矩与转矩电流的比例系数，T、T_L 分别为电磁转矩与负载转矩，β 为电流反馈系数，J 为电动机的转动惯量，B 为摩擦系数，K_{fn} 为转速反馈系数，R_s、L_s 分别为电动机定子电阻和电感，G_{APR}、G_{ASR}、G_{ACR} 分别为位置、速度、电流调节器。

当采用传统 PID 调节器时，永磁同步电动机伺服控制系统属于多环系统，按照设计多环系统的一般方法来设计控制器，即从内环开始，逐步向外扩大，一环一环地进行设计。首先设计好电流调节器，然后把电流调节环看做转速环中的一个环节，再设计转速调节器，最后再设计出位置调节器。这样整个系统的稳定性就有可靠的保证，并且当电流环或速度环内部的某些参数发生变化或受到扰动时，电流反馈与速度反馈能对它们起到有效的抑制作用，因而对最外部的位置环工作影响很小。

1. 电流调节器的设计

电流控制是交流伺服系统中的一个重要环节，它是提高伺服系统控制精度和响应速度、改善控制性能的关键、伺服系统要求电流控制环节具有输出电流谐波分量小、响应速度快等性能，因此需要求得电流环控制对象的传递函数。电流环控制对象为 PWM 逆变器、电动机电枢回路、电流采样和滤波电路。按照小惯性环节的处理方法，忽略电子电路延时，仅考虑主电路逆变器延时，PWM 逆变器看成是时间常数 T_s($T_s=1/f$，f 为逆变器工作频率)的一阶小惯性环节。电动机电枢回路有电阻 R_s 和电感 L_s 为一阶惯性环节。但是电动机存在反电动势，虽然它的变化没有电流变化快，但是仍然对电流环的调节有影响。低速时，由于电动势的变化与电动机转速成正比，相对于电流而言，在一个采样周期内，可认为是一恒定扰动，相对于直流电压而言较小，对于电流环的动态响应过程可以忽略。高速时，因电动势扰动，使外加电压与电动势的差值减小，电动机一相绕组有方程

$$U_\phi = E_\phi + L_s \frac{\mathrm{d}i_s}{\mathrm{d}t} + R_s i_s \tag{5-51}$$

由式(5-51)可见，逆变器直流电压恒定，E_ϕ 随转速增加，加在电动机电枢绕组上净电压减少，电流变化率降低。因此，电动机转速较高时，实际电流和给定电流间将出现幅值和相位偏差，速度很高时，实际电流将无法跟踪给定。在电流环设计时，可先忽略反电动势对电流环的影响。

由以上分析，电流环的控制对象为两个一阶惯性环节的串联，此时电流环控制对象为

$$G_{iobj}(s) = \frac{K_v K_m \beta}{(T_1 s + 1)(T_i s + 1)} \tag{5-52}$$

式中，$K_m = 1/R_s$；K_v 为逆变器电压放大倍数，即逆变器输出电压与电流调节器输出电压比值；$T_1 = L_s/R_s$ 为电动机电磁时间常数；$T_i = T_s + T_{oi}$ 为等效小惯性环节时间常数，T_{oi} 为电流采样滤波时间常数。忽略反电动势影响条件及小惯性环节等效条件分别是电流环截止频率 ω_{ci} 满足

$$\omega_{ci} \geqslant 3\sqrt{1/T_m T_1} \tag{5-53}$$

$$\omega_{ci} \leqslant \sqrt{1/T_s T_{oi}}/3 \tag{5-54}$$

式中，T_m 为电动机机电时间常数，$T_m = \dfrac{JR_s}{9.55 K_\phi K_r}$，按照调节器工程设计方法，将电流环校正为典型Ⅰ型系统，电流调节器 G_{ACR} 选为 PI 调节器。

$$G_{ACR}(s) = K_{pi} \frac{\tau_i s + 1}{\tau_i s} \tag{5-55}$$

式中，K_{pi}、τ_i 分别为电流调节器比例系数、积分时间常数。为使调节器零点抵消控制对象中较大的时间常数极点，选择 $\tau_i = T_1$，那么电流环开环传递函数为

$$G_i(s) = \frac{K_v K_m K_{pi} \beta}{\tau_i s (T_i s + 1)} = \frac{K_i}{s(T_i s + 1)} \tag{5-56}$$

式中，$K_i = K_v K_m K_{pi} \beta / \tau_i$ 为电流环的开环放大倍数。为使电流环有较快响应和较小的响应超调，在一般情况下，选择 $K_i \times T_i = 0.5$，可得

$$K_{pi} = \frac{R_s T_1}{2 K_v \beta T_i} \tag{5-57}$$

由此可确定电流调节器的参数。

电流控制器参数的确定，除了要满足上述典型Ⅰ型系统的要求，在设计控制器增益时，还要考虑以下因素：

(1) 由于电流控制存在相位延迟，因此当输入三相正弦电流指令时，三相输出电流在相位上将产生一定的滞后，同时在幅值上也会有所下降，这样一方面破坏了电流矢量的解耦条件，另一方面降低了输出转矩。为了克服这种影响，在对电流相位进行补偿的同时需要增大电流环的增益。

(2) 由于电流检测器件的漂移误差会引起转速的波动，若提高电流控制器的增益，必然会放大漂移误差，对转速的控制精度产生不利的影响，故不能过度提高电流控制的增益。

(3) 考虑到电流控制环节的稳定性，也不宜过于增加电流控制器的增益。

(4) 过大的电流环控制增益还会产生较大的转矩脉动和磁场噪声。

2. 速度调节器的设计

速度控制也是交流伺服控制系统中极为重要的一个环节，其控制性能是伺服系统整体性能指标的一个重要组成部分。从广义上讲，速度伺服控制应具有精度高、响应快的特性。具体而言，反映为小的速度脉动率、快的频率响应、宽的调速范围等性能指标。选择好的三相交流永磁同步伺服电动机、分辨率高的光电编码器、零漂误差小的电流检测元件以及高开关频率的大功率开关元件，就可以降低转速不均匀度，实现高性能速度控制。但是在实际系统中，这些条件都是受限制的，这就要求用合适的速度调节器来补偿，以获得所需性能。

由前面的分析可知，经校正后的电流环为典型Ⅰ型系统，是速度调节环的一个环节，由于速度环的截止频率很低，且小惯性时间常数 $T_i<\tau_i$，于是可将电流环降阶为一阶惯性环节，闭环传递函数变为

$$G_{ib}(s)=\frac{K_i/s}{\beta+\beta K_i/s}=\frac{1/\beta}{s/K_i+1}=\frac{K_{li}}{T_{li}+1} \tag{5-58}$$

降阶的近似条件是速度环截止频率 ω_{cn} 满足条件

$$\omega_{cn}\leqslant\sqrt{K_{li}/T_{li}}/3 \tag{5-59}$$

式中，$K_{li}=1/\beta$，$T_{li}=1/K_i$，由此得速度环动态结构如图 5-62 所示。

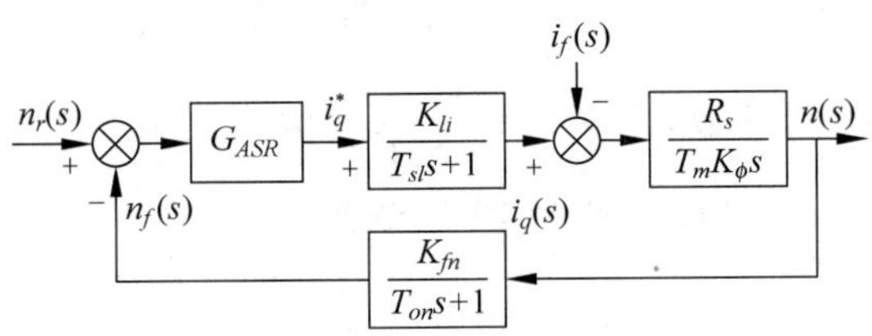

图 5-62 速度环动态结构图

为方便分析，假定速度给定存在与反馈滤波相同的给定滤波环节，结构图简化时，可将其等效到速度环内。另外，电机摩擦系数 B 较小，在速度调节器设计时，忽略它对速度环的影响，可得速度调节器控制对象传递函数为

$$G_{nobj}(s)=\frac{K_{li}R_sK_{fn}}{T_mK_\phi s(T_{li}s+1)(T_{on}s+1)} \tag{5-60}$$

式中，T_{on} 为速度反馈滤波时间常数。和电流环处理一样，按小惯性环节处理，T_{li} 和 T_{on} 可合并为时间常数为 $T_{\Sigma n}$ 的惯性环节，$T_{\Sigma n}=T_{li}+T_{on}$，得速度环控制对象为

$$G_{nobj}(s)=\frac{K_{li}R_sK_{fn}/T_mK_\phi}{s(T_{\Sigma n}s+1)}=\frac{K_{on}}{s(T_{\Sigma n}s+1)} \tag{5-61}$$

式中，$K_{li}=K_{li}R_sK_{fn}/T_mK_\phi$。小惯性环节等效条件是速度环截止频率满足

$$\omega_{cn}\leqslant\sqrt{1/T_{li}T_{on}}/3 \tag{5-62}$$

可见，速度环控制对象为一个惯性环节和一个积分环节串联。为实现速度无静差，满足动态抗扰性能好的要求，将速度环校正成典型Ⅱ型系统，按工程设计方法速度调节器 G_{ASR}

选为 PI 调节器。

$$G_{ASR}(s)=\frac{K_{pn}\tau_n s+1}{\tau_n s} \tag{5-63}$$

式中，K_{pn}、τ_n 分别为电流调节器比例系数、积分时间常数。经过校正后，环变成为典型Ⅱ型系统，开环传递函数为

$$G_n(s)=\frac{K_n(\tau_n s+1)}{s^2(T_{\Sigma n}s+1)} \tag{5-64}$$

式中，$K_n=K_{on}K_{pn}/\tau_n$ 为速度环开环放大倍数，定义中频宽 $h=\tau_n/T_{\Sigma n}$，按照典型Ⅱ型系统设计，可得

$$\tau_n=h*T_{\Sigma n} \tag{5-65}$$

$$K_{pn}=\frac{(h)+1}{2h}\times\frac{T_m K_\phi \beta}{R_s K_{fn} T_{\Sigma n}} \tag{5-66}$$

针对不同的性能要求，合适地选择中频，即可确定系统的调节器参数。中频段的宽度对于典型Ⅱ型系统的动态品质起着决定性的作用，中频宽增大，系统的超调减小，但系统的快速性减弱。一般情况下，中频宽为 5～6 时，Ⅱ型系统具有较好的跟随和抗扰动性能。同时在一定超调量和抗扰动性能要求情况下，速度调节器参数可以通过被控对象参数得到。对象参数变化时，为满足原定条件，调节器参数应相应调整。具体地说，当对象转动惯量增加时，调节器比例系数应增大，积分时间常数应增大，以满足稳定性要求；当对象转动惯量减小时，调节器比例系数应减小，积分时间常数应减小，以保证低速时控制精度要求。一般情况下，伺服系统控制对象参数变化范围有限，故可按其变化范围，寻求一个折中值。

3. 位置调节器的设计

由前面的分析可得，为设计位置调节器，将速度环用其闭环传递函数代替，伺服系统动态结构如图 5-63 所示。

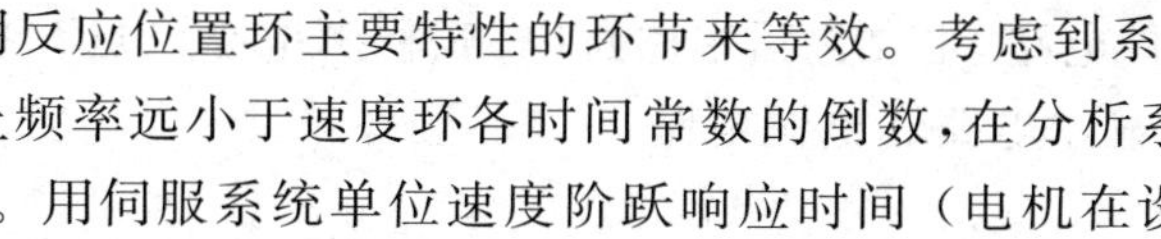

图 5-63　伺服系统动态结构图

可以看出，伺服系统是一个高阶动态调节系统，系统位置调节器设计十分复杂，须对其做降阶或等效处理，用反应位置环主要特性的环节来等效。考虑到系统速度响应远比位置响应快，即位置环截止频率远小于速度环各时间常数的倒数，在分析系统时，将速度环近似等效成一阶惯性环节。用伺服系统单位速度阶跃响应时间（电机在设定转矩下，空载启动到设定转速时的响应时间）作为该等效惯性环节时间常数 T_p，速度环闭环放大倍数 K_p，它表示电机实际速度和伺服速度指令间的比值，速度环表示为

$$G_{nb}(s)=\frac{K_p}{T_p s+1} \tag{5-67}$$

速度环等效后，位置环控制对象是一个积分环节和一个惯性环节的串联。作为连续跟踪控制，位置伺服系统不希望位置出现超调与振荡，以免位置控制精度下降。因此，位置控制器采用比例调节器，将位置环校正成典型Ⅰ型系统。假定位置调节器比例放大倍数为

K_{pp}闭环系统的开环传递函数为

$$G_p(s)=\frac{2\pi K_{pp}K_p}{60s(T_ps+1)}=\frac{K_{pp}K_p/9.55}{s(T_ps+1)} \tag{5-68}$$

位置控制不允许超调，应该选择调节器放大倍数，使式(5-68)中参数满足

$$K_{pp}K_pT_p/9.55\approx 0.25 \tag{5-69}$$

也就是位置环所对应二阶系统阻尼系数接近1，系统位置响应成为临界阻尼或者接近临界阻尼响应过程。

这里关键是如何求取 K_p、T_p，即速度闭环放大倍数和等效惯性环节时间常数。前者可用稳态时速度指令与电机实际速度的关系求得。根据电动机运动方程 $J\mathrm{d}\omega_m/\mathrm{d}t=T_e-T_L-B\omega_m$，忽略摩擦阻力，假定电机在设定转矩作用下，电机从静止加速到设定转速，可得到等效惯性环节时间常数为

$$T_p=\frac{n_{sd}J}{9.55T_{sd}} \tag{5-70}$$

式中，n_{sd}、T_{sd}分别为设定速度及设定电磁转矩，代入式(5-69)得

$$K_{pp}=\frac{9.55^2}{4}\frac{T_{sd}}{K_pn_{sd}J} \tag{5-71}$$

由此可见，伺服电机带载时，随着电机轴联转动惯量增加，电机阶跃响应时间变长，等效环节时间常数增加，为满足式(5-71)，位置调节器放大倍数应相应减小。

实际系统位置环增益与以下因素有关：

(1) 机械部分负载特性，包括负载转动惯量和传动机构刚性。

(2) 伺服电机特性，包括机电时间常数、电气时间常数及转动的刚性。

(3) 伺服放大环节的特性，速度检测器的特性。

所以，实际位置环设计需要考虑很多因素。在实际系统速度阶跃响应已知时，可根据式(5-71)求出位置控制器比例增益，再在试验中做相应调整即可满足要求。

5.6.2 永磁同步伺服电动机的DSP控制设计

本节针对上节提出的基于MC56F8357永磁同步电动机伺服控制系统方案，给出整套伺服控制硬件系统。该硬件系统是一套完整的电机控制系统，不仅可以用于永磁同步电动机的位置伺服控制，而且可以进行速度控制，并可通过上位机进行PC Master控制。基于Freescale DSP MC56F8357的伺服控制系统硬件结构图如图5-64所示。本节将介绍伺服控制系统控制板的硬件电路，主要包括主回路电路、检测电路(电流、电压、转子位置)、保护电路、驱动电路、LCD显示电路和电源电路。

1. 主回路电路

本系统主回路采用交—直—交结构，其中逆变器部分采用电压型逆变器。采用tyco公司的PIMP549-A-PM模块(额定电压为1200V，电流为10A)构成功率主回路。它包括一个三相整流器、制动断流器及由6个IGBT和FRED组成的三相逆变器。PIM的引脚图如图5-65所示。当发生过压需要制动时，DSP将制动信号经光耦传输后使PIM的BR端触发，PIM模块引脚的信号连接方式及制动回路如图5-66所示。

2. 检测电路

在基于矢量控制的伺服控制系统中，需要检测一些反馈量，例如，电动机相电流、直流母

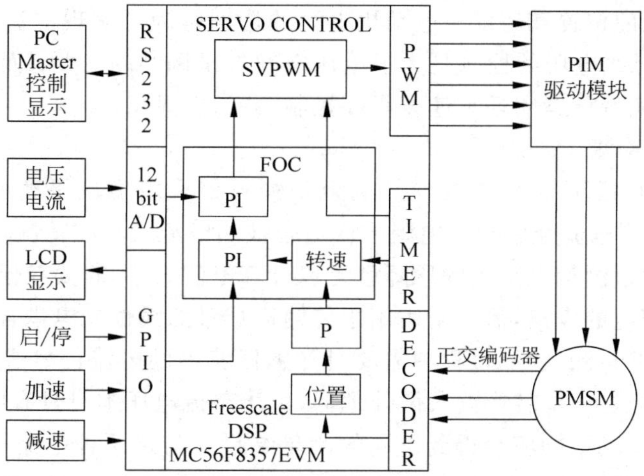

图 5-64　伺服控制系统硬件结构图

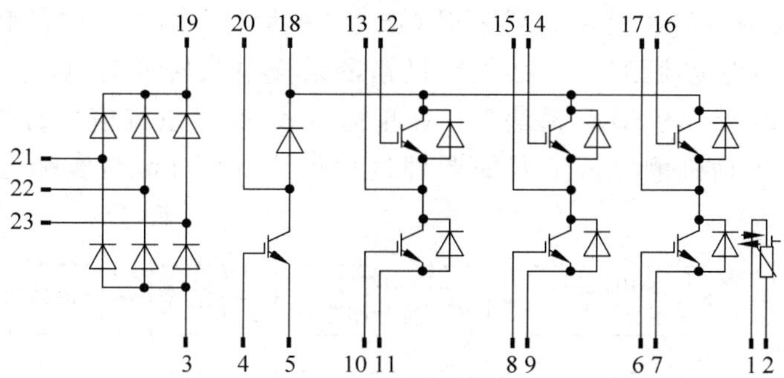

图 5-65　PIM 的引脚图

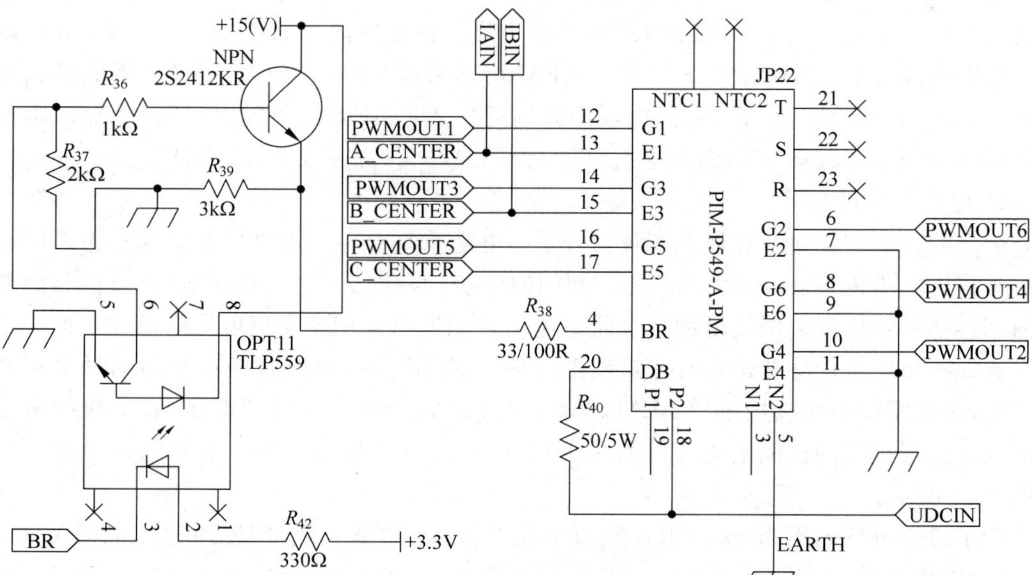

图 5-66　PIM 引脚信号连接图

线电压、电动机转子的位置和速度。电动机电流的检测是为了实现电流闭环控制和主电路的过流保护；直流母线电压的检测是为了电压空间矢量调制的需要；而电动机转子位置和速度的检测是为了实现位置闭环和速度闭环控制，并予以显示。

1）电流信号的检测

电流检测通常有以下 3 种方式：①电阻采样；②采用磁场平衡式霍尔电流检测器(LEM 模块)；③采用电流互感器。电阻采样适合被测电流较小的情况，在待测电流的支路上串入小值电阻，通过测量电阻上的压降就可以计算电流大小，若要在保证电流检测线性度的同时又实现强、弱电的隔离，需要采用用于传输模拟量的线性光电耦合器件。电流互感器只能用于交流电流的检测，检测过程中需要对互感器获得的电流信号进行整流以得到单极性的直流电压，再通过 A/D 转换读入微处理器，由于整流电压本身具有脉动性，因此读入微处理器时因采样方式的不同将会得到不同的测量结果。与这两种电流检测方法相比，采用 LEM 模块可以达到很好的测量精度和线性度，而且霍尔电流传感器响应快，隔离也彻底。试验系统中电动机侧电流传感器的选择至关重要，通过对精度、线性度以及响应速度等指标的全面比较，选用电流 LEM 模块 LA28-NP(选择 5A 量程)作为电动机侧的电流传感器，电流 LEM 模块的输出为电流型信号，必须经过精密采样电阻转换为电压信号才能进行信号调理。又因 MC55F8357 的 ADC 模块工作在单边方式，交流电流信号的调理电路中需要包括电平提升电路。电动机侧电流信号的调理过程如图 5-67 所示，实际电流检测电路图如图 5-68 所示。

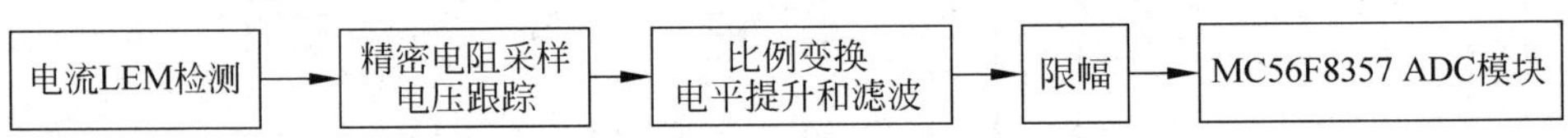

图 5-67 电动机侧电流信号的调理过程

电流采用 5A 量程时，当原边电流为 10mA 时，则副边输出电流为 25mA。由于本系统电机最大输出电流为 1.65A，则在 LEM 的原边最大输入电流为 $1.65/5\times 10=3.3\text{mA}$，副边最大输出电流为 $1.65/5\times 25=8.25\text{mA}$，LEM 后端采样电阻为 300Ω，则可获得的最大电压为 $300\times 0.008\,25=2.475\text{V}$。通过电平提升则可得 MC56F8357 ADC 模块最大输入电压为 $2.475/2+2.5/2=2.4875\text{V}$，最小输入电压为 $-2.475/2+2.5/2=0.0125\text{V}$。

2）电压信号的检测

电压的检测方式通常有以下 3 种：①分压电阻采样；②采用电压互感器；③采用磁场平衡式霍尔电压传感器(LEM 模块)。分压电阻采样可以用于直流母线电压的检测，但要进行强、弱电隔离时，需采用光电耦合电路。电压互感器只能用于交流电压的检测。而应用磁场平衡式霍尔电压传感器进行直流母线电压的测量和隔离，可以获得很好的测量精度和动态响应，因此实验系统选用电压 LEM 模块 LV28-P 来检测直流母线电压，直流母线电压信号的调理过程与电动机侧电流信号大体相同，但无须电平提升电路。实际电压检测电路图如图 5-69 所示。

由于直流母线电压为 36V，则在原边采用 3.6k 的功率电阻，则原边输入电流为 10mA 时，副边输出电流为 25mA。LEM 后端采样电阻为 100Ω，则可获得输入 MC56F8357 ADC 模块的电压为 $100\times 0.025=2.5\text{V}$。

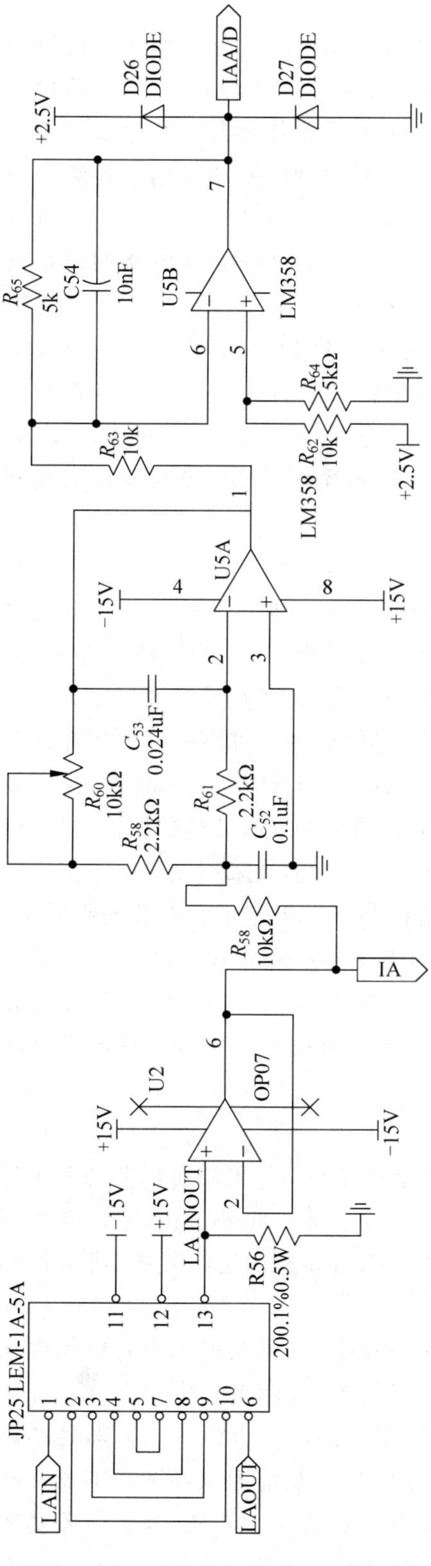

图 5-68　电动机侧实际电流检测图

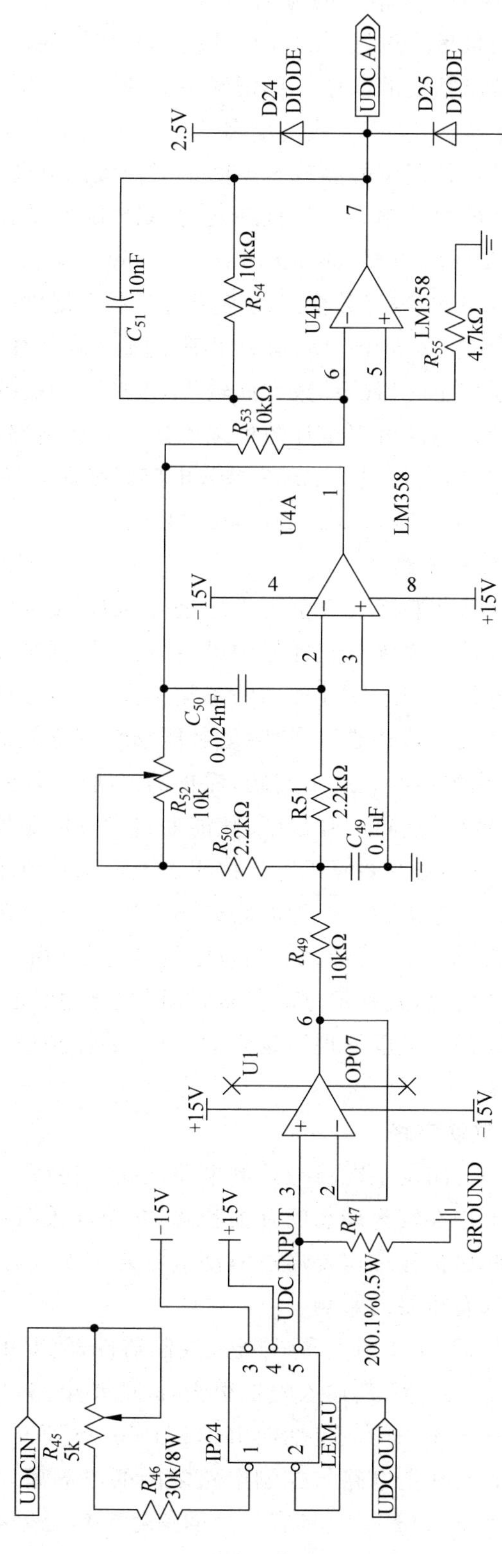

图 5-69　直流母线实际电压检测图

3）转子位置信号的检测

应用机械式位置传感器检测电动机转子的位置和速度，可以把测量结果作为评价转子位置自检测精度的依据。要精确检测转子某一时刻达到的位置，需要较为精密的转角检测器。本系统选用1024线的增量式光电编码器作为机械式转子位置传感器。光电编码器的输出信号包括用于检测转子空间绝对位置的互差120°的U、V、W脉冲，还有用于检测转子旋转速度的两个频率变化且正交的A、B脉冲及其定位Z脉冲。编码器的输出通过接口电路与MC56F8357的Quadrature Decoder电路相连接。Quadrature Decoder电路的时基由设置为定向增/减计数模式的通用定时器来提供，Quadrature Decoder电路的方向检测逻辑决定两个Quadrature Decoder引脚的输入序列中哪一个是先导序列，接着它就产生方向信号作为通用定时器的计数方向输入，因此电动机的旋转方向就可以通过计数方向来判定，而转子的旋转速度可以由计数值来确定。具体电路如图5-70所示，A＋、A－、B＋、B－、Z＋、Z－差分信号先经过26LS32差分电路转换芯片转换后，经快速光耦TLP559再反向后送到MC56F8357 Quadrature Decoder接口。

3. 保护电路

为确保实验系统安全可靠地运行，必须设计完善的故障保护功能。故障保护可以通过硬件或软件来实施。软件保护灵活，可以根据被测量进行故障诊断，决定相应的应变措施，但软件保护依赖于微处理器的正常工作，一旦微处理器本身也发生故障，或微处理器到驱动电路之间发生传输错误，故障就可能继续蔓延并造成损失，同时软件在处理故障时还存在时序、中断优先级的先后等问题，保护的实时性较差。而硬件保护实时性高，可靠性好，但不能根据运行状态进行故障诊断，只能通过硬件电路检测系统的异常并采取简单的保护动作，例如，封锁驱动脉冲并停机等。由于过电流保护要求很高的反应速度，故采用硬件电路实施检测和保护。过流检测保护电路如图5-71所示。其原理是检测电动机定子相电流的瞬时值，再将其正、负半周的最大值与设定的参考值（由TL431参考电压电路给出）相比较，一旦出现过流的情况，就锁定过流信号，同时也把过流保护信号与MC56F8357的RESET信号相或之后经快速光耦处理后送到IR2110的保护信号输入端SD，封锁驱动脉冲以保障系统运行的安全。

4. 驱动电路

驱动电路是主电路与控制电路之间的接口。采用性能良好的驱动电路可以使功率半导体器件工作在较为理想的开关状态，缩短开关时间，降低开关损耗。此外，对功率器件和整个装置的保护往往也要通过驱动电路来实现，因此，驱动电路对装置的运行效率、可靠性和安全性都有重要的影响。

IGT/P-MOSFET是电压型控制器件，使IGBT/P-MOSFET开通的栅源极间驱动电压一般为10～15V，其输入阻抗很大，故驱动电路可以做得很简单，且驱动功率也小。栅极驱动电路的基本功能应包括向IGBT/P-MOSFET栅极提供需要的栅荷以保证功率器件的开关性能；实现主电路与控制电路之间的电隔离，具有较强的抗干扰能力以保证功率器件在高频工况下可靠工作，具有较短的信号传输延迟时间，具有可靠的保护功能，为了保障功率器件的安全运行，当主电路或驱动电路出现故障时（如主电路过流或驱动电路欠压），驱动电

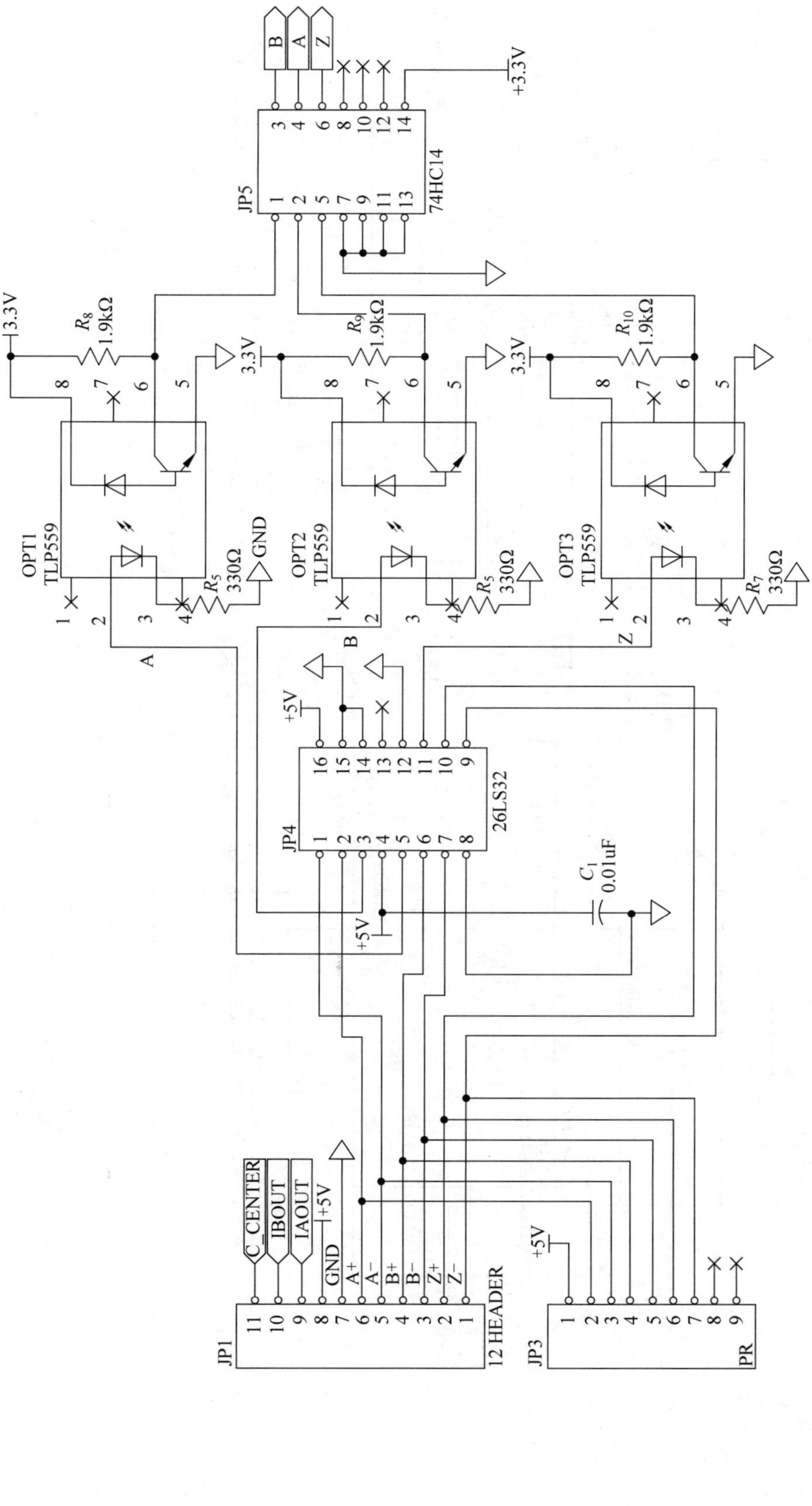

图 5-70 实际转子位置信号检测图

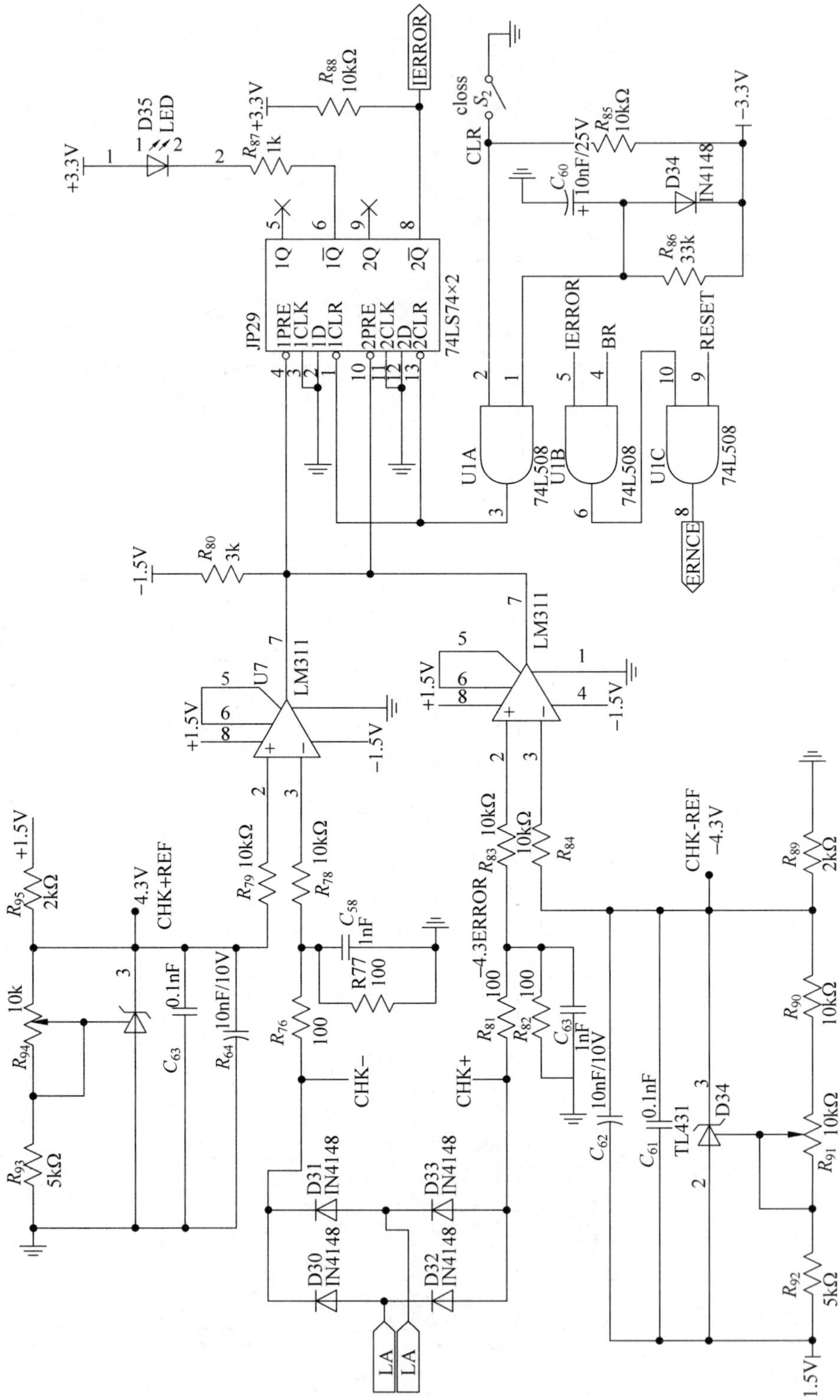

图 5-71 过流检测保护电路

路应迅速封锁正向栅极电压并使功率器件关断。

IR(International Rectifier)公司的IR21xx系列高压浮动MOS栅极驱动集成电路是常用的集成式栅极驱动电路之一,该驱动电路将驱动一个高压侧和一个低压侧MOSFET所需的绝大部分功能集成在一个封装内,依据自举原理工作,驱动高压侧和低压侧两个器件时,不需要独立的驱动电源,因而电路得到简化,而且开关速度快,可以得到理想的驱动波形。本装置采用该系列的IR2110对PIM(集成6个IGBT)或P-MOSFET(IRFP44N)进行驱动。IR2110有两个独立的输入输出通道,主电路最大直流工作电压为500V,驱动脉冲最大延迟时间为10ns,门极驱动电源电压范围为10～20V;逻辑电源电压范围为3.3～20V;逻辑输入端采用施密特触发器,以提高抗干扰能力并能接收缓慢上升的输入信号;在电压过低时,有自关断等保护功能。

MC56F8357输出的PWM信号先经过快速光耦TLP559实现隔离和电平转换,再通过IR2110实现驱动,其一相桥臂的驱动电路如图5-72所示。SD为IR2110的保护信号输入端,当该引脚为高电平时,芯片的输出信号全部被封锁。所以当主电路出现过流故障时,过流保护信号就会封锁IR2110,使其无法再继续传送PWM信号,截止功率开关器件,从而阻断故障的进一步发展。

5. LCD显示电路

为了可以直观地看出电机运行时的速度、位置等电参数,本系统采用LCD显示电机各个运行状态参数,用于显示给定转速和实际转速及给定位置和实际位置信息。

本设计采用FM1601A-LA液晶,单行显示,每行16个字符,5V电压供电。由于DSP的I/O口只提供3.3V电压电平,不能直接驱动LCD,需要一个电压转换芯片。本设计采用的是74LS245,可将3.3V电平提升为5V。为了节省DSP的I/O口资源,本设计通过采用74F164,串行数据转换为并行数据给LCD,如图5-73所示,中央复位端$\overline{MR}$为高电平,数据输入端A和B相连。首先将每一位字符所对应的代码转化为8位的BCD码,然后逐一发送,每传完一个,CLK动作,进行移位,当8位BCD码全部发送完毕后,LCD端的RS和E动作,使数据Q0～Q7在LCD显示出来。

同时LCD端的R/$\overline{W}$不直接接低电平,这样就不用判定LCD是否忙碌,通过分别设定适当的延迟,对LCD完成初始化、发送指令和数据等操作。

6. 电源设计

由于系统涉及电动机、控制板、EVM板,是一个强电、弱电、数字地、模拟地在一起的高耦合系统,需要提供很多不同电压的电源,这就需要进行多种电平转换。

系统主回路采用36V开关电源提供,控制板采用+5V、±15V、+24V三组不共地的电源。+5V电源供给编码器使用;±15V供给LEM、OP07、LM358、LM311、TL431等,通过7812转成12V供给EVM,通过7805转成5V供给LCD,再通过SPX1117转成3.3V供给I/O口;+24V转成+15V供给IR2110驱动回路,具体电压转换图如图5-74所示。在三组不同地之间,各组地之间通过光耦进行隔离,+24V的地与主回路的地采用单点接地的方式。

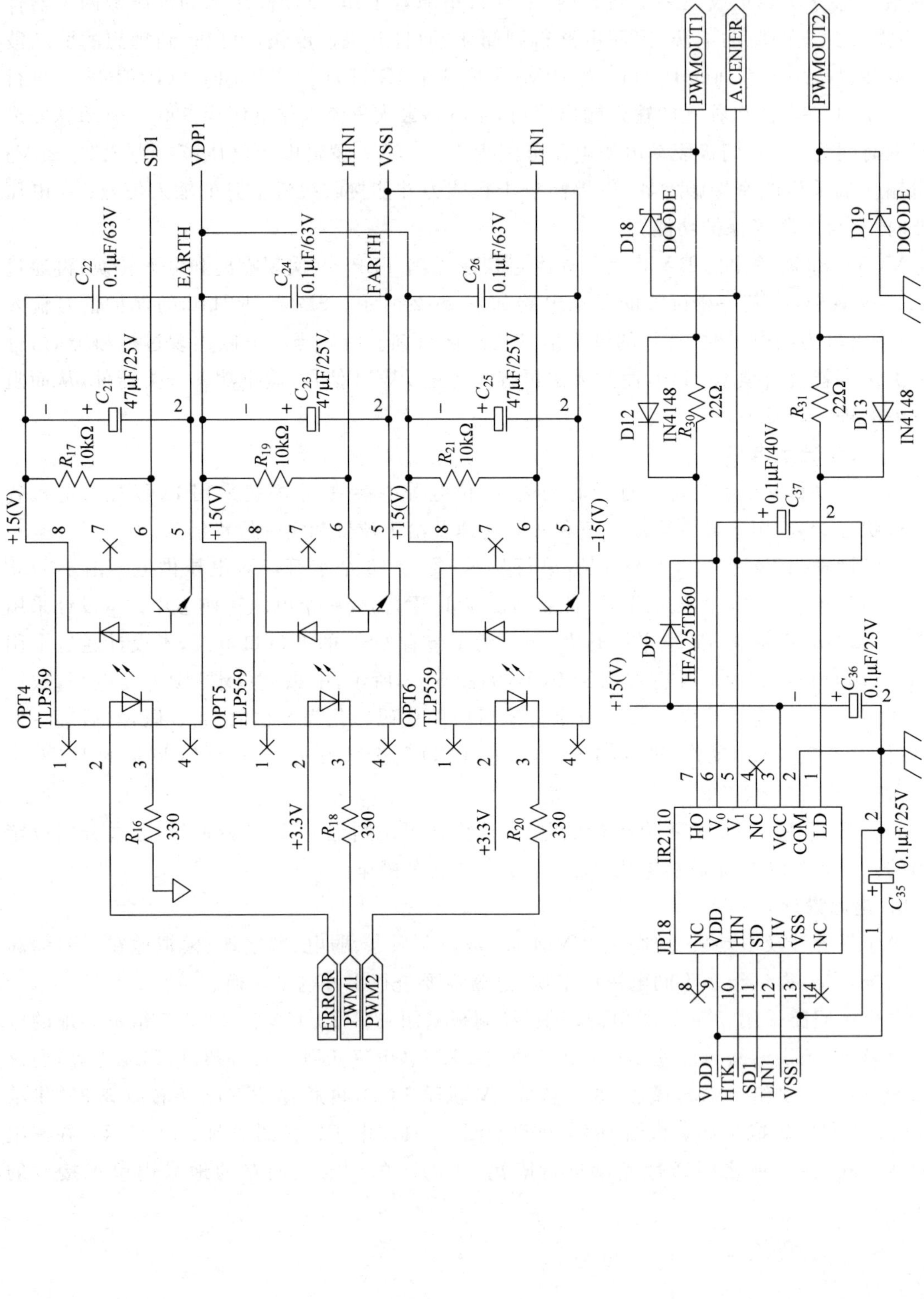

图 5-72 逆变器一相桥臂的驱动电路

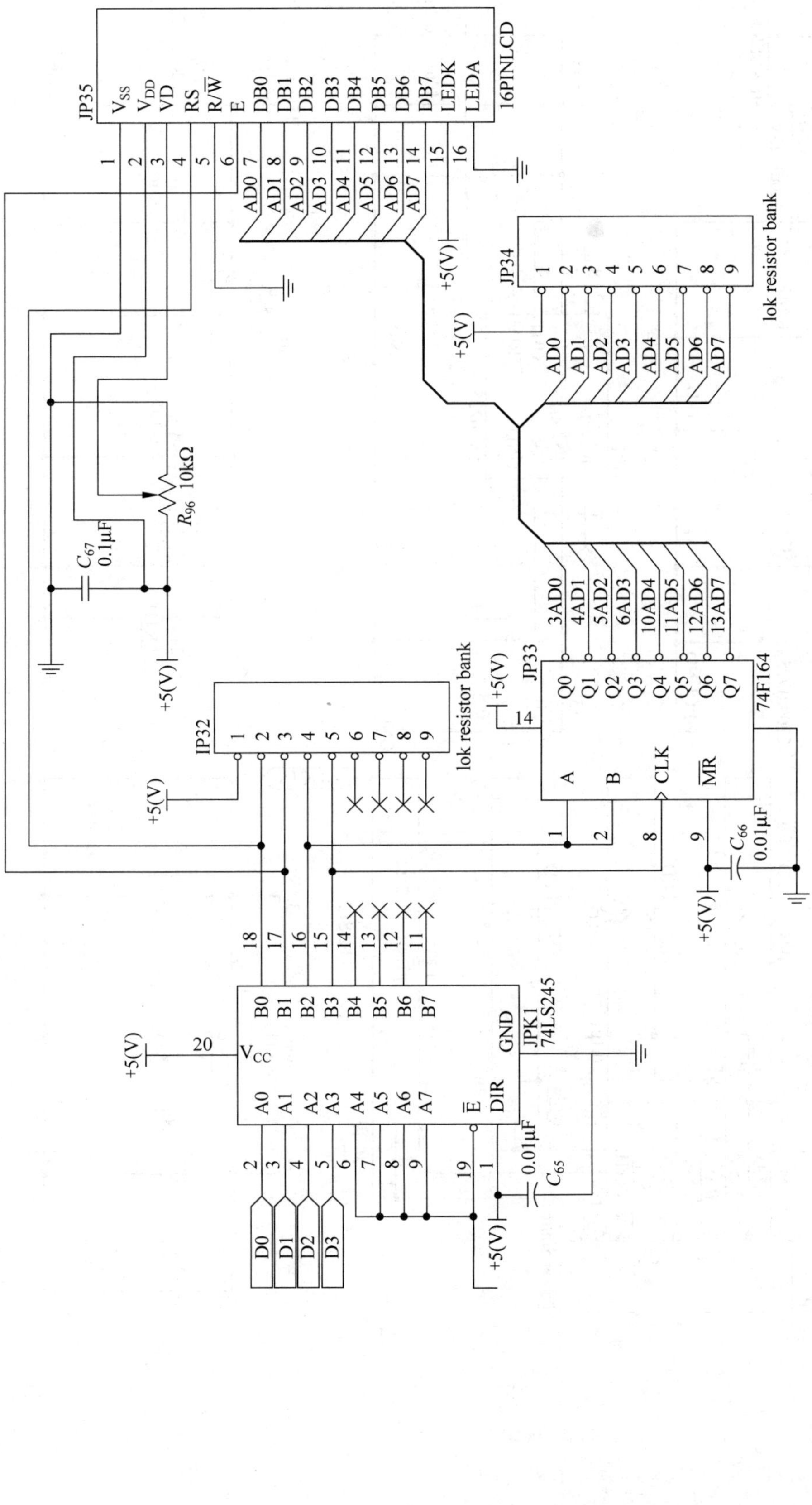
JP35
16PINLCD
VSS
VDD
VD
RS
R/W
E
DB0
DB1
DB2
DB3
DB4
DB5
DB6
DB7
LEDK
LEDA
AD0
AD1
AD2
AD3
AD4
AD5
AD6
AD7
+5(V)
JP34
lok resistor bank
R_{96} 10kΩ
C_{67} 0.1μF
JP32
lok resistor bank
JP33
74F164
Q0
Q1
Q2
Q3
Q4
Q5
Q6
Q7
A
B
CLK
MR
3AD0
4AD1
5AD2
6AD3
10AD4
11AD5
12AD6
13AD7
C_{66} 0.01μF
JPK1
74LS245
VCC
GND
A0
A1
A2
A3
A4
A5
A6
A7
E
DIR
B0
B1
B2
B3
B4
B5
B6
B7
C_{65} 0.01μF
D0
D1
D2
D3

图 5-73 液晶显示电路

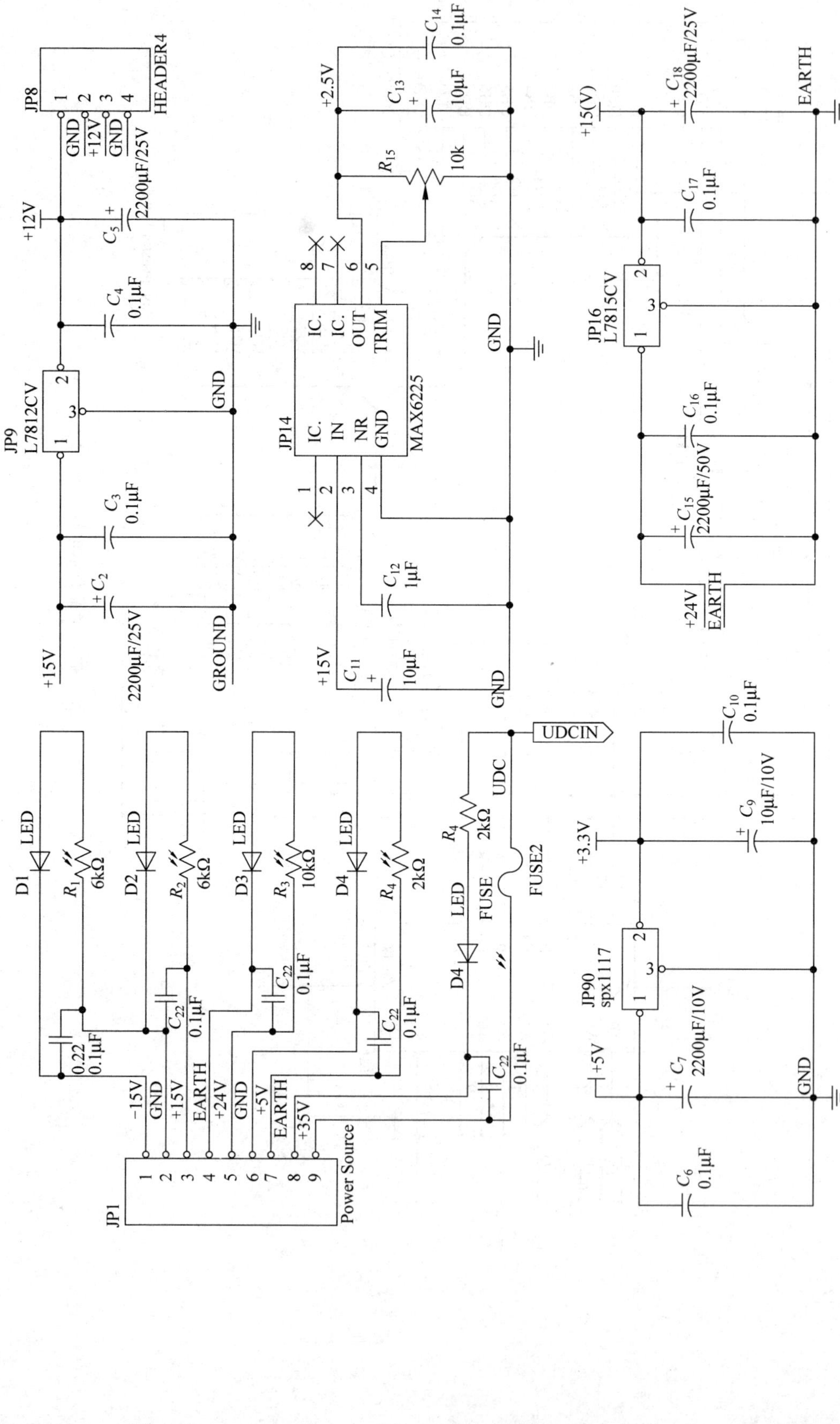

JP8
HEADER4
GND
+12V
GND
2200μF/25V
+12V
C_5
2200μF/25V
C_4
0.1μF
JP9
L7812CV
GND
C_3
0.1μF
C_2
2200μF/25V
+15V
GROUND
C_{14}
0.1μF
+2.5V
C_{13}
10μF
R_{15}
10k
JP14
MAX6225
IC.
IN
NR
GND
OUT
TRIM
C_{12}
1μF
+15V
C_{11}
10μF
GND
+15(V)
C_{18}
2200μF/25V
EARTH
C_{17}
0.1μF
JP16
L7815CV
C_{16}
0.1μF
C_{15}
2200μF/50V
+24V
EARTH
D1
LED
R_1
6kΩ
D2
LED
R_2
6kΩ
D3
LED
R_3
10kΩ
D4
LED
R_4
2kΩ
0.22
0.1μF
C_{22}
0.1μF
UDCIN
UDC
R_4
2kΩ
FUSE
FUSE2
D4
LED
-15V
GND
+15V
EARTH
+24V
GND
+5V
EARTH
+35V
JP1
Power Source
C_{10}
0.1μF
+3.3V
C_9
10μF/10V
JP90
spx1117
+5V
C_7
2200μF/10V
GND
C_6
0.1μF

图 5-74 电压转换电路

本章小结

伺服电动机将转速信号或位移信号转变为电机转轴的角速度或角位移输出，在自动控制系统中作执行元件。伺服电动机包括直流伺服电动机、交流异步伺服电动机和交流永磁同步伺服电动机。

直流伺服电动机是指使用直流电源的伺服电动机，其实质是一台他励式直流电动机。除了传统型直流伺服电动机外，还有空心怀形转子和无槽电枢等低惯量直流伺服电动机，它们极大地减小了直流伺服电动机的机电时间常数，改善了电机的动态特性。直流伺服电动机有电枢控制和磁极控制两种控制方式，其中以电枢控制应用较多。电枢控制时直流伺服电动机具有机械特性和控制特性线性度好、控制绕组电感较小和电气过渡过程短等优点。

交流异步伺服电动机在自动控制系统中也主要用作执行元件。相对于普通的异步电动机，异步伺服电动机具有较大的转子电阻，一方面能防止转子的自转现象，另一方面，可使伺服电动机的机械特性更接近于线性。交流异步伺服电动机的控制方式有幅值控制、相位控制、幅值-相位控制和双相控制 4 种。通过改变控制电压的值，就可以控制电机的转速。采用双相控制时，控制电压和励磁电压大小相等，相位差 90°电角度，电动机始终工作在圆形旋转磁场下，能获得最佳的运行性能。

永磁同步伺服电动机是随着永磁材料、电力电子、微电子技术以及现代控制理论的发展而发展出来的一种高性能、高精度伺服驱动电动机。该电机结构及原理类似于普通永磁同步电动机，但一般加装有检测转子位置的传感器(一般为高性能光电码盘)，以便于根据输入的位移或速度信号对电动机实施精确控制。永磁同步伺服电动机常用空间电压矢量控制算法，应用现代 DSP 芯片为核心来设计其驱动控制系统，所以常用于一些对精度和性能要求高的场合。

思考题与习题

1. 可以决定直流伺服电动机旋转方向的是________。

A. 电机的极对数　　　　B. 控制电压的幅值

C. 电源的频率　　　　D. 控制电压的极性

2. 有一台直流伺服电动机，电枢控制电压和励磁电压均保持不变，当负载增加时，电动机的控制电流、电磁转矩和转速如何变化？

3. 如果用直流发电机作为直流电动机的负载来测定电动机的特性(见图 5-75)，就会发现，当其他条件不变，而只是减小发电机负载电阻 R_L 时，电动机的转速就下降，试问这是什么原因？

4. 已知一台直流电动机，其电枢额定电压 $U_a=110\text{V}$，额定运行时的电枢电流 $I_a=0.4\text{A}$，转速 $n=3600\text{r/min}$，它的电枢电阻 $R_a=50\Omega$，空载阻转矩 $T_0=15\text{mN}\cdot\text{m}$。试问该电动机额定负载转矩是多少？

5. 直流伺服电动机在不带负载时，其调节特性有无死区？调节特性死区的大小与哪些因素有关？

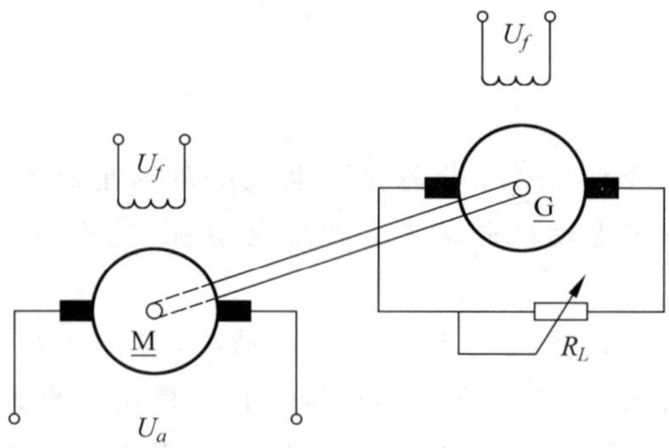

图 5-75 用直流发电机作为直流电动机的负载

6. 一台直流伺服电动机其电磁转矩为 0.2 倍的额定电磁转矩时，测得始动电压为 4V，当电枢电压增加到 49V 时，其转速为 1500r/min。试求当电动机为额定转矩，转速 $n=3000$r/min 时，电枢电压 $U_a=$？

7. 交流伺服电动机转子的结构常用的有________形转子和非磁性杯形转子。

A. 磁性杯　　B. 圆盘　　C. 圆环　　D. 鼠笼

8. 有一台四极交流伺服电动机，电源频率为 400Hz，其同步速为________。

A. 3000r/min　　B. 6000r/min　　C. 9000r/min　　D. 12 000r/min

9. 异步伺服电动机的两相绕组匝数不同时，若外施两相对称电压，电机气隙中能否得到圆形旋转磁场？如要得到圆形旋转磁场，两相绕组的外施电压要满足什么条件？

10. 为什么异步伺服电动机的转子电阻要设计得相当大？若转子电阻过大对电动机的性能会产生哪些不利影响？

11. 什么叫"自转"现象？对异步伺服电动机应采取哪些措施来克服"自转"现象？

12. 为什么交流伺服电动机有时能称为两相异步电动机？如果有一台电机，技术数据上标明空载转速是 1200r/min，电源频率为 50Hz，请问这是几极电机？空载转差率是多少？

13. 伺服电动机的转矩、转速和转向都非常灵敏和准确地跟着________变化。

14. 一台 500r/min，50Hz 的同步电机，其极数是________。

15. 同步电动机最大的缺点是________。

16. 同步电机电枢绕组匝数增加，其同步电抗________。

A. 增大　　B. 减小　　C. 不变　　D. 不确定

17. 对于同步电机的转速，以下结论正确的是________。

A. 与电源频率和电机磁极对数无关　　B. 与负载大小有关，负载越大，速度越低

C. 带不同负载输出功率总量恒定　　D. 转速不随负载大小改变

18. 如果永磁式同步电动机轴上负载阻转矩超过最大同步转矩，转子就不再以同步速运行，甚至最后会停转，这就是同步电动机的________。

A. 失步现象　　B. 自转现象　　C. 停车现象　　D. 振荡现象

19. 说明永磁同步伺服电动机三闭环控制原理及其与常规速度控制的区别。

第6章 步进电动机及其驱动

CHAPTER 6

步进电动机又称脉冲电动机或阶跃电动机，国外一般称为 Stepmotor 或 Stepping motor、Pulse motor、Stepper servo Stepper 等，是一种脉冲控制的伺服电动机。

步进电动机的机理是基于最基本的电磁铁作用，其原始模型起源于 1830—1860 年间。20 世纪 60 年代后期，随着永磁材料的发展，各种实用性步进电动机应运而生，而半导体技术的发展推动了步进电动机在众多领域的应用。在短短的几十年间，步进电动机迅速发展并成熟起来，已经成为电动机的一种基本类型，尤其是混合式步进电动机以其优越的性能得到较快的发展。

我国步进电动机的研究和制造始于 20 世纪中期，主要是高等院校和科研机构为研究一些装置而使用或开发少量产品。混合式步进电动机是 20 世纪 80 年代初从零开始的，到现在生产和研制都具备了一定的规模。理论研究方面比较成熟，发展和形成了比较完善的基础理论和设计方法，产品种类已经系列化，指标已接近、达到或超过国外同类产品水平。步进电动机驱动系统装置如图 6-1 所示。

图 6-1　步进电动机及其驱动器

从原理上讲，步进电动机是一种低速同步电动机，只是由于驱动器的作用，使之步进化、数字化。它可以简单地定义为：根据输入的脉冲信号，每改变一次励磁状态就前进一定角度(或长度),若不改变励磁状态则保持一定位置而静止的电动机。当采用适当的控制时,步进电动机的输出步数总是和输入指令的脉冲数相等。每一个脉冲使转轴进位一个步距增量,并依靠磁性将转轴准确地锁定在所进位的步距位置上,在不丢步的情况下运行,其步距误差不会长期累积,特别适合在开环系统中使用,使整个系统结构简单、运行可靠。当采用了速度和位移校测装置后,也可以用于闭环系统中。目前,步进电动机广泛用于计算机外围设备、机床的程序控制及其他数字控制系统,如软盘驱动器、绘图机、打印机、自动记录仪表、数/模转换设备和钟表等装置或系统中。图 6-2 为步进电动机驱动系统的一些应用。

(a) 数控机床

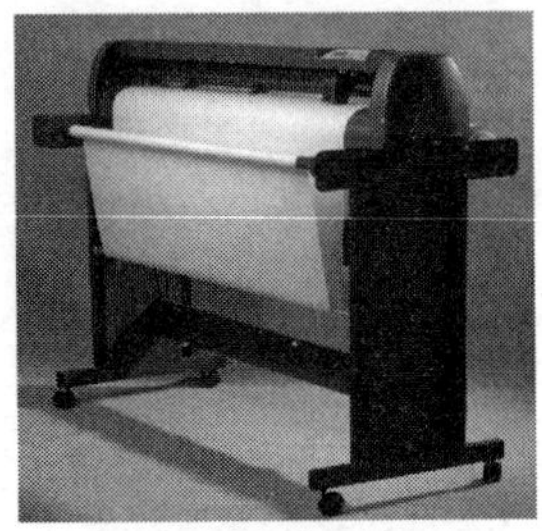

(b) 绘图机

(c) 打印机

(d) 石英钟表芯

(e) 下肢康复器

(f) 机器人

图 6-2 步进电动机驱动系统的一些应用

6.1 步进电动机的分类及结构

6.1.1 步进电动机的分类

步进电动机是自动控制系统的关键元件,因此控制系统对它提出如下基本要求:

(1) 在一定的速度范围内,在电脉冲的控制下,步进电动机能迅速启动、正反转、停转及在较宽的范围内进行调速。

(2) 为了提高精度，一个脉冲对应的位移量要小，要准确、均匀，即要求步进电动机步距小，步距精度高，不丢步或越步。

(3) 工作频率高、响应速度快，即不仅启动、制动、反转快，而且能连续高速运转以提高生产率。

(4) 输出转矩大，可直接带动负载。

步进电动机应用广泛，种类很多，根据不同的作用原理和结构形式有不同的分类方法，一般常见的有以下几种分类方法：

(1) 按转矩产生的原理分为：①反应式步进电动机；②永磁式步进电动机；③混合式步进电动机，同时混合使用前两种方式。

(2) 按输出转矩的大小分为：①功率步进电动机(动力式)，转矩一般在 1 千克·米以上，可直接用来拖动执行元件；②伺服式步进电动机(指示式)，转矩在几百克·厘米以下，多用于控制系统中。

(3) 按磁场方向分为：①横向磁场式步进电动机；②纵向磁场式步进电动机。

(4) 按定转子数目分为：①单定子式步进电动机；②双定子及多定子式步进电动机。

(5) 按定转子相对位置可分为：①内定子外转子式步进电动机；②外定子内转子式步进电动机；③十双定子式(内外定子)步进电动机。

另外也还可按绕组形式(集中、分布)、转向(可逆转、不可逆转)、相数(单相、两相、三相及多相)等方法分类。

6.1.2 步进电动机的结构

本章按转矩产生的原理进行分类讨论，即反应式、永磁式和混合式步进电动机。

1. 反应式步进电动机结构

反应式步进电动机根据结构的不同可分单段式和多段式两种，单段式又称为径向分相式。目前广泛使用的步进电动机多采用这种结构，图 6-3(a)为径向截面图。此外还有径向磁路多段式，其结构特点如图 6-3(b)所示。定子、转子铁芯沿电机轴向按相数分段，每一段定子铁芯的磁极上均放置同一相控制绕组。对每段铁芯来说，定子、转子上的磁极分情况相同。

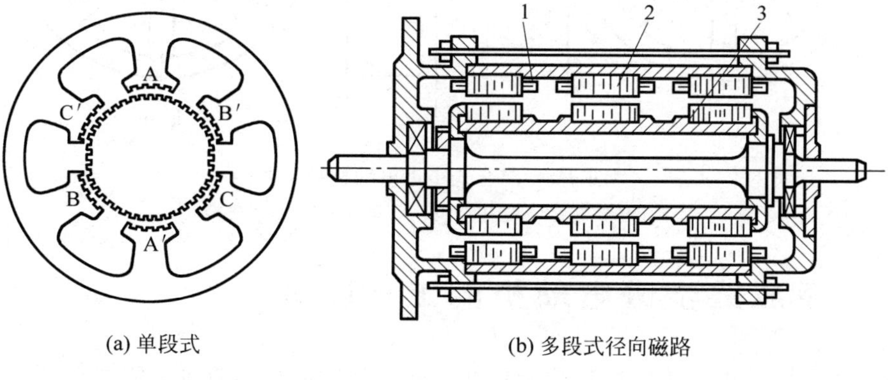

(a) 单段式　　(b) 多段式径向磁路

图 6-3 反应式步进电动机结构

1—线圈；2—定子；3—转子

定子铁芯是由硅钢片冲压叠装而成；定子上装有凸出的磁极(大齿)，每个磁极的极弧上都开有许多小齿如图 6-3(a)所示，磁极大齿成对出现，每个磁极上都装有控制绕组，每相控制绕组由放在径向相对的两个磁极上的集中控制绕组串联而成。

转子由软磁铁材料制造而成，转子沿圆周均匀冲有小齿，而且转子上小齿的齿距和定子磁极上小齿的齿距必须相等，而且转子的齿数有一定的限制。转子上没有绕组。

2. 永磁式步进电动机结构

永磁式步进电动机也是由定子和转子两部分组成。定子铁芯由硅钢片冲压叠装而成，有突出的磁极，磁极上装有控制绕组。转子上安装有永久磁钢制成的磁极，转子极数与定子的每相极数相同，如图 6-4 所示。永磁式步进电动机的特点是：①步距角大；②启动频率比较低(转速不一定低)；③控制功率小；④有定位转矩；⑤有较强的内阻尼力矩。

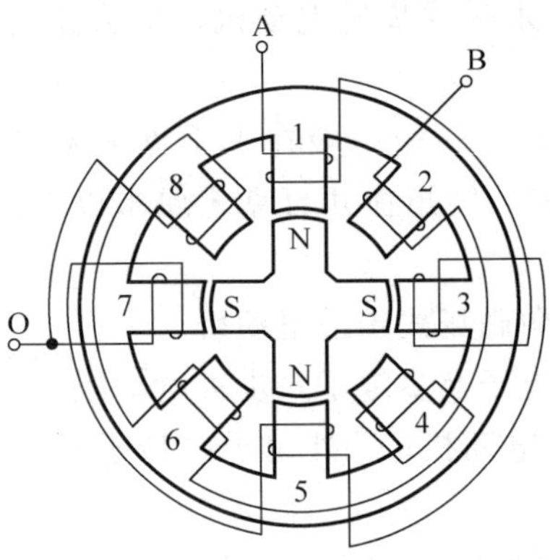

图 6-4 永磁式步进电动机结构

3. 混合式步进电动机结构

混合式步进电动机又称为感应式步进电动机，其定子铁芯与反应式步进电动机相同，即分为若干磁极，每个磁极上有小齿及控制绕组；定子控制绕组与永磁式步进电动机相同，也是两个集中绕组，每相为两对极。转子铁芯由永久磁钢制成，分成两段，两段转子铁芯上也开有齿槽，齿距与定子小齿齿距相同，如图 6-5 所示。混合式步进电动机的特点是：①步距角可做得较小；②启动频率比较高；③控制功率小；④结构和工艺比较复杂。

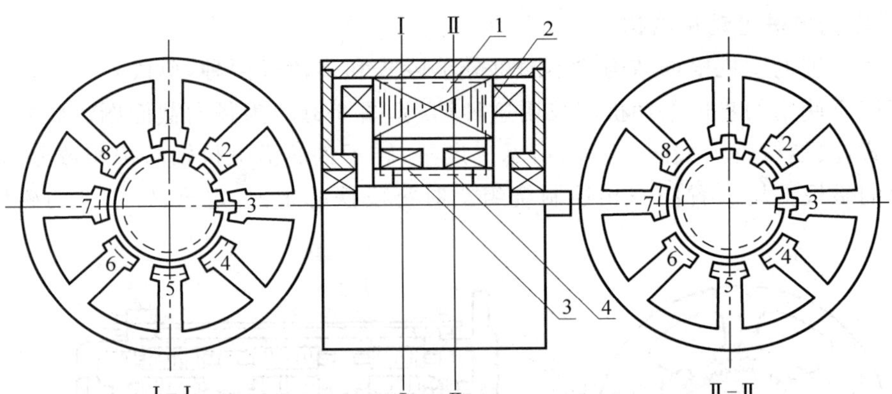

图 6-5 混合式步进电动机结构

1—定子铁芯；2—定子绕组；3—转子；4—永久磁钢

6.2 反应式步进电动机的工作原理

反应式步进电动机的工作原理是利用凸极转子横轴磁阻与直轴磁阻之差所引起的反应转矩而转动的。图 6-6 是一台三相反应式步进电动机的工作原理图，定子铁芯为凸极式，共有三对(三相)，六个磁极，不带小齿，磁极上装有控制绕组，相对的两个极的绕组串联连接，组成一相控制绕组(图中没有画出来)。转子用软磁材料制成,也是凸极结构,只有两个齿,齿宽等于定子的极靴宽。

6.2.1　通电方式分析

三相反应式步进电动机主要有以下三种通电方式。

1. 三相单三拍通电方式

三相单三拍是步进电动机一种最简单的工作方式,所谓“三相”,即步进电动机具有三相定子绕组;“单”是指每次只有一相绕组通电;“三拍”指三次换接为一个循环,即按 A—B—C—A—…的顺序通电。

当 A 相控制绕组通电如图 6-6(a)所示,而 B 相和 C 相都不通电时,A 相的两个磁极分别被励磁为 N 极和 S 极,由于磁通要沿着磁阻最小的路径闭合,所以必将吸引转子齿,使转子齿 1、2 分别与定子磁极 A、A′对齐。同理,当 A 相断电,B 相控制绕组通电时,如图 6-6(b)所示,A 相磁极失效,B 相生成两个磁极,使转子齿 1、2 顺时针转过 60°分别与定子磁极 B、B′对齐,即转子走了一步,然后 B 相电源断开,同时接通 C 相电源,如图 6-6(c)所示,同理使转子顺时针方向再走一步,如此按 A—B—C—A—…的顺序通电,电动机转子便按顺时针方向转动。若按 A—C—B—A—…的顺序通电,电动机则按逆时针方向转动。电动机的转速取决于控制绕组与电源接通或断开的变化频率。步进电动机每输入一个脉冲信号,转子便走一步,所转过的角度称为步距角,用 θ_b 表示。在三相单三拍的通电方式下,每通电一次,转子转过 60°,即转子每步转过步距角 60°。

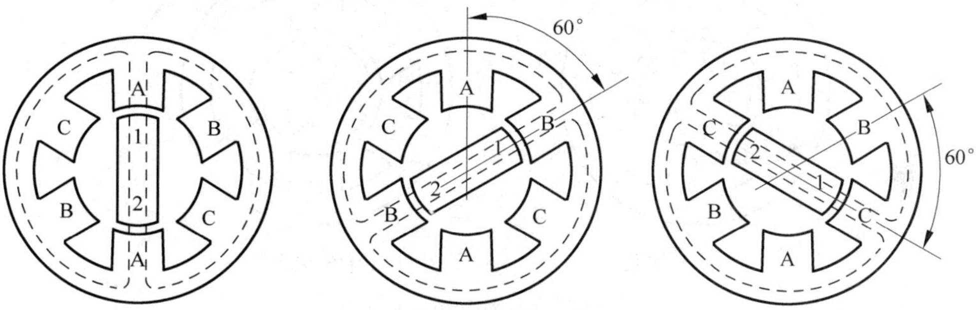

(a) A相通电　　(b) B相通电　　(c) C相通电

图 6-6　三相反应式步进电动机原理图

若将图 6-6 所示的步进电动机的转子制成 4 个齿,如图 6-7 所示,仍按三相单三拍的通电方式运行,转子的步距角也将发生变化。当 A 相通电时如图 6-7(a)所示,转子齿 1、3 分别与定子磁极 A、A′对齐,当 B 相通电时如图 6-7(b)所示,转子将逆时针转动 30°,使转子齿 2、4 分别与定子磁极 B、B′对齐,当 C 相通电时如图 6-7(c)所示,转子又逆时针转动 30°,转子齿 1、3 分别与定子磁极 C、C′对齐,由此可见,每通电一次转子转过 30°,即步距角为 30°。

2. 三相双三拍通电方式

如果将三相步进电动机的控制绕组的通电方式改为:AB—BC—CA—AB—…或 AC—CB—BA—AC—…的顺序通电,则称为三相双三拍通电方式。每拍同时有两相绕组通电,三拍为一循环,如图 6-8 所示,转子为四极的三相反应式步进电动机。图 6-8(a)为 AB 相通

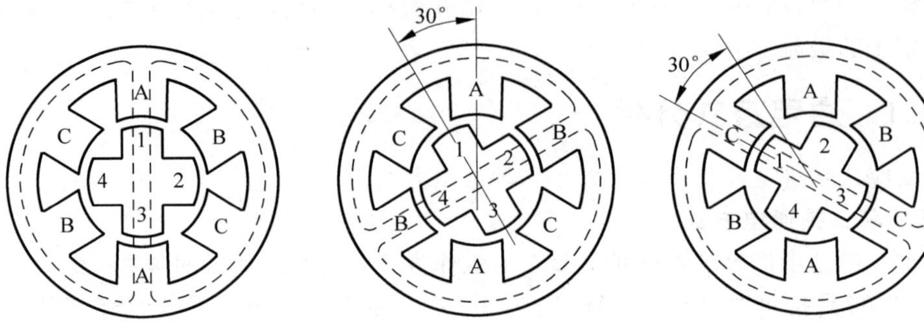

(a) A相通电 (b) B相通电 (c) C相通电

图 6-7 转子为四极的三相步进电动机

电时的情况,图 6-8(b)为 BC 相通电时的情况,可见转子每步转过的角度为 30°与单三拍运行方式相同,但其中有一点不同,即在双三拍运行时,每拍使电机从一个状态转变为另一状态时,总有一相绕组持续通电。例如,由 AB 相通电变为 BC 相通电,B 相保持继续通电状态,C 相磁极力图使转子逆时针转动,而 B 相磁极却起了阻止转子继续向前转动的作用,即起到一定的电磁阻尼作用,所以电机工作比较平稳,三相单三拍运行时,由于没有这种阻尼作用,所以转子到达新的平衡位置后会产生振荡,稳定性远不如双三拍运行方式。

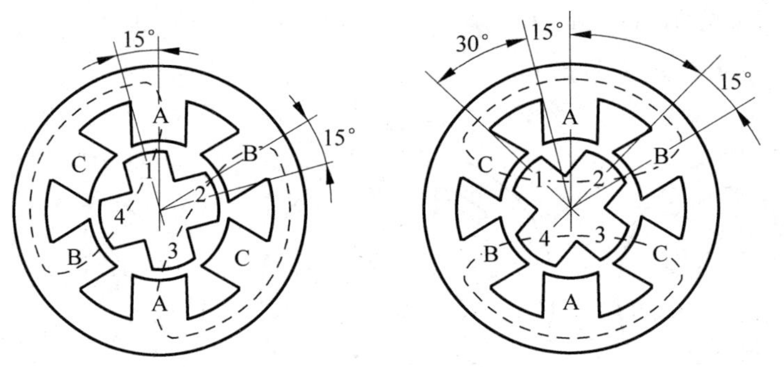

(a) AB相通电 (b) BC相通电

图 6-8 三相双三拍运行方式

3. 三相六拍通电方式

所谓三相六拍通电方式,是指通电方式为:A—AB—B—BC—C—CA—A—…或 A—AC—C—CB—B—BA—A—…,即一相通电和二相通电间隔地轮流进行,六种不同的通电状态组成一个循环,电动机的工作情况如图 6-9 所示。图 6-9(a)为 A 相通电时的情况,转子齿 1、3 磁轴与 A 相磁极轴线重合,当通电状态由 A—AB 时,电机状态如图 6-9(b)所示,转子齿 1、3 磁极离开 A 相磁极轴线,即转子逆时针转过了 15°。通电方式由 AB—B 时,电机状态如图 6-9(c)所示,转子齿 2、4 磁极轴线和 B 相磁极轴线相重合,或转子齿 1、3 磁极轴线离开 A 相磁极轴线 30°角,即转子又向逆时针方向运行了一步,相应的角度为 15°。以此类推,可见此时电机每走一步,将转过 15°,恰好为三相单、双三拍通电方式的一半。六拍运行方式与双三拍相同,由一个通电状态转变为另一通电状态时,总有一相持续通电,具有电磁阻尼作用,工作比较平稳。

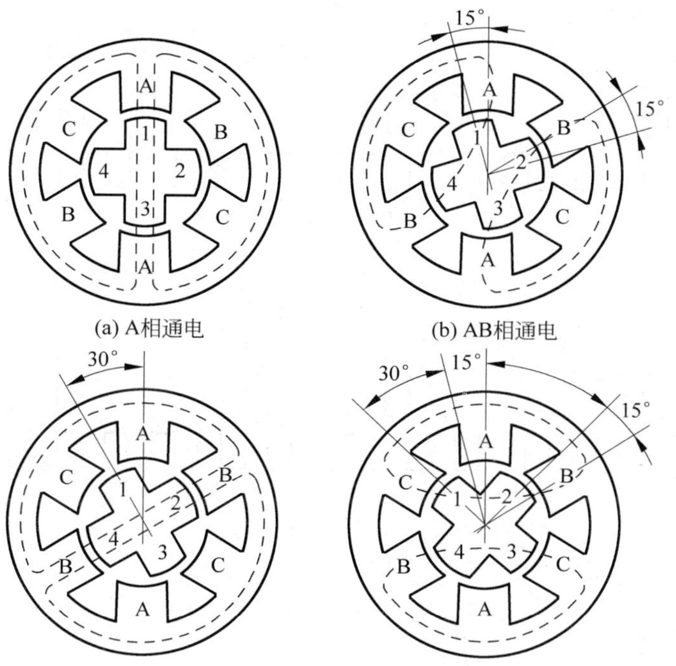

(a) A相通电　(b) AB相通电

(c) B相通电　(d) BC相通电

图 6-9　三相六拍运行方式

通过上述分析可见，同一台步进电动机可以有不同的通电方式，可以有不同的拍数，拍数不同时，其对应的步距角的大小也不相同，拍数多则步距角小。通电相数不同会带来不同的工作性能。此外，同一种通电方式，对于转子磁极数不同的电机，也将有不同的步距角。

6.2.2　小步距角步进电动机

以上讨论的是最简单的三相反应式步进电动机，它的步距角为 30°或 15°，在实际应用中常需要较小的步距角如 3°、1.5°等，因此必须把上述电动机的定子磁极和转子铁芯加工成多齿形。图 6-3(a)为一台小步距角的三相反应式步进电动机的原理图，它的定子上有三对磁极，每对磁极上绕有一相绕组，定子磁极上带有小齿，转子齿数很多的反应式步进电动机，其步距角可以做得很小，下面进一步说明这种电动机的工作原理。

当步进电动机为三相单三拍运行，即通电方式为 A—B—C—A—…，并设转子有 50 个齿，在单三拍运行时的步距角 $\theta_b=2.4°$。图 6-3(a)中当 A 相控制绕组通电时(绕组在图中没有画出来)，磁路上便产生沿 A—A′，极轴线方向的磁通，由于磁通力图通过磁阻最小的路径，因而使转子受到反应转矩的作用而转动，直到转子齿轴线和定子磁极 A 和 A′上的齿轴线对齐为止，由于转子有 50 个齿，每个齿距角 $\theta_t=360°/50=7.2°$，定子一个极距所占有转子的齿数为 $50/(2\times3)=8\frac{1}{3}$，这不是整数，因此当 A、A′极下的定子、转子齿轴线对齐时，下一磁极下(B、B′)定子与转子齿错开 1/3 齿距角，即 2.4°，再下一相(C、C′)磁极下定子与转子齿错开 2/3 齿距角，即 4.8°，此时各相磁极的定子齿与转子齿相对位置如图 6-10(a)所示。

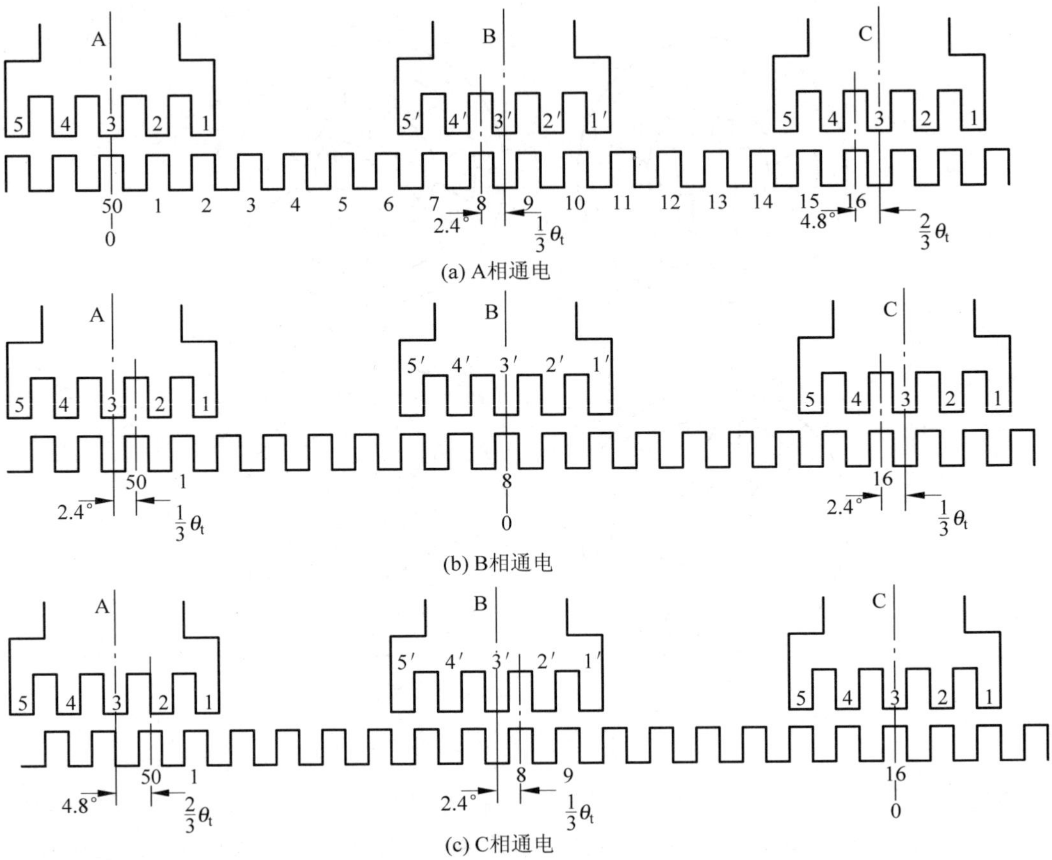

图 6-10 转子为 50 齿时定子、转子齿的相对位置

如果 A 相断开而接通 B 相，这时磁通沿 B、B′极轴线方向，同样在反应转矩的作用下，转子按顺时针方向(即向右)应转过 2.4°，即 $\theta_t/3$。使转子齿轴线和定子磁极 B、B′下的齿轴线对齐，这时 A、A′和 C、C′极下的齿与转子齿又错开 2.4°，即 $\theta_t/3$，如图 6-10(b)所示。当断开 B 相接通 C 相，此时磁通沿 C、C′磁极轴线方向，同样转子按顺时针方向应转过 2.4°，即 $\theta_t/3$，使转子齿轴线和定子磁极 C、C′下的齿轴线对齐，此时 A、A′极下的定子齿与转子齿错开 2/3 齿距角，B、B′极下的定子与转子齿错开 1/3 齿距角，如图 6-10(c)所示。依此类推，控制绕组按 A—B—C—A—…顺序循环通电时，转子就按顺时针方向一步一步连续地转动起来，每换接一次绕组，转子转过 $\theta_t/3$，显然，如果要使步进电动机反转，那么只要改变通电顺序，即按 A—C—B—A—…顺序通电时，则转子按逆时针方向一步一步地转动起来，步距角同样为 $\theta_t/3$，即 2.4°。如果运动方式改变三相六拍，其通电方式为 A—AB—B—BC—C—CA—A，每换接一次绕组，步距角为单三拍的一半即 $\theta_b=1.2°$。

6.2.3 步进电动机的基本特点

1. 分配方式

步进电动机每相绕组不是恒定地通电，而是脉冲式通电，是由专用电源供给电脉冲。步进电动机这种不同的轮流通电方式称为“分配方式”，每循环一次所包含的通电状态数称为

"状态数"或"拍数"。状态数(拍数)等于相数称为单拍制(如三相单三拍、三相双三拍、四相双四拍等),状态数(拍数)等于相数的两倍称为双拍制(如三相六拍、四相八拍等)。

2. 齿距角和步距角

步进电动机每输入一个脉冲信号转子转过的角度称为步距角,用符号 θ_b 表示。从上述分析可见,当电机为三相单三拍运行,即按 A—B—C—A—…顺序通电时,若开始是 A 相通电,转子齿轴线与 A 相磁极的齿轴线对齐,换接一次绕组,转子转过的角度为 1/3 齿距角,即步距角为 2.4°,转子需要走 3 步才能过一个齿距角,此时转子齿轴线又重新与 A 相磁极齿轴线对齐。当电机在三相六拍运行,即按 A—AB—B—BC—C—CA—A—…顺序通电时,那么换接一次绕组,转子转过的角度为 1/6 齿距角,转子需要走 6 步才能过一个齿距角,由于转子相邻两齿间的夹角,即齿距角为

$$\theta_t = \frac{360^\circ}{Z_R} \tag{6-1}$$

式中,Z_R 为转子的齿数。

转子每步转过的空间角度,即步距角为

$$\theta_b = \frac{\theta_t}{N} = \frac{360^\circ}{Z_R N} \tag{6-2}$$

式中,N 为转子转过一个齿距所需要的拍数,$N=km$,m 为电机的相数,k 为状态系数(单拍制时,$k=1$;双拍制时,$k=2$)。

由式(6-2)可见,要减少步距角 θ_b,可以通过增加拍数 N,即增加相数 m 和采用双拍制。但是相数越多,电源和电机的结构越复杂。另外,也可以通过增加步进电动机的转子齿数 Z_R,减小步距角 θ_b,提高控制系统精度。

3. 步进电动机的转速

反应式步进电动机可以按特定指令进行角度控制,也可以进行速度控制。角度控制时,每输入一个脉冲,定子绕组就换接一次,输出轴就转过一个角度,其步数与脉冲数一致,输出轴转动的角位移量与输入脉冲数成正比。速度控制时,送入步进电动机的是连续脉冲,各相绕组不断地轮流通电,步进电机连续运转,它的转速与脉冲频率成正比。由式(6-2)可见,每输入一个脉冲,转子转过的角度是整个圆周角的 $1/(Z_R N)$,也就是转过 $1/(Z_R N)$转,因此每分钟转子所转过的圆周数,即转速为

$$n = \frac{60f}{Z_R km} \tag{6-3}$$

式中,转速 n 的量纲为 r/min;f 为控制脉冲的频率,即每秒输入的脉冲数。

由式(6-3)可见,反应式步进电动机转速取决于脉冲频率、转子齿数和拍数,而与电压、负载、温度等因素无关。当转子齿数一定时,转子旋转速度与输入脉冲频率成正比,或者说其转速和脉冲频率同步。改变脉冲频率可以改变转速,故可进行无级调速,调速范围很宽。若改变通电顺序,即改变定子磁场旋转的方向,就可以控制电机正转或反转。所以,步进电动机是用电脉冲进行控制的电机。改变电脉冲输入的情况,就可方便地控制它,使它快速启动、反转、制动或改变转速。

步进电动机的转速还可用步距角来表示,将式(6-3)进行变换,可得

$$n = \frac{60f}{Z_R N} = \frac{60f \times 360^\circ}{360^\circ Z_R N} = \frac{f}{6^\circ \theta_b} \tag{6-4}$$

式中，n 的量纲为 r/min；θ_b 为用度数表示的步距角。

可见，当脉冲频率 f 一定时，步距角越小，电机转速越低，因而输出功率越小。所以从提高加工精度上要求，应选用小的步距角，但从提高输出功率上要求，步距角又不能取得太小。一般步距角应根据系统中应用的具体情况进行选取。

4. 步进电动机自锁能力

当控制电脉冲停止输入，而让最后一个脉冲控制的绕组继续通直流电时，电机可以保持在固定的位置上，即停在最后一个脉冲控制的用位移的终点位置上。这样，步进电动机可以实现停车时转子定位。

综上所述，由于步进电动机工作时的步数或转速既不受电压波动和负载变化的影响（在允许负载范围内），也不受环境条件（温度、压力、冲击、振动等）变化的影响，只与控制脉冲同步，同时它又能按照控制的要求，实现启动、停止、反转或改变转速。因此，步进电动机被广泛地应用于各种数字控制系统中。

6.3 反应式步进电动机的运行特性

反应式步进电动机的运行特性包括静态运行特性和动态运行特性。在实际工作时，步进电动机总处于动态情况下运行，静态运行特性则是分析步进电动机运行性能的基础。

6.3.1 静态运行特性

当控制脉冲不断送入，各相绕组按照一定顺序轮流通电时，步进电动机转子就一步步地转动。当控制脉冲停止时，如果某些相绕组仍通入恒定不变的电流（可称为直通电流），那么转子将固定于某一位置上保持不动，称为静止状态。静止状态时，即使有一个小的扰动，使转子偏离此位置，磁拉力也能把转子拉回来。对于多相步进电动机，定子控制绕组可以是一相通电，也可以是几相同时通电，下面分别进行讨论。

1. 单相通电

单相通电时定子该相极下的齿产生转矩，这些定子齿与转子齿的相对位置及所产生的转矩都是相同的，故可以用一对定子、转子齿的相对位置来表示转子位置，如图 6-11 所示，电机总的转矩等于各个定子齿所产生的转矩和。

1）初始稳定平衡位置

步进电动机在空载情况下，控制绕组中通以直流电时转子的最后稳定平衡位置，即定子、转子齿轴线重合的位置。理论上，此时电机的静转矩（电磁转矩）为零。

2）失调角

步进电动机转子偏离初始稳定平衡位置的电角度 θ_e。

3）矩角特性

指在不改变通电状态，即控制绕组电流不变时，步进电动机的静转矩与转子失调角的关系称为矩角特性，即 $T=f(\theta_e)$ 。

从磁的角度来看，转子齿数就是极对数。因为一个齿距内齿部的磁阻最小，而槽部的磁阻最大，磁阻变化一个周期，如同一对极，其对应的角度为 2π 电弧度或 360°电角度，如图 6-12 所示。这样电弧度表示的齿距角为 $\theta_{te}=2\pi$。

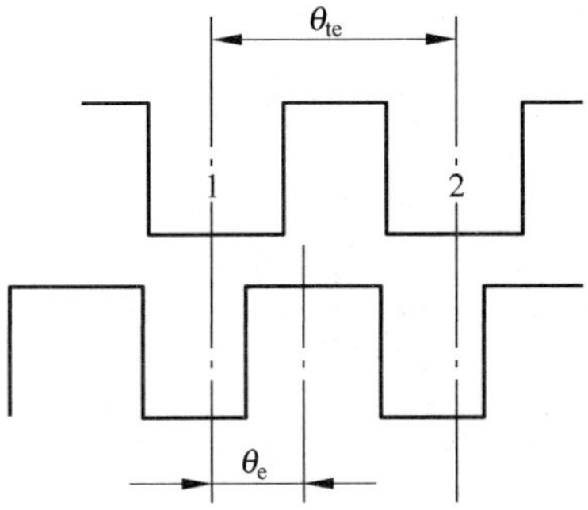

图 6-11　定子、转子齿相对位置图

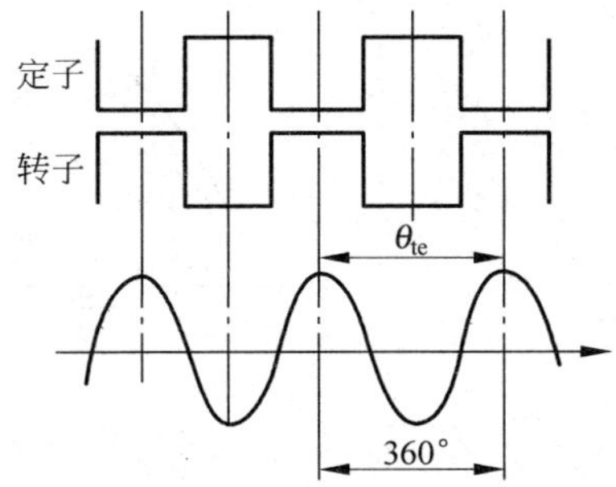

图 6-12　极下气隙磁导的变化规律

当失调角 $\theta_e=0$ 时，转子齿轴线和定子齿轴线重合，此时定子、转子齿之间虽有较大的吸力，但是吸力垂直于转轴，无切向分量，故电机产生的转矩为零，如图 6-13(a)所示。如果转子偏离这个位置，转过某一角度，定子、转子齿之间有了切向分量，因而形成圆周方向的转矩 T，该转矩称为静态转矩。随着失调角 θ_e顺时针方向增加，电机的转矩 T 增大，当 $\theta_e=\pi/2$，即 $\theta_{te}/4$ 时，转矩 T 达到最大，其方向是逆时针的，如图 6-13(b)所示，故取转矩为负值。当失调角 $\theta_e=\pi$，即 $\theta_{te}/2$ 时，转子的齿轴线对准定子槽轴线，此时，相邻两个转子齿都受到中间定子齿的拉力，对转子的作用是相互平衡的，如图 6-13(c)所示，故转矩为零。

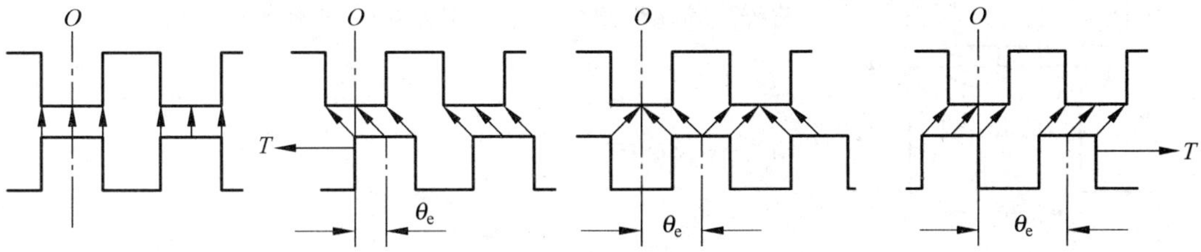

(a) $\theta_e=0$　(b) $\theta_e=\pi/2$　(c) $\theta_e=\pi$　(d) $\theta_e>\pi$

图 6-13　电磁转矩与转子位置的关系

当失调角大于 π 时，转子转到下一个定子齿下，受到下一个定子齿的作用，转矩的方向使转子齿与该定子齿对齐，即顺时针方向，如图 6-13(d)所示。当 $\theta_e=2\pi$ 时，转子齿与下一个定子齿对齐，转矩为零。失调角增加，转矩又重复上述情况作周期性变化。当失调角相对于协调位置以相反的方向偏移，即失调角为负值时，$-\pi<\theta_e<\pi$ 范围内转矩的方向为顺时针，故取正值，转矩值的变化情况与上述相同。

步进电动机产生的静态转矩 T 随失调角 θ_e变化规律近似正弦曲线，如图 6-14 所示，故矩角特性的表达式为

$$T=-T_{jmax}\sin\theta_e \tag{6-5}$$

式中，T_{jmax} 为 $\theta_e=\pi/2$ 时产生的电磁转矩。

由图 6-14 可知，如果有外力干扰使转子偏离初始平衡位置，只要偏离的角度在 $-\pi\sim\pi$ 之间，一旦干扰消失，转子在电磁转矩作用下将恢复到 $\theta_e=0$ 这一位置，因此 $\theta_e=0$ 是理想的稳定平衡点。

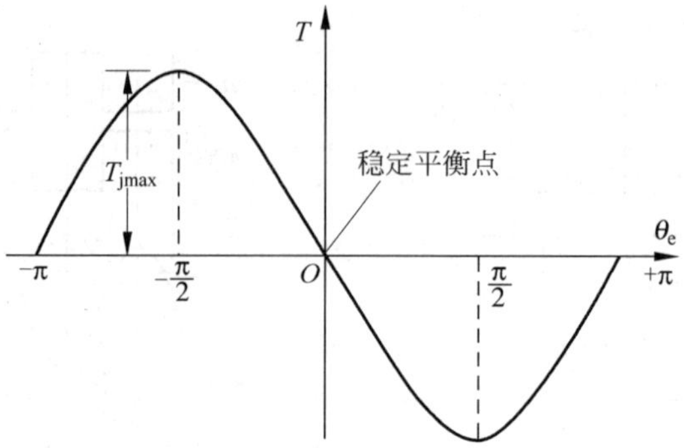

图 6-14 步进电动机的矩角特性

4) 最大静转矩

矩角特性上静转矩绝对值的最大值称为最大静转矩。由式(6-5)可见,单相控制绕组通电时,在 $\theta_e=\pm\pi/2$ 时的最大静态转矩为 T_{jmax}。步进电动机的矩角特性上的最大值 T_{jmax} 表示了步进电动机承受负载的能力,与步进电动机很多特性的优劣有直接关系,因此是步进电动机最主要的性能指标之一。下面根据机电能量转换原理推导静态转矩的数学表达式。

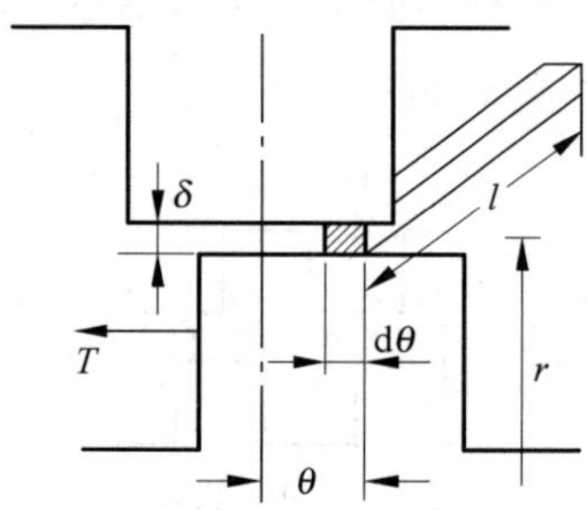

图 6-15 能量转换法求转矩

设定子每相每极控制绕组匝数为 W,通入电流为 I,转子在某一位置(θ 处)转动了 $\Delta\theta$ 角,如图 6-15 所示,气隙中的磁场能量变化为 ΔW_m,则电机的静态转矩为

$$T=\frac{\Delta W_m}{\Delta\theta} \tag{6-6}$$

用导数表示为

$$T=\frac{dW_m}{d\theta} \tag{6-7}$$

式中,W_m为电机的气隙磁场能量。当转子处于不同位置时,W_m具有不同数值,故 W_m 是转子位置角 θ 的函数。气隙磁能为

$$W_m=2\int_V \omega dV \tag{6-8}$$

式中,$\omega=HB/2$ 为单位体积的气隙磁能,V 为一个极面下定子、转子间气隙的体积。

由图 6-15 可见,当定子、转子轴向长度为 l,气隙长度为 δ,气隙平均半径为 r 时,与角度 $d\theta$ 相对应的体积增量为 $dV=l\delta r d\theta$,故式(6-8)可表示为

$$W_m=\int_V HBl\delta r d\theta \tag{6-9}$$

因为每极下的气隙磁势 $F_\delta=H\delta$,再考虑到通过 $d\theta$ 所包围的气隙面积的磁通 $d\Phi=Bds=Blrd\theta$,所以

$$W_m=\int_V F_\delta d\Phi \tag{6-10}$$

由欧姆定律

$$d\Phi=F_\delta d\Lambda \tag{6-11}$$

式中,Λ 为一个极面下的气隙磁导,则

$$W_m = \int_V F_\delta^2 \mathrm{d}\Lambda \tag{6-12}$$

将式(6-12)代入式(6-7)，可得静态转矩

$$T = \frac{\mathrm{d}W_m}{\mathrm{d}\theta} = F_\delta^2 \frac{\mathrm{d}\Lambda}{\mathrm{d}\theta} \tag{6-13}$$

考虑到下列关系式：

$$\theta = \frac{\theta_e}{Z_R}; \quad F_\delta \approx IW; \quad \Lambda = Z_S lG \tag{6-14}$$

式中，Z_S 为定子每极下的齿数；G 为气隙比磁导，即单位轴向长度、一个齿距下的气隙磁导。

将式(6-14)代入式(6-13)得静态转矩

$$T = (IW)^2 Z_S Z_R l \frac{\mathrm{d}G}{\mathrm{d}\theta_e} \tag{6-15}$$

式中，气隙比磁导与转子齿相对于定子齿的位置有关，如转子齿与定子齿对齐时，比磁导最大；转子齿与定子槽对齐时，比磁导最小；其他位置时介于两者之间。故可认为气隙比磁导是转子位置角 θ_e 的函数，即 $G=G(\theta_e)$。通常可将气隙比磁导用富氏级数来表示：

$$G = G_0 + \sum_{n=1}^{\infty} G_n \cos n\theta_e \tag{6-16}$$

式中，G_0、G_1、G_2、…都与齿形、齿的几何尺寸及磁路饱和度相关，可从有关资料中查得。若略去气隙比磁导中的高次谐波，可得静态转矩为

$$T = -(IW)^2 Z_S Z_R lG_1 \sin\theta_e \tag{6-17}$$

当失调角 $\theta_e=\pi/2$ 时，静态转矩为最大，即

$$T = T_{jmax} = (IW)^2 Z_S Z_R lG_1 \tag{6-18}$$

由式(6-18)可见，最大静态转矩 T_{jmax} 与磁路结构、控制绕组的匝数和通入电流的大小等因素相关。当电机铁芯处于不饱和状态时，最大静态转矩 T_{jmax} 与控制绕组内电流 I 的平方成正比；当铁芯处于饱和状态时，最大静态转矩 T_{jmax} 趋于平稳，与控制绕组内电流 I 的大小关系不是很大，如图 6-16 所示。

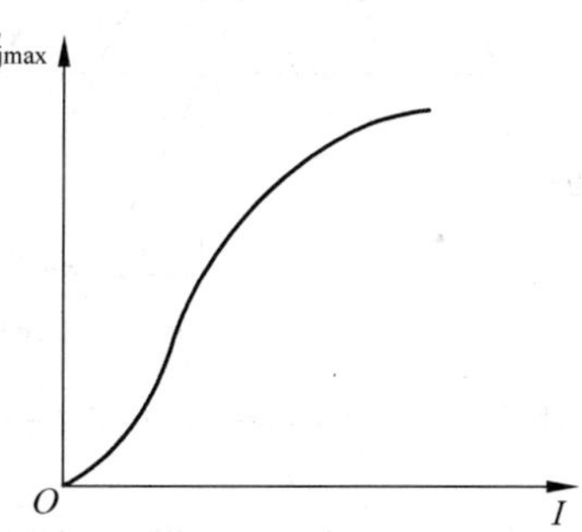

图 6-16　最大静态转矩与控制电流的关系

2. 多相通电时

一般来说，多相通电时的矩角特性和最大静态转矩 T_{jmax} 与单相通电时不同。按照叠加原理，多相通电时的矩角特性近似地可以由每相各自通电时的矩角特性叠加起来。

以三相步进电动机为例，三相步进电动机可以单相通电，也可以两相同时通电，下面推导三相步进电动机两相通电时(如 A、B 两相)的矩角特性。

若转子失调角 θ_e 指 A 相定子齿轴线与转子齿轴线之间的夹角，那么 A 相通电时的矩角特性是一条通过 0 点的正弦曲线(假定矩角特性可近似地看作正弦形)，可以用下式表示：

$$T_A = -T_{jmax}\sin\theta_e \tag{6-19}$$

当 B 相也通电时，由于 $\theta_e=0$ 时的 B 相定子齿轴线与转子齿轴线相夹一个单拍制的步距角，这个步矩角以电角度表示为 θ_{be}，其值为 $\theta_{be}=\theta_{te}/3=120°$ 电角度或 $2\pi/3$ 电弧度，如

图 6-17 所示。所以 B 相通电时的矩角特性可表示为

$$T_B = -T_{jmax}\sin(\theta_e - 120^\circ) \tag{6-20}$$

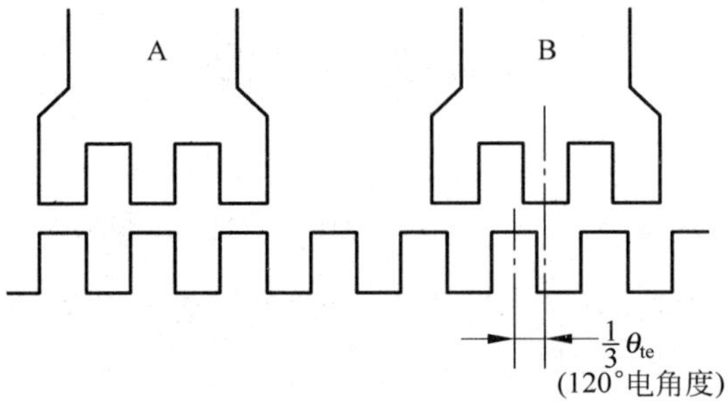

图 6-17 A 相和 B 相定子齿相对转子齿的位置

这是一条与 A 相矩角特性相距 120°的正弦曲线。当 A、B 两相同时通电时合成矩角持性应为两者相加,即

$$T_{AB} = T_A + T_B = -T_{jmax}\sin\theta_e - T_{jmax}\sin(\theta_e - 120^\circ) = -T_{jmax}\sin(\theta_e - 60^\circ) \tag{6-21}$$

可见它是一条幅值不变,相移 60°的正弦曲线。A 相、B 相及 A、B 两相同时通电的矩角特性如图 6-18 所示。除了用波形图表示多相通电时矩角特性外,还可用向量图来表示,如图 6-19 所示。

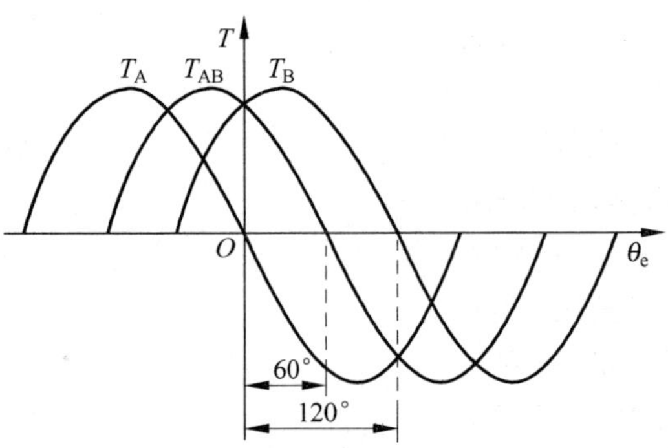

图 6-18 三相步进电动机单相、两相通电时的矩角特性

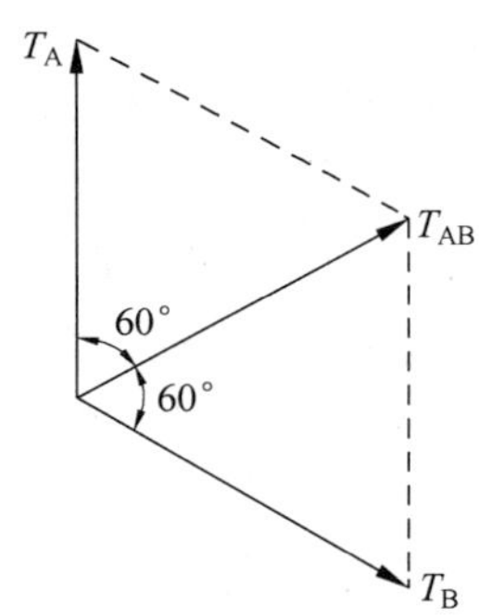

图 6-19 三相步进电动机转矩向量图

从上面对三相步进电动机两相通电时矩角特性的分析可见,两相通电时的最大静态转矩值与单相通电时的最大静态转矩值相等。即对三相步进电机来说,不能依靠增加通电相数来提高转矩,这是三相步进电机一个很大的缺点。如果不用三相,而用更多相时,多相通电可以达到提高转矩的效果。下面以五相电机为例进行分析。

与三相步进电机分析方法一样,也可作出五相步进电机的单相、两相、三相通电时矩角特性的波形图和向量图,如图 6-20 和图 6-21 所示。由图可见,两相和三相通电时矩角特性相对 A 相矩角特性分别移动了 $2\pi/10$ 及 $2\pi/5$,静态转矩最大值两者相等,而且都比单相通电时大。因此,五相步进电动机采用两相——三相运行方式(如 AB—ABC—BC—…)不但转矩加大,而且矩角特性形状相同,这对步进电动机运行的稳定性是非常有利的,在使用时应优先考虑这样的运行方式。

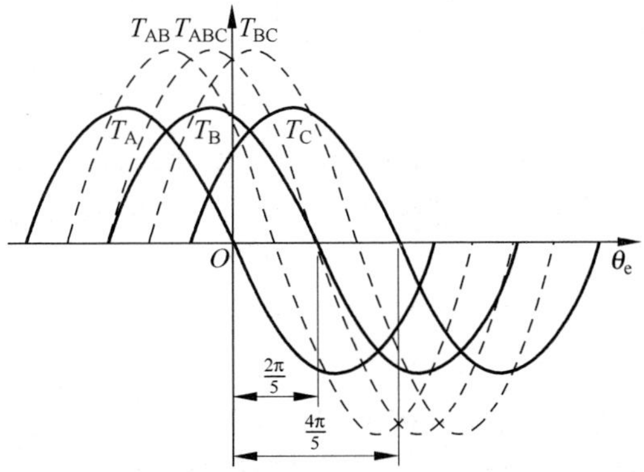

图 6-20　五相步进电动机单相、两相、三相通电时的矩角特性

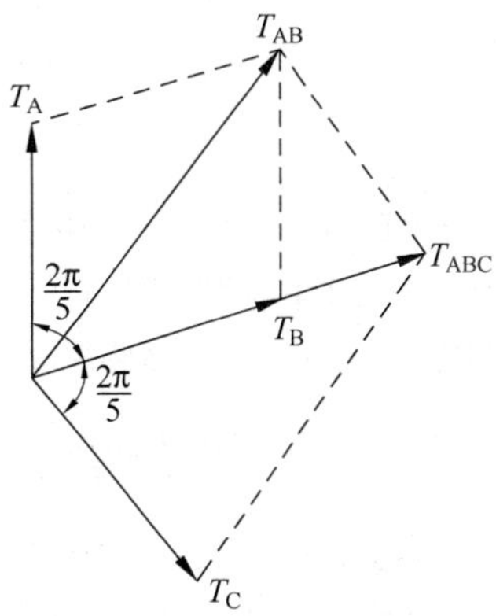

图 6-21　五相步进电动机转矩向量图

下面给出 m 相电机，n 相同时通电时矩角特性的一般表达式：

$$
\begin{aligned}
T_1 &= -T_{jmax}\sin\theta_e \\
T_2 &= -T_{jmax}\sin(\theta_e-\theta_{be}) \\
&\vdots \\
T_n &= -T_{jmax}\sin[\theta_e-(n-1)\theta_{be}]
\end{aligned}
\tag{6-22}
$$

所以 n 相同时通电时转矩为

$$
\begin{aligned}
T_{1\sim n} &= T_1+T_2+\cdots+T_n \\
&= -T_{jmax}\{\sin\theta_e+\sin(\theta_e-\theta_{be})+\cdots+\sin[\theta_e-(n-1)\theta_{eb}]\} \\
&= -T_{jmax}\frac{\sin\dfrac{n\theta_{be}}{2}}{\sin\dfrac{\theta_{be}}{2}}\sin\left[\theta_e-\frac{n-1}{2}\theta_{be}\right]
\end{aligned}
\tag{6-23}
$$

式中，θ_{be} 为单拍制分配方式时的步距角。

因为 $\theta_{be}=2\pi/m$，所以

$$
T_{1\sim n}=-T_{jmax}\frac{\sin\dfrac{n\pi}{m}}{\sin\dfrac{\pi}{m}}\sin\left[\theta_e-\frac{n-1}{m}\pi\right]
\tag{6-24}
$$

因此 m 相电机 n 相同时通电时静态转矩最大值与单相通电时静态转矩最大值之比为

$$
\frac{T_{jmax(1\sim n)}}{T_{jmax}}=\frac{\sin\dfrac{n\pi}{m}}{\sin\dfrac{\pi}{m}}
\tag{6-25}
$$

例如，五相电动机两相通电时静态转矩最大值为

$$
T_{jmax(AB)}=\frac{\sin\dfrac{2\pi}{5}}{\sin\dfrac{\pi}{5}}T_{jmax}=1.62T_{jmax}
\tag{6-26}
$$

三相通电时静态转矩最大值为

$$T_{\mathrm{jmax(ABC)}} = \frac{\sin \frac{3\pi}{5}}{\sin \frac{\pi}{5}} T_{\mathrm{jmax}} = 1.62 T_{\mathrm{jmax}} \tag{6-27}$$

一般而言,除了三相电动机外,多相电动机的多相通电都能提高输出转矩,故一般功率较大的步进电动机(称为功率步进电动机)都采用大于三相的步进电机,并选择多相通电的控制方式以提高最大转矩。

6.3.2 动态运行特性

步进电动机运行的基本特点就是脉冲电压按一定的分配方式加到各控制绕组上,产生电磁过程的跃变,形成电磁转矩带动转子作步进式转动。由于外加脉冲的变化范围很广,脉冲频率不同,步进电动机的运行性能也不同。在分析动态特性时,常常按频率高低划分为三个区段,一段是脉冲频率极低的步进运行;另一段是高频率脉冲的连续运行;第三段是介于上述两段脉冲频率之间的运行。

1. 步进运行状态时的动态特性

若控制绕组通电脉冲的间隔时间大于步进电动机机电过渡过程所需的时间,这时电动机为步进运行状态。

1)动稳定区和稳定裕度

动稳定区是指步进电动机从一种通电状态切换到另一种通电状态,不致引起失步的区域。

当步进电动机处于矩角特性曲线"n"所对应的稳定状态时,输入一个脉冲,使其控制绕组改变通电状态,矩角特性向前跃移一个步距角 θ_{be},如图 6-22 所示的曲线"$n+1$",稳定平衡点也由 0 变为 O_1 相对应的静稳定区为$(-\pi+\theta_{\mathrm{be}})<\theta_{\mathrm{e}}<(\pi+\theta_{\mathrm{be}})$。在改变通电状态时,只有当转子起始位置在此区间,才能使它向 O_1 点运动,达到该稳定平衡位置。因此把区域$(-\pi+\theta_{\mathrm{be}})<\theta_{\mathrm{e}}<(\pi+\theta_{\mathrm{be}})$称为动稳定区。显然,步距角 θ_{be}越小,动稳定区越接近静稳定区。

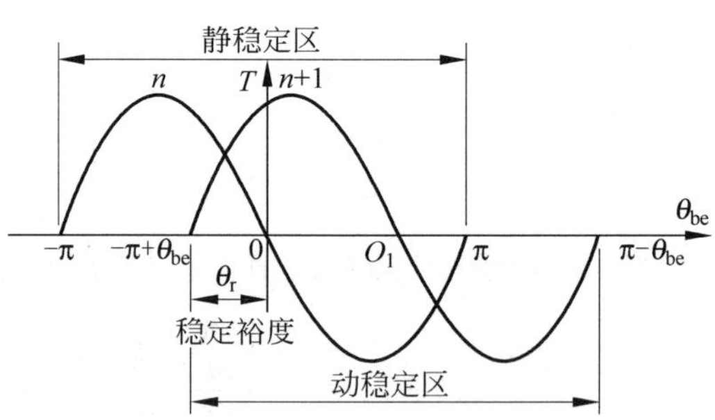

图 6-22 动稳定区和稳定裕度

把矩角特性曲线"n"的稳定平衡点 0 离开曲线"$n+1$"的不稳定平衡点$(-\pi+\theta_{\mathrm{be}})$的距离,称为"稳定裕度"。稳定裕度为

$$\theta_{\mathrm{r}} = \pi - \theta_{\mathrm{be}} = \pi - \frac{2\pi}{m} = \frac{\pi}{m}(m-2) \tag{6-28}$$

式中,θ_{be}为单拍制运行时的步距角。

由式(6-26)可知,反应式步进电动机的相数必须大于 2。所以,一般反应式步进电动机的最小相数为 3，并且相数越多，步距角越小，稳定裕度越大，运行的稳定性越好。

2）最大负载能力(启动转矩)

步进电动机在步进运行时所能带动的最大负载可由相邻两条矩角特性交点所对应的电磁转矩 T_{st}来确定。

由图 6-23 可见，当电动机所带负载转矩 $T_L < T_{st}$时，在 A 相通电时转子处在失调角为 θ'_{ea}的平衡点 a 上，当控制脉冲由 A 相通电切换到 B 相通电瞬间，矩角特性跃变为曲线 T_B，对应于角度 θ'_{ea}的电磁转矩 $T_b > T_L$，于是在($T_{b'} - T_L$)作用下沿曲线 T_B向前走过一步到达新的平衡位置 b，这样每切换一次脉冲，转子便转一个步距角。但是如果负载转矩 $T'_L > T_{st}$，即开始时转子处于失调角为 θ''_{ea}的 a″点，当绕组切换后，对应角 θ''_{ea}的电磁转矩小于负载转矩，电动机就不能作步进运动。所以各相矩角特性的交点(也就是全部矩角特性包络线的最小值对应点)所对应的转矩 T_{st}，乃是电动机作单步运动所能带动的极限负载，即负载能力，也称为启动转矩。实际电动机所带的负载 T_L必须小于启动转矩才能运动，即 $T_L < T_{st}$。

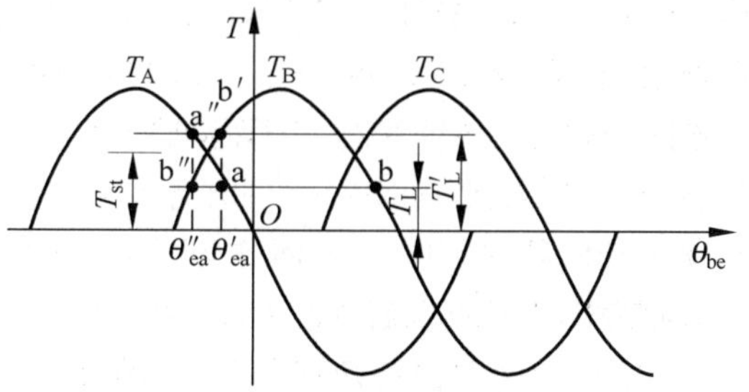

图 6-23　最大负载能力的确定

如果采用不同的运动方式，那么步距角就不同，矩角特性的幅值也不同，因而矩角特性的交点位置以及与此位置所对应的启动转矩值也随之不同。

若矩角特性曲线为幅值相同的正弦波形时，可得出

$$T_{st} = T_{sm} \sin \frac{\pi - \theta_{be}}{2} = \cos \frac{\theta_{be}}{2} = \cos \frac{\pi}{N} \tag{6-29}$$

由式(6-27)可知，拍数 $N \geqslant 3$ 时，启动转矩 T_{st}才不为零；电动机拍数愈多，启动转矩愈接近 T_{sm}值。此外，矩角特性曲线的波形对电动机带动负载的能力也有较大的影响，其波形是平顶波形时，T_{st}值接近于 T_{sm}值，电动机带负载的能力就较大。因此，步进电动机理想的矩角特性应是矩形波。

T_{st}是步进电动机能带动的负载转矩极限值。在实际运行时，电动机具有一定的转速，由于受脉冲电流的影响，最大负载转矩值比 T_{st}还将有所减小，因此实际应用时应留有相当余量才能保证可靠地运行。

3）转子的自由振荡过程

步进电动机在步进运行状态，即通电脉冲的间隔时间大于其机电过渡过程所需的时间时，其转子是经过一个振荡过程后才稳定在平衡位置的，如图 6-24 所示。

如果开始时 A 相通电，转子处于失调角 $\theta_e = 0$ 的位置。当绕组换接使 B 相通电时，B 相定子齿轴线与转子齿轴线错开 θ_{be}角，矩角特性向前移动了一个步距角 θ_{be}，转子在电磁转矩作用下由 a 点向新的初始平衡位置 $\theta_e = \theta_{be}$的 b 点(即 B 相定子齿轴线和转子齿轴线重合)的

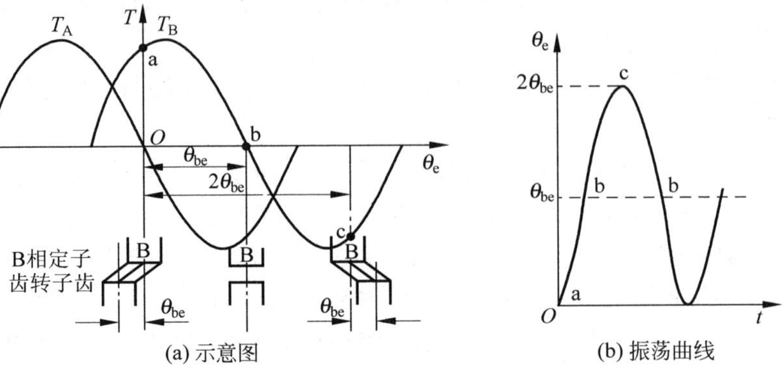

(a) 示意图 (b) 振荡曲线

图 6-24 无阻尼时转子的自由振荡

位置作步进运动。到达 b 点位置时,转矩就为零,但转速不为零。由于惯性作用,转子会越过平衡位置继续运动。当 $\theta_e > \theta_{be}$ 时电磁转矩为负值,因而电动机减速,失调角 θ_e 越大,负的转矩越大,电动机减速得越快,直到速度为零的 c 点。如果电动机没有受到阻尼作用,c 点所对应的失调角为 $2\theta_{be}$,这时 B 相定子齿轴线与转子齿轴线反方向错开 θ_{be} 角。以后电动机在负转矩作用下向反方向转动,又越过平衡位置回到开始出发点 a 点。这样绕组每换接一次,如果无阻尼作用,电动机就环绕新的位置来回作不衰减的振荡,此称为自由振荡,如图 6-24(b)所示。其振荡幅值为步距角 θ_{be},若振荡角频率用 ω_0' 表示,相应的振荡频率和周期为 $f_0' = \omega_0'/2\pi$,$T_0' = 1/f_0' = 2\pi/\omega_0'$,自由振荡角频率 ω_0' 与振荡的幅值有关,当拍数很多时,步距角很小,振荡的振幅就很小。也就是说,转子在平衡位置附近作微小的振荡,这时振荡的角频率称又固有振荡角频率,用 ω_0 表示。理论上可以证明固有振荡角频率为

$$\omega_0 = \sqrt{T_{sm} Z_R / J} \tag{6-30}$$

式中,J 为转子转动惯量。

固有振荡角频率 ω_0 是步进电动机的一个很重要的参数。随着拍数减少,步距角增大,自由振荡的振幅也增大,自由振荡频率就降低。ω_0'/ω_0 与振荡幅值(即步距角)的关系如图 6-25 所示。

实际上转子不可能作无阻尼的自由振荡,由于轴上的摩擦、风阻及内部电阻尼等的存在,单步运动时转子环绕平衡位置的振荡过程总是衰减的,如图 6-26 所示。阻尼作用越大,衰减得越快,最后仍稳定于平衡位置附近。

必须指出,单步运行时所产生的振荡现象对步进电动机的运行是很不利的,它影响了系统的精度,带来了振动及噪声,严重时甚至使转子丢步。为了使转子振荡衰减得快,在步进电动机中往往专门设置特殊的阻尼器。

2. 连续运行状态时的动态特性

当步进电动机在输入脉冲频率较高,其周期比转子振荡过渡过程时间还短时,转子作连续的旋转运动,这种运行状态称作连续运行状态。

1) 动态转矩

在分析静态矩角特性时得最大静转矩 $T_{sm} = (NI)^2 Z_S Z_R l\lambda \propto I^2$,在分析步进运行时又得到最大负载能力 $T_{st} = T_{sm} \cos \frac{\pi}{N} \propto T_{sm} \propto I^2$。

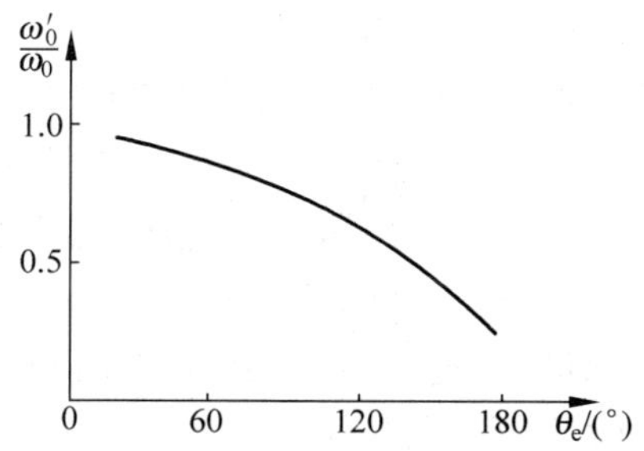

图 6-25 ω_0'/ω_0与振荡幅值的关系

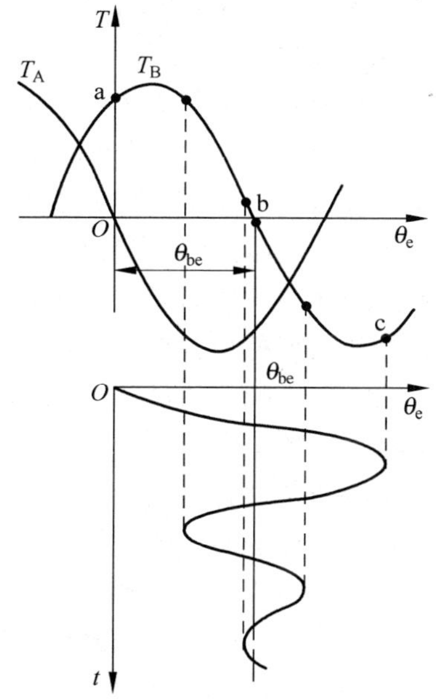

图 6-26 有阻尼时转子的衰减振荡

当控制脉冲频率达到一定数值之后，频率再升高，步进电动机的负载能力使下降，其主要是受定子绕组电感的影响。绕组电感有延缓电流变化的特性，使电流的波形由低频时的近似矩形波变为高频时的近似三角波，其幅值和平均值都较小，使动态转矩大大下降，负载能力降低。

此外，由于控制脉冲频率升高，步进电动机铁芯中的涡流迅速增加，其热损耗和阻转矩使输出功率和动态转矩下降。

2）运行矩频特性

由以上分析得知，当控制脉冲频率达到一定数值之后，再增加频率，由于电感的作用使动态转矩减小，涡流作用使动态转矩又进一步减小。可见，动态转矩是电源脉冲频率的函数，把这种函数关系称为步进电动机运行时的转矩—频率特性，简称为运行矩频特性，如图 6-27 所示，为一条下降的曲线。

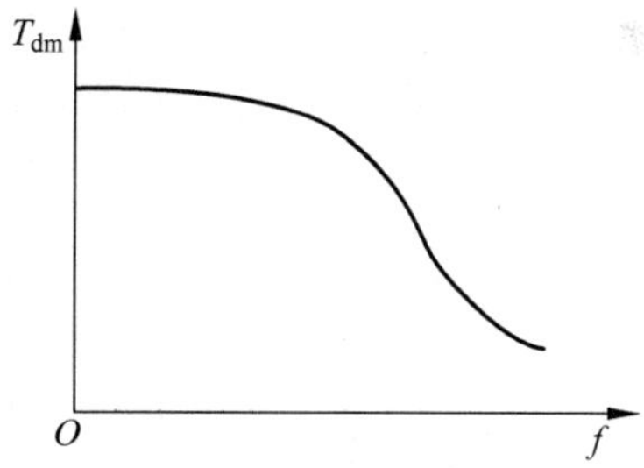

图 6-27 运行矩频特性

矩频特性表明，在一定控制脉冲频率范围内，随频率升高，功率和转速都相应地提高，超出该范围，则随频率升高而使转矩下降，步进电动机带负载的能力也逐渐下降，到某一频率以后，就带不动任何负载，而且只要受到一个很小的扰动，就会振荡、失步以致停转。

总之，控制脉冲频率的升高是获得步进电动机连续稳定运行和高效率所必需的条件，然而还必须同时注意到运行矩频特性的基本规律和所带负载状态。

3）最高连续运行频率

当控制电源的脉冲频率连续提高时，在一定性质和大小的负载下，步进电动机能正常连续运行时（不丢步、不失步）所能加到的最高频率称为最高连续运行频率或最高跟踪频率，这一参数对某些系统有很重要的意义。例如,在数控机床中,在退刀、对刀及变换加工程序时,要求刀架能迅速移动以提高加工效率,这一工作速度可由高的连续运行频率指标来保证。最高连续运行频率与负载的大小相关,一般分空载运行频率 f_{ru0} 和额定负载运行频率 f_{ruN},而 $f_{ru0}>f_{ruN}$。例如,反应式步进电动机 70BF03,其空载运行频率 $f_{ru0}=16\,000\text{Hz}$,负载运行频率 $f_{ruN}=4000\text{Hz}$。最高连续运行频率是步进电动机的重要技术指标。

4）低频共振和低频丢步现象

随着控制脉冲频率的增加,脉冲周期缩短,因而有可能会出现在一个周期内转子振荡还未衰减完时下一个脉冲就来到的情况,这就是说,下一个脉冲到来时(前一步终了时)转子位置处在什么地方与脉冲的频率有关。如图 6-28 所示,当脉冲周期为 $T'(T'=1/f')$ 时,转子离开平衡位置的角度为 θ'_{e0},而周期为 $T''(T''=1/f'')$ 时,转子离开平衡位置的角度为 θ''_{e0}。

值得注意的是,当控制脉冲频率等于或接近于步进电动机振荡频率的 $1/K$ 倍时($K=1,2,3,\cdots$),电动机就会出现强烈振荡甚至失步,以至于无法工作,这就是低频共振和低频丢步现象。下面以三相步进电动机为例来说明低频丢步现象。

低频丢步的物理过程如图 6-29 所示。假定开始时转子处于 A 相矩角特性曲线的平衡位置 a_0 点,当第一个脉冲到来时,B 相绕组通电,矩角特性向前跃动一个步距角 θ_{be},转子便沿特性曲线 T_B 向新的平衡位置 b_0 点移动。由于转子的运动过程是一个衰减的振荡过程,达到 b_0 点后会在 b_0 点附近作若干次振荡。其振荡频率接近于单步运动时的振荡角频率 ω'_0,即周期 $T'_0=2\pi/\omega'_0$。若控制脉冲的角频率也为 ω'_0,则第二个脉冲到来正好在转子回摆到接近负的最大值时,如图 6-29 中对应于曲线 T_B 上的 R 点。这时脉冲已换接到 C 相,特性又向前移动了一个步距角 θ_{be} 成曲线 T_C。如果转子对应于 R 点的位置是处在对于 b_0 点的动稳定区之外,即 R 点的失调角 $\theta_{eR}<(-\pi+\theta_{be})$,那么当 C 相绕组一相通电时,转于受到的电磁转矩为负值,即转矩方向不是使转子由 R 点位置向 c_0 点位置运动,而是向 c'_0 点位置移动。接着第三个脉冲到来,转子又由 c'_0 点返回 a_0 点。这样转子经过三个脉冲仍然回到原来位置 a_0 点,也就是丢了三步,这就是低频丢步的物理过程。一般情况下,一次丢步的步数是运行拍数 N 的整数倍,丢步严重时转子停留在一个位置上或围绕一个位置振荡。

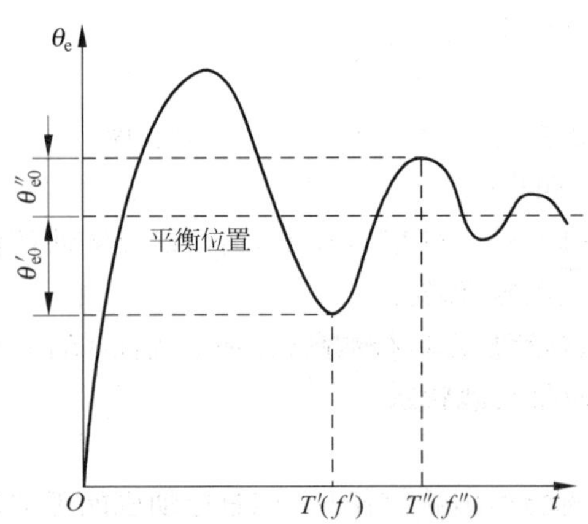

图 6-28 不同脉冲周期的转子位置

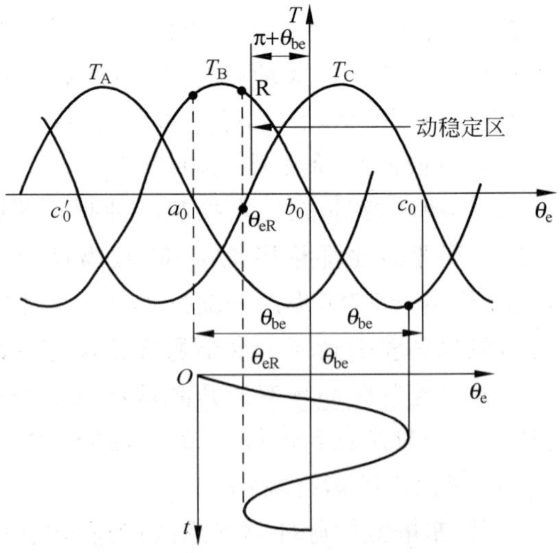

图 6-29 步进电动机的低频丢步

如果阻尼作用比较强，那么电动机振荡衰减得比较快，转子振荡回摆的幅值比较小，转子对应于R点的位置如果处在动稳定区之内，电磁转矩就是正的，电动机就不会失步。另外，拍数越多，步距角θ_{be}越小，动稳定区越接近静稳定区，这样也可以消除低频失步。

当控制脉冲频率等于转子振荡频率的$1/K$倍时，如果阻尼作用不强，即使电动机不发生低频失步，也会产生强烈振动，这就是步进电动机的低频共振现象。图6-30表示转子振荡两次而在第二次回摆时下一个脉冲到来的转子运动规律，可见转子具有明显的振荡特性。共振时，电动机就会出现强烈振动，甚至失步而无法工作，所以一般不允许电动机在共振频率下运行。但是如果采用较多拍数，再加上一定的阻尼和干摩擦负载，电动机振动的振幅可以减小，并能稳定运行。为了减少低频共振现象，很多电动机专门设置阻尼器，靠阻尼器来消耗振动的能量，限制振幅。

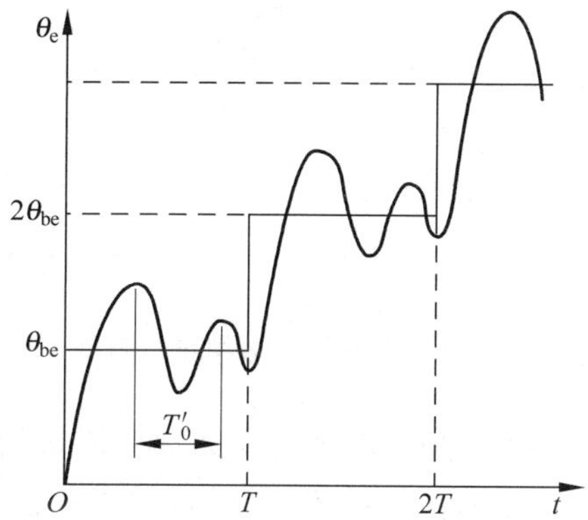

图6-30 低频共振时的转子运动规律

5）高频振荡

反应式步进电动机在脉冲电压的频率相当高的情况下，有时也会出现明显的振荡现象。因为此时控制绕组内电流产生振荡，相应地使转子转动不均匀，以致失步。但脉冲频率如快速越过这一频段达到更高值时，电动机仍能继续稳定运行，这一现象称为高频振荡。

由于步进电动机定子、转子上存在齿槽，在转子的旋转过程中便在控制绕组中感应一个交变电动势和交流电流，从而产生了一个对转子运动起制动作用的电磁转矩。该内阻尼转矩将随着转速的上升而下降，即具有负阻尼性质，因而使转子的运动有产生自发振荡的性质。在严重的情况下，电动机会失步甚至停转。

步进电动机铁芯表面的附加损耗和转子对空气的摩擦损耗等形成阻尼转矩，它随着转速的升高而增大，若与电磁阻尼转矩配合恰当，电动机总的内阻尼转矩特性可能不出现负阻尼区，高频振荡现象也就不会出现。

3. 步进电动机的启动特性

步进电动机的启动过程与一般电动机不同。一般电动机常用堵转电流和堵转转矩来描述其启动特性，而步进电动机的启动与不失步联系在一起，因此，其启动特性要用其矩频特性、惯频特性和启动频率等特性和性能指标来描述。

1）启动矩频特性

在给定驱动电源的条件下，负载转动惯量一定时，启动频率f_{st}与负载转矩T_L的关系$f_{st}=f(T_L)$，称作启动矩频特性，如图6-31所示。

当电动机带着一定的负载转矩启动时，作用在电动机转子上的加速转矩为电磁转矩与负载转矩之差。负载转矩越大，加速转矩就越小，电动机就越不易启动，只有当每步有较长的加速时间（即较低的脉冲频率）时电动机才可能启动。所以随着负载的增加，启动频率下降。启动频率f_{st}随负载转矩T_L增大呈下降曲线。

2）启动惯频特性

在给定驱动电源的条件下，负载转矩没变时，启动频率f_{st}与负载转动惯量J的关系

$f_{st}=f(J)$，称为启动惯频特性，如图 6-32 所示。

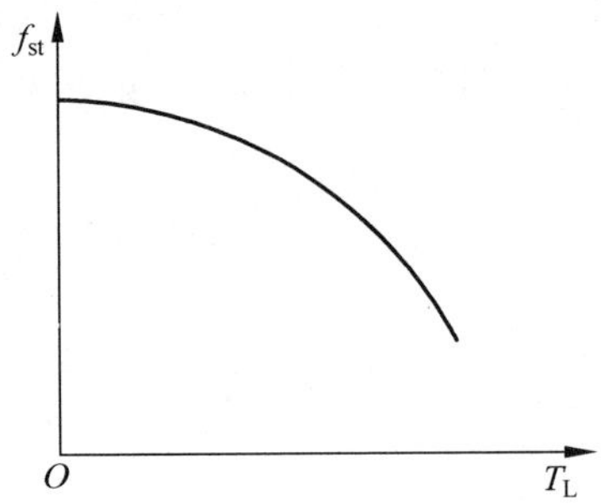

图 6-31　启动矩频特性

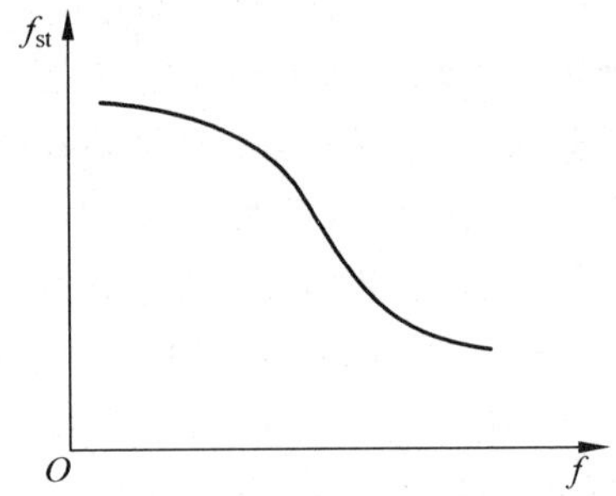

图 6-32　启动惯频特性

另外，随着电动机转动部分惯量的增大，在一定的脉冲周期内转子加速过程将变慢，因而难于趋向平衡位置。而要电动机启动，也需要较长的脉冲周期使电动机加速，即要求降低脉冲频率。所以随着电动机轴上转动惯量的增加，启动频率也是下降的。启动频率 f_{st} 随转动惯量 J 增大呈下降曲线。

3）启动频率

电动机正常启动时（不丢步、不失步）所能加的最高控制频率称为启动频率或突跳频率，这也是衡量步进电动机快速性能的重要技术指标。启动频率要比连续运行频率低得多，这是因为电动机刚启动时转速等于零，在启动过程中，电磁转矩除了克服负载转矩外，还要克服转动部分的惯性矩 $J\mathrm{d}^2\theta/\mathrm{d}t^2$（$J$ 是电动机和负载的总惯量），所以启动时电动机的负担比连续运转时更重。而连续稳定运行时，加速度 $\mathrm{d}^2\theta/\mathrm{d}t^2$ 很小，惯性转矩可忽略。

启动频率的大小与负载大小有关，因而指标分空载启动频率 f_{st0} 和负载启动频率 f_{stL}，且 f_{stL} 比 f_{st0} 低很多。例如，前例中的 70BED3 型步进电动机，空载启动频率 $f_{st0}=2000\mathrm{Hz}$，0.1176N·M 的负载下启动频率 $f_{stL}=1000\mathrm{Hz}$。

若要提高启动频率，主要应从下面几个方面考虑：增大电动机的动态转矩；减小转动部分的转动惯量；增加拍数，减小步距角，从而使矩角特性跃变角变小，减慢特性移动速度。

6.3.3 主要性能指标

1. 最大静转矩 T_{jmax}

最大静转矩 T_{jmax} 是指在规定的通电相数下矩角特性上的转矩最大值。通常在技术数据中所规定的最大静转矩是指一相绕组通上额定电流时的最大转矩值。

按最大静转矩的大小可把步进电动机分为伺服步进电动机和功率步进电动机。伺服步进电动机的输出转矩较小，有时需要经过液压力矩放大器或伺服功率放大系统放大后再去带动负载。而功率步进电动机最大静转矩一般大于 4.9N·M，它不需要力矩放大装置就能直接带动负载，从而大大简化了系统，提高了传动的精度。

2. 步距角 θ_b

步距角是指输入一个电脉冲转子转过的角度。步距角的大小直接影响步进电动机的启动频率和运行频率。相同尺寸的步进电动机，步距角小的启动，运行频率较高，但转速和输出功率不一定高。

3. 静态步距角误差 $\Delta\theta_b$

静态步距角误差 $\Delta\theta_b$ 是指实际步距角与理论步距角之间的差值，常用理论步距角的百分数或绝对值来表示。通常在空载情况下测定，$\Delta\theta_b$ 小意味着步进电动机的精度高。

4. 启动频率 f_{st} 和启动频率特性

启动频率 f_{st} 是指步进电动机能够不失步启动的最高脉冲频率。技术数据中给出空载和负载启动频率。实际使用时，大多是在负载情况下启动，所以又给出启动的矩频特性，以便确定负载启动频率。启动频率是一项重要的性能指标。

5. 运行频率 f_{ru} 和运行矩频特性

运行频率 f_{ru} 是指步进电动机启动后，控制脉冲频率连续上升而不失步的最高频率。通常在技术数据中也给出空载和负载运行频率，运行频率的高低与负载转矩的大小有关，所以又给出了运行矩频特性。

提高运行频率对于提高生产率和系统的快速性具有很大的实际意义。由于运行频率比启动频率高得多，所以在使用时，通常采用能自动升、降频控制线路，先在低频（不大于启动频率）下进行启动，然后再逐渐升频到工作频率，使电动机连续运行，升频时间在 1s 之内。

6.4 步进电动机的驱动控制

步进电动机不同于普通的控制电机，加在步进电动机定子控制绕组上的电源既不是正弦交流，也不是恒定直流，而是脉冲电压，必须由特定的脉冲电源供电，因此步进电动机的控制相对比较复杂。

6.4.1 驱动控制器

步进电动机和无刷直流电动机一样，都是典型的机电一体化产品，电动机本体与其驱动控制器构成一个相互联系的整体，步进电动机的运行性能是由电动机和驱动控制器两者配合所反映出来的综合效果。

1. 驱动控制器的组成

步进电动机的驱动控制器主要由脉冲发生器、脉冲分配器和功率放大器组成，如图 6-33 所示。脉冲发生器产生频率从几赫兹到几万赫兹连续变化的脉冲信号。脉冲分配器是由门电路和双稳态触发器组成的逻辑电路，根据指令把脉冲信号按一定的逻辑关系加到定子各相绕组的功率放大器上，使步进电动机按一定的通电方式运行。由于脉冲分配器输出的电流只有几毫安，所以必须进行功率放大，由功率放大器来驱动步进电动机。

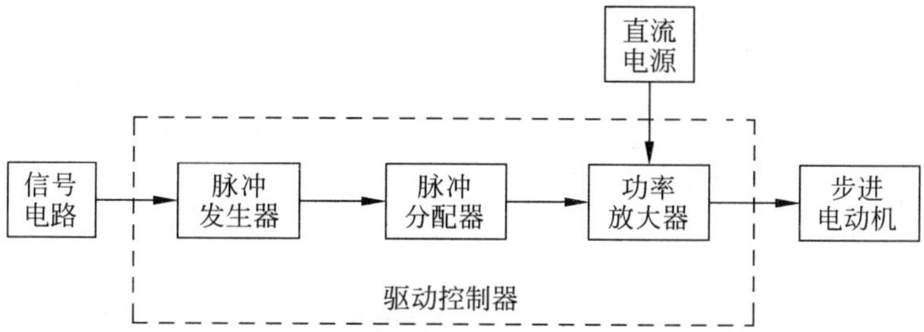

图 6-33　步进电动机驱动控制器的组成示意图

2. 对驱动控制器的要求

(1) 驱动控制器的相数、电压、电流和通电方式都要满足步进电动机的要求。

(2) 驱动控制器的频率要满足步进电动机启动频率和连续运行频率的要求。

(3) 能最大限度地抑制步进电动机的振荡,提高系统稳定性。

(4) 工作可靠,抗干扰能力强。

(5) 成本低,效率高,安装和维护方便。

3. 驱动控制系统的分类

(1) 步进电动机简单的控制过程可以通过各种逻辑电路来实现,如由门电路和触发器组成脉冲分配器。这种控制方法线路较复杂,成本高,而且一旦成型,很难改变控制方案,缺少灵活性。

(2) 由于步进电动机能直接接受数字量输入,因此特别适合微机控制。随着计算机控制技术的飞速发展,基于微机控制的步进电动机驱动系统的应用日益广泛。在这种控制系统中,脉冲发生和脉冲分配功能可由微机软件来实现,电动机的转速也由微机来控制。采用微机控制,不仅可以用很低的成本实现复杂的控制过程,而且具有很高的灵活性,便于控制功能的升级和扩充。

(3) 步进电动机的驱动控制系统还可以采用专用集成电路来构成。这种控制系统具有结构简单、性价比高的优点,在系列化产品中应该优先采用。

6.4.2 功率驱动电路

步进电动机驱动控制系统中的脉冲发生器、脉冲分配器一般可通过单片微机经软件设计产生。下面介绍针对步进电动机驱动的功率放大器电路。

步进电动机的功率放大电路的种类很多,按电流流过定子控制绕组的方向是单向的还是双向的,可以分为单极性驱动电路和双极性驱动电路。单极性驱动电路适用于反应式步进电动机,双极性驱动电路适用于永磁式和混合式步进电动机。

1. 单电压驱动电路

单电压型电路是最简单的驱动电路,其原理如图 6-34 所示。

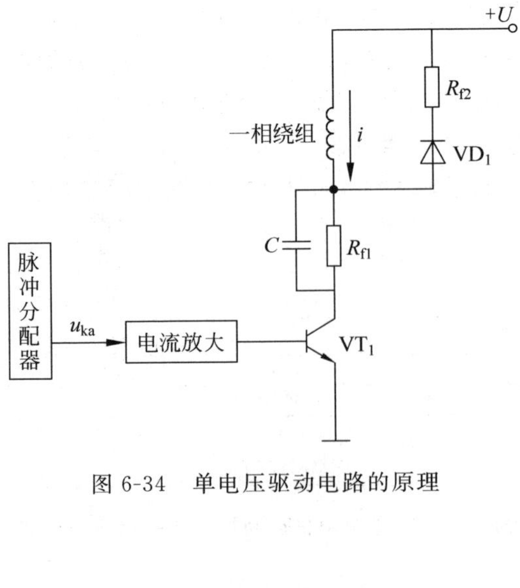

图 6-34 单电压驱动电路的原理

由于步进电动机绕组电抗的作用，使步进电动机的动态转矩减小，动态特性变坏，如要提高动态转矩，就应减小电流上升的时间常数 τ_a，使电流前沿变陡，这样电流波形可接近矩形。在图 6-34 中串入电阻 R_{f1}，可使 τ_a 下降，但为了达到同样的稳态电流值，电源电压也要作相应的提高。这样可增大动态转矩。提高启动和连续运行频率，并使启动和运行矩频特性下降缓慢。

图中并联于 R_{f1} 的电容 C 可迫使控制电流加快上升，使电流波形前沿更陡，改善波形。因电容两端电压不能突变，当控制绕组通电瞬间将 R_{f1} 短路，电源电压可全部加在控制绕组上。

由于功率管 VT_1 由导通突然变为关断状态时，在控制绕组中会产生很高的电动势，其极性与电源极性一致，二者叠加起来作用到功率管 VT_1 上，很容易使其击穿。为此，并联一个二极管 VD_1 和电阻 R_{f2}，形成放电回路，限制功率管 VT_1 上的电压，保护功率管。

单电压型电路只用一种电压，线路简单，功放元件少，成本低。但由于电阻 R_{f1} 上要消耗功率，引起发热并导致效率降低，这种电路只适用于驱动小功率步进电动机或性能指标要求不高的场合。

2. 高低压切换型驱动电路

高低压切换型电路，其原理电路如图 6-35 所示。步进电动机的每一相控制绕组需要有两只功率元件串联，它们分别由高压和低压两种不同的电源供电。高压供电是用来加速电流的上升速度，改善电流波形的前沿，而低压是用来维持稳定的电流值。电路中串联一个数值较小的电阻 R_{f1}，其目的是为了调节控制绕组的电流值，使各相电流平衡。当控制信号消失时，VT_2 截止，绕组中的电流经二极管 VD_2 及电阻 R_{f2} 向高压电源放电，电流就迅速下降。这种电源效率较高，启动和运行频率也比单电压型电路要高。以上两种电路均属开环类型。

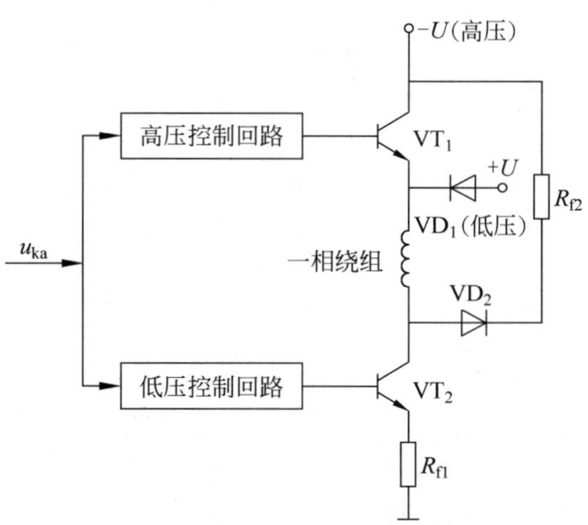

图 6-35　高低压切换型驱动电路的原理

3. 电流控制的高低压切换电路

电流控制的高低压切换型电路原理如图 6-36 所示。它是在高低压切换型电路的基础上，多加了一个电流检测控制线路，使高压部分的电流断续加入，以补偿因控制绕组的旋转电动势和相间互感等原因所引起的电流波顶下凹造成的转矩下降。它是根据主回路电流的变化情况,反复地接通和关断高压电源,使电流波顶维持在要求的范围内,步进电动机的运行性能得到了显著的提高,相应使启动和运行频率升高。但因在线路中增加了电流反馈环节,使其结构较为复杂,成本提高。它是属于闭环类型。

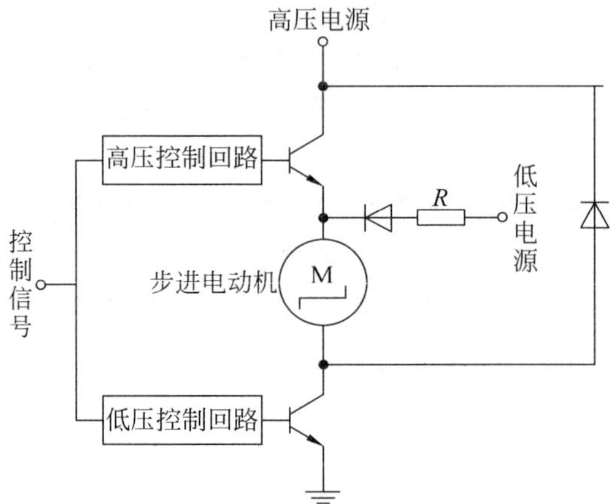

图 6-36 电流控制的高低压切换型驱动电路的原理

4. 斩波恒流驱动电路

斩波恒流驱动电路的基本思路是,设法使导通相绕组的电流不论在锁定、低频或高频工作时均保持额定值,使电动机具有恒转矩输出特性,其电路的原理如图 6-37 所示。相绕组的通断由开关管 VT_1 和 VT_2 共同控制,VT_1 的发射管接一个采样电阻 R,该电阻上的压降与相绕组电流 i 成正比。

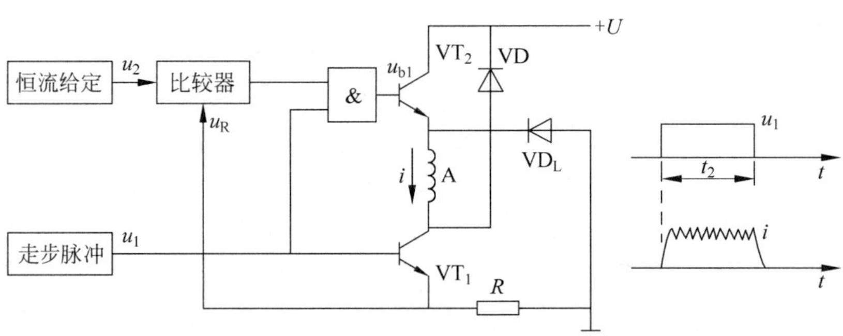

图 6-37 斩波恒流驱动电路的原理

当控制脉冲 u_1 为高电平时,开关管 VT_1 和 VT_2 均导通,直流电源向绕组供电。由于绕组电感的影响,采样电阻 R 上的电压逐渐升高,当超过给定电压 u_2 时,比较器输出低电平,使其后面的与门也输出低电平,VT_2 被截止,直流电源被切断,绕组电流 i 经 VT_1、R、VD_L 续流而衰减,采样电阻 R 上的电压随之下降。当采样电阻 R 上的电压小于给定电压 u_2 时,比较器输出高电平,其后的与门也输出高电平,VT_2 重新导通,直流电源又开始向绕组供电。如此反复,相绕组的电流就稳定在由给定电压 u_2 所决定的数值上。

当控制脉冲 u_1 变为低电平时,开关管 VT_1 和 VT_2 均截止,绕组中的电流 i 经二极管

VD、直流电源 U、电源地和二极管 VD_L 放电，迅速下降，图 6-38 为斩波恒流驱动的电压、电流波形。

可见，在控制脉冲 u_1 为高电平期间，直流电源以脉冲方式供电，保证了相绕组电流的基本恒定，使电机的输出转矩较为均衡，运行平稳。这种电路能够有效地抑制振荡，因为步进电动机振荡的根本原因是能量过剩，而斩波恒流驱动的输入能量是随着绕组电流的变化自动调节的，可以有效地防止能量积聚。但是，由于电流波形为锯齿波，这种驱动方式会产生较大的电磁噪声。

5. 细分驱动电路

细分驱动控制又称为微步距控制，是步进电动机开环控制的新技术之一，可以达到极高的控制精度。所谓细分驱动控制，就是把步进电机的步距角减小(减小到几个角分)，把原来的一步再细分成若干步(如 50 步)，这样步进电动机的转动近似为匀速运动，并能使它在任何位置准确停步。

为了达到上述目的，可以设法将定子相绕组中原来的矩形波电流改为阶梯波电流，如图 6-39 所示。可见，电流波形从 0 经过 10 个等宽等高的阶梯上升到额定值，下降时又经过同样的阶梯从额定值下降至 0。它与一般的由 0 值突跳至额定值，从额定值跳至 0 的通电方式相比，步距角缩小了 1/10，因而使电动机运转非常平滑，可以消除电动机在低频段运转时产生的振动、噪声等现象。

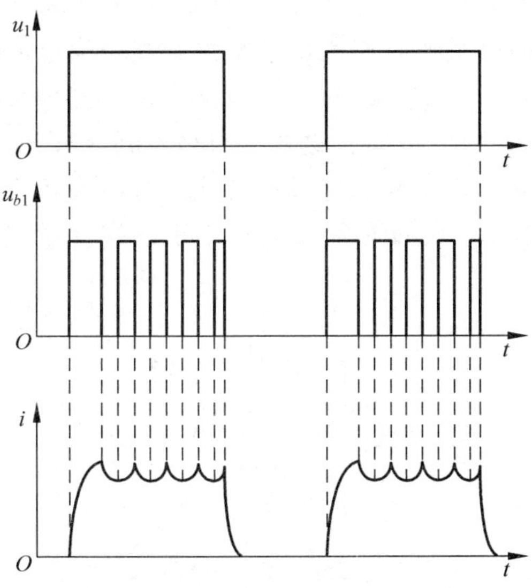

图 6-38 斩波恒流驱动的电压、电流波形

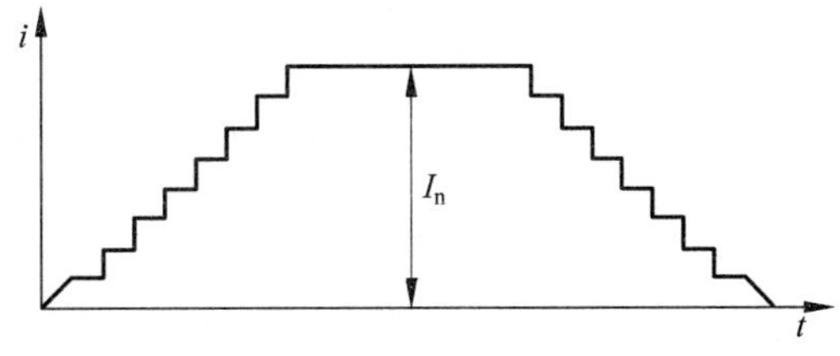

图 6-39 阶梯电流波

实现阶梯波电流的方法有两种：

(1) 通过顺序脉冲发生器形成若干等幅又等宽的脉冲，用相应数量的完全相同的脉冲放大器分别进行功率放大，最后在电动机的相绕组中将这些脉冲电流进行叠加，合成阶梯波电流，如图 6-40(a)所示。这种方法使用的功放元件很多，但元件的容量较小，且结构简单，容易调整，适用于中、大功率步进电动机的驱动。

(2) 对顺序脉冲发生器所形成的等幅又等宽的脉冲，先用加法器合成阶梯波，再对阶梯波信号进行功率放大器，如图 6-40(b)所示。这种方法所用功放元件少，但元件的容量较大，适用于微、小型步进电动机的驱动。

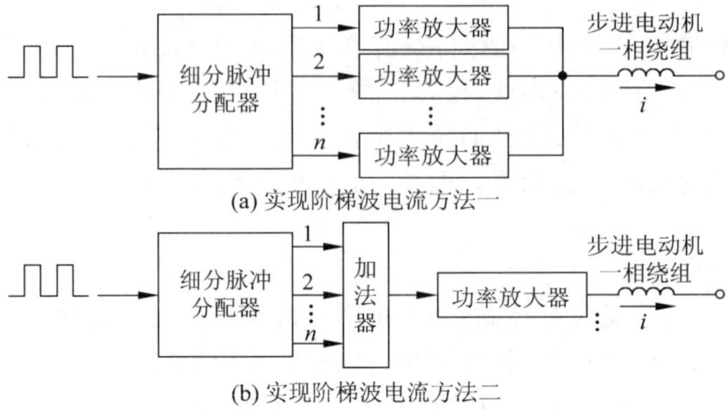

图 6-40　阶梯波电流的合成

细分驱动控制可以使步进电动机的步距角成数量级地减小，大大提高执行机构的控制精度，同时也可以减小或消除振荡，降低噪声，并抑制转矩脉动，提高系统运行的稳定性，因而值得推广应用。

6. 双极性驱动电路

以上介绍的各种驱动电路都是单极性驱动电路，即绕组电流只向一个方向流动，适用于反应式步进电动机。而永磁式或感应式步进电动机工作时要求定子绕组有双极性电路驱动，即绕组电流能正、反向流动。若利用单极性电路驱动这类电动机，只能采用中间抽头的方法，将两相双极性的步进电动机做成四相单极性的驱动结构，这样绕组得不到充分利用，要达到同样的性能，电动机的成本和体积都要增大。对于永磁式和感应式步进电动机宜采用双极性电路驱动，双极性驱动原理如图 6-41 所示。在没有双极电源时可采用 H 桥式驱动，如图 6-42 所示。

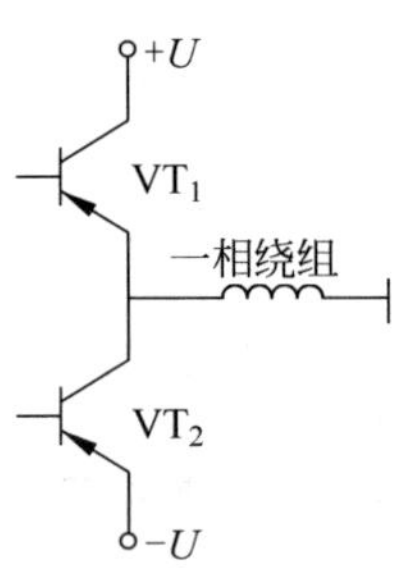

图 6-41　利用正负电源的双极性驱动电路

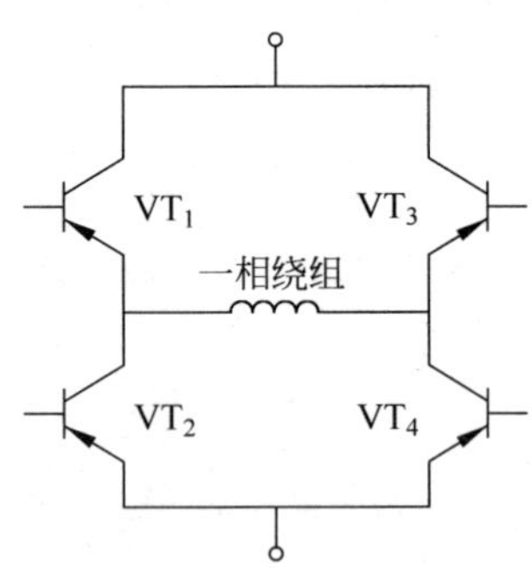

图 6-42　利用 H 桥式的双极性驱动电路

由于双极性桥式驱动电路较为复杂，过去仅用于大功率步进电动机。近年来，随着集成电路迅速发展，出现了集成化的双极性驱动芯片，使它能方便地应用于对效率和体积要求较高的产品中。下面简要介绍以 L297 步进电动机斩波驱动控制器和 L298 双 H 桥驱动器组成的双极性斩波驱动电路。

L297 是 ST 公司推出的一种步进电动机斩波驱动控制器，适用于双极性两相步进电动机或单极性四相步进电动机的控制，图 6-43 是它的原理框图。它主要包含下列三部分：

(1) 译码器(即脉冲分配器)。它将输入的走步时钟脉冲(CP)、正/反转方向信号(CW/CCW)、半步/全步信号(HALF/FULL)综合以后，产生合乎要求的各相通断信号。

(2) 斩波器。由比较器、触发器和振荡器组成。用于检测电流采样值和参考电压值，并进行比较，由比较器输出信号来开通触发器，再通过振荡器按一定频率形成斩波信号。

(3) 输出逻辑。它综合了译码器信号与斩波信号，产生 A、B、C、D(1、2、3、4)四相信号以及禁止信号。控制(CONTROL)信号用来选择斩波信号的控制方式，当它是低电平时，斩波信号作用于禁止信号；而当它是高电平时，斩波信号作用于 A、B、C、D 信号。使能(ENABLE)信号为低电平时，禁止信号及 A、B、C、D 信号均被强制为低电平。

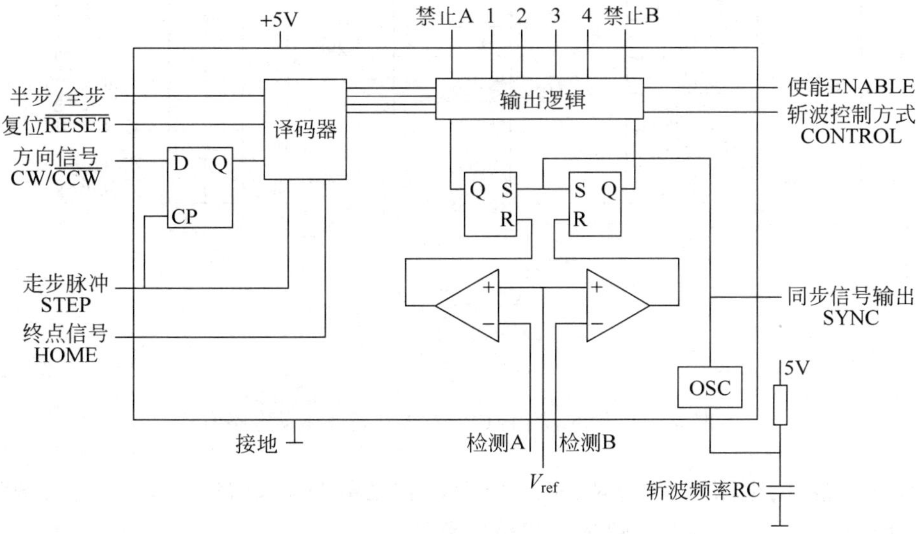

图 6-43　L297 电路原理图

L298 双 H 桥驱动器，可接收标准 TTL 逻辑电平信号，H 桥可承受 46V 电源电压，相电流可达 2.5A，可驱动电感性负载。它的逻辑电路使用 5V 电源，功放级使用 5～46V 电压。下桥臂晶体管的发射极单独引出，并联在一起，以便接入电流取样电阻，形成电流传感信号内部结构如图 6-44 所示。

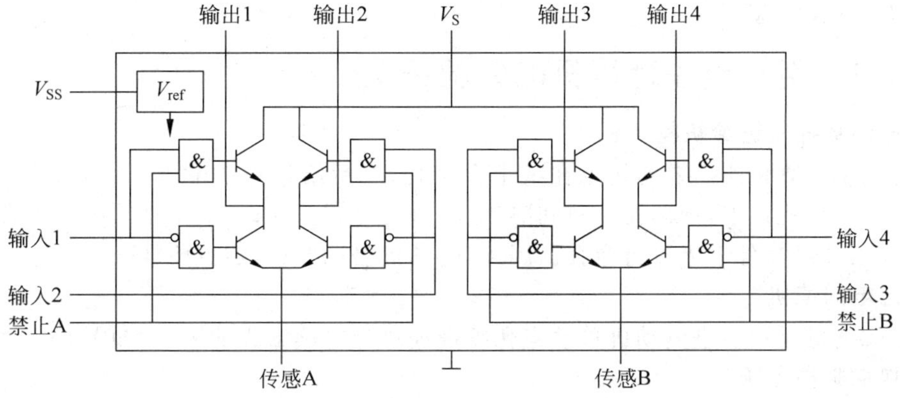

图 6-44　L298 内部原理框图

图 6-45 是由 L297、L298 组成的双极性恒流斩波驱动电路。当某一相绕组电流上升，电流采样电阻上的电压超过斩波控制电路 L297 中 V_{ref} 引脚上的限流电平参考电压时，相应的禁止信号变为低电平，使驱动管截止，绕组电流下降。待绕组电流下降到一定值后，禁止信号变为高电平，相应的驱动管又导通，这样就使控制绕组中的电流稳定在要求值附近。

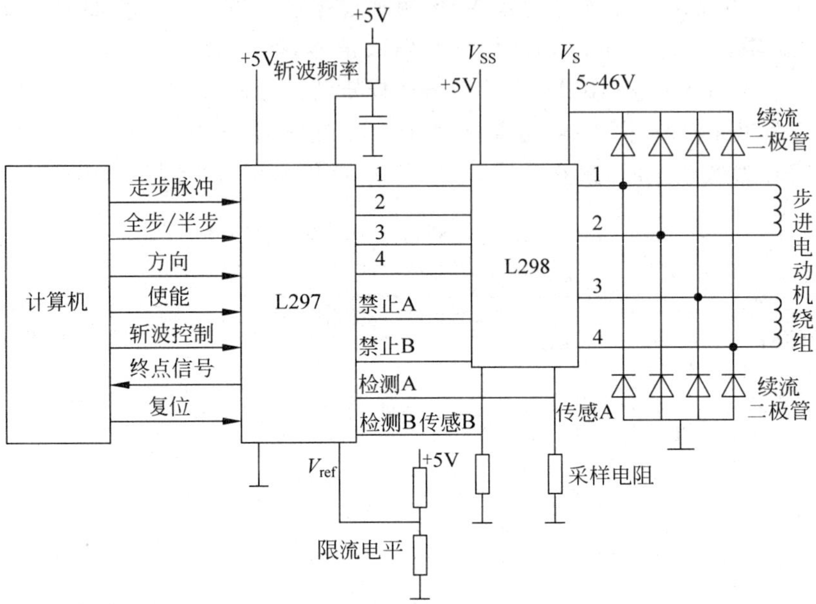

图 6-45 专用芯片构成的双极性斩波驱动电路图

与 L298 类似的电路还有 TSR 公司的 3717，它是单 H 桥电路。SGS 公司的 SG3635 是单桥臂电路，IR 公司的 IR2130 则是三相桥电路。

6.5 步进电动机的应用

步进电动机的应用十分广泛，如机械加工、绘图机、机器人、计算机的外部设备、自动记录仪表等。它主要用于工作难度大，要求的速度快、精度高等场合。尤其是电力电子技术和微电子技术的发展为步进电动机的应用开辟了广阔的前景。下面举几个实例简单说明步进电动机的一些典型应用。

6.5.1 用于电子计算机的外部设备

1. 驱动穿孔机进给机构

穿孔机把计算机所需要的指令在纸带上穿孔，然后给计算机输入。穿孔机一般要在 1 秒钟内穿 100 排孔以上，穿两排孔只间隔 0.01 秒的时间。在这 0.01 秒的时间内，既要把纸带送走，又要使纸带停下来进行穿孔。因此，电动机启动要快，定位要准确。

2. 光电阅读机

光电阅读机是用步进电动机移动穿孔纸带经过光电读出头的装置，如图 6-46 所示。

3. 软盘驱动系统

软盘存储装置是一种经济有效的计算机记忆存储器。经过读写磁头的磁带通常是由一

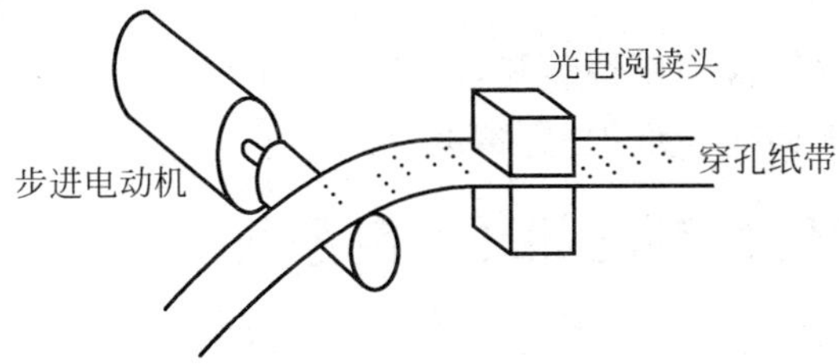

图 6-46 光电阅读机

台与螺杆直接连接的步进电动机驱动的机纸进给机构。此时，步进电动机可直接与卷筒连接，也可以通过皮带或齿轮系统与卷筒连接，如图 6-47 所示。

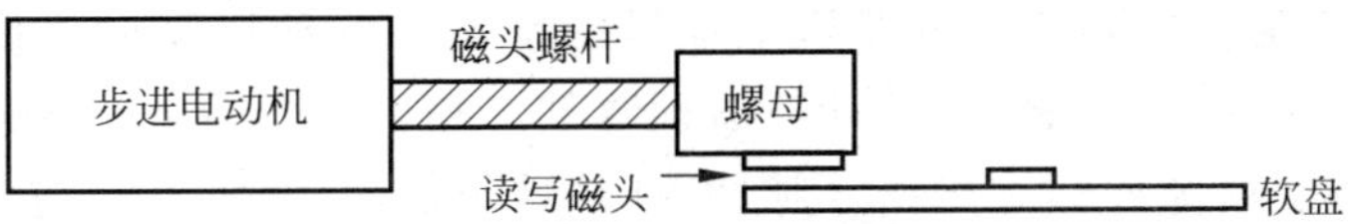

图 6-47 软盘驱动系统

6.5.2 用于数字程序控制系统

用于数字程序控制系统的典型实例是数控机床，数控机床是数字程序控制机床的简称。所谓程序控制，就是把机床工作机构的动作顺序、运动规律、行程和速度等以数码的形式事先记录在易于更换的纸带、卡片或磁带上，然后经运算控制电路将记录的数码变换为相应的控制信号来控制加工的一种方式。数控机床的加工过程实质上就是一种按最小位移量和规定方向逼近曲线或直线的过程。图 6-48 为数控铣床的工作原理示意图。

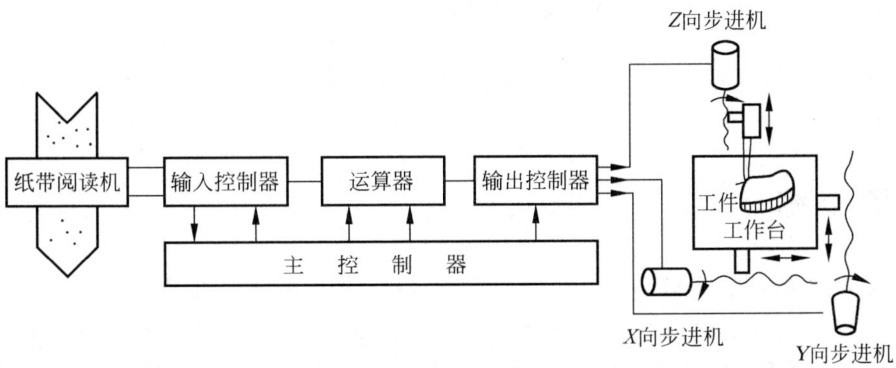

图 6-48 数控铣床工作原理示意图

将事先制备好的程序带装进纸带阅读机，纸带阅读机把记录在纸带上的程序信息读至输入控制器，运算器再把控制程序中规定的几何图形及所给的原始数据进行计算，然后根据所得的结果向各坐标轴(X,Y,Z)分配指令脉冲。每来一个指令脉冲，步进电动机就旋转一个角度，它所拖动的工作台就对应地完成一个脉冲当量（每来一个脉冲，步进电动机带动负载所转的角度或直线位移，叫脉冲当量）的位移。这样两个或三个坐标轴的联动就能加工出控制序中记录的几何图形来。只要能编制控制程序，不管工件的形状多么复杂都能把它加工出来。

这种控制系统没有位置检测反馈装置,因此实际上是一个开环控制系统。这种控制系统简单可靠、成本低、易于调整和维护,但精度不高。

6.5.3 用于点位控制的闭环控制系统

在数控机床中,为了及时掌握工作台实际运动的情况,系统中装有位置检测反馈装置。位置检测反馈装置将测得的工作台实际位置与指令位置相比较,然后用它们的差值(即误差)进行控制,这就是闭环控制。图 6-49 为数控机床闭环控制系统方框图。图中,位置检测反馈装置可采用感应同步器。它的滑尺与工作台机械连接,每移动 0.01 毫米,感应同步器输出绕组就发出一个脉冲。脉冲发生器按机床工作台移动的速度,要求不断发出脉冲,当计数器内有数时,可以通过门电路控制步进电动机的旋转。电动机又通过传动丝杆使工作台移动。输入装置(穿孔纸带或磁带)给计数器预置某一相应工作台的指令脉冲数。当位置检测反馈装置发出的反馈脉冲数等于指令脉冲数时,计数器出现全"0"状态,门电路关闭,工作台停止移动。

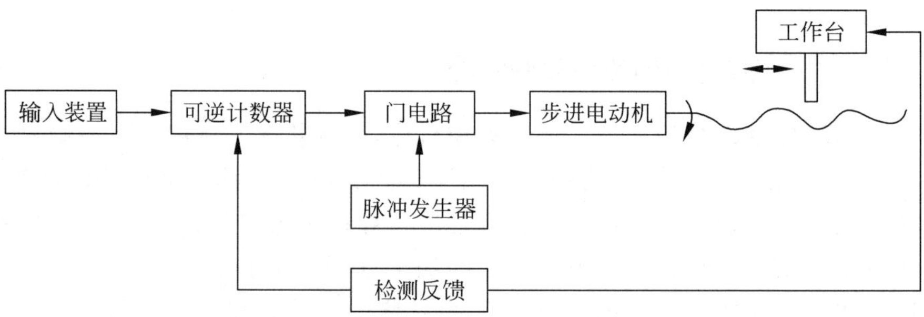

图 6-49 数控机床闭环控制系统方框图

由于采用位置检测反馈装置直接测出工作台的移动量,以修正其定位误差,所以系统的定位精度提高了。

本章小结

步进电动机是数字控制系统中的一种执行元件,其作用是将脉冲电信号变换为相应的角位移或直线位移。它的角位移或线位移量与脉冲数成正比,它的转速或线速度与脉冲频率成正比;它能按照控制脉冲的要求,迅速启动、反转、制动及无级调速;工作时能够不失步,步距精度高,停止时能锁住。鉴于这些特点,步进电动机在自动控制系统中,特别是在开环的数字程序控制中作为传动元件而得到广泛的应用。

步进电动机由专用电源供给电脉冲。每相绕组是脉冲式通电。每输入一个电脉冲信号,转子转过的角度为步距角,它由转子齿数和运行拍数所决定。由于每台电动机可采用单拍制,也可采用双拍制分配方式运行,所以步进电动机一般可有两个步距角。静态步距角误差是步进电动机的一项考核指标,它的值越小,表示电动机的精度越高。

步进电动机静止时转矩与转子失调角间的关系称为矩角特性。矩角特性上的转矩最大值表示电动机承受负载的能力，它与电动机特性的优劣有直接关系，也是步进电动机主要的性能指标之一，一般增加通电相数能提高它的值。

由于电感的影响，定子绕组电流不能突变，致使步进电动机的转矩随频率增高而减小。步进电动机动态时主要特性和性能指标有：运行频率和运行矩频特性，启动频率和启动矩频特性。尽可能提高电动机转矩，减小电动机和负载的惯量，是改善电动机动态性能的主要途径。

当脉冲频率等于自由振动频率的 $1/K$ 时，转子会发生强烈振荡甚至失步。在使用时应避免在共振频率下运行。为了削弱振荡现象，一般都装有机械阻尼器。

应该注意驱动电源对电机性能有很大影响。要改善电机性能，必须在电机和电源两方面下功夫。使用时应明了电机性能指标是在怎样的电源下测定的。另外，分配方式对性能也有很大影响。为了提高性能指标，应多采用多相通电的双拍制，少采用单相通电的单拍制。

思考题与习题

1. 步进电动机是数字控制系统中的一种执行元件，其作用是将________变换为相应的角位移或直线位移。

A. 直流电信号　　B. 交流电信号　　C. 计算机信号　　D. 脉冲电信号

2. 在步进电动机的步距角一定的情况下，步进电动机的转速与________成正比。

3. 步进电动机与一般旋转电动机有什么不同？步进电动机有哪几种？

4. 试以三相单三拍反应式步进电动机为例说明步进电动机的工作原理。为什么步进电动机有两种步距角？

5. 步进电动机常用于________系统中作执行元件，以有利于简化控制系统。

A. 高精度　　B. 高速度　　C. 开环　　D. 闭环

6. 步进电动机的角位移量或线位移量与输入脉冲数成________。

7. 步进电动机的输出特性是________。

A. 输出电压与转速成正比　　B. 输出电压与转角成正比

C. 转速与脉冲量成正比　　D. 转速与脉冲频率成正比

8. 如何控制步进电动机输出的角位移、转速或线速度？

9. 反应式步进电动机与永磁式及混合式步进电动机在作用原理方面有什么共同点和差异？步进电动机与同步电动机有什么共同点和差异？

10. 一台反应式步进电动机步距角为 $0.9°/1.8°$。试回答：(1)这是什么意思？(2)转子齿数是多少？

11. 采用双拍制的步进电动机步距角与采用单拍制相比________。

A. 减小一半　　B. 相同　　C. 增大一半　　D. 增大一倍

12. 有一四相八极反应式步进电动机，其技术数据中有步距角为 $1.8°/0.9°$，则该电动机转子齿数为________。

A. 75　　B. 100　　C. 50　　D. 不能确定

13. 一台三相反应式步进电动机，采用三相六拍运行方式，在脉冲频率 f 为 400Hz 时，

其转速 n 为 100r/min,试计算其转子齿数 Z_R 和步距角 θ_b。若脉冲频率不变,采用三相三拍运行方式,其转速 n_1 和步距角 θ_{b1} 又为多少?

14. 一台三相反应式步进电动机,其转子齿数 Z_R 为 40,分配方式为三相六拍,脉冲频率 f 为 600Hz。试计算:

(1) 写出步进电动机顺时针和逆时针旋转时各相绕组的通电顺序;

(2) 求步进电动机的步距角 θ_b;

(3) 求步进电动机的转速 n。

15. 有一脉冲电源,通过环形分配器将脉冲分配给五相十拍通电的步进电机定子绕组,测得步进电动机的转速为 100r/min,已知转子有 24 个齿。试计算:

(1) 步进电机的步距角 θ;

(2) 脉冲电源的频率 f。

16. 有一台三相反应式步进电机,按 A—AB—B—BC—C—CA 方式通电,转子齿数为 80 个,如控制脉冲的频率为 800Hz,求该电机的步距角和转速。

17. 为什么步进电动机的脉冲分配方式应尽可能采用多相通电的双拍制?

18. 步进电动机带载时的启动频率与空载时相比有什么变化?

19. 步进电动机连续运行频率和启动频率相比有什么不同?

20. 步进电动机在什么情况下会发生失步?什么情况下会发生振荡?

21. 设计一个完整的三相步进电动机的驱动电路,并设计一套单片机的控制程序,包括调速(启动、加速、恒速、减速)及正反转过程。

第7章 无刷直流电动机及其控制

CHAPTER 7

提到无刷直流电动机(brushless direct current motor,BLDCM),就不得不提有刷直流电动机。这里的“刷”实际上就是指“碳刷”,最早的直流电动机都是带有“碳刷”的。碳刷是直流有刷电动机中的关键性部件,主要起到电流的换向作用。然而其缺点也是较为突出:碳刷及整流子在电动机转动时会产生火花、碳粉,因此除了会造成组件损坏之外,使用场合也受到限制。而且碳刷存在磨耗问题,需要定期的更新碳刷,维护不方便。

伴随着半导体工业的发展,使用电子换向的无刷直流电动机应运而生。随着微处理机速度也越来越快,可以将控制电机必需的功能做在芯片中,而且体积越来越小,像模拟/数字转换器(analog-to-digital converter,ADC)、脉冲宽度调制(pulse wide modulator,PWM)等。无刷直流电动机即以电子方式控制交流电换相,得到类似直流电动机特性又没有直流电动机机构上缺失的一种应用。从目前直流电动机的发展趋势来看,有刷直流电动机逐步被淘汰,无刷直流电动机成为直流电动机的主流。

由于无刷直流电动机调速性能优越,且体积小,重量轻、效率高、转动惯量小、不存在励磁损耗问题,因此在各个领域具有广阔的应用前景。本章介绍的永磁无刷直流电动机(permanent magnet brushless direct current motor),是集永磁电动机、微处理器、功率变换器、检测元件、控制软件和硬件于一体的新型机电一体化产品,它采用功率电子开关(如GTR、MOSFET、IGBT)和位置传感器代替电刷和换向器,既保留了直流电动机良好的运行性能,又具有交流电动机结构简单、维护方便和运行可靠等特点,在航空航天、数控机床、机器人、计算机外设、汽车电器、电动车辆和家用电器的驱动中得到越来越广泛的应用。

7.1 无刷直流电动机的基本结构和工作原理

7.1.1 无刷直流电动机的基本结构

无刷直流电动机的组成原理框图如图7-1中虚线框内部分所示,无刷直流电动机是一种自控变频的永磁同步电动机,就其基本组成结构而言,可以认为是由电力电子开关逆变器、永磁同步电动机和磁极位置检测电路三者组成的“电动机系统”。普通直流电动机的电枢通过电刷和换向器与直流电源相连,电枢本身的直流是交变的,而无刷直流电动机用磁极位置检测电路和电力电子开关逆变器取代有刷直流电动机中电刷和换向器的作用,即用电子换向取代机械换向。由位置传感器提供电机转子磁极的位置信号,在控制器中经过逻辑处理产生PWM信号,经过隔离电路及驱动电路,以一定的顺序触发逆变器中的功率开关,使电源功率以一定的逻辑关系分配给电动机定子各相绕组，从而电动机产生持续不断的转矩。

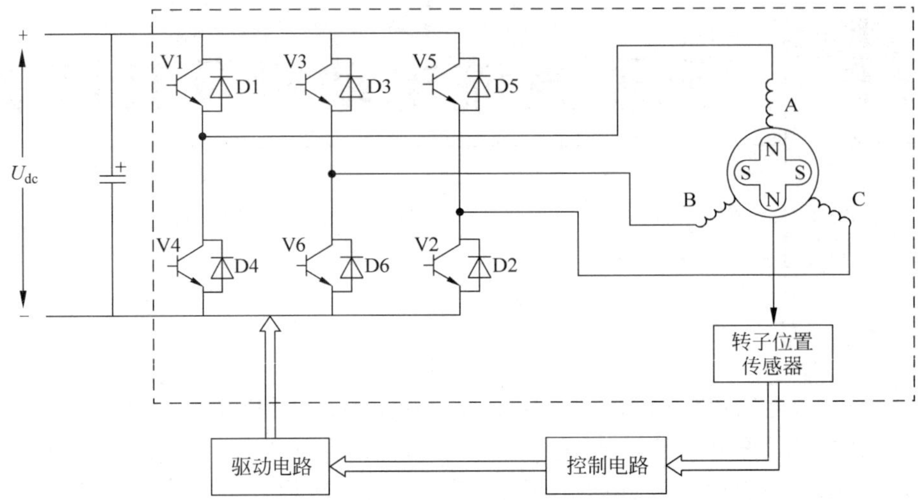

图 7-1　无刷直流电动机的控制结构框图

对于如图 7-1 所示的星形绕组三相全控桥式逆变驱动电路来说，其导通方式可分为二二导通方式和三三导通方式两种，若为二二导通方式，即三相六状态的 120°导通方式，即任一时刻只有两相绕组同时导通，另一绕组开路，每隔 60°换相一次，每次换相一个功率管，每个功率管导通 120°电角度。霍尔集成芯片作为位置传感器检测电机转子的绝对位置。

电动机本体一般包括定子、转子、位置传感器三大部分(如图 7-2～图 7-6 所示)。绕组安装在定子内圆，一般是三相绕组，绕组可以是分布式或集中式，一般接成星形；转子一般

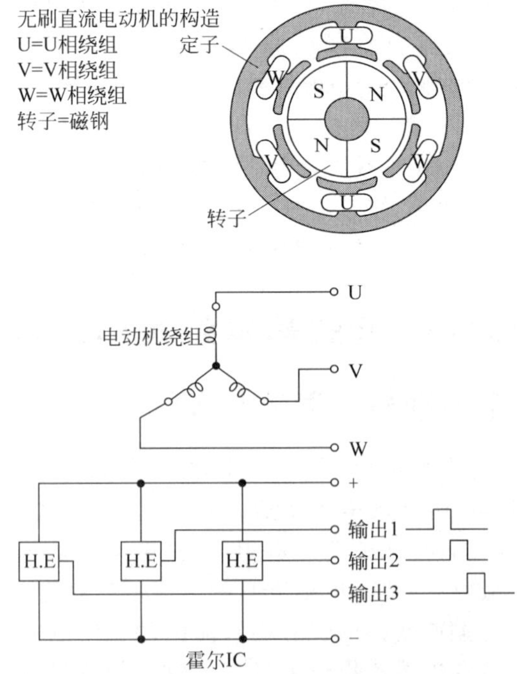

图 7-2　无刷直流电动机本体构造图

图 7-3 无刷直流电动机实物照片

图 7-4 无刷直流电动机定子实物照片

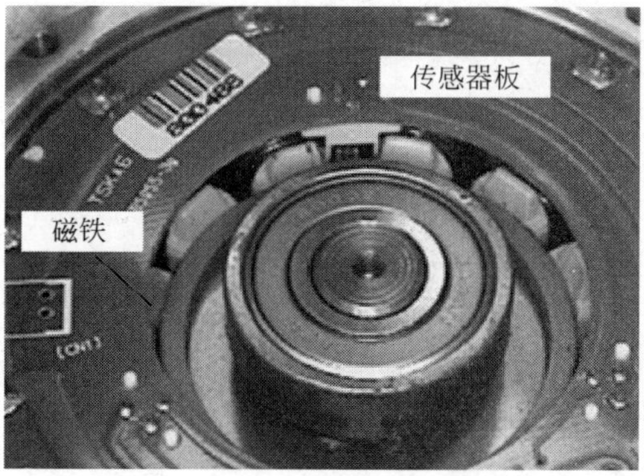

图 7-5 无刷直流电动机内部侧面照片

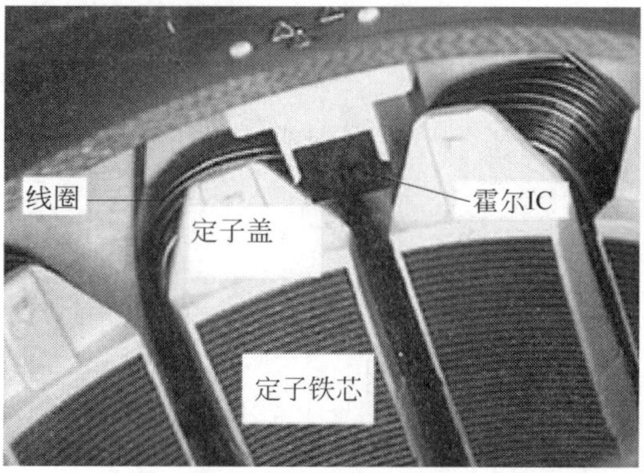

图 7-6 无刷直流电动机定子内侧照片

为永磁体，大多由铁氧体或钕铁硼等永磁材料制成，不带鼠笼绕组等任何启动绕组，主要有表面贴装式和内嵌式两种结构形式；内藏检测转子位置用的位置传感器，用于向驱动电路发出信号，常采用霍尔 IC，个别高档的直流无刷电机使用编码器。霍尔 IC 固定在定子的内侧，一般安装有 3 个，转子转动时，即从霍尔 IC 输出数字信号。

7.1.2 无刷直流电动机的工作原理

基于图 7-1 的结构形式，对于绕组反电动势为梯形波，两相导通星形三相六状态无刷直流电动机，将三个霍尔组件以彼此相隔 120°空间电角度安装在电机定子上，若电机永磁体的极弧宽度为 180°电角度，这样当电机旋转时，三个霍尔组件交替输出三个宽为 180°电角度、相位互差 120°电角度的方波信号。

图 7-7 是永磁无刷直流电动机换相原理示意图。当转子位于图 7-7(a)中所示位置时，检测到的磁极位置信号经过控制电路逻辑变换后驱动逆变器，使功率开关管 V1、V6 导通，其余截止，即 A、B 两相绕组通电，电流方向为 A 进 B 出，电枢绕组在空间合成磁场 Ba，方向如图所示。电枢绕组合成磁场 Ba 与永磁转子磁场 Br 相互作用产生转矩，使转子按顺时针方向旋转。电流流通途径为：电源正极→V1 管→A 相绕组→B 相绕组→V6 管→电源负极。当转子转过 60°电角度时，达到图 7-7(b)中的位置时，霍尔检测电路根据电机转子磁极的位置时输出信号发生变化，控制器根据位置检测信号的翻转进行换相控制，经逻辑变换后

使开关管 V6 截止，V2 导通，触发组合状态为 V1、V2 导通，其余截止。

在此换相瞬间(V6 管关断，V2 管还未导通)，绕组中的电流按 V1 管→A 相绕组→B 相绕组→D3 管→V1 管的通路进行续流，此时电枢绕组合成磁场 Ba 与永磁转子磁场 Br 夹角为 120°。

完成换相后，V1、V2 导通，绕组 A、C 通电，电流方向 A 进 C 出，电枢绕组在空间合成磁场为图 7-7(b)中 Ba，此时电枢磁场与永磁转子磁场相互作用使转子继续沿顺时针方向旋转，电流流通路径为：电源正极→ V1 管→A 相绕组→C 相绕组→V2 管→电源负极，使电枢绕组合成磁场与永磁转子磁场夹角始终在 120°～60°变化，以此类推。当电动机转子继续沿顺时针每转过 60°电角度时，功率开关管的导通逻辑为：V2V3、V3V4、V4V5、V5V6、V6V1、…，转子磁场始终受到定子合成磁场的作用并沿顺时针方向连续转动。

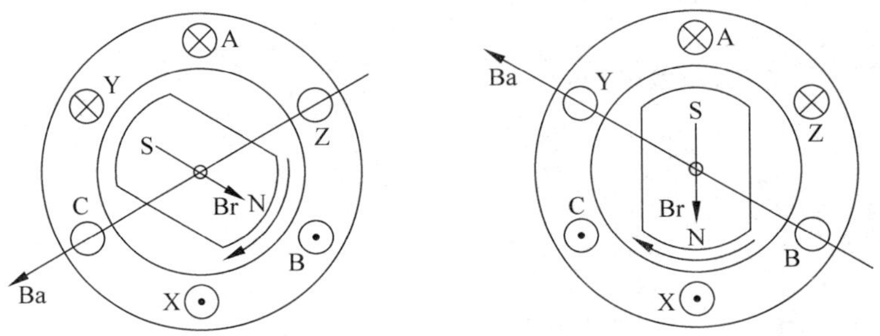

图 7-7 无刷直流电动机工作原理示意图

在图 7-7 中由(a)到(b)的 60°电角度范围内，转子磁场顺时针连续转动，而定子电枢绕组合成磁场 Ba 在空间保持如图 7-7(a)中的方向不变，只有当转子磁场转够 60°电角度到达图 7-7(b)中 Br 的位置时，定子电枢绕组合成磁场才从(a)中 Ba 的位置顺时针跃变至(b)中 Ba 的位置。可见定子电枢绕组合成磁场在空间不是连续旋转的磁场，而是一种跳跃式旋转磁场，每个步进角是 60°电角度。

7.2 无刷直流电动机的运行特性

7.2.1 无刷直流电动机的基本方程

无刷直流电动机的特征是反电动势为梯形波，梯形波反电动势意味着定子和转子间的互感是非正弦的，将无刷直流电动机三相方程变换为 d-q 方程是比较困难的，因为 d-q 方程适用于气隙磁场为正弦分布的电动机。若将电感表示为级数形式且采用多参考坐标理论，也可进行这种坐标变换，但运算烦琐。若仅仅取其基波进行变换，计算结果误差大。相反，若按利用电动机原有的相变量来建立数学模型却比较方便，又能获得较准确的结果。为简化分析，以一台三相两极永磁电动机为例，并假设：

(1) 定子绕组为 60°相带整距集中绕组星形连接；

(2) 忽略齿槽效应，绕组均匀分布于光滑定子的内表面；

(3) 忽略磁路饱和，不计涡流和磁滞损耗；

(4) 不考虑电枢反应，气隙磁场分布近似矩形波，其波形平顶宽度为 120°电角度；

(5) 转子上没有阻尼绕组,永磁体不起阻尼作用。

1. 电压方程

定子三相绕组的电压平衡方程可表示为

$$\begin{bmatrix} u_A \\ u_B \\ u_C \end{bmatrix} = \begin{bmatrix} R_S & 0 & 0 \\ 0 & R_S & 0 \\ 0 & 0 & R_S \end{bmatrix} \begin{bmatrix} i_A \\ i_B \\ i_C \end{bmatrix} + p \begin{bmatrix} L_A & L_{AB} & L_{AC} \\ L_{BA} & L_B & L_{BC} \\ L_{CA} & L_{CB} & L_C \end{bmatrix} \begin{bmatrix} i_A \\ i_B \\ i_C \end{bmatrix} + \begin{bmatrix} e_A \\ e_B \\ e_C \end{bmatrix} \tag{7-1}$$

式中,p 为微分算子;R_S 为定子绕组;L_A、L_B、L_C 为定子三相绕组自感;L_{AB}、L_{BA}、L_{BC}、L_{CB}、L_{CA}、L_{AC}为定子三相绕组互感;u_A、u_B、u_C 为定子三相绕组电压;e_A、e_B、e_C 为三相绕组感应电动势。

对于面装式转子结构,可以认为自感和互感为常值,与转子位置无关,即有

$$L_A = L_B = L_C = L_S$$

$$L_{AB} = L_{BA} = L_{BC} = L_{CB} = L_{CA} = L_{AC} = M$$

这里,L_S 为每相绕组自感,M 为相间互感。

因为

$$i_A + i_B + i_C = 0 \tag{7-2}$$

因此有

$$Mi_B + Mi_C = -Mi_A \tag{7-3}$$

利用式(7-2)和式(7-3)的关系,可将式(7-1)无刷直流电动机定子三相绕组的电压平衡方程写为

$$\begin{bmatrix} u_A \\ u_B \\ u_C \end{bmatrix} = \begin{bmatrix} R_S & 0 & 0 \\ 0 & R_S & 0 \\ 0 & 0 & R_S \end{bmatrix} \begin{bmatrix} i_A \\ i_B \\ i_C \end{bmatrix} + \begin{bmatrix} L_S - M & 0 & 0 \\ 0 & L_S - M & 0 \\ 0 & 0 & L_S - M \end{bmatrix} p \begin{bmatrix} i_A \\ i_B \\ i_C \end{bmatrix} + \begin{bmatrix} e_A \\ e_B \\ e_C \end{bmatrix} \tag{7-4}$$

式中

$$\begin{bmatrix} u_A \\ u_B \\ u_C \end{bmatrix} = \begin{bmatrix} u_a - u_n \\ u_b - u_n \\ u_c - u_n \end{bmatrix} \tag{7-5}$$

其中,u_a、u_b、u_c 分别为电机的端电压,u_n 为电机中性点电压。

当非换相工作时,设 i、j 两相导通(i、j=a、b、c,且 $i \neq j$),结合式(7-2)、式(7-4)和式(7-5)可知

$$u_n = \frac{u_i + u_j}{2} - \frac{e_i + e_j}{2} \tag{7-6}$$

当换相工作时可得

$$u_n = \frac{u_a + u_b + u_c}{3} - \frac{e_a + e_b + e_c}{3} \tag{7-7}$$

无刷直流电动机反电动势波形为梯形波,可看出它是与空间位置角有关的一个量,可以根据分段函数形式写出反电动势 e 的表达式,此处以 e_a 为例,有:

$$e_a = \begin{cases} -k_e\omega_r \times \theta_e/(\pi/6) & 0 \leqslant \theta_e < \pi/6 \\ -k_e\omega_r & \pi/6 \leqslant \theta_e < 5\pi/6 \\ k_e\omega_r \times (\theta_e - \pi)/(\pi/6) & 5\pi/6 \leqslant \theta_e < 7\pi/6 \\ k_e\omega_r & 7\pi/6 \leqslant \theta_e < 11\pi/6 \\ k_e\omega_r \times (2\pi - \theta_e)/(\pi/6) & 11\pi/6 \leqslant \theta_e < 2\pi \end{cases} \tag{7-8}$$

其中，k_e 为电机的反电动势系数，ω_r 为永磁转子的电角速度，θ_e 为转子与坐标轴 a 的夹角。

e_b、e_c 分别滞后 e_a 120°和 240°电角度。

2. 转矩和运动方程

电机的电磁转矩方程为

$$T_e = \frac{1}{\Omega}(e_A i_A + e_B i_B + e_C i_C) \tag{7-9}$$

式中，e_A、e_B、e_C 和 i_A、i_B、i_C 分别为 A、B、C 三相的反电动势和定子电流，Ω 为电机的机械角速度。

电机的运动方程为

$$\frac{\mathrm{d}\Omega}{\mathrm{d}t} = \frac{1}{J}(T_e - T_L) = \frac{1}{p}\frac{\mathrm{d}\omega}{\mathrm{d}t} \tag{7-10}$$

式中，T_e 为电机的电磁转矩，T_L 为电机的负载转矩，J 为电机的转动惯量，ω 为电机的电角速度。

另外转子的位置角 θ_e、Ω 和 ω 之间的关系为

$$\frac{\mathrm{d}\theta_e}{\mathrm{d}t} = \omega = p\Omega \tag{7-11}$$

对无刷直流电动机来说，转速 n(量纲为 r/min)、极对数 p 和供电频率 f(量纲为 Hz)存在如下关系：

$$n = \frac{60f}{p} \tag{7-12}$$

为产生恒定的电磁转矩，要求输入方波定子电流，或者当定子电流为方波时，要求反电动势波形为梯形波，且在每半个周期内，方波电流的持续时间为 120°电角度，那么梯形波反电动势的平顶部分也为 120°电角度，并且两者应严格同步。在任何时刻，定子只有两相导通。

3. 状态方程

可将无刷直流电动机定子三相绕组的电压方程写成如下的状态方程形式：

$$p\begin{bmatrix} i_A \\ i_B \\ i_C \end{bmatrix} = \begin{bmatrix} 1/(L_S - M) & 0 & 0 \\ 0 & 1/(L_S - M) & 0 \\ 0 & 0 & 1/(L_S - M) \end{bmatrix} \left(\begin{bmatrix} u_A \\ u_B \\ u_C \end{bmatrix} - \begin{bmatrix} R_S & 0 & 0 \\ 0 & R_S & 0 \\ 0 & 0 & R_S \end{bmatrix} \begin{bmatrix} i_A \\ i_B \\ i_C \end{bmatrix} - \begin{bmatrix} e_A \\ e_B \\ e_C \end{bmatrix} \right) \tag{7-13}$$

下面从这些基本公式出发，来讨论无刷直流电动机的各种运行特性。

7.2.2 无刷直流电动机特性分析

1. 启动特性

电机在启动时，由于反电动势为零，因此电枢电流(即启动电流)为

$$I_{acp} = \frac{U - \Delta U}{r_{acp}} \tag{7-14}$$

其值可为正常工作电枢电流的几倍到十几倍，所以启动电磁转矩很大，电机可以很快启动，并能带负载直接启动。随着转子的加速，反电动势 E 增加，电磁转矩降低，加速转矩也减小，最后进入正常工作状态。在空载启动时，电枢电流和转速的变化如图 7-8 所示。

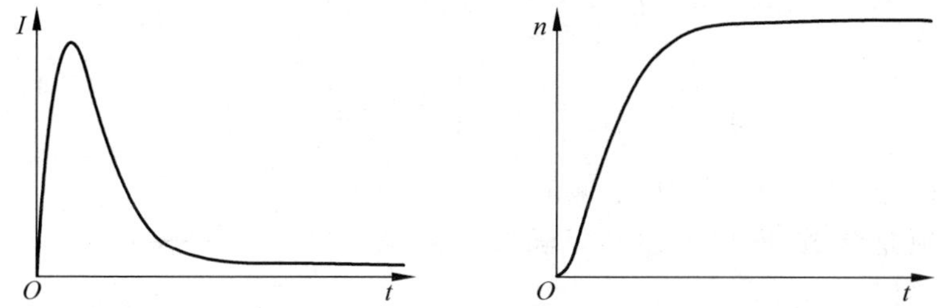

图 7-8　空载启动时电枢电流和转速的变化

需要指出的是，无刷直流电动机的启动转矩，除了与启动电流有关外，还与转子相对于电枢绕组的位置有关。转子位置不同时，启动转矩是不同的，这是因为上面所讨论的关系式都是平均值间的关系。而实际上，由于电枢绕组产生的磁场是跳跃的，当转子所处位置不同时，转子磁场与电枢磁场之间的夹角在变化，因此所产生的电磁转矩也是变化的。这个变化量要比有刷直流电动机因电刷接触压降和电刷所短路元件数的变化而造成的启动转矩的变化大得多。

2. 工作特性

在无刷直流电动机中，工作特性主要包括如下几方面的关系：电枢电流和电机效率与输出转矩之间的关系。

1）电枢电流和输出转矩的关系

由式(7-9)可知，电枢电流随着输出转矩的增加而增加，如图 7-9(a)所示。

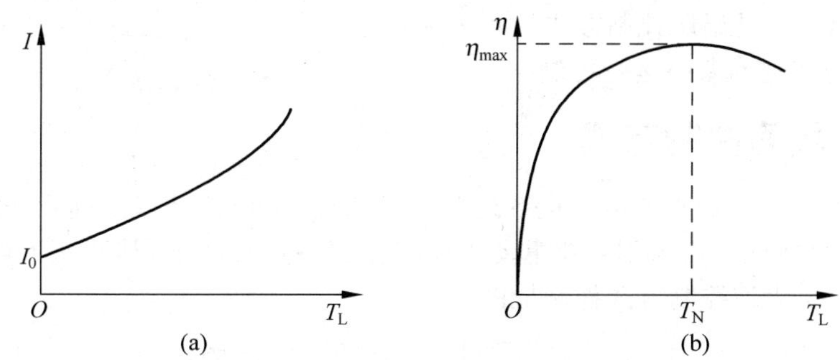

图 7-9　电枢电流和效率随输出转矩的变化

2）电机效率和输出转矩之间的关系

这里只考察电机部分的效率与输出转矩的关系。电机效率为

$$\eta=\frac{P_2}{P_1}=1-\frac{\sum P}{P_1} \tag{7-15}$$

式中，$\sum P$ 为电机的总损耗；P_1 为电机的输入功率，$P_1=I_{\mathrm{acp}}U$；P_2 为输出功率，$P_2=M_2n$。

$M_2=0$，即没有输出转矩时，电机的效率为零。随着输出转矩的增加，电机的效率也就增加。当电机的可变损耗等于不变损耗时，电机效率达到最大值。随后，效率又开始下降，如图 7-9(b)所示。

3. 机械特性和调速特性

机械特性是指外加电源电压恒定时，电机转速和电磁转矩之间的关系。

$$I_{acp} = \frac{U - \Delta U}{r_{acp}} - \frac{nK_e}{r_{acp}} \tag{7-16}$$

$$M = K_m I_{acp} = K_m \left(\frac{U - \Delta U}{r_{acp}} - \frac{nK_e}{r_{acp}} \right) \tag{7-17}$$

当不计 U 的变化和电枢反应的影响时,式(7-17)等号右边的第一项是常数,所以电磁转矩随转速的减小而线性增加,如图 7-10 所示。

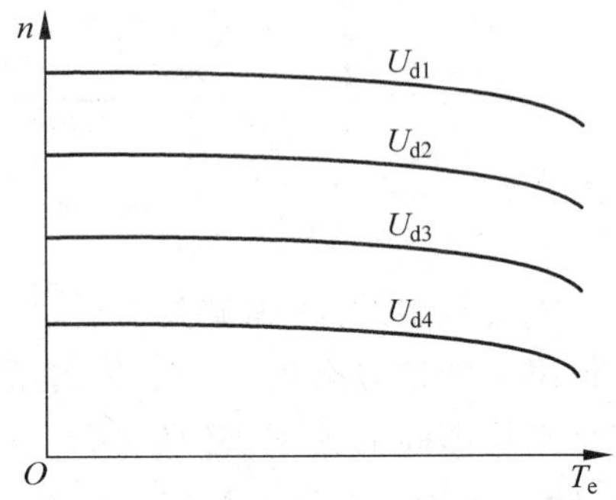

图 7-10　机械特性曲线

当转速为零时,即为启动电磁转矩。当式(7-17)等号右边两项相等时,电磁转矩为零,此时的转速即为理想空载转速。实际上,由于电机损耗中可变部分及电枢反应的影响,输出转矩会偏离直线变化。

由式(7-17)可知,在同一转速下改变电源电压,可以容易地改变输出转矩或在同一负载下改变转速。所以,无刷直流电源电压实现平滑调速,但此时电子换相线路不变。总之,无刷直流电动机的运行特性与有刷直流电动机极为相似,有着良好的伺服控制性能。

7.3 无刷直流电动机的控制方法

在控制方式上,从无刷直流电动机的发展历程来看,大致有三种控制方式,第一种是最简控制方式;第二种是调压控制方式;第三种是电流滞环 PWM 控制方式;另外,无刷直流电动机能方便地实现四象限运行控制。

7.3.1 最简控制方式

最简控制方式下无刷直流电动机系统只有位置环,该位置环仅起同步作用。电机不能实现调速,给定母线电压后无刷直流电动机就工作在一定转速下,其转速不可调,同时转矩脉动较大,图 7-11 为该控制方式控制框图。

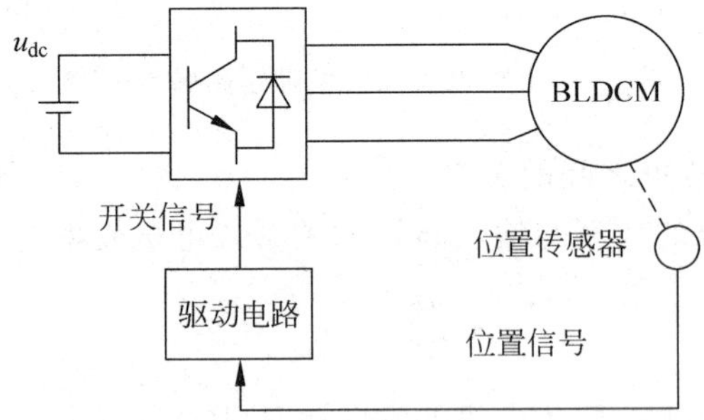

图 7-11　最简控制方式控制框图

7.3.2 调压控制方式

调压控制方式下位置传感器提供转子位置实现电机同步,同时根据给定转速和实际转速的 PI 调节来控制母线电压幅值,实现调压调速。图 7-12 为调压控制方式框图。

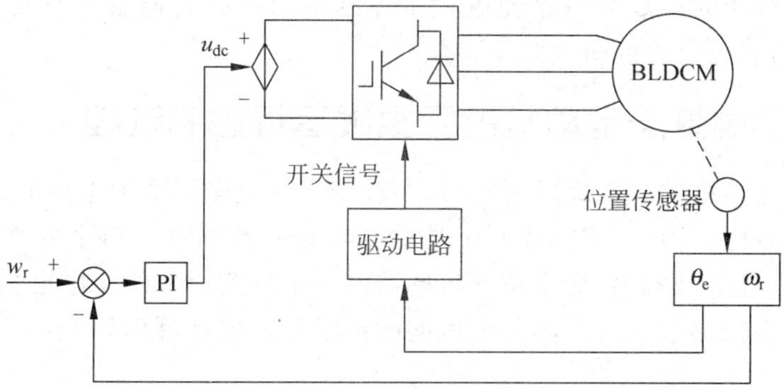

图 7-12　调压控制方式框图

以上两种控制方式转矩脉动都较大，不适合应用在对性能要求较高的场合，只能应用在诸如风机、水泵等场合。

7.3.3　电流滞环 PWM 控制方式

电流滞环 PWM 控制方式是目前无刷直流电动机应用的最多的控制方法，该方法直接控制电机的相电流，因此相比调压调速的控制方法性能更好，较好地抑制了电流的脉动。同时，该方法可靠性高，控制结构简单，能满足一般运行性能下的要求，有很多文章研究 PWM 调制方式，并且使用各种方式来改善 PWM 调制方式控制效果，使其具有更好的运行性能。图 7-13 是常见的电流滞环 PWM 的控制框图。该方法通过一个 PI 速度调节器输出给定电流，与实际电流作比较，形成滞环控制，实现对电流脉动的限制，由于相电流的改善可以减小电流脉动，从而可以改善电机的运行特性。该方法存在的不足是没有从根本上解决换相引起的转矩脉动。同时电流滞环 PWM 调制模式下，滞环宽度减少能减小电流转矩脉动，但带来了如下不足：

(1) 电流滞环宽度的减小，开关频率上升，逆变桥开关损耗加大；

(2) 在电机电感较小或者在轻载情况下电机的电流很难控制在滞环宽度内。

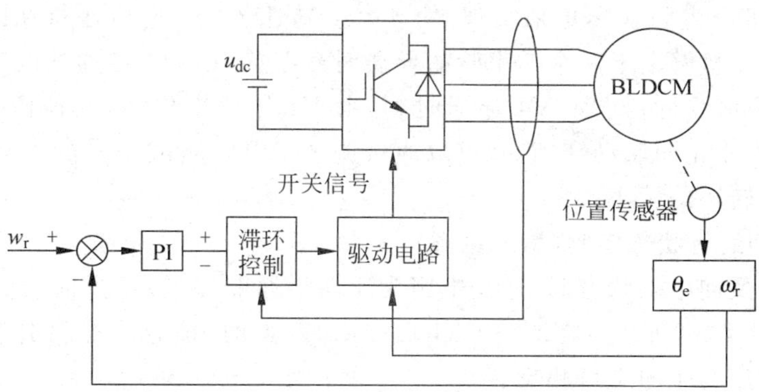

图 7-13　电流滞环 PWM 控制方式控制框图

在一般的工程应用情况下，无刷直流电动机使用上述控制方法就能满足一般场合的运行性能要求，所以并没有很多工程师去追求把高性能的控制策略应用在无刷直流电动机上，但是如果使用高性能的控制策略来使电机本体结构简单的无刷直流电动机的运行性能改善,那无疑是相当有吸引力的研究。

7.3.4 无刷直流电动机的四象限运行控制过程

由无刷直流电动机的工作原理可知,只要改变同一磁极下电枢电流的方向,就可以改变电机输出转矩的方向。因此,实际控制中是通过改变三相方波的相序来改变电磁转矩的转向,需要注意的是,电机反转时,转子位置传感器的三个位置信号的相序也相应改变。图 7-14 为 BLDCM 四象限控制过程时序图。电机的四象限运行控制过程如下:

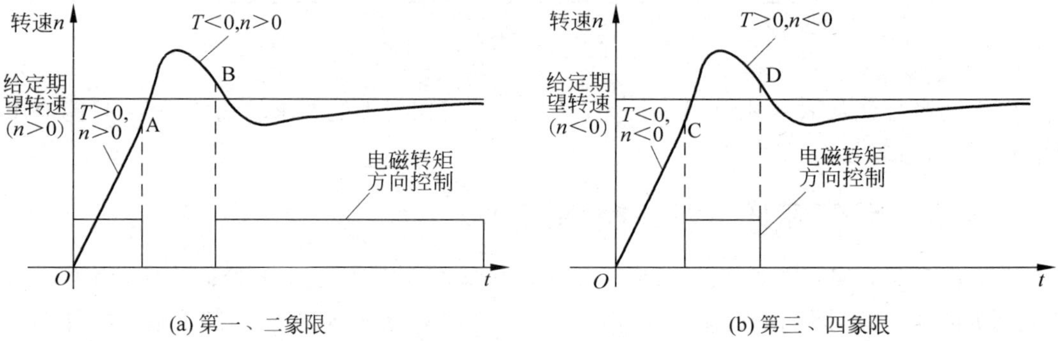

图 7-14 电机四象限控制过程

1. 正向电动状态控制(第一象限)

无刷直流电动机处于正向电动状态时,逆变电路为正向导通顺序,转矩方向与转速方向相同,并且 $T>0$,转速 $n>0$,电机运行在图 7-14(a)的 OA 段,此时,该方向控制引脚设置为高电平。转速的大小通过改变功率管的 PWM 信号的占空比来进行控制。随着 PWM 波占空比的增加,电机电枢电压随之增加,转速上升。

2. 正向制动状态控制(第二象限)

当电动机从正向电动过渡到正向制动状态时,要通过改变逆变器功率管的导通次序,形成反向电流,电机产生制动转矩来实现,使 $T<0$,转速 $n>0$,电机运行在图 7-14(a)的 AB 段,此时,应使同一桥臂上下两个功率管的导通时刻互换,即 V1 导通的时刻,由 V4 导通来代替,使电枢的电流反向,同理,V4 导通时刻,由 V1 导通来代替,其他桥臂也要求同样互换,电动机就会产生正向制动转矩,并可以通过调节 PWM 斩波信号的占空比,控制制动电流从而控制制动转矩的大小。

3. 反向电动运行状态控制(第三象限)

电动机处于反向电动状态时,逆变电路为反向导通顺序,转矩方向与转速方向相同,并且 $T<0$,转速 $n<0$,电机运行在图 7-14(b)的 OC 段,此时,该方向控制引脚设置为低电平,逆变器的导通相序与正向运行相反。

4. 反向制动状态控制(第四象限)

当电动机从反向电动过渡到反向制动状态时,要通过改变逆变器功率管的导通次序,形成反向电流,电机产生制动转矩来实现,使 $T>0$,转速 $n<0$,电机运行在图 7-14(b)的 CD 段曲线,此时,逆变器的导通相序与正向制动过程相反。

7.4　无刷直流电动机的无位置传感器控制

无刷直流电动机一般靠安装在电机内部的位置传感器检测转子位置。位置传感器增加了系统的成本，使电机体积增大，限制了某些特殊场合的应用。在一些应用场合，使用位置传感器会带来以下问题：

(1) 在高温、灰尘多、湿度大、有强腐蚀性气体等恶劣环境下，位置传感器很可能无法正常工作。如在家用空调中使用无刷直流电动机，因压缩机充满强腐蚀性高压制冷剂而无法使用位置传感器。

(2) 位置传感器使电机设计复杂化，增加电机尺寸，限制了在航空、医疗等某些空间有限的应用场合的使用。例如，在旋转叶轮泵中采用无位置传感器控制，可使电机长度缩短5mm，使人工心脏更适于植入人体 。

(3) 使用位置传感器导致引线过多，给电动机整机安装带来不便；当霍尔信号引线靠近三相功率引线时，容易引入干扰，增加控制系统的故障发生率。

为此研究人员提出了很多方法以间接得到无刷直流电动机的换相位置信息，这些无位置传感器技术可以分为三大类：①基于反电动势的位置检测方案；②基于电感的位置检测方案；③其他位置检测方案。

7.4.1　基于反电动势过零点的转子位置检测

基于反电动势过零点的转子位置检测方法是在忽略永磁无刷直流电动机电枢反应影响的前提下，通过检测断开相反电动势过零点，依次得到转子的六个关键位置信号。如图 7-15 所示，反电动势 e_a 上升沿过零点延迟 30°电角度可触发 C 相上桥臂到 A 相上桥臂的换相，若延迟 90°电角度可触发 B 相下桥臂到 C 相下桥臂的换相。

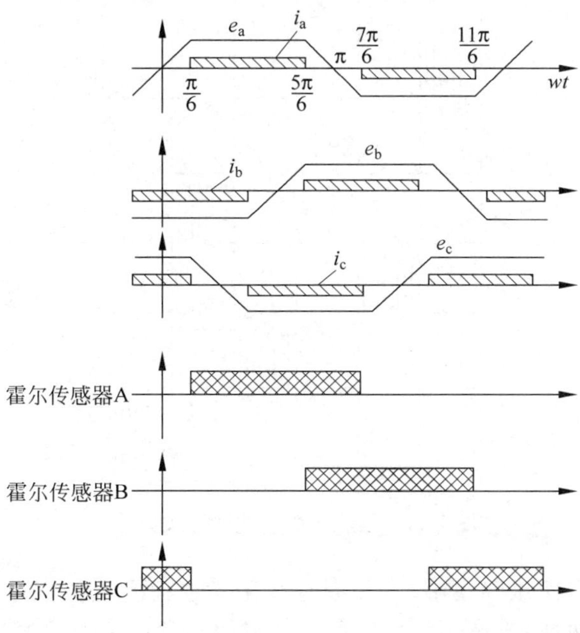

图 7-15　反电动势过零点与换相点关系图

目前研究人员侧重于研究如何得到断开相反电动势，如何使移相电路的相移角度保持不变及如何对位置信号进行校正。

基于反电动势过零点的转子位置检测方法技术成熟，应用最为广泛。但这种方法存在以下缺点：

(1) 反电动势正比于转速，低速时不能通过检测端电压来获得换相信息，故这种方法严重影响了电机的调速范围，使电机启动困难。

(2) 续流二极管导通引起的电压脉冲可能覆盖反电动势信号。尤其是在高速、重载或者绕组电气时间常数很大的情况下，续流二极管导通角度很大，可能使得反电动势法无法检测。

7.4.2 续流二极管法

续流二极管法又称“第三相导通法”，图 7-16 中的 S_1～S_6 即为图 7-1 中的 D1～D6 六只续流二极管。当逆变器采用图 7-16 所示的 PWM_ON 调制方式时，忽略逆变器可控器件及二极管的导通压降，检测在反电动势过零点附近关断相续流二极管的导通与关断状态可实现反电动势过零点的间接检测，并确定转子位置。该方法适用于 120°导通模式方波驱动的永磁无刷直流电动机。为使反电动势过零之后在关断相出现反电动势电流，要求逆变器采用 PWM_ON 调制方式，这会增加控制难度。为此有人提出通过检测下桥臂续流二极管状态得到三个换相点，并通过软件推算得到其他三个换相点，逆变器可采用一般的上管 PWM 控制、下管恒通的控制方式，但是该方案只能用于那些不需要频繁的、迅速变速的应用场合。

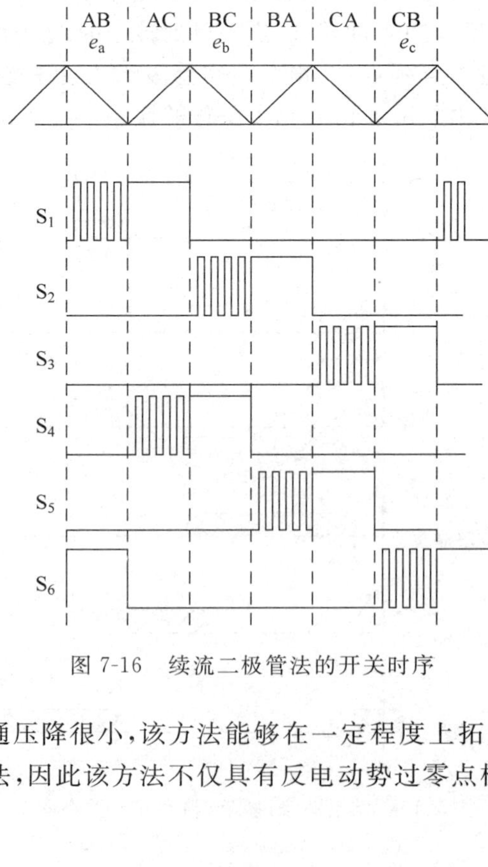

图 7-16 续流二极管法的开关时序

因续流二极管的导通压降很小，该方法能够在一定程度上拓宽电机低速调速范围。但其本质上还是反电动势法，因此该方法不仅具有反电动势过零点检测法的缺点，还存在如下缺点：

（1）必须从众多的二极管导通状态中识别出在反电动势过零点附近的导通状态，因此实现非常复杂。

（2）逆变器可控器件及二极管的导通压降会造成位置检测误差。尤其是当反电动势系数很小或者转速很低时，逆变器可控器件、二极管的导通压降和反电动势相比不能忽略，因忽略而造成的误差应有一定的相位补偿措施。

7.4.3　基于反电动势积分的转子位置检测

反电动势积分法是在关断相反电动势过零点开始对其进行积分，将积分结果与一个参考电压进行比较，以此来确定换相时刻。假定无刷直流电动机单位电加速度下相电动势关于转子位置 θ 的波形函数用函数 $f(\theta)$ 表示，且在电动势过零时 $\theta=0$。则积分结果如式(7-18)所示。

$$V_{\mathrm{i}} = \int_0^{\tau_0} w_{\mathrm{e}} \cdot f(\theta)\mathrm{d}t = \int_0^{w_{\mathrm{e}}\tau_0} f(\theta) = \int_0^{\theta_0} f(\theta)\mathrm{d}\theta \tag{7-18}$$

可以看出，积分结果与反电动势波形有关，但与电机速度无关。假定需要在 θ_0 位置换相（通常 $\theta_0=30°$，若超前换相，则 $\theta_0<30°$），则将参考电压 V_{ref} 设定为 $k_{\mathrm{e}}\int_0^{\theta_0} f(\theta)\mathrm{d}\theta$ 即可，因此反电动势积分法可以实现超前换相，但超前角度必须在30°电角度以内。

和反电动势过零点检测法相比，该方法不需要深度滤波，将锁相环技术应用到基于反电动势积分的转子位置检测方案中，可避免误触发，且不需要参考电压，不受电机参数的影响。已开发的专用集成电路ML4425/ML4426采用的就是这种方案。

但该方法具有以下缺点：①续流二极管导通引起的电压脉冲可能覆盖反电动势信号，致使无位置传感器控制失败；②驱动高速电机(120 000r/min)时，换相过程中续流二极管导通引起的脉冲信号会造成严重的换相滞后，从而恶化电机的运行性能；③积分引起的误差累积也会恶化系统低速运行性能。

7.4.4　基于反电动势三次谐波的转子位置检测

反电动势三次谐波检测法利用反电动势三次谐波分量来检测无刷直流电动机转子位置，如图7-17所示，转子磁链三次谐波分量的过零点对应电机换相时刻，而转子磁链三次谐波分量可由反电动势三次谐波信号积分得到。该方法适用于表贴式无刷直流电动机。

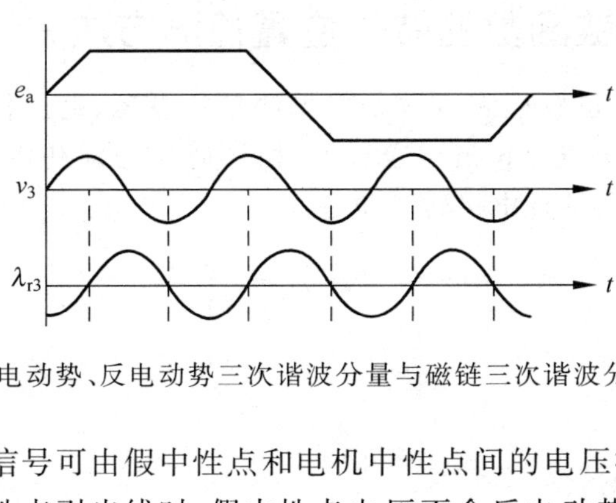

图7-17　反电动势、反电动势三次谐波分量与磁链三次谐波分量相位关系

反电动势三次谐波信号可由假中性点和电机中性点间的电压得到，为此需要引出电机中性点。当电机没有中性点引出线时，假中性点电压不含反电动势三次及其倍数次谐波分

量,但其交流分量积分过零点仍可用于转子位置检测,为此需要额外信号调理电路提取交流分量。

基于反电动势三次谐波的转子位置检测方法的优点在于理论上不受续流二极管导通的影响,能在超高速下检测转子位置,且不需要深度滤波,可以在宽调速范围内达到很好的性能。目前,利用锁相环技术和 ML4425 芯片可以实现这种方案。

不过,中小功率无刷直流电动机的反电动势三次谐波的幅值通常更小,因此低速检测范围有限。

7.4.5 状态观测器法

状态观测器法即转子位置计算法,其基本思想是利用电机数学模型,由实际系统的测量输入量求出估计量。在数学模型准确的前提下,电机模型的状态将跟踪实际电机的状态,用实际电机输出与模型输出间的偏差对估计状态进行校正,如图 7-18 所示。

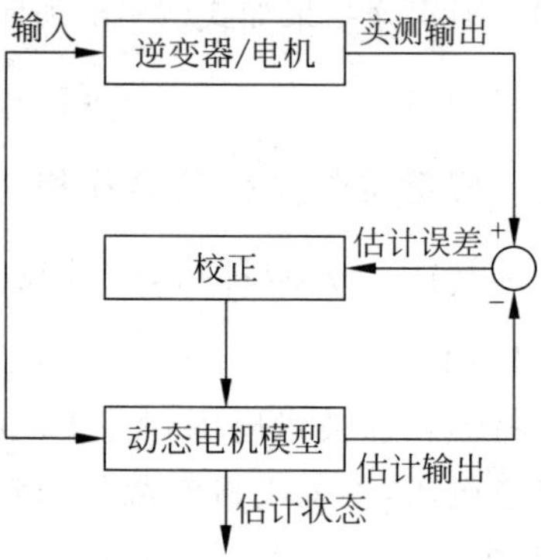

图 7-18 状态观测器法原理框图

为了克服参数变化对观测器性能的影响,需引入在线参数估计,但是这使估计算法变得比较复杂。有工程师针对洗衣机应用场合给出了一种基于电机模型的反电动势检测方法,并对电机电阻和反电动势系数进行补偿。在电机停转间隙通过测量电压电流计算电阻,并利用定子电阻的变化来估计铁氧体的温度。据此,再对反电动势系数进行修正。也有工程师在电机稳态运行时注入一个小的扰动交流电流以校正定子电阻和反电动势系数。

还有工程师利用扩展卡尔曼滤波器进行转子位置和速度的实时估计,并将舍入误差和截断误差也计入到系统噪声。扩展卡尔曼滤波器能有效地削弱随机干扰和测量噪声的影响,观测器的输出能很快跟踪系统实际状态;但是扩展卡尔曼滤波器需要矩阵求逆运算,计算量相当大。为满足实时控制的要求,需要用高速、高精度的数字信号处理器,使无机械位置传感器的调速系统的硬件成本提高。另外,扩展卡尔曼滤波器要用到许多随机误差的统计参数,由于模型复杂,涉及因素较多,使得分析这些参数的工作比较困难,需要通过大量调试才能确定合适的随机参数。

7.4.6 基于磁链函数的转子位置检测方法

基于磁链函数的转子位置检测方法是根据测量的电压、电流估计线间反电动势,假设 a、b、c 三相绕组,在 ac 相导通、ab 相导通和 bc 相导通时分别利用式(7-19)所示磁链函数 $G(\theta)_{\text{bc\_ab}}$、$G(\theta)_{\text{ca\_bc}}$、$G(\theta)_{\text{ab\_ca}}$ 估计电机转子位置。

$$\begin{cases} G(\theta)_{\text{bc\_ab}} = \dfrac{e_{\text{bc}}}{e_{\text{ab}}} \\ G(\theta)_{\text{ca\_bc}} = \dfrac{e_{\text{ca}}}{e_{\text{bc}}} \\ G(\theta)_{\text{ab\_ca}} = \dfrac{e_{\text{ab}}}{e_{\text{ca}}} \end{cases} \tag{7-19}$$

在每个导通模式内恰当选择线间反电动势使磁链函数具有双曲线特性，磁链函数值对换相时刻非常敏感，且线间反电动势过零点对应电机换向时刻，因此该方法具有以下优点。

(1) 不需要深度滤波，且磁链函数值与转速无关，在稳态和暂态过程中均能得到比较准确的转子位置换相信息，并能够扩展低速检测范围。

(2) 每种模式下的 $G(\theta)$ 函数为连续函数，与转速无关，因此可以得到连续的位置信息，能实现超前导通。

该方法实现的关键在于线间反电动势的获取。有工程师利用开环线间反动势观测模型得到线间反电动势，该模型实现简单，但在很低转速下，电压、电流测量误差和电阻参数误差均会造成很大的转子位置估计误差，从而降低系统效率，恶化系统运行性能，因此该方法实际应用中也有最低速的限制，并且为了提高位置检测精度，有必要引入位置误差补偿。

还可以利用反电动势是一种变化缓慢的未知扰动，来构造闭环反电动势观测器，利用电流偏差估计线间反电动势，如式(7-20)所示。

$$\hat{e}_{ab}=K_P(i_{ab}-\hat{i}_{ab})+\int K_i(i_{ab}-\hat{i}_{ab}) \tag{7-20}$$

和开环观测模型相比，这种闭环观测模型观测精度高，抗参数变化和测量噪声干扰方面都有明显改善。但基于闭环离散反电动势观测器的磁链函数法的一些关键问题包括观测器离散化方法，离散步长的选择，离散观测器的稳定性分析和设计等，均有待于深入研究。该方法本质上还是基于反电动势的转子位置检测，不适于极低速和静止状态下的位置检测，且微处理器计算能力有限，要保持一定位置估计精度，该方法还有最高转速的限制。

7.5　无刷直流电动机专用驱动控制集成电路

无刷直流电动机已在各个领域取得了日益广泛的应用，产量巨大，是电机的重要发展方向，因此各国半导体制造商瞄准这一巨大市场，十分重视无刷直流电动机专用集成电路和器件的开发和生产。下面介绍两种典型的集成器件。

7.5.1　MC33035

MC33035 是高性能第二代单片无刷直流电动机控制器，它包含了开环三相或四相电机控制所需的全部有效功能。该器件由一个用于良好整流序列的转子位置译码器、可提供传感器电源的带温度补偿的参考电压、频率可编程的锯齿波振荡器、三个集电极开路的顶部驱动器，以及三个非常适用于驱动大功率 MOSFET 的大电流推挽底部驱动器组成。

MC33035 包含的保护结构有欠压锁定、带可选时间延迟锁存关断模式的逐周限流、内部热关断，及特有的可接入微处理器的错误指示。

典型的电机控制功能包括开环速度、正向或反向、运行使能，及阻尼式制动。MC33035 设计为操作带 60°/300°或 120°/240°电传感器相位的无刷电机，并且还能有效地控制有刷直流电动机。MC33035 引脚定义如图 7-19 所示。

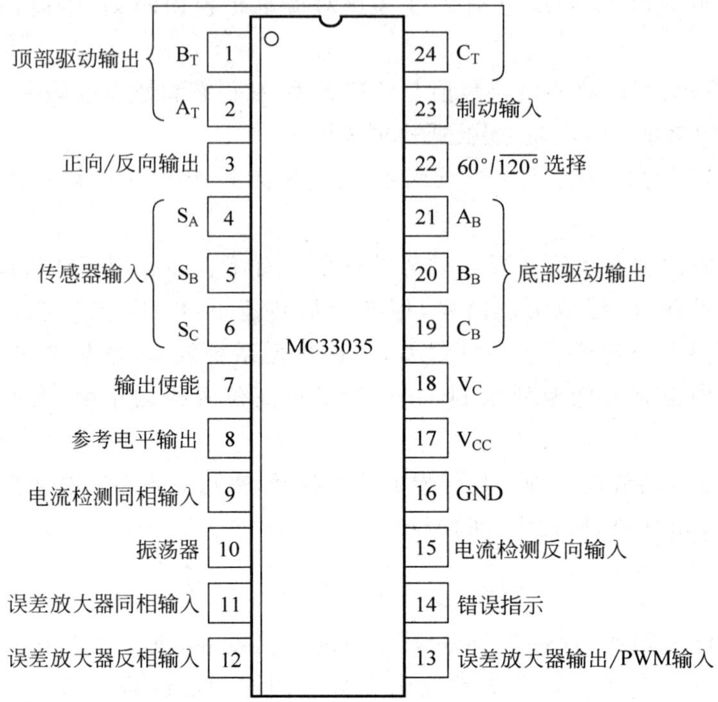

图 7-19 MC33035 引脚定义

1. 特点

(1) 电压 10～30V 工作；

(2) 欠压锁定；

(3) 可作为传感器电源的 6.25V 参考电压；

(4) 完全可访问的误差放大器，用于闭环伺服应用；

(5) 大电流驱动器，可控制外接三相 MOSFET 桥；

(6) 逐周限流；

(7) 带电流检测参考的引脚；

(8) 内部热关断；

(9) 可选 60°/300°或 120°/240°传感器相位；

(10) 可与外部 MOSFET 半桥有效地控制有刷直流电动机。

2. 功能描述

典型内部方框图如图 7-20 所示，下文讨论内部模块的特点及功能，并参考图 7-20 和图 7-21。

1) 转子位置译码器

内置转子位置译码器监控三个传感器输入(引脚 4、5、6)以提供顶端、底部驱动输入的正确时序。传感器输入被设计为直接与集电极开路类型霍尔效应开关或者光开槽耦合器连接。包含了内置上拉电阻以使所需的外部器件最少。输入与门限典型值为 2.2V 的 TTL

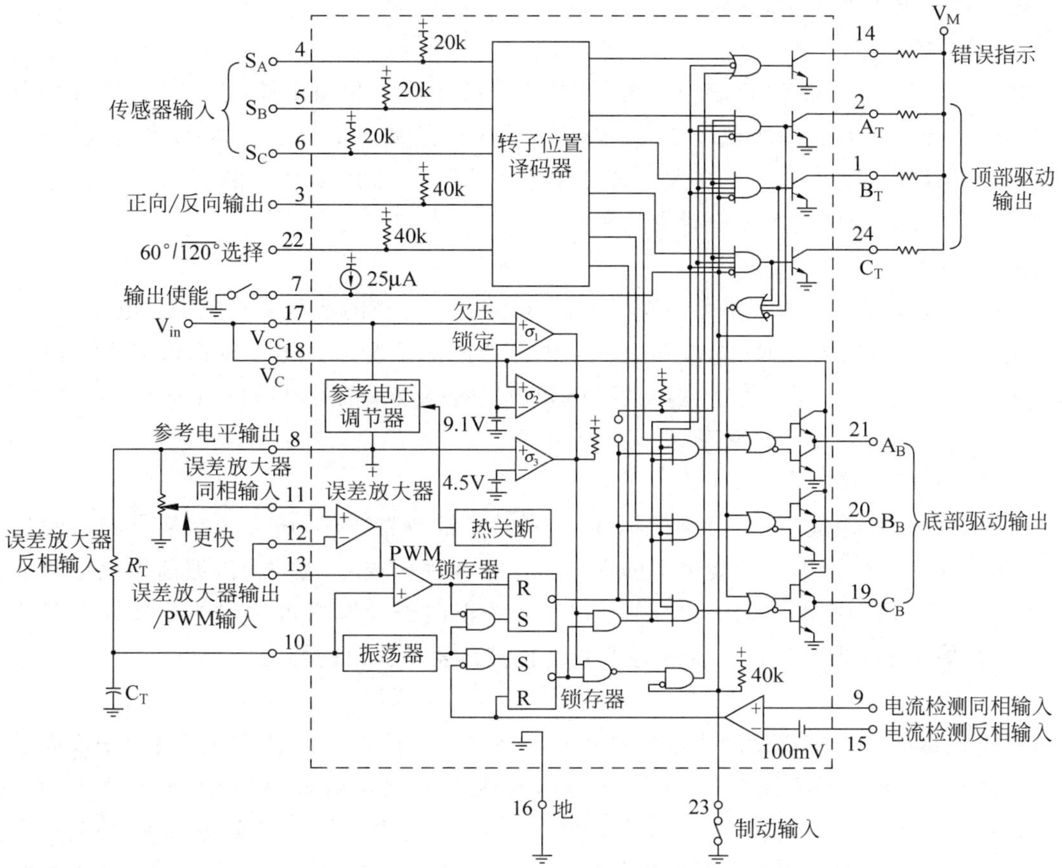

图 7-20 典型内部电路框图

电平兼容。MC33035 系列被设计用于控制三相电机，并可在最常见的四种传感器相位下工作。提供的 60°/$\overline{120°}$选择(引脚 22)可使 MC33035 很方便地控制具有 60°、120°、240°或 360°的传感器相位的电机。对于三个传感器输入，有 8 种可能的输入编码组合，其中 6 种是有效的转子位置，另外两种编码组合无效，通常是由于传感器的开路或者短路所致。利用 6 个有效输入编码，编码器可以在使用 60°电气相位的窗口内分辨出电机转子的位置。

正向/反向输出(引脚 3)通过翻转定子绕组上的电压来改变电机转向。当输入改变了状态，一个指定的传感器输入编码从高电平变为低电平，具相同字母标识的可用顶部和底部驱动输出将互相转换(A_T 变 A_B，B_T 变 B_B，C_T 变 C_B)。实际上，整流时序被反向，电机改变旋转方向。

电机通/断控制由输出使能(引脚 7)实现，当该引脚开路时，内部的 25μA 电源电流将会启动顶部和底部驱动输出时序。接地时，顶端驱动输出关闭并且底部驱动强制为低，使电动机停转，错误指示产生输出。

阻尼式的电机制动功能让最终产品的设计增加了新的安全保证。当制动输入(引脚 23)接高电位时，实施制动。此时顶部驱动输出全部关断，底部驱动全部接通，电机短路产生 EMF。制动输入较所有的其他输入具有无条件的优先权。内置的 40kΩ 上拉电阻保证在开路或断开的情况下实施制动,简化了与系统安全开关的接口。

2)误差放大器

提供高性能、全补偿误差信号放大器,具有可访问输入和输出端(引脚 11、12、13)用来使闭环电机速度控制更易实现。放大器具有 80dB 型直流电压增益,0.6MHz 增益带宽,以及较宽的共模输入电压范围。在大多数开环速度控制应用中,放大器被设置为增益电压跟随器,其同向输入连接到速度设置电压源。

3)振荡器

内置锯齿波振荡器的频率可由定时元件 R_T 和 C_T 选择的参数值来确定。电容 C_T 由参考输出(引脚 8)通过电阻 R_T 充电并由一个内部放电晶体管来放电。锯齿波峰值的典型值为 4.1V,谷底值为 1.5V。为了在声频噪声和输出转换效率两者之间取得一个更好的折中,推荐的振荡器频率在 20～30kHz 范围内。

4)脉冲宽度调制

脉冲调制的使用提供了一种控制电机转速的能量节省方法,该方法在换向时序的过程中,通过分别施加到每个定子绕组上的平均电压而实现。当 C_T 放电时,振荡器设定两个锁存器,并允许顶端和底部驱动输出导通。当 C_T 的正向锯齿波变得比误差信号放大器的输出大时,PWM 比较器将复位上部锁存器并终止底部驱动输出的导通。

5)电流限制

严重过载的电机持续使用将导致过热甚至烧毁。上述损坏情况最好通过使用逐周电流限制来防止,即每一个导通周期当作一个分离的事件,逐周电流限制可由监控每次输出开关导通时定子电流的建立实现,并且当检测到一个过电流条件时立刻关闭该开关,并使其在振荡器的锯齿波上升周期的剩余时间里保持关闭。定子电流通过接入一个对地参考检测电阻 R_S 转换成电压(见图 7-21),该电阻与三个底部开关晶体管(Q_4、Q_5、Q_6)串联。检测电阻上的电压受电流检测输入(引脚 9 和 15)监控,并于内部 100mV 参考电平做比较,电流检测比较器有一个大约 3V 的共模输入,如果超过了 100mV 的电流检测门限,比较器复位低锁存器,并终止输出开关导通。检测电阻值为

$$R_S = \frac{0.1}{I_{\text{stator(max)}}} \tag{7-21}$$

错误指示在过流条件下有输出,双锁存器 PWM 配置可保证不管是被误差放大器的输出还是电流限制比较器而终止,在任何给定的震荡周期中只存在一个单输出导通脉冲。

6)参考电平

片上 6.25V 稳压器(引脚 8)提供振荡器定时电容的充电电流、误差放大器的参考电平,同时也能在低电压应用中直接向传感器提供 20mA 电流。

7)欠压锁定

具有三重欠压锁定功能以防止损坏 IC 和外部功率开关晶体管,在低功率电源情况下,可以保证 IC 和传感器正常工作以及足够高的底部输出电压。加到 IC(V_{CC})和底部驱动(V_C)的正电源各自被单独的比较器监控为 9.1V 的门限,当器件接驳标准功率 MOSFET 期间时,此电平保证了必需的足够栅极驱动能力以获得低的 $R_{DS(ON)}$。若直接利用参考电平向霍尔传感器供电,一旦参考输出电压小于 4.5V,会导致不正确的传感器操作,第三个比较

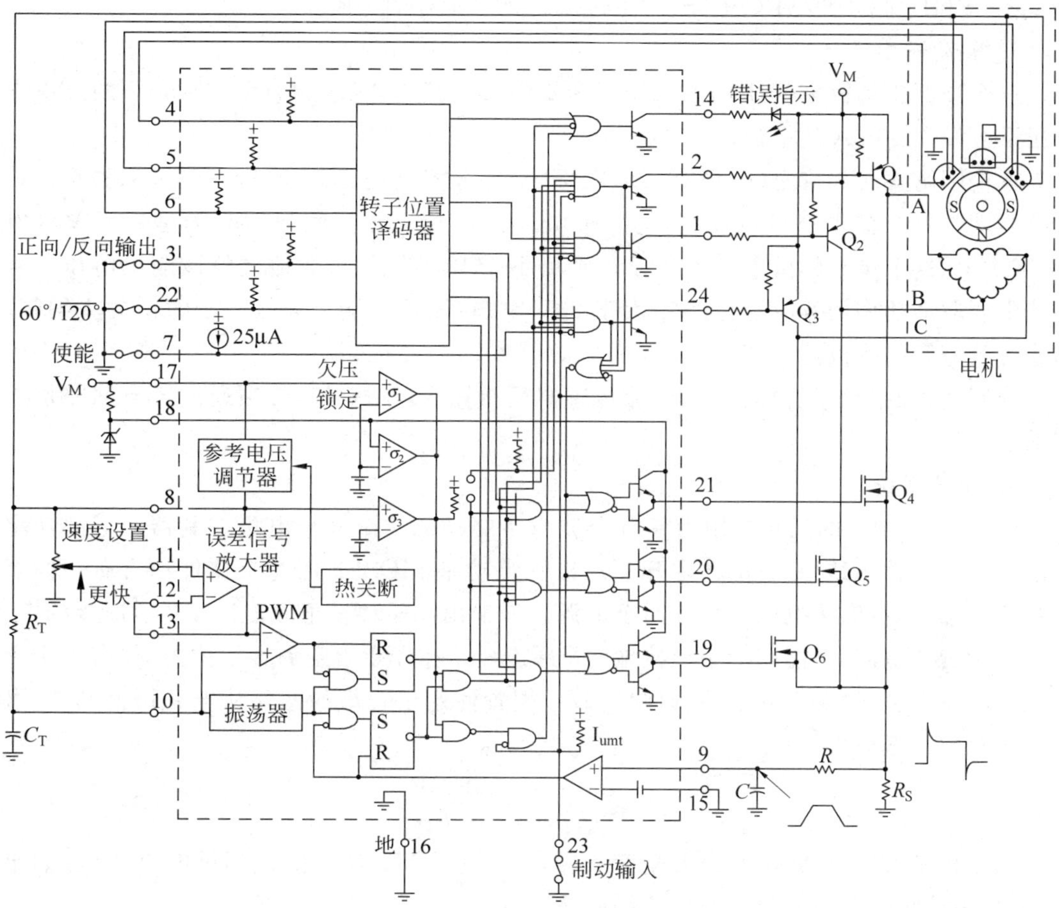

图 7-21　三相六步全波电机控制器

器即用来检测这种状况。若一个或以上的比较器检测到欠压条件，错误指示输出(Fault)显示，顶部驱动被关闭，底部驱动输出保持为低电平状态。比较器中都包含滞后，以防止在它们的门限交叉时产生震荡。

8）错误指示输出

错误指示输出是集电极开路设计，用于提供系统故障时的检测信息，具有16mA的灌电流能力，可直接驱动LED灯的指示。另外，可方便地与微处理器控制系统上用的TTL/CMOS逻辑电路相连接。错误指示(Fault)输出在下列一种或以上条件出现时显示逻辑低：

(1) 无效的传感器输入代码；

(2) 输出使能(Output Enable)为逻辑低(0)；

(3) 电流检测输入(Current Sense Input)大于100mV；

(4) 欠压锁定，一个或以上的比较器动作；

(5) 热关断，超过了最大结温。

该特殊的输出也能用于区别电机的启动与过载情况下的持续工作。在错误指示输出

(Fault)脚和使能脚加入 RC 电路,产生过流时延时锁存的关断。

9) 驱动输出

三个顶部驱动输出(引脚 1、2、24)均为集电极开路 NPN 型晶体管,在 30V 的最小击穿电压下可灌入 50mA 的电流。

三个图腾式底部输出(引脚 19、20、21)非常适合 N 沟道场效应管和 NPN 双极型晶体管直接驱动。每个输出都可以获得高达 100mA 的灌拉电流。底部的驱动是通过 V_C(引脚 18)来供电,这个单独的供电输入让设计者可不受 V_{CC}影响,自如地调整该输出电压。当在系统中要驱动功率场效应管,且 V_{CC}大于 20V 时,在该输入端需连接一个钳位的齐纳管,以防止场效应管的栅极被击穿。

控制电路的接地(引脚 16)和电流传感器反相输入(引脚 15)必须通过各自回路接入电源的公共地。

3. 闭环系统

图 7-21 中所示的三相应用为具有全波六步驱动的一个开环电机控制器。上部功率开关三极管为达林顿结构,下部功率开关三极管是功率 MOSFET,每个器件均含有一内置寄生钳位二极管,将定子电感能量返回至电源。该输出能驱动三角形连接或Y形连接的定子,如果使用分离电源,也能驱动中线接地的Y形连接。在任意给定的转子位置,仅有一个顶部和底部功率开关(属于不同的图腾柱)有效。配置使定子绕组的两端从电源切换到地,可使电流为双向或全波的。

$$I_{峰值} = \frac{V_M + \mathrm{EMF}}{R_{开关} + R_{线}} \tag{7-22}$$

如果电机是在无负载下最大速度旋转,产生的 EMF 甚至能达到供电电压值,如果制动,峰值电流可以是电机停止时电流的两倍。

MC33035 自身只可用于开环电机速度控制,对于闭环速度控制,MC33035 要求输入一个正比于电机速度的电压,一般这可通过转速计产生电机速度反馈电压实现。图 7-22 示出的是采用 MC33039。MC33039 由 MC33035 的 6.25V 参考电平(引脚 8)供电,MC33039 可以产生所需的反馈电压,而无需昂贵的转速计。被 MC33035 用作转子位置译码的霍尔传感器输出信号同样可被 MC33039 使用,在任何一条传感器线上,每一个霍尔传感器信号的正或负的跳变,都可以使 MC33039 产生一个有一定幅度和持续时间的脉冲,其参数由外部电阻 R_1 和电容 C_1 确定,在 MC33039 的引脚 5 处的输出脉冲串联 MC33035 的误差放大器(预置为积分器)积分,以产生一个直流电平,该电平与电机速度成正比,此与速度成正比的电平在 MC33035 电机控制器的引脚 13 处建立 PWM 参考电平,并闭合成反馈环路。MC33035 输出驱动一个 TMOS 功率 MOSFET 的三相电桥。在启动、制动和当电机改变转向时,可产生大电流。

图 7-22 所示的系统为 120°/240°霍尔传感器电气相位的电机所设计,通过除去 MC33035 引脚 22 的跳线(J_2),可以很方便地使系统适用于 60°/300°霍尔传感器电气相位。

7.5.2 EC302

EC302 是专门用来驱动带霍尔传感器的三相无刷直流电动机进行运作的芯片。其主

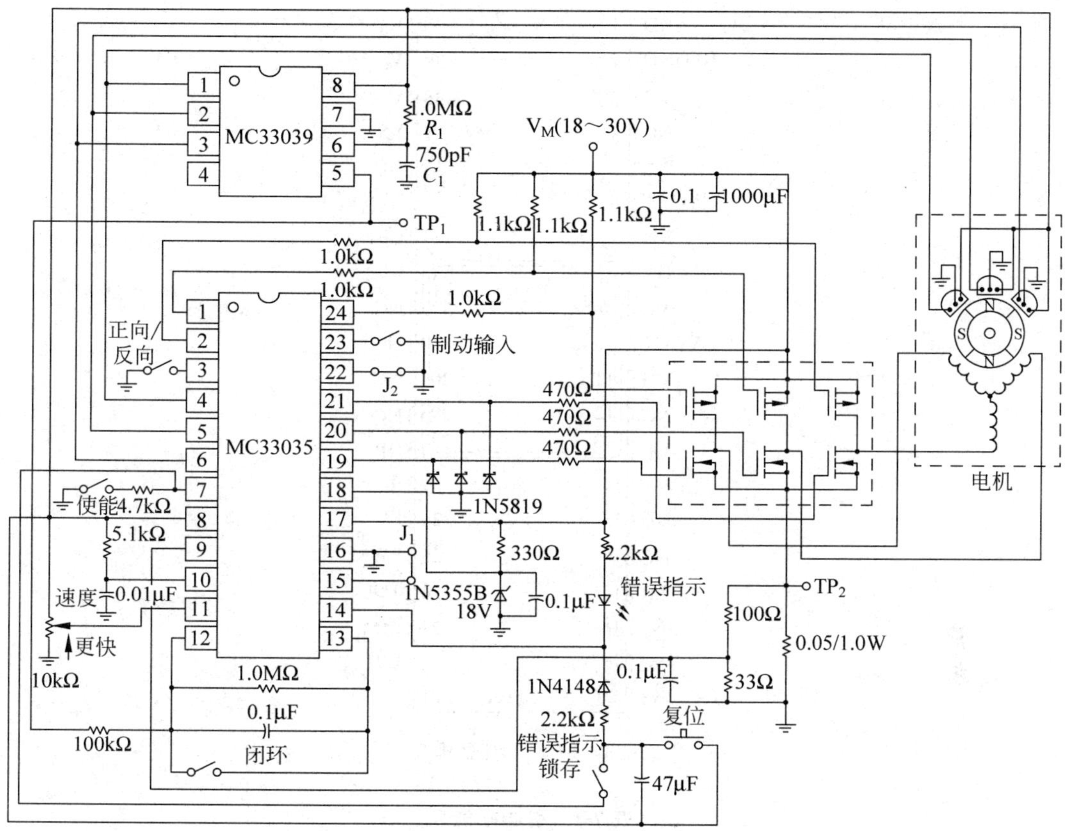

图 7-22 三相 BLDCM 系统闭环控制系统

要功能是驱动电机运转(包括正转和反转),调制电机转速,并提供一些保护功能。它局限于中小功率的无刷直流电动机,额定电压不超过 45V。设计的原始应用对象是电动车,一般采用 36V 的电池。

1. EC302 特性

(1) 用于驱动带 120°霍尔传感器的三相无刷直流电动机。

(2) 外接电源电压范围是 15～42V。允许和电机使用同一组电源。

(3) 芯片提供 5V 和 12V 电压源,可以作为电机里霍尔器件的电源。

(4) 上桥驱动采用内部电压泵,泵电压值是 $V_{CC}+12V$,最高可达 60V,使得外接功率 MOS 管可以都采用 NMOS。

(5) PWM 调速功能。

(6) 正反转控制功能。

(7) 提供过流保护。

(8) 提供欠压保护。

2. 结构

图 7-23 为其引脚排列表。

表 7-1 为其引脚功能表。

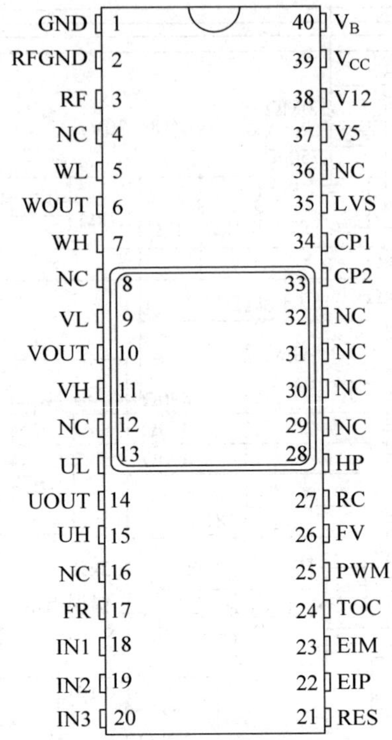

图 7-23 EC302 引脚排列表

表 7-1 引脚功能表

引脚名	输入/输出	描 述
GND	输入	接地端
RFGND	输入	过流保护的参考地端
RF	输入	过流保护端
WL VL UL	输出	下桥功率 FET 驱动输出
WOUT VOUT UOUT	输入	上桥功率 FET 参考地端
WH VH UH	输出	上桥功率 FET 驱动输出
FR	输入	正/反转选择输入端
IN1 IN2 IN3	输入	霍尔位置输入端
RES	输入	复位端
EIP	输入	积分放大器正相输入端
EIM	输入	积分放大器反相输入端
TOC	输出	积分放大器输出端

续表

引脚名	输入/输出	描　　述
PWM	输入	PWM 振荡频率设定输入端
FV	输出	霍尔信号脉冲输出端
RC	输入	单次多脉冲宽度设定端
HP	输出	霍尔信号三相合成输出端，集电极开路输出
CP1 CP2	输入	电压泵电容连接端
LVS	输入	欠压保护检测端
V5	输出	5V 参考电压源
V12	输出	12V 参考电压源
V_{CC}	输入	电源端
V_B	输出	电压泵输出端，V_B 和 V_{CC} 间接维持电容 CB

EC302 内部框图如图 7-24 所示。

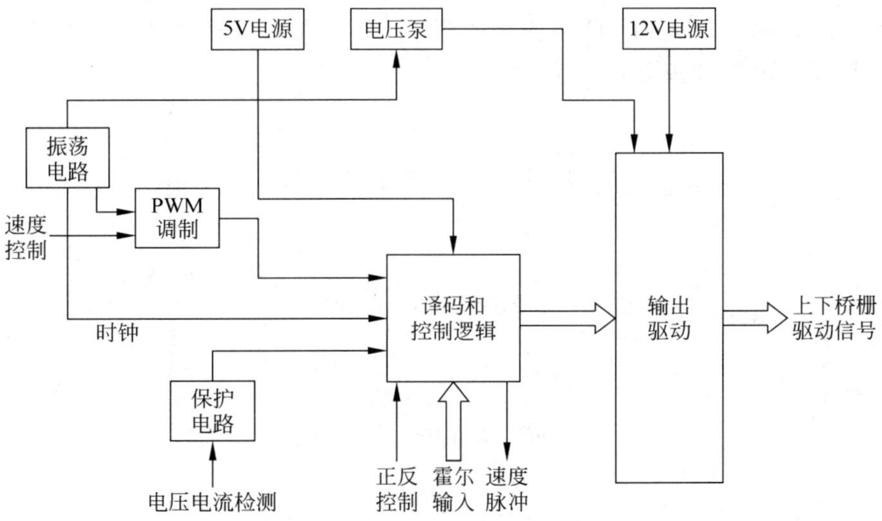

图 7-24　芯片内部结构框图

3. 功能描述

1）输出驱动电路

EC302 是以输出上下共用 NMOS 管为前提而设计的。采用对下桥 UL、VL、WL 的 PWM 调制，通过改变输出的占空比来调整电动机驱动功率，如图 7-25 所示。

在三相的各个输出 FET 附近为防止因电路板信号相同而引发的高频振荡，要使用大约 0.1μF 的电容。电容的容量不能很大，否则会引起开关速度变慢，NMOS 管会发热。

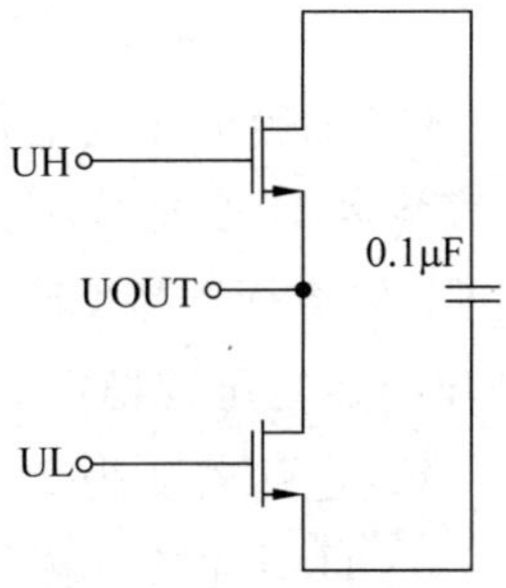

图 7-25　输出驱动电路

2）限流电路

限流电路的电流由公式：I=VRF/RF(VRF=0.1V，RF 是电流检测电阻)来决定，也就是限制最大电流。限制动作通过减小输出占空比来抑制电流。

通过与 RF 端和 RFGND 端间接电流检测电阻，可以正确地抑制电流。如果检测电阻过大，也可以把检测电阻上的电压通过电阻分压，再从 RF 端输入。为了抑制 RF 端的噪声引起的限流误动作，可以在 RF 端加低通滤波器。滤波电容不宜太大，否则会使限流动作变慢。

3）PWM 振荡电路

PWM 时钟频率由 PWM 端所接电容的容量决定。

270pF 的电容产生的频率约为 25kHz。PWM 的频率低的话，可以听到转换开关和电动机的声音。频率高的话，会增加功耗。一般 20～50kHz 为宜。

4）输出占空比控制方法

输出的占空比由 PWM 振荡三角波和 TOC 端电压相比较来决定。TOC 端电压如果为 1V 以下的话，输出占空比为 0%；若电压为 3.3V 以上的话，输出占空比是 100%。

通常，将积分放大器接为跟随器形式（EIM 端和 TOC 端相接），EIP 端输入控制电压（EIP 端电压变高，输出占空比增加）。EIP 端会根据 RES 端复位动作会产生状态变化。将控制电压通过电阻分压后输入 EIP 端可使控制输入的电压活动范围变大。

图 7-26 是 EIM、EIP 和 TOC 端的等效图。EIP 端需要外接一个较大电阻，以确保在 RESET 的时候 EIP 端能被有效下拉，使 PWM 占空比为 0。

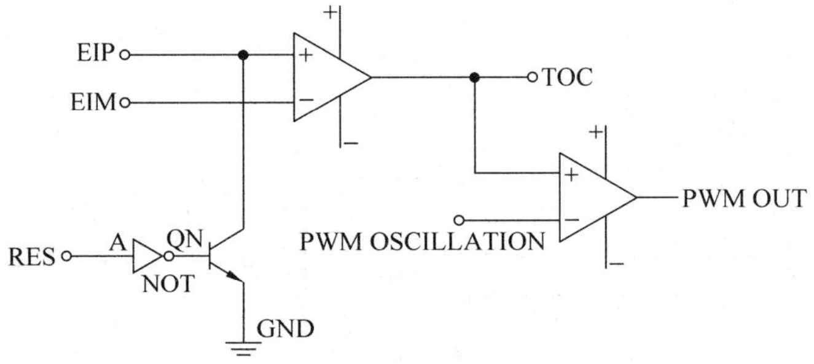

图 7-26 输出占空比控制电路

5）电压泵电路

CP1 和 CP2 之间接泵电容 CP，V_{CC} 和 V_B 间接维持电容 CB。

充电泵电路的电压升高是由于在 PWM 时钟驱动下，CP1 端和 CP2 端间电容 CP 上的电荷被充到 V_B 和 V_{CC} 端间的电容 CB 上，使得 CB 的电荷积聚而产生高电压。CP 和 CB 的容量值必满足下面的关系：

$$CB \geqslant 5 \times CP \tag{7-23}$$

CP 电容的充放电是根据 PWM 时钟周期变化的。相对于 CP 电容的容量，若 CB 电容的容量太小，会造成 V_B 电压波动，甚至产生很高的过冲电压而毁坏芯片。同时决不允许只接 CP 电容而不接 CB 电容。若 CB 电容的容量太大，将使 V_B 电压变得稳定需要较长的时间，但 V_B 电压较稳定。CP 和 CB 的典型值可采用 CP=0.1μF，CB=2.2μF。

V_{CC} 电压若变为 20V 以下，V_B 源的电流能力急剧下降，造成 V_B 电压下降。

6）Hall（霍尔）输入信号和 FR 正反转选择端

霍尔输入和电机霍尔 IC 的输出端相接。在芯片内，它和 5V 电压源间接有 10kΩ 左右的上拉电阻，因此外部就没有必要再接上拉电阻了。如果霍尔IC使用12V的电源，为了使霍尔输入的电压不超过5V，必须再附加下拉电阻或齐纳二极管等来钳制输入电压到5V左右。

霍尔输入端提供大约0.9V的迟滞幅度来增加抗干扰能力。若系统干扰比较大，可以在霍尔输入和GND之间接一电容。

当霍尔信号的三相都是相同输入的状态时，输出将全被关断。

FR正反转选择端用来控制电机转动的方向，它和5V电压源间接有10kΩ左右的上拉电阻，如果悬空则默认是FR=1。FR端提供一定的迟滞幅度来增加抗干扰能力。也可在FR端和GND之间接一电容来增加抗干扰能力。

当电机在高速转动时，如果突然切换FR来改变电机旋转方向，会使电机系统产生巨大的反电动势，可能破坏系统和芯片，因此不推荐这样做。

霍尔输入和FR正反转选择端的译码表见表7-2和表7-3。

表7-2　FR=0(正转)

	IN1	IN2	IN3	UH	VH	WH	UL	VL	WL	HP
1	1	0	1	0	1	0	1	0	0	1
2	1	0	0	0	0	1	1	0	0	0
3	1	1	0	0	0	1	0	1	0	1
4	0	1	0	1	0	0	0	1	0	0
5	0	1	1	1	0	0	0	0	1	1
6	0	0	1	0	1	0	0	0	1	0
7	0	0	0	0	0	0	0	0	0	0
8	1	1	1	0	0	0	0	0	0	1

表7-3　FR=1(反转)

	IN1	IN2	IN3	UH	VH	WH	UL	VL	WL	HP
1	1	0	1	1	0	0	0	1	0	1
2	1	0	0	1	0	0	0	0	1	0
3	1	1	0	0	1	0	0	0	1	1
4	0	1	0	0	1	0	1	0	0	0
5	0	1	1	0	0	1	1	0	0	1
6	0	0	1	0	0	1	0	1	0	0
7	0	0	0	0	0	0	0	0	0	0
8	1	1	1	0	0	0	0	0	0	1

7）欠压保护电路

本电路检测加在LVS端上的电压，见图7-27。该电压在工作电压以下时，输出将全被关断。为防止保护动作在工作电压附近不断开关循环，LVS端提供一定的迟滞幅度。因此，电压没有上升到工作电压以上0.5V则输出不会恢复。还有，处于保护动作时，RES端电压也变成“L”。

通过电阻分压可以使检测电平升高。LVS端在芯片内部会有一个64kΩ的等效电阻接地。在用电阻分压时需要将这个电阻计算在内。

若不使用保护电路，可给 LVS 加一个不动作电压，而不是使 LVS 端开路(因开路时，输出关闭)。

8) RES 电路

为使加电时运行稳定，RES 端初始时要复位。初始复位时，做下面的动作：

(1) 输出全是关断；

(2) EIP 端电压为"L"；

(3) FV 端电压为"L"。

通常 RES 端和 V5 与 GND 间有电阻电容相接，用于设定复位时间。

9) RC 电路和 FV 电路

RC 端是设定 FV 端产生的脉冲幅度(高电平时间)的输入端，见图 7-28。RC 端和 V5 端、GND 之间有电阻和电容相接，以设定脉冲的幅度。该幅度和外接 RC 成正比。这样，FV 端就可以输出一个频率和电机转速成正比的脉冲信号。这可以用来测定电机的转速，外接 F-V 转换器后去控制 PWM 速度设定电压的话可以构成速度负反馈。

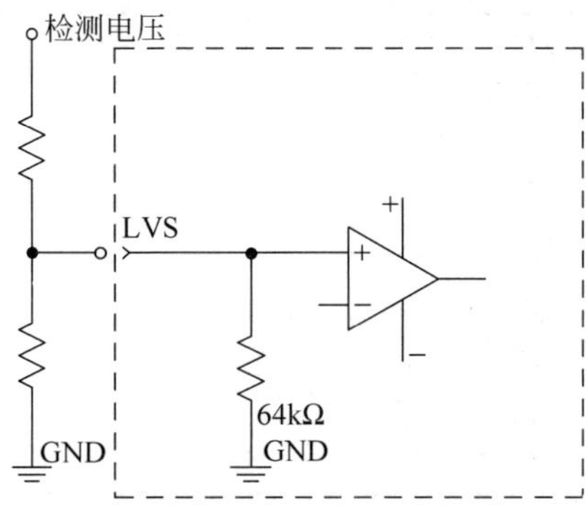

图 7-27　欠压保护电路

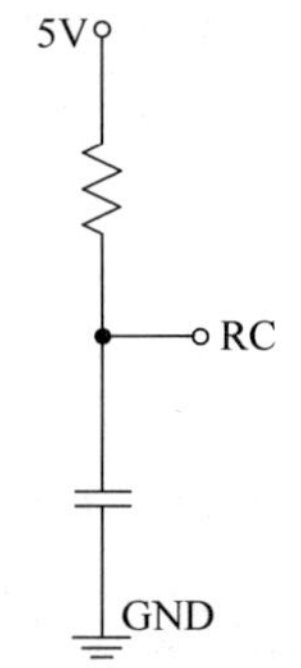

图 7-28　RC 电路

不使用 FV 输出时，RC 端接 GND，FV 端开路。

EC302 主要是为采用无刷直流电机的电动车设计的，同时也可以应用于其他最高电压不超过 45V 的无刷直流电机的驱动。可以开拓的市场估计有洗衣机，自行车改装电动车装置，工业中的一些中低功率的电机控制，一些车载电子设备等。EC302 基本兼容 MC33035 和 MLX90401。

7.6　基于 TMS320F2812 DSP 的无刷直流电动机控制系统

本节结合卫星天线永磁无刷直流电动机伺服控制系统的具体要求，提出了一种基于 TMS320F2812 DSP 全数字式系统的完整可行的系统方案，详细介绍了各部分模块的功能和实现方法。

7.6.1　控制器方案设计

控制器方案设计主要涉及硬件方案设计和控制策略两个方面内容。

1. 硬件方案设计

硬件设计主要包含了 DSP 及扩展电路、GAL 逻辑电路、隔离及驱动电路、电机转子位置信号检测电路、电流检测电路、位置检测电路、通信电路，以及电源模块等。本节只简单介绍整个控制器硬件电路设计的方案选择，具体的关键部分硬件电路设计将在后续中详细介绍。

1）中央控制单元选择

电机的数字控制系统通常要求计算处理必须足够快，为了实现伺服系统的动态、静态技术指标，完成实时数据处理及保护功能，同时协调与卫星总控制器及平衡电机的通信，中央控制单元承担相当繁重的任务，因此，选择一款高性能的处理器是提升整个控制器性能的关键之一。

选用TI(Texa Instrument)公司专为电机伺服系统定制的TMS320F2812 DSP作为处理器。该控制芯片是功能强大的支持电机控制的低功耗32位定点DSP芯片之一，它采用改进型的哈佛结构、八级流水线操作，通过6条独立的地址和数据总线来完成读写操作，完全可以避免从同一地址进行读写而造成的秩序混乱；它既具有数字信号处理能力，又具有强大的事件管理能力和嵌入式控制功能；同时拥有丰富的片内存储器。此外，该DSP的指令执行速度最高可达150MIPS(Million Instruction Per Second)，并且其片内集成16路12位高速A/D转换模块(最高速率为12.5Msps)、专为产生PWM波精心设计的事件管理器(Event Manager)及SCI通信模块。这无疑简化了整体硬件外围电路设计，提高了控制器的整体可靠性，同时也为PWM调制方式控制提供了极大的方便。

2）驱动及逆变器电路方案选择

本功率主电路选用由3只P沟道与3只N沟道MOSFET功率开关管来组成三相桥式逆变电路，选择由NPN三极管等分离元件组成的驱动电路来驱动功率开关管。

3）转子位置信号的检测及换向电路的实现

由转子位置检测器——霍尔传感器输出的三路脉冲信号和电机运行方向信号决定三相绕组的供电顺序，这正是电子换相的思想。利用可编程逻辑器件来实现电子换相，即将三相霍尔信号和DSP输出的载波PWM信号及电机运行方向信号经过GAL逻辑运算产生换相信号，从而正确控制功率开关管的导通次序。

4）电流传感器选择及电流检测位置选择

电流负反馈和过电流保护是所有驱动装置不可缺少的环节。因此，电流传感器是伺服系统中一个重要的元件，它的精度和动态性能直接影响着系统的低速性能、快速性能及控制精度。电流检测的方法主要有霍尔电流传感器与信号调理电路的组合和电阻与线性光耦电路或隔离放大器电路的组合两种。考虑到串入电阻将增加整个主电路回路的阻抗以及电阻上产生的功耗，该控制器选用霍尔电流传感器组成的电路来检测电流，同时实现强电与弱电的电气隔离。

在电流检测位置选择上，目前主要有直流母线侧测量和定子三相电流中的两相相电流测量两种方法。如果采用直流母线侧测量方法，则电流中的谐波含量很大，因此，控制器采用测量二相相电流方法来提高测量精度，以改善电流环的控制效果。

2. 控制器控制策略简介

控制器的控制策略是伺服系统满足各种动态、静态技术指标的关键，本系统采用全数字三闭环控制策略。其控制策略的简单框图如图7-29所示，其中，v_{ref}为卫星中控制器给出的期望参考速度。v_{fd}为由位置微分得到的电机反馈转速，I_{ref}为经转速调节环计算给出的期望参考电流，$I_{feedback}$为定子上反馈电流值，v_{ref}、v_{fd}、I_{ref}、$I_{feedback}$经过数字控制器的双闭环调节(由内向外依次为电流环、转速环)处理后,产生 PWM 信号,再通过 GAL 逻辑电路及驱动隔离电路,输出给逆变器,最终实现伺服电机控制。

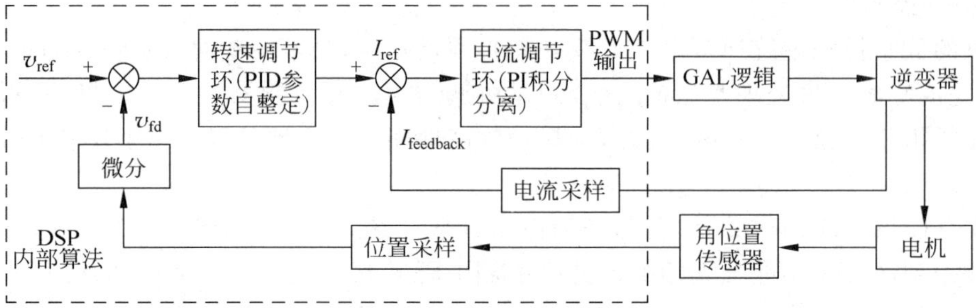

图 7-29 BLDCM 控制器控制策略结构框图

电流环的设计主要考虑电流的跟随性能,由于电流环的调节速度很快,所以电流环采用典型积分分离 PI 控制算法。转速环是决定天线系统的稳态性能的关键部分,由于被控对象的非线性和系统参数的时变性,一般传统 PID 控制算法很难满足要求,为了获得优良的性能,同时综合考虑了速度跟随性与负载的大转动惯量,转速环采用 PID 参数 FUZZY 自调整控制算法。

7.6.2 控制器硬件设计

控制器以 TMS320F2812 DSP 器件为核心,充分利用该 DSP 的高速信号处理能力及其强大的内部功能集成模块,并配以电机控制中优化的外围电路,具有系统集成度高、控制精度高、抗干扰能力强等优点。

本节从控制器的硬件组成出发,首先介绍了基于 TMS320F2812 DSP 最小系统的构建,并详细分析了在此基础上的部分主要电路。

1. 控制器的硬件组成

天线伺服系统控制器的结构框图如图 7-30 虚线部分所示。该控制器以 TMS320F2812 DSP 为核心,通过 DSP、GAL 与电机转子位置传感器产生所需的逆变电路控制信号,再通过隔离与驱动电路输出给逆变器,驱动电机旋转;旋转光栅编码器给 DSP 提供天线的位置信号,再由位置信号经微分得速度信号;DSP 通过 RS232 与天线总控制器通信,同时通过 D/A 转换模块输出与天线转速成正比的电压值给动量矩平衡电机,以抵消天线的转动动量矩。

2. TMS320F2812 DSP 最小系统

该 DSP 为整个控制器的核心,担负着电流信号采样、位置信号输入及速度的计算、双环控制器算法的实现、PWM 产生、系统的保护等功能,同时实现与天线总控制器的通信及天线转速的输出。TMS320F2812 DSP 的高速计算能力及丰富的内部集成模块,不仅简化了外围模块的设计,同时也简化了对这些模块支持的应用程序编写,从而大大改善了控制器的整体可靠性。

TMS320F2812 DSP 的最小系统主要涉及存储器的扩展、复位引脚设置、JTAG 引脚的配置、ADC 模块配置以及时钟模块引脚配置。

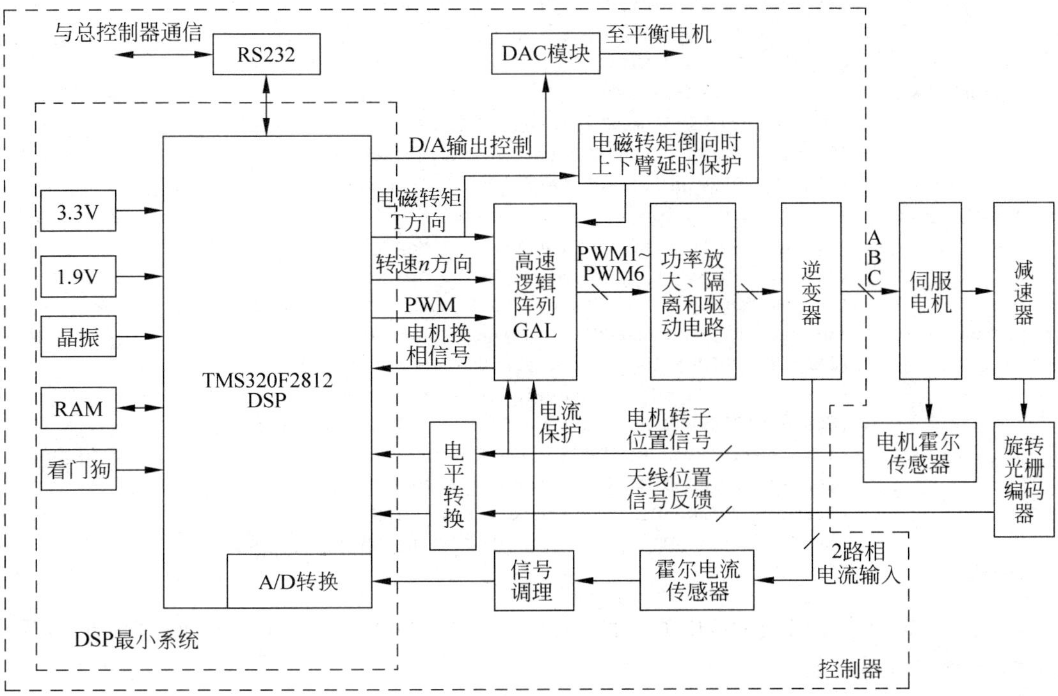

图 7-30 控制器系统结构框图

3. PWM 信号产生及定子换相

本系统中，转子位置信号由集成霍尔组件来检测，通过霍尔组件输出三路换相位置信号 S_A、S_B、S_C，采用三路换相位置信号 S_A、S_B、S_C 与 DSP 输出 PWM 信号经可编程逻辑器件 GAL20V8 产生逆变器所需的六路换相驱动信号，DSP 通过改变载波 PWM 的占空比来达到调速目的。同时参与逻辑的还包括 STOP 电机停止控制信号、nDIR 电机运行方向控制信号、TDIR 为电磁转矩方向控制信号、OverCurr 过流保护信号、DlyPro 电机需反向运行瞬间上下臂死区保护信号，从而起到对电机控制与保护功能，PWM1～PWM6 为输出六路换相驱动信号。下面是各个象限运行所需的六个换相驱动信号逻辑方程，该逻辑关系采用 Verilog 语言编写。

```
module PWM(SA,SB,SC,TDIR,nDIR,PWM,PWM1,PWM2,PWM3,PWM4,PWM5,PWM6,OverCurr, DlyPro, Stop);
input SA, SB, SC, TDIR, nDIR, PWM, OverCurr, DlyPro, Stop;
output PWM1,PWM2,PWM3,PWM4,PWM5,PWM6;
wire _SA, _SB, _SC, _TDIR, _nDIR, Protect;
wire State1, State2, State3, State4, State5, State6;
assign  _SA = ～SA, _SB = ～SB, _SC = ～SC;
assign  _TDIR = ～TDIR, _nDIR = ～nDIR;
assign  Protect = ～(OverCurr|DlyPro|Stop);                        //保护信号
assign  State1 = SA&_SB&SC, State2 = SA&_SB&_SC, State3 = SA&SB&_SC;  //六个触发状态
assign  State4 = _SA&SB&_SC, State5 = _SA&SB&SC, State6 = _SA&_SB&SC;
assign  PWM1 = ((State1&TDIR&nDIR&PWM)|(State2&TDIR&nDIR)|        //第一象限逻辑
              (State4&_TDIR&nDIR&PWM)|(State5&_TDIR&nDIR)|         //第二象限逻辑
              (State4&_TDIR&_nDIR)|(State5&_TDIR&_nDIR&PWM)|       //第三象限逻辑
              (State1&TDIR&_nDIR)|(State2&TDIR&_nDIR&PWM))&Protect; //第四象限逻辑
assign  PWM2 = ((State2&TDIR&nDIR&PWM)|(State3&TDIR&nDIR)|        //第一象限逻辑
```

```
                (State5&_TDIR&nDIR&PWM)|(State6&_TDIR&nDIR)|
                (State5&_TDIR&_nDIR)|(State6&_TDIR&_nDIR&PWM)|
                (State2&TDIR&_nDIR)|(State3&TDIR&_nDIR&PWM))&Protect;
assign  PWM3 = ((State3&TDIR&nDIR&PWM)|(State4&TDIR&nDIR)|          //第一象限逻辑
                (State6&_TDIR&nDIR&PWM)|(State1&_TDIR&nDIR)|
                (State6&_TDIR&_nDIR)|(State1&_TDIR&_nDIR&PWM)|
                (State3&TDIR&_nDIR)|(State4&TDIR&_nDIR&PWM))&Protect;
assign  PWM4 = ((State4&TDIR&nDIR&PWM)|(State5&TDIR&nDIR)|          //第一象限逻辑
                (State1&_TDIR&nDIR&PWM)|(State2&_TDIR&nDIR) |
                (State1&_TDIR&_nDIR)|(State2&_TDIR&_nDIR&PWM)|
                (State4&TDIR&_nDIR)|(State5&TDIR&_nDIR&PWM))&Protect;
assign  PWM5 = ((State5&TDIR&nDIR&PWM)|(State6&TDIR&nDIR)|          //第一象限逻辑
                (State2&_TDIR&nDIR&PWM)|(State3&_TDIR&nDIR) |
                (State2&_TDIR&_nDIR)|(State3&_TDIR&_nDIR&PWM)|
                (State5&TDIR&_nDIR)|(State6&TDIR&_nDIR&PWM))&Protect;
assign  PWM6 = ((State6&TDIR&nDIR&PWM)|(State1&TDIR&nDIR)|          //第一象限逻辑
                (State3&_TDIR&nDIR&PWM)|(State4&_TDIR&nDIR) |
                (State3&_TDIR&_nDIR)|(State4&_TDIR&_nDIR&PWM)|
                (State2&TDIR&_nDIR)|(State1&TDIR&_nDIR&PWM))&Protect;
endmodule
```

电机四象限运行的各功率开关管的导通关系在 MAX＋plus Ⅱ 下的时序波形分别如图 7-31 和图 7-32 所示。

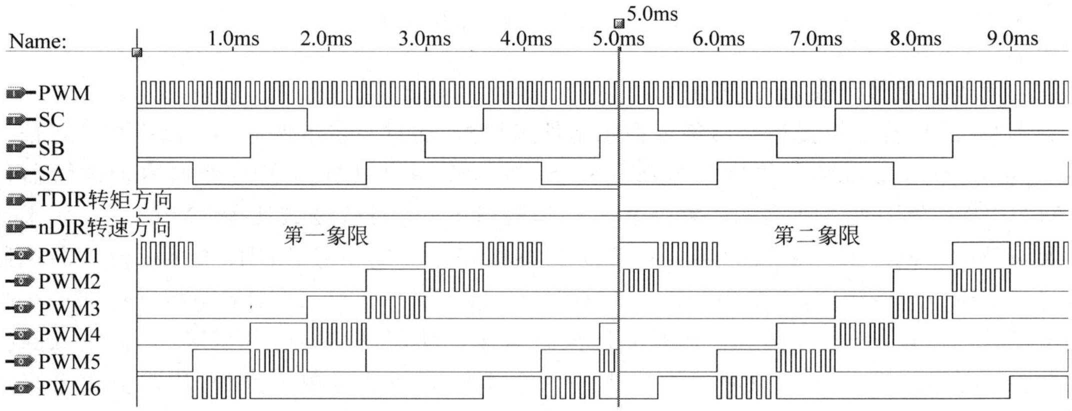

图 7-31　电机由第一象限过渡到第二象限的时序

由于本系统采用 120°导通方式控制电机，因此在正常情况下，不存在上下桥臂直通的情况，不需要加死区电路；但在电机需反向运行的瞬间，上下臂导通关系需互换，存在着上下臂同时导通的危险，因此，必须设计相应的死区电路，其延时时间一般为 1～10μs，以防止上下臂同时导通的情况。如果只采用软件加死区方法，一旦在该瞬间发生程序跑飞情况，则将无法实现该功能。因此，本控制器采用软件和硬件同时结合的双重保护方法，以提高系统的可靠性。图 7-33 为所用的硬件加死区保护电路，其主要由逻辑电路、电阻、二极管、电容等构成，其中逻辑电路由 GAL 实现，该电路的基本工作原理如下：当$\overline{\text{TDIR}}$输入信号从低向高跳变时，流过电容 C1 的充电电流在电阻 R1 上产生高电平，与 DIR1 的高电平相与后，使 DlyPro 信号变为高电平，充电时间即为脉冲宽度，由 RC 常数确定，之后当电容 C1 充电完毕，R1 的输出端变为低电平，经逻辑后使 DlyPro 信号变为低电平，完成反转到正转瞬间的防上下臂同时导通保护；TDIR 输入信号从高向低跳变时，经非门后又变为低向高跳变的 $\overline{\text{TDIR}}$ 输入信号，其后的原理与上面的一样，实现从正转到反转瞬间的保护。电路中的二极管起保护与门的作用，当输入信号发生从高到低（或从低到高）跳变时，C1 或 C2 经 D1 或 D2 放电，由于 D1 或 D2 的导通将使与门的 2 端输入端钳位在 -0.7V，从而起到负相输入保护作用。

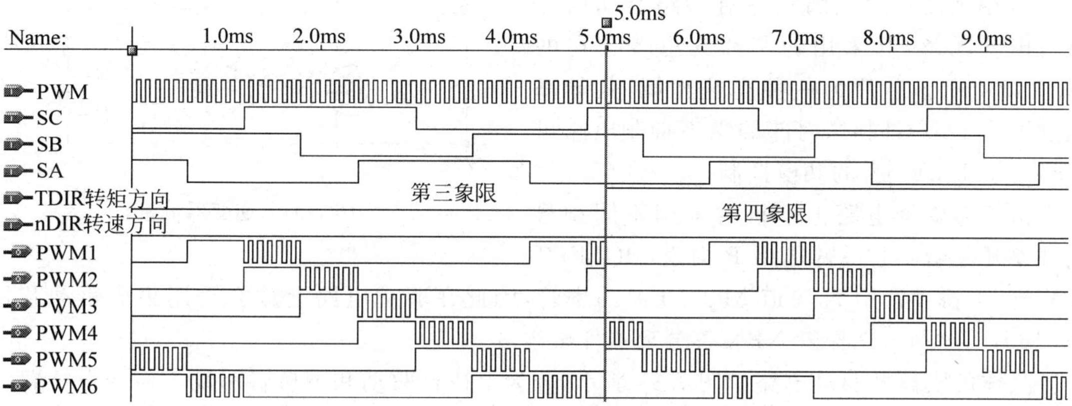

图 7-32　电机由第三象限过渡到第四象限的时序

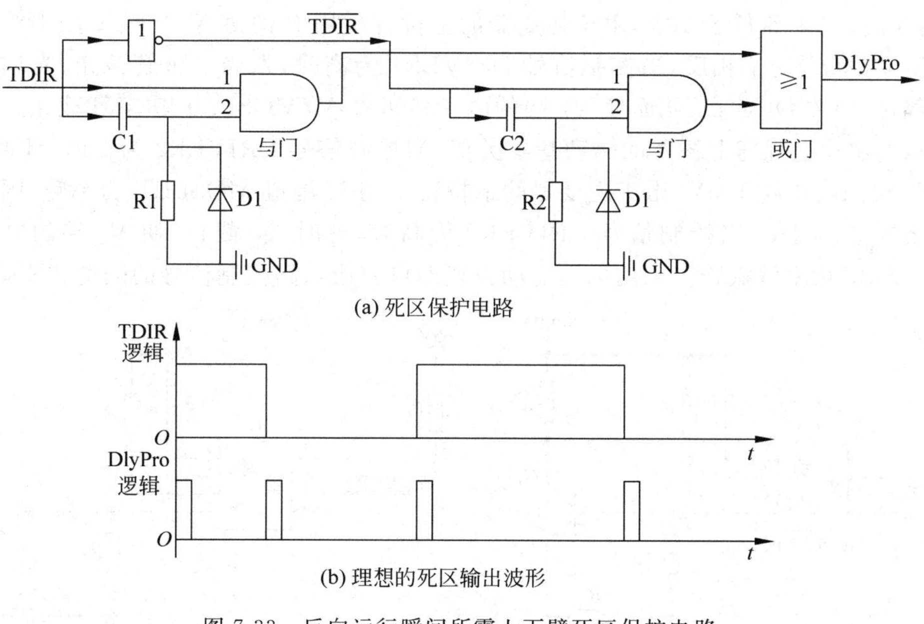

图 7-33　反向运行瞬间所需上下臂死区保护电路

4. 逆变器电路

目前，在高频逆变器中采用较多的器件有：功率晶体管（GTR）、功率 MOS 场效应晶体管（功率 MOSFET）、绝缘栅双极晶体管（IGBT）、静电感应晶体管（SIT）、静电感应晶闸管（SITH）、MOS 控制晶闸管（MCT）以及功率集成电路（PIC）。在常用的全控器件中，IGBT 和功率 MOSFET 输入阻抗高、开关频率高、通态电压低、热稳定性好，是本控制器的首选。由于 MOSFET 比 IGBT 的开关频率高，价格便宜，保护电路相对简单。综合考虑电机容量及开关频率要求,选用 MOSFET 器件 IRHY9130M、IRFY130CM,电路如图 7-34 所示。

5. 隔离及驱动电路

为保证系统运行的可靠性,尽可能防止各种干扰对 CPU 工作产生影响,必须将控制部分的电源和电机驱动及供电电源相互隔离。本控制器采用光耦元件对六路驱动信号进行电气隔离,其采用的芯片为惠普公司的 HCPL530K,该芯片为一种高速光耦,其最高速度可达 1M/s,同时,内部的噪声抑制电路可提供高于 10kV/μs 的共模抑制。

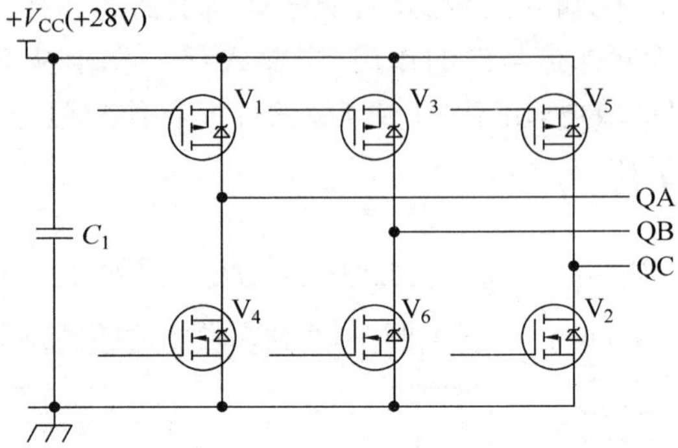

图 7-34　逆变器电路

由于逆变器电路上下桥臂采用不同型号的功率开关管:上桥臂选用 P 沟道 MOSFET 功率管,下桥臂选用 N 沟道 MOSFET 功率管,因此在驱动电路上放弃采用集成驱动芯片 IR2130,而改用由三极管 NPN 等分离器件来组成。

具体的隔离及驱动电路如图 7-35 所示,分为上桥臂驱动和下桥臂驱动。对于上桥臂的隔离驱动过程如下:当控制信号 DRIVER1(该控制信号为 GAL 输出经 54LS240 功率放大并反相后的信号)为低时,发光二极管导通,光耦内的三极管导通,此时三极管 Q_1 也将随之导通,使 V_1 端的电压低于 28V,由于逆变器的上桥臂采用 P 沟道 MOSFET 功率管,因此,此刻促使上桥臂导通;相反,当控制信号 DRIVER1 为高时,发光二极管截止,光耦内的三极管也截止,导致 Q_1 截止,从而使 V_1 端的电压接近 28V,MOSFET 功率管截止。对于下桥臂的隔离驱动过程与上桥臂的驱动基本类似,当控制信号 DRIVER2 为低时,此时 Q_2 导通,使 V_2 端的电压高于 0V,由于逆变器的下桥臂采用 N 沟道 MOSFET 功率管,因此下桥臂也随之导通;相反,当控制信号 DRIVER2 为高时,此时 Q_2 截止,使 V_2 端的电压接近 0V,MOSFET 功率管截止。采用以上驱动方式即可完成六路控制信号的隔离和驱动过程。

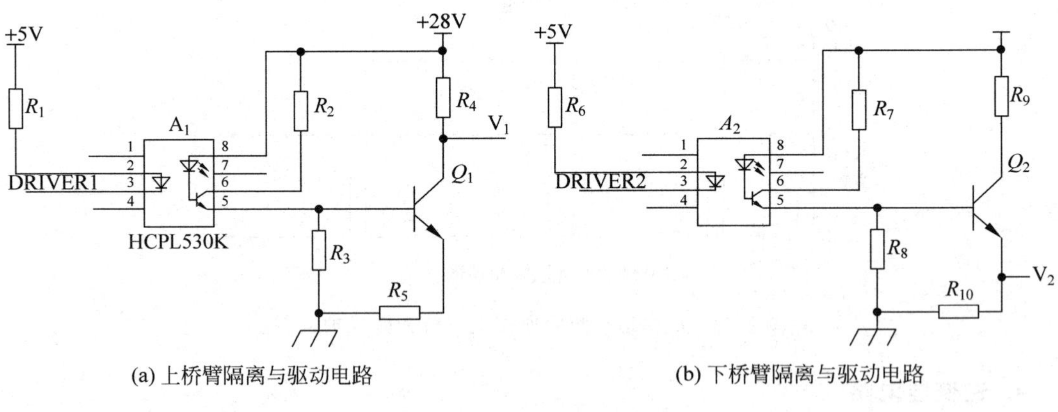

图 7-35　隔离与驱动电路

6. 反馈电流检测电路

电流负反馈和过流保护是所有驱动装置不可缺少的环节。本系统中,为提高电流检测效果,采用测两相相电流的方法,图 7-36 为 A 相的电流检测电路。该电路主要由电压跟随电路和精密全波整流电路组成，其中，D_3、D_4 起限幅作用，精密全波整流电路的工作过程如下：

当输入信号为正时即 $V_i>0$，此时，D_1 导通，D_2 截止，由 U_{1B} 放大器组成的半波检波电路的输出电压可表示为

$$V_{o1}=\frac{-R_3}{R_1}V_i \tag{7-24}$$

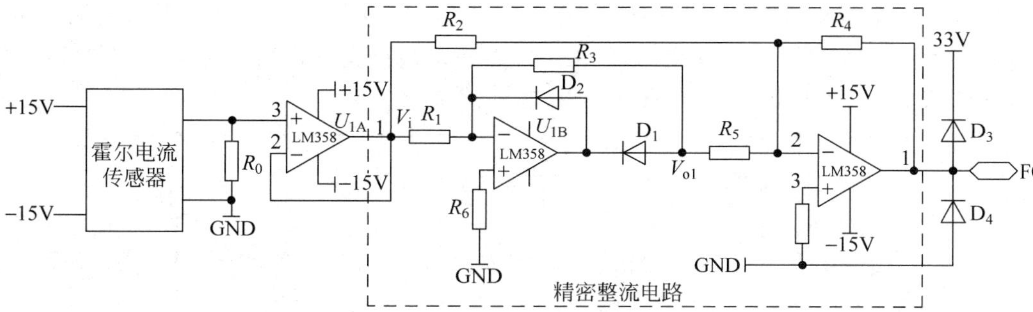

图 7-36　反馈电流检测电路

然后，由 U_{2A} 放大器组成的加法电路对 V_i 和 V_{o1} 两电压进行求和运算，其最终的输出电压 V_o 为

$$V_o=-\left(\frac{R_4}{R_2}V_i+\frac{R_5}{R_4}V_{o1}\right)=-\frac{R_4}{R_2}V_i+\frac{R_4}{R_5}\frac{R_3}{R_1}V_i \tag{7-25}$$

若取 $R_1=R_2=R_3=R_4=2R_5=20\text{k}\Omega$，则有 $V_o=V_i$。

当输入信号为负时，即 $V_i<0$，D1 截止，D2 导通，而使 $V_{o1}=0$，因此加法电路的输出电压为

$$V_o=-\frac{R_4}{R_2}V_i=-V_i \tag{7-26}$$

综上所述，精密整流电路的输入与输出的关系可表示为

$$V_o=\begin{cases}V_i & V_i>0\\-V_i & V_i<0\end{cases} \tag{7-27}$$

写成绝对值形式为

$$V_o=|V_i| \tag{7-28}$$

通过霍尔电流传感器及调理电路可很好地得到反映实际相电流的反馈信号，再根据电机的转子位置信号对采样的两相相电流进行处理，即可获得电机的实际电流大小。

7. 看门狗电路

当微机受到干扰会引起程序乱飞，将有可能使程序陷入"死循环"。此时，采用指令冗余、软件陷阱等技术都不能使失控的程序摆脱"死循环"的困境，所以需采用程序监视技术，又称"看门狗"(Watchdog)技术，使程序脱离"死循环"。系统应用程序一般往往采用循环运行方式，每一次循环的时间基本固定在一个区间内。"看门狗"技术就是不断监视程序循环运行时间，若发现时间超过已知的循环上限设定时间，则认为系统陷入了"死循环"，然后强迫程序返回开始入口，并在开始入口处安排一段出错处理程序，使系统快速纳入正规运行。

该系统硬件设计中，采用双看门狗措施，确保系统死机后能够重新复位。看门狗电路采用分离元件与 555 定时器组合而成，具体的电路如图 7-37 所示。该电路设计的核心思想为

让一个 555 定时器 IC2 工作在单稳态触发器而另一个 555 定时器 IC3 接成多谐振荡器形式。整个电路工作原理如下：当 DSP 工作正常时，DSP 在小于看门狗定时时间内输出喂狗脉宽，单稳态触发器的作用是把 DSP 的喂狗脉冲加宽，加宽三极管 Q_1 的导通时间，从而能使电容 C_8 通过 R_6 和 Q1 快速回路充分放电，使 C_8 上的电压接近为零，这样当 Q_1 截止时，C_8 电容充电，在 C_8 上的电压达到 $2V_{CC}/3$ 之前，DSP 喂狗脉冲又促使 C_8 的电压接近为零，从而使后级 555 定时器 IC3 的第 6 引脚一直小于 $2V_{CC}/3$，这样 555 定时器 IC3 的输出端 3 就一直保持为高；当 DSP 发生死机时，则 Q1 一直处于截止状态，此时后级 555 定时器工作在多谐振荡器下，一直输出低脉冲，直到 DSP 顺利复位。

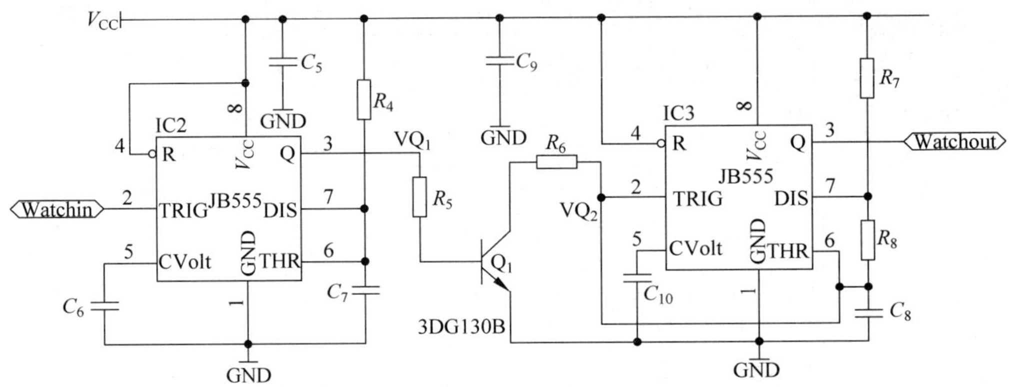

图 7-37　555 定时器组合的看门狗电路

单稳态触发器输出脉宽所需的时间取决于 R_6 与 C_8 的 RC 时间常数，并通过调节电阻 R_4 和电容 C_7 的 RC 时间常数来满足输出脉宽要求，具体的输出脉宽方程为

$$t_w = R_4 C_7 \ln \frac{V_{CC} - 0}{V_{CC} - \frac{2}{3}V_{CC}} = R_4 C_7 \ln 3 = 1.1 R_4 C_7 \tag{7-29}$$

其中，t_w 为输出脉冲宽度。看门狗的最大定时时间主要由 R_7、R_8、C_8 设定，其具体表达式为

$$T_1 = (R_7 + R_8) C_8 \ln 3 + t_w \tag{7-30}$$

其中，T_1 为最大定时时间。而输出复位低脉冲宽度由 R_8、C_8 决定为

$$T_2 = R_8 C_8 \ln 2 \tag{7-31}$$

其中，T_2 为复位脉冲时间。由上可以看出，整个电路只需调节一些电阻电容即可满足所需看门狗定时时间。

7.6.3　控制器软件设计

软件设计是整个系统设计的关键部分之一，软件是实现控制策略的核心。本控制器软件在编程上采用以 C 语言为主体并配以适当的汇编语言的方式，既利用了 C 语言编写算法的方便性，又利用了汇编语言的灵活性，保证整个软件系统的紧凑性。同时，在软件编写过程中，充分考虑了软件以后的可测试性、易修改性和可移植性；按照模块化设计思想，构建整个系统的软件，并在 TI 公司的 C2000 Code Composer Studio 集成开发环境下进行程序调试。

1. DSP 初始化环境建立

TI 公司彻底抛弃了传统单片机系统死板的软件设计方法，参照大型应用软件的开发方式提出了一套全新的开发系统。在该开发环境中，程序员可方便地使用汇编语言或通用C语言编制程序，同时，也能很方便地把它们结合来，实现相互调用、相互嵌套，充分发挥两者的优势，并且将通用C语言程序的编译、汇编语言程序的编译、COFF(Common Object File Format，公共目标文件格式)文件的生成、目标文件的链接以明晰的层次彻底划分开，并辅以大量可灵活使用的编译、链接伪指令来控制编译、链接过程，以方便应用程序的开发。

本控制器的DSP初始化环境主要涉及存储器分配(.cmd文件设置)、中断向量的建立、系统控制寄存器初始化等方面。

2. 存储器分配

在TI公司的集成开发环境中，将产生一种特殊的公共目标文件，其格式遵循公共目标文件格式，要求程序员在程序编制时将段(Section)作为程序和数据的最小逻辑单位，而在目标文件链接时，利用特定的伪指令实现段与实际物理存储器之间的映像(Memory Mapping)。因此，在设计应用程序之前，必须首先根据硬件系统中的存储空间情况，对DSP的存储器进行具体配置，建立.cmd文件。

在.cmd文件中，主要涉及Memory与Sections两部分伪指令，其中Memory伪指令用来指定实际在目标系统中可使用的存储器范围，而Sections伪指令描述输入段怎样被组合到输出段内。图7-38列出的为本系统所用.cmd文件中的关键部分。

```
MEMORY  /* 对程序存储器空间和数据存储器空间的分配*/
{
PAGE 0 :
   PRAMH0     : origin = 0x3f8000, length = 0x001200  /* 程序存储器范围 */

PAGE 1 : /*数据存储器设置*/
   RAMM0    : origin = 0x000000, length = 0x000400
   RAMM1    : origin = 0x000400, length = 0x000400    /* 堆栈存储空间 */
                         …
   DRAMH0     : origin = 0x3f9200, length = 0x000800  /* 变量存储空间 */
   DRAMH1     : origin = 0x110000, length = 0x007fff  /* 外部扩展的存储空间0, 用于实验电流数据保持 */
   DRAMH2     : origin = 0x118000, length = 0x004fff  /* 外部扩展的存储空间1, 用于实验速度数据保持 */
   DRAMH3     : origin = 0x11d000, length = 0x002fff  /* 外部扩展的存储空间2, 用于实验位置数据保持 */
}

SECTIONS /* 各输出段的内存映射 */
{
   /* Allocate program areas: */
   .reset           : > PRAMH0,     PAGE = 0     /* 复位时所指向起始地址 */
   .text            : > PRAMH0,     PAGE = 0     /* 主程序映射 */
   .cinit           : > PRAMH0,     PAGE = 0

   /* Allocate data areas: */
   .stack           : > RAMM1,      PAGE = 1     /* 堆栈存储段映射 */
   .bss             : > DRAMH0,     PAGE = 1     /* 全局变量和静态变量段映射 */
   .ebss            : > DRAMH0,     PAGE = 1
   .const           : > DRAMH0,     PAGE = 1     /* 常量段映射 */
   .econst          : > DRAMH0,     PAGE = 1
   .sysmem          : > DRAMH0,     PAGE = 1     /* 系统动态存储空间映射 */
                         …
   SaveCurrRAM      : > DRAMH1,     PAGE = 1     /* 自定义电流数据保存段映射 */
   SaveSpeedRAM     : > DRAMH2,     PAGE = 1     /* 自定义速度数据保存段映射 */
   SavePstnRAM      : > DRAMH3,     PAGE = 1     /* 自定义位置数据保存段映射 */
}
```

图7-38　系统存储区空间映射关系

3. 中断向量设置

中断服务子程序是实时软件系统不可或缺的重要组成部分。TMS320F2812 DSP 包含丰富的中断系统，分为 CPU 的中断系统和外设中断扩展模块系统(PIE)，其中，CPU 级中断支持 32 个中断源，外设中断扩展模块则支持 96 个不同的中断。因此，如何构造一些文件来既方便设置又方便地管理整个 DSP 中的中断系统，这对提高整个控制系统程序的模块化及可修改性具有十分重要的意义。

在 TMS320F2812 DSP 中采用中断向量的方式来响应中断服务程序，同时，根据不同的设置，可使中断向量映射到不同的地址空间。在 DSP 复位时，其 CPU 级的 32 个中断向量被映射到地址 0x3FFFC0～0x3FFFFF 存储空间上，每个中断向量为 32 位，对应一个 22 位的中断服务程序 ISR 的入口地址。为使能在程序中动态地设置中断向量，从而实现动态地添加中断服务程序，首先，应把 PIE 中断控制寄存器(Piectrl)的 Enpie 位设置 1，使除复位中断外的全部中断映射到 PIE 块地址空间中，然后设置相应的中断向量完成对中断设置的初始化。

对于通用中断服务子程序的编写可以通过在函数前添加 interrupt 关键词或用编译指令 # pragman Interrupt(function)完成，同时要注意中断函数不能有返回值。图 7-39 所示

```
/* Interrupt.h */

#define   BaseInterruptVec          0x00000d00  /* 定义全部向量表的起始地址 */
#define   BasePIEVec                0x00000d40  /* 定义PIE组向量的起始地址 */
#define   PtrPrefix                 (volatile unsigned long*)
                             …
#define   CPUTimer0Offset           0x06
                             …
volatile unsigned int  *PIECTRL  =  (volatile unsigned int*)0x00000ce0;
                             …

/* Interrupt.c */
                    …
int InterruptSetting(void (*ISR)(void), int Offset, char type)    /* 中断向量设置 */
{
    EALLOW;
    if(type == 0) /* 设置CPU级中断 */
       PtrPrefix (BaseInterruptVec + Offset*2) = ISR;
    else if(type == 1) /* 设置PIE级中断 */
       PtrPrefix (BasePIEVec + Offset*2) = ISR;
    else{
       EDIS;
       return 1;   /* 类型出错返回设置不成功 */
    }
    EDIS;
    return 0;   /* 返回中断向量设置成功 */
}
                  …

/* Main.c */

void main(void)
{
                  …
  InterruptSetting(CPUTimer0ISR, CPUTimer0Offset, 1);  /* 设置中断向量 */
                  …
}
                  …
interrupt void CPUTimer0ISR(void)     /* CPU Timer0 中断服务程序 */
{
    …
}
```

图 7-39　中断管理文件组成与中断向量的设置

以本控制器中的一个 CPU Timer0 中断服务子程序为例，分析中断文件的组织及中断向量的设置，从图中可以看出，对 DSP 中断的管理形式上尽量按照模块化的设计思想，所有与中断操作有关的变量及函数，全部包含在 Interrupt. h 和 Interrupt. c 内，方便以后移植与测试。

4. 系统控制寄存器初始化

TMS320F2812 DSP 在复位后，首先应根据外围配置及系统要求对其进行初始化，使 DSP 的性能达到最优化。初始化过程主要涉及系统控制寄存器的设置及 XINTF 寄存器的设置。对于系统控制寄存器的设置，主要包括 PLL 系统时钟设置、看门狗设置、高低速外设时钟定标寄存器、外设时钟控制寄存器设置，具体的操作流程如图 7-40 所示。

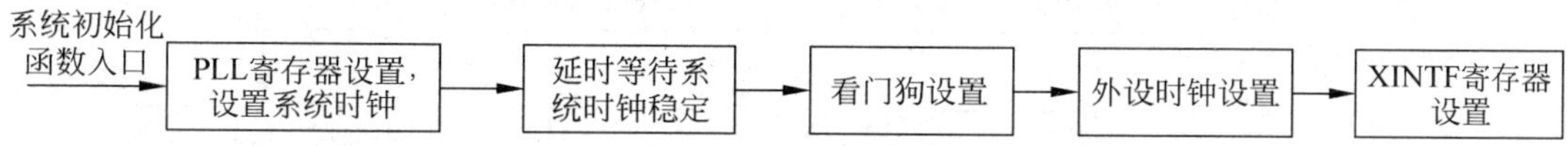

图 7-40 DSP 初始化流程

7.6.4 系统应用软件总体结构

系统应用软件的总体结构如图 7-41 所示，其主要包括电流环控制器模块、转度环控制器模块、应用程序初始化、CPU 定时器 0 中断服务、A/D 采样中断服务程序、通信模块、故障检测处理模块，其中，CPU 定时器 0 中断服务程序给电流、速度提供固定的时钟触发，以使它们在各自固定的定时周期内得到一次执行，相互之间通过信号量来协调，通信模块主要完成本控制器与卫星总控制器之间的通信及通过 D/A 将现在天线转动动量输出给动量矩平衡电机控制器，而应用程序初始化则主要完成 A/D 模块初始化、I/O 初始化、CPU 定时器 0 初始化，及 EVA 和 EVB 初始化（一个用于 PWM 产生、一个用于固定周期触发 A/D 采样）。

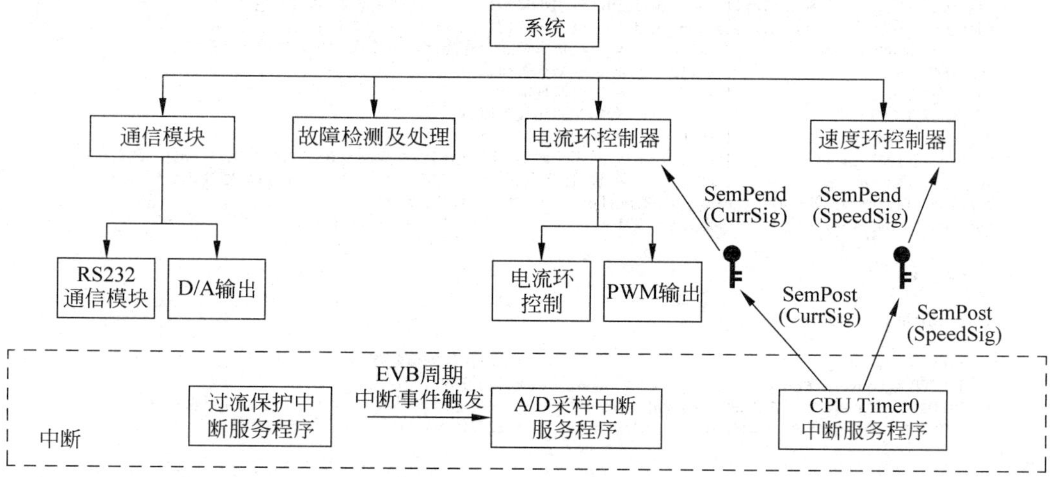

图 7-41 系统应用软件的总体结构

1. A/D 采样中断服务程序

本控制器的 A/D 采样由 EVB 中的周期中断标志启动，以便对 A/D 的采样能够以固定的周期进行，其设置的 EVB 周期为 50μs，即 50μs 启动一次 A/D 采样；同时，A/D 采样的输入时钟 ADCCLK 设置为最高频率 25MHz，发挥 A/D 模块的最大功能。在采样方式上采用级联排序方式进行 A/D 采样,并一次完成对 16 通道信号采样。由于实际只有两路电流信号量,为了能够充分利用 A/D 资源,在设计上把每个电流信号量安排到 8 路 A/D 通道上,这样一次 A/D 启动后就可实现对电流信号的多次采样,并对采样后的数据进行均值滤波后得出此刻的电流值。A/D 中断服务程序的流程图如图 7-42 所示,由于采用从相电流得出电流值方案,因此在计算电流值时,应根据霍尔信号提供的位置信号对得到的 A、B 两相电流进行处理得出。

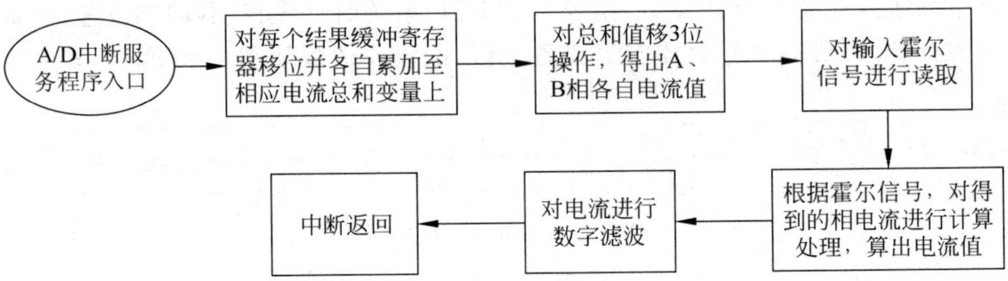

图 7-42　A/D 中断服务程序流程图

2. PWM 脉冲产生

PWM 脉冲采取了用 EVA 通用定时器比较输出方式产生,再通过 GAL 逻辑产生六路驱动信号方式。采用 EVA 产生 PWM 主要包括对 EVA 初始化和指定具体 PWM 的脉宽。图 7-43 为具体的初始化过程和 PWM 脉宽调节程序。

```
/* EV.h */
                ...
#define  GPTCONA     *((volatile unsigned int *) 0x007400)   /* 全局通用定时器控制寄存器A */
#define  T1CNT       *((volatile unsigned int *) 0x007401)   /* 通用定时器1计数寄存器 */
#define  T1CMPR      *((volatile unsigned int *) 0x007402)   /* 通用定时器1比较寄存器 */
#define  T1PR        *((volatile unsigned int *) 0x007403)   /* 通用定时器1周期寄存器 */
#define  T1CON       *((volatile unsigned int *) 0x007404)   /* 通用定时器1控制寄存器 */
#define  EmuPendStop          1 << 14     /* 一旦仿真挂起, 在当前定时器周期结束后停止 */
#define  TMODE1               1 << 12     /* 延续增计数模式 */
#define  TimerEn              1 << 6      /* 定时器使能 */
#define  TECMPR               1 << 1      /* 定时器比较使能 */
#define  TCOMPOE              1 << 6      /* 比较输出允许 */
#define  T1PolarityIn         1 << 1      /* 通用定时器1比较输出极性为高有效即匹配时比较输出由高到低 */
#define  PWMFre               1250        /* 设置PWM调制频率设置为20kHz, 如许修改频率修改此处即可 */
#define  TimerStart(Flag)     Flag |= (TimerEn)      /* 开启定时器 */
#define  ConvertPWM(PWM)      (PWMFre - PWM)         /* 与输出比较极性选择有关, 设置占空比 */

/* EV.c */
                ...
void InitGPTimer(void)
{
    T1PR = PWMFre;                                           /* 设置PWM调制频率 */
    T1CMPR = ConvertPWM(0);                                  /* 初始PWM占空比为0 */
    T1CON = ((TMODE1) + (TECMPR)+ (EmuPendStop));           /* 设置定时器1控制寄存器, 注意小括号必须加 */
    GPTCONA = ((TCOMPOE) + (T1PolarityIn));                  /* 设置比较输出允许及比较输出极性 */
                ...
}

/* main.c */
                ...
TimerStart(T1CON);              //开启通用定时器1
                ...
//电流环内
T1CMPR = ConvertPWM(PWMOut); //调节PWM输出占空比
```

图 7-43　通过定时器 1 初始化过程与 PWM 脉宽调节

7.6.5　控制器系统控制策略

总体说，天线伺服系统控制器采用了全数字式双闭环控制策略实现高精度稳速伺服，控制策略的总体框图如图 7-29 所示，其中虚线框内的部分即由 DSP 来完成的控制算法。

控制器的整个控制过程如下：首先由卫星总控制器通过 RS232 通信给出一个期望参考速度信号 v_{ref}，控制器在接收到给定期望参考速度信号后，转速调节环再根据位置微分得到的速度反馈信号 v_{fd}，输出期望参考电流 I_{ref} 给电流调节环；电流调节环再根据反馈回来的电流值 $I_{feedback}$，计算出所需 PWM 的占空比，然后经 GAL 逻辑和驱动隔离，输出给逆变器，最终实现电机的伺服控制。

在各个调节环的调节周期设置上，则根据各个调节环不同的特性，采取了对每个调节环设定不同的调节周期的方式，具体设定如下：电流调节环每 0.5ms 调节一次，转速调节环每 2ms 调节一次。实验测试结果显示，各个调节环采取不同的调节周期方式，其控制的效果比各环采用相同调节周期要好。

1. 电流调节环控制算法

电流环将产生最终的 PWM 信号。由于电流的期望参考值由转速环来给定，其参考值随转速环的周期而变化，随动性很大，因此，在设计时主要考虑电流的跟随性能，并且由于电流环的调节速度很快，因此在设计电流环时采用积分分离的 PI 控制算法，放弃了把微分 D 引入到电流控制环中，以尽量避免因微分因子而使电流环发生振荡。

积分分离 PI 控制算法为对 PI 的一种改进，引进积分分离算法，既保持了积分的作用，又减小了超调量，使得控制性能有了较大的改善。本电流调节环 PI 积分分离算法的阈值设置为

$$\begin{aligned} E_0 &= 0.5\text{A} \\ I_{error} &= I_{ref} - I_{feedback} \end{aligned} \tag{7-32}$$

其中，E_0 为积分分离阈值，I_{error} 为给定参考电流 I_{ref} 与反馈电流采样值 $I_{feedback}$ 的偏差。

积分分离的控制思想为

当 $|I_{error}| \leqslant |E_0|$ 时，也即偏差值比较小时，采用 PI 控制，可保证系统的控制精度。

当 $|I_{error}| > |E_0|$ 时，也即偏差值比较大时，采用 P 控制，可保证系统快速性并可使超调量降低。

采用增量式积分分离 PI 控制算法的电流调节器可采用以下方程来表示：

$$\text{PWMOut}(k) = \text{PWMOut}(k-1) + K_p[I_{error}(k) - I_{error}(k-1)] + K_1 K_i I_{error}(k) \tag{7-33}$$

$$K_1 = \begin{cases} 1, & |I_{error}(k)| \leqslant |E_0| \\ 0, & |I_{error}(k)| > |E_0| \end{cases} \tag{7-34}$$

PWMOut(k)为本次循环所产生的 PWM 信号的占空比；PWMOut($k-1$)为上次循环结束时 PWM 信号的占空比。电流调节环的积分分离 PI 控制算法流程图如图 7-44 所示。

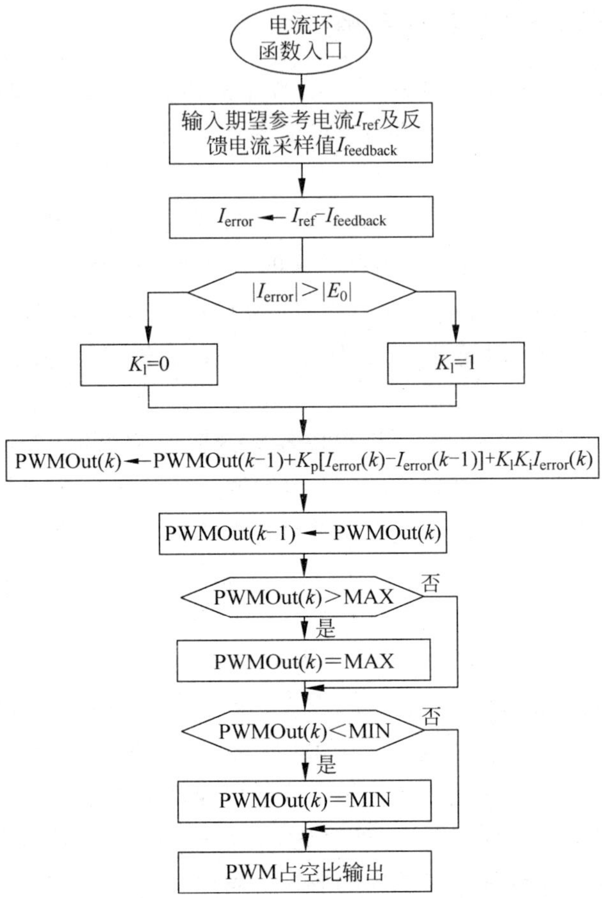

图 7-44　电流调节环积分分离 PI 控制算法流程图

由系统方案可知，PWM 信号经过 GAL 逻辑产生六路驱动信号，经驱动和隔离，输入给逆变器。因此，其占空比控制着逆变器中功率器件的开通和关断时间，对 PWM 信号占空比的调节实质上就是对伺服电机转矩的调节。

2. 转速调节环控制算法

转速环作为双闭环数字调节器的最外环，直接决定了卫星天线伺服系统的各种静态、动态性能，也是软件设计中最关键的部分之一，其执行周期为 2ms。对于传统的 PID 控制算法，结构简单、鲁棒性较强，但由于其 K_p、K_i、K_d参数固定，很难使被控对象既具有良好的静态性能，又具有良好的动态性能，必须对其进行改进，使其尽量能达到最佳性能。本控制器的转速调节环采用了 PID 参数 Fuzzy 自调整控制算法，它由标准 PID 控制器与 Fuzzy 推理机组成，即通过计算当前转速误差 v_e和误差变化率 v_{ec}，通过模糊规则进行模糊推理，作出相应的决策，查询模糊矩阵表进行 K_p、K_i、K_d参数在线实时调整，从而可使被控对象具有良好的动、静态性能，并且由于采用查表法来实现，其控制算法计算量较小，易于用 DSP 来实现，以提高转速环整体调节效果和实时性，其控制算法的结构框图如图 7-45 所示，其中被控对象为电流调节环与电机的组合。

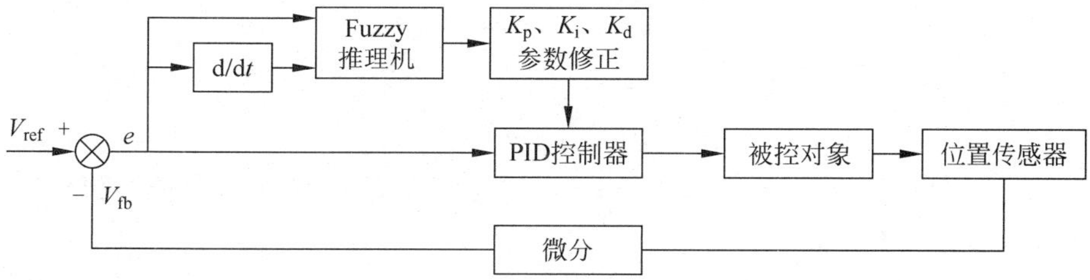

图 7-45　转速调节环控制算法框图

PID 参数 Fuzzy 自调整主要为了满足根据不同偏差 E 和偏差变化率 EC 对 PID 参数自调整的要求，利用模糊控制器规则在线对 PID 参数进行修改。其核心思想是先找出 PID 三个参数与偏差 E 与偏差变化率 EC 之间的模糊关系，在运行中通过不断检测 E 和 EC。根据模糊控制原理来对三个参数进行在线修改，以满足在不同 E 和 EC 时对 PID 控制器参数的不同要求，而使被控对象有良好的动、静态性能，而且计算量小，易于用 DSP 来实现。根据图 7-46 模糊控制器的基本结构，该控制算法的具体设计过程如下。

1）确定模糊控制器的输入、输出变量

这里取转速偏差 v_e'（记为 E）和转速偏差变化率 v_{ec}'（记为 EC）作为输入语言变量，它们分别由 v_e 和 v_{ec} 通过下式变换而得：

$$v_e'=\begin{cases}\dfrac{4}{|\mathrm{E}_0|}v_e & |v_e|<|\mathrm{E}_0|\\ 4\times\mathrm{sign}(v_e) & |v_e|\geqslant|\mathrm{E}_0|\end{cases}\tag{7-35}$$

$$v_{ec}'=\begin{cases}\dfrac{4}{|\mathrm{EC}_0|}v_{ec} & |v_{ec}|<|\mathrm{EC}_0|\\ 4\times\mathrm{sign}(v_{ec}) & |v_{ec}|\geqslant|\mathrm{EC}_0|\end{cases}\tag{7-36}$$

其中 $\mathrm{sign}(x)$ 为符号函数，$|\mathrm{E}_0|$ 为采用 E 控制的阈值；$|\mathrm{EC}_0|$ 为 EC 的阈值。而 v_e 和 v_{ec} 的表达式分别为

$$v_e(k)=v_{ref}-v_{fd}(k)\tag{7-37}$$

$$v_{ec}(k)=\frac{v_e(k)-v_e(k-1)}{\mathrm{d}t}=\frac{v_{fd}(k-1)-v_{fd}(k)}{\mathrm{d}t}=-a(k)\tag{7-38}$$

其中，$v_e(k)$ 为 k 时刻的转速偏差、$v_{ec}(k)$ 为 k 时刻的转速偏差变化率、$a(k)$ 为 k 时刻的加速度；v_{ref} 为期望参考转速值，其值由卫星总控制器给定；$v_{fd}(k)$ 为 k 时刻反馈转速值，通过对位置输入值进行微分得到

$$v_{fd}(k)=\frac{P(k)-P(k-1)}{\mathrm{d}t}=\frac{\mathrm{d}P}{\mathrm{d}t}\tag{7-39}$$

在计算速度时，采用了 CPU Timer0 最高中断优先级中的中断服务程序来完成，并且在中断的开始就计算位置差，保证在计算速度时两相邻位置（$P(k)$ 与 $P(k-1)$）采样间隔时间 $\mathrm{d}t$ 基本保持不变（2ms）。

同时，把 PID 中的比例系数 K_p'（记为 KP）、积分系数 K_i'（记为 KI）、微分系数 K_d'（记为 KD）选作输出语言变量，同样，它们分别由 K_p、K_i、K_d 变换得到：

$$K_p'=\frac{9(K_p-K_{pmin})}{K_{pmax}-K_{pmin}}\tag{7-40}$$

$$K_i' = \frac{9(K_i - K_{imin})}{K_{imax} - K_{imin}} \tag{7-41}$$

$$K_d' = \frac{9(K_d - K_{dmin})}{K_{dmax} - K_{dmin}} \tag{7-42}$$

其中，K_{pmax}、K_{pmin}为K_p的最大值及最小值；K_{imax}、K_{imin}为K_i的最大值及最小值；K_{dmax}、K_{dmin}为K_d的最大值及最小值。

2）确定各输入、输出变量的变化范围、量化等级

取输入变量E和EC的论域都为[−4,4]，并采用的量化等级都为9级，即E、EC={−4，−3，−2，−1，0，1，2，3，4}，其中对E中的[−1,1]间再进行二级量化，再分为五级为{−1，−0.5，0，0.5，1}；取输出变量KP、KI、KD的论域都为[0,9]，并采用的量化等级都为10级，即KP、KI、KD={0，1，2，3，4，5，6，7，8，9}。

3）在各输入和输出语言变量的论域内定义模糊子集

取输入语言变量E的语言值为正大(PB)、正小(PS)、正零(PZ)、负零(NZ)、负小(NS)、负大(NB)，EC的语言值为正大(PB)、正小(PS)、零(ZO)、负小(NS)、负大(NB)，取输出语言变量KP、KI、KD的语言值为正大(PB)、正中(PM)、正小(PS)、零(ZO)。各自的隶属度函数如图7-46(a)～图7-46(e)所示。

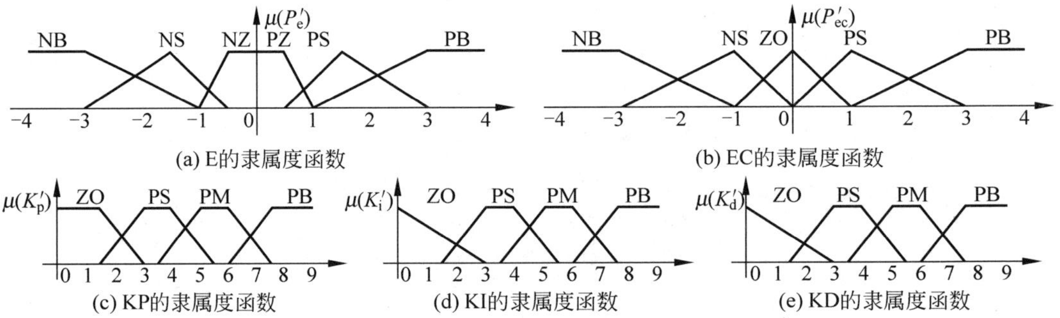

图7-46 输入输出的隶属度函数

4）模糊控制规则的确定

模糊控制规则可以从操作员的控制经验加以总结，也可以从所期望的阶跃特性进行抽取。从系统的稳定性、响应速度、超调量和稳态精度等各方面考虑，K_p、K_i、K_d三个参数的作用可归纳如下：K_p的作用是加快响应速度，提高调节精度，但是K_p过大将导致系统不稳定；K_i的作用在于消除稳态误差，但会增加系统输出的超调量；K_d的作用是改善动态性能。因此，PID参数的调整必须考虑到在不同时刻三个参数的作用以及相互之间的互联关系。

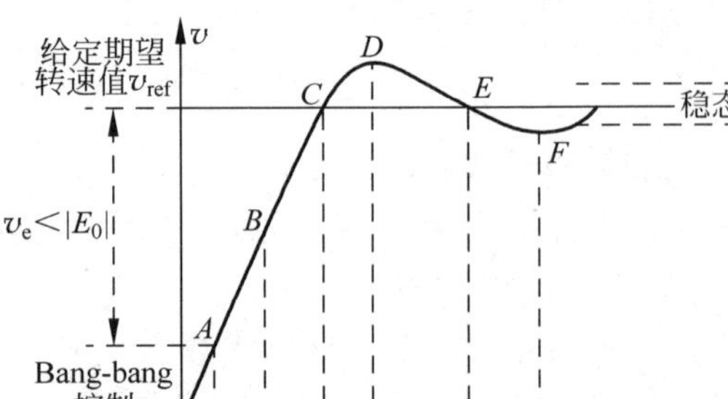

图7-47 单位阶跃输出响应曲线

假设某系统单位阶跃输出响应曲线如图7-47所示，根据参数K_p、K_i、K_d对系统输出特性的影响情况，结合式(7-40)、(7-41)、(7-42)的变换公式，可归纳出在一般情况下，在不同输入变量E和EC时，被控过程对输出变量KP、KI、KD

的自调整规律如下：

系统处于 AB 段时：即 $E>0$ 并较大，为了加快系统的响应速度，并避免因开始时偏差变化率 EC 很大，可能引起微分过饱和等因素，因此此时应取较大的 KP 和较小的 KD，同时为了防止积分饱和，避免系统响应出现较大的超调，此时应去掉积分作用。

系统处于 BC 段时：即 $E>0$，EC<0，其绝对值|EC|中等，这意味着偏差会趋于减小，并朝着期望的给定曲线方向发展，这时应该逐渐减弱控制作用，减小 KP，并取适中的 KD 和较小的 KI，使系统有一定的响应速度，较小的超调。

系统处于 CD 段时：即 $E<0$，其绝对值 $|E|$ 较小并趋于增大，EC<0 并其绝对值|EC|较小。这时应施加较大的控制作用，使偏差迅速回落，即要加大 KP，尤其在 CD 段的初期，并取较大的 KI、KD，使系统响应的超调减小。

系统处于 DE 段时：有 $E<0$，其绝对值 $|E|$ 较小并趋于减小，EC>0 并较小，为避免造成调节过冲，即要减小 KP，同时取适中的 KI、KD。

系统处于 EF 段时：有 $E>0$，EC>0，其值较小，且偏差趋于增大，这时应施加较大的控制作用，即应加大 KP，同时取较大的 KI，去掉微分作用，以过渡到稳态，避免稳态时发生振荡。

系统处于稳态时，$|E|$ 接近 0，此时应取较大的 KP、KI 值，减小稳态误差。

同时这里的一组模糊规则可表示为

if E 是 A_i 和 EC 是 B_i，then KP 是 C_i，KI 是 D_i 和 KD 是 E_i

$$i=1,2,3,\cdots,m \tag{7-43}$$

根据以上的调整规则，可以建立 KP、KI、KD 的模糊调整规则表分别如表 7-4～7-6 所示。

表 7-4 KP 模糊调整规则表

KP（E \ EC）	NB	NS	ZO	PS	PB
NB	PB	PB	PB	PB	PB
NS	PB	PB	PB	PM	PS
NZ	PB	PB	PB	PS	ZO
PZ	ZO	PS	PB	PB	PB
PS	PS	PM	PB	PB	PB
PB	PB	PB	PB	PB	PB

表 7-5 KI 模糊调整规则表

KI（E \ EC）	NB	NS	ZO	PS	PB
NB	ZO	ZO	ZO	ZO	ZO
NS	PM	PS	PS	PS	ZO
NZ	PB	PB	PB	PM	PS
PZ	PS	PM	PB	PB	PB
PS	ZO	PS	PS	PS	PM
PB	ZO	ZO	ZO	ZO	ZO

表 7-6　KD 模糊调整规则表

KD \ EC E	NB	NS	ZO	PS	PB
NB	ZO	ZO	ZO	ZO	ZO
NS	ZO	PS	PM	PS	ZO
NZ	ZO	ZO	PS	ZO	ZO
PZ	ZO	ZO	PS	ZO	ZO
PS	ZO	PS	PM	PS	ZO
PB	ZO	ZO	ZO	ZO	ZO

5）求模糊控制表

模糊控制表是最简单的模糊控制器之一。它可以通过查询将当前时刻模糊控制器的输入变量量化值所对应的控制输出值作为模糊逻辑控制器的最终输出，从而达到快速实时控制，模糊控制规则表必须将所有输入语言变量量化后的各种组合通过模糊逻辑推理的一套方法离线计算出每一个状态的模糊控制器输出，最终生成一张模糊控制表。这里采用 mamnida 推理，并采用重心法算出模糊控制输出的精确量。根据以上的隶属度函数和规则，可以在 Matlab 的模糊逻辑工具箱中进行离线计算，其最终的输入与输出的对照曲线分别如图 7-48(a)、(b)、(c)所示。

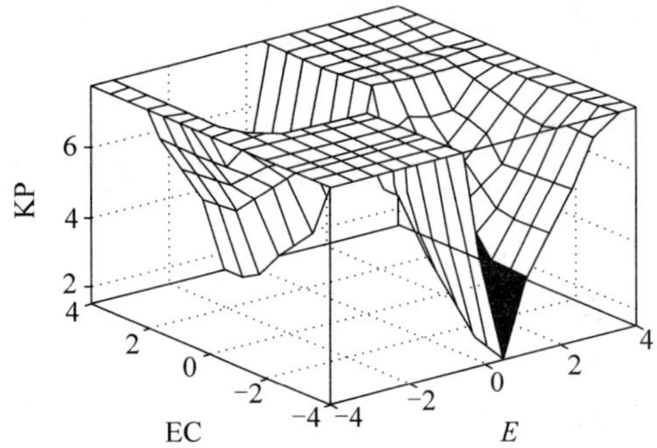

(a) 离线计算后输入E、EC与输出KP的关系

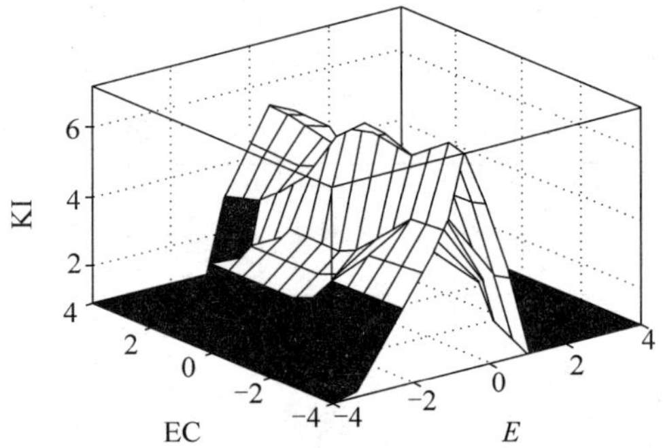

(b) 离线计算后输入E、EC与输出KI的关系

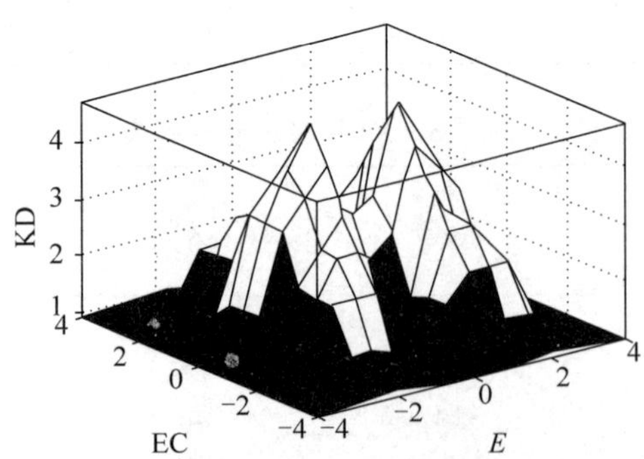

(c) 离线计算后输入E、EC与输出KD的关系

图 7-48　离线计算后输入 E、EC 分别与输出 KP、KI、KD 的关系

根据输入输出的量化等级对上面的平面进行离散化后可得出 KP、KI、KD 的模糊控制表，由于 KI、KD 和 KP 有类似之处，这里只列出了 KP 的模糊控制表，如表 7-7 所示。

表 7-7　KP 的模糊控制表

KP　E \ EC	−4	−3	−2	−1	0	1	2	3	4
−4	8	8	8	8	8	8	8	8	8
−3	8	8	8	8	8	8	8	8	8
−2	8	8	8	8	7	6	5	5	5
−1	8	8	8	8	7	6	5	4	4
−0.5	8	8	8	8	6	4	3	1	1
0	5	5	4	6	6	6	4	5	5
0.5	1	1	3	4	6	8	8	8	8
1	4	4	5	6	7	8	8	8	8
2	5	5	5	6	7	8	8	8	8
3	8	8	8	8	8	8	8	8	8
4	8	8	8	8	8	8	8	8	8

这样根据输入的 E 和 EC，通过模糊控制表，可得出 K_p'、K_i'、K_d'，再由式(7-40)、(7-41)、(7-42)可计算得出所需的 K_p、K_i、K_d 输入到 PID 控制器中，实现 PID 参数模糊自调整。

下面，介绍 PID 参数实时改变的控制算法的实现。

已知常规数字式 PID 控制算法为

$$u(k)=K_pe(k)+K_i\sum_{j=1}^{k}e(j)+K_d[e(k)-e(k-1)] \tag{7-44}$$

其相应的增量形式为

$$\begin{aligned}\Delta u(k)&=u(k)-u(k-1)\\&=K_p[e(k)-e(k-1)]+K_ie(k)+K_d[e(k)-2e(k-1)+e(k-2)]\end{aligned} \tag{7-45}$$

但式(7-44)和式(7-45)只有在 K_p、K_i、K_d 为恒定值时才成立，对于本文采用 PID 参数 Fuzzy 自调整控制算法，K_p、K_i、K_d 中的值将根据不同的 E 和 EC 进行不断的变化，因此必须作出相应的修改，其表达式可表示为

$$u(k)=K_p(k)e(k)+\sum_{j=1}^{k}K_i(j)e(j)+K_d(k)[e(k)-e(k-1)] \tag{7-46}$$

$$u(k-1)=K_p(k-1)e(k-1)+\sum_{j=1}^{k}K_i(j)e(j)+K_d(k-1)[e(k-1)-e(k-2)] \tag{7-47}$$

其中，$K_p(k)$、$K_i(k)$、$K_d(k)$分别为 k 时刻由 Fuzzy 控制器提供的 K_p、K_i、K_d 值。根据式(7-46)及式(7-47)可推导出增量式公式为

$$\begin{aligned}\Delta u(k)&=u(k)-u(k-1)\\&=[K_p(k)+K_i(k)+K_d(k)]e(k)-[K_p(k-1)+K_d(k)+K_d(k-1)]e(k-1)\\&\quad+K_d(k-2)e(k-2)\end{aligned} \tag{7-48}$$

根据式(7-48)可得出转速调节环的 PID 控制算法为

$$I_{ref}(k)=I_{ref}(k-1)+[K_p(k)+K_i(k)+K_d(k)]v_e(k)$$
$$-[K_p(k-1)+K_d(k)+K_d(k-1)]v_e(k-1)+K_d(k-2)v_e(k-2) \tag{7-49}$$

其中 $I_{ref}(k)$为 k 时刻的转速环参考电流输出。转速环的控制算法流程图如图 7-49 所示。

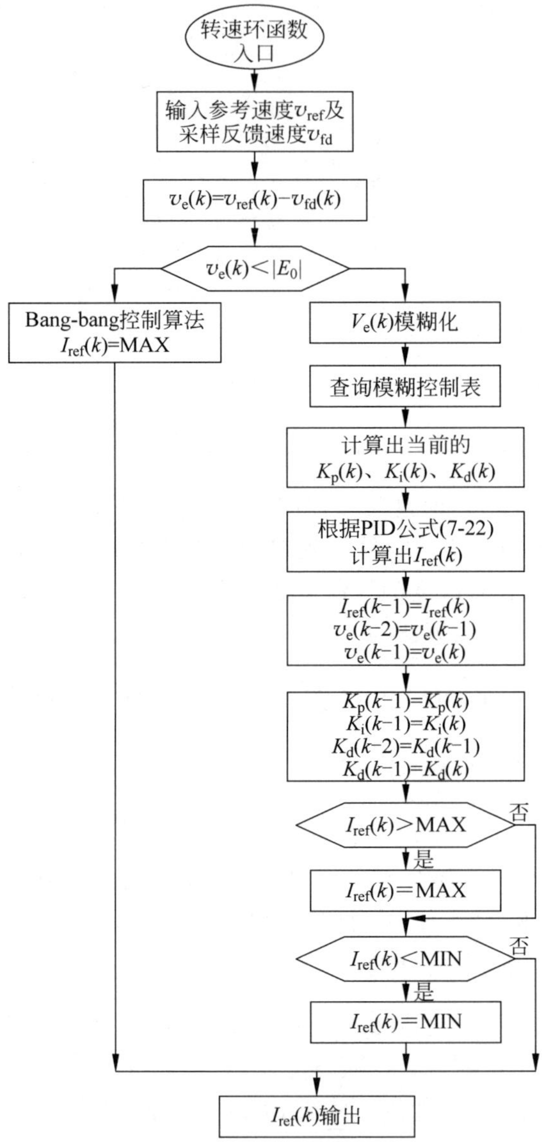

图 7-49 转速环的控制算法流程图

7.7 无刷直流电动机转矩脉动抑制方法举例

转矩脉动问题一直是阻碍无刷直流电动机在某些领域应用的瓶颈。造成转矩脉动的原因主要有两点：其一是由于电机绕组相电感的存在，换相时存在延时，同时关断相的下降电流与开通相的上升电流在换相时斜率不同、时间也不同，从而形成转矩脉动，称为换相（区）转矩脉动；其二是在非换相区，即导通区间，由于与开关功率管反并联的二极管在某些区段受正向电压而导通，并和非导通相串联，使得原本不该有电流流过的非导通相有电流流过，该电流产生的转矩叠加后使得电机总转矩出现脉动，称为因二极管续流引起的非换相区（或导通区）转矩脉动。

本方法针对非换相区非导通相绕组续流引起的转矩脉动和换相区两相绕组电流上升下降不同斜率引起的转矩脉动进行研究分析，将 ZETA 型 DC/DC 变换器引入直流侧控制的方案，并结合 pwm_on_pwm 的 PWM 开关控制模式。

7.7.1 无刷直流电机控制模型

对无刷直流电机转矩脉动的分析，首先要分析其控制模式。一般来说，无刷直流电机通过改变 PWM 的占空比来调节电压平均值，进而使得电流与电磁转矩改变，达到调速或稳速目的。图 7-50 以典型二二导通、三相六状态 120°导通方式的 PWM 控制的三相六开关无刷直流电机控制系统为研究对象。

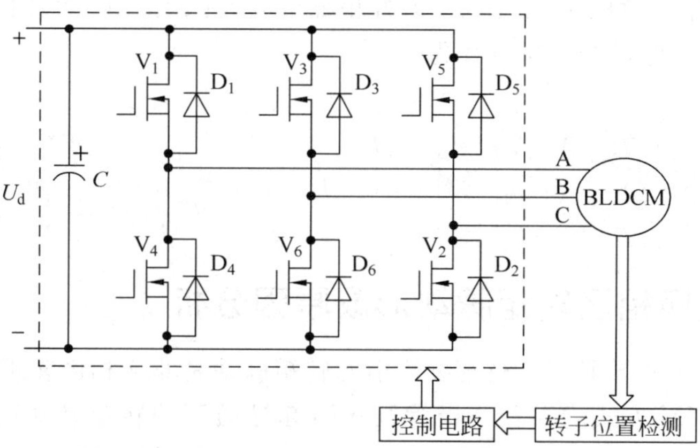

图 7-50 无刷直流电机控制系统原理框图

PWM 调制方式可分为两大类型：一类是双斩方式，即每个导通状态下，功率变换器主电路上下桥臂对应的功率管全部进行 PWM 调制；另一类是单斩方式，即在三相六状态任意一个状态区间，只有相应上桥臂（用 H 表示）和下桥臂（用 L 表示）两个功率管中的一个进行 PWM 调制。单斩方式又分为两种：一种是全部六个导通状态统一只对上桥臂或下桥臂的功率管进行 PWM 调制，导通状态期间另一支功率管维持全通，定义为 H_pwm－L_on 和 H_on－L_pwm；第二种是六个功率管轮换进行 PWM 调制，每个导通状态对应一个功率管斩波，定义为 on_pwm 和 pwm_on，分别表示每个开关管导通周期的两个区间内先全通后 PWM 和先 PWM 后全通。双斩方式功率管的开关损耗是单斩方式的两倍，降低了控制器的效率，一般不采用这种方式。单斩方式中只斩上桥臂或只斩下桥臂的方式，实现起来比六个功率管轮换的单斩方式简单，但会造成上下功率管的开关损耗不同，而六个功率管轮换的单斩方式中每个功率管的开关损耗相同，可提高系统的可靠性。

不同的 PWM 调制方式对无刷直流电机的转矩脉动影响也不相同，单斩方式优于双斩方式，单斩方式中多数研究成果都认为 pwm_on 方式转矩脉动相对最低。

图 7-51 为三相无刷直流电机等效电路及其功率变换器主电路，功率管的导通时序由电机的换相位置信号决定。

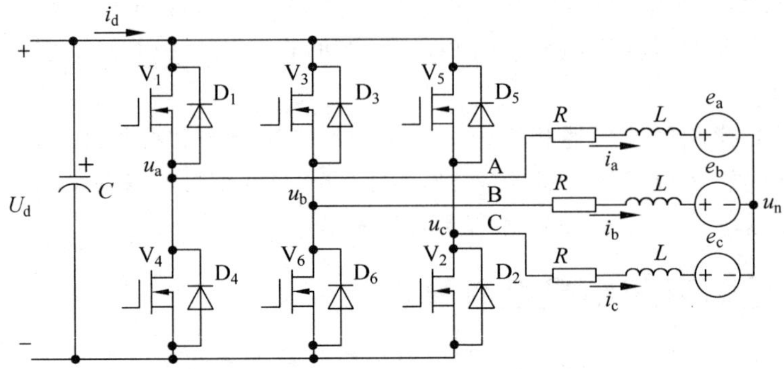

图 7-51　无刷直流电机控制系统等效电路

图中，U_d 为功率变换器输入侧直流母线电压；u_a、u_b、u_c 为三相端电压；R 为各相绕组等效内阻；L 为各相绕组等效电感；i_a、i_b、i_c 为各相绕组电流；e_a、e_b、e_c 为各相绕组反电动势；u_n 为电机中性点电压。电机的电压方程为

$$\begin{bmatrix} u_a \\ u_b \\ u_c \end{bmatrix} = \begin{bmatrix} R & 0 & 0 \\ 0 & R & 0 \\ 0 & 0 & R \end{bmatrix} \begin{bmatrix} i_a \\ i_b \\ i_c \end{bmatrix} + \begin{bmatrix} L & 0 & 0 \\ 0 & L & 0 \\ 0 & 0 & L \end{bmatrix} \cdot \frac{d}{dt} \begin{bmatrix} i_a \\ i_b \\ i_c \end{bmatrix} + \begin{bmatrix} e_a \\ e_b \\ e_c \end{bmatrix} + \begin{bmatrix} u_n \\ u_n \\ u_n \end{bmatrix} \tag{7-50}$$

7.7.2 非换相区转矩脉动形成原因分析

非换相期间由于非导通相二极管续流引起转矩脉动是非换相区转矩脉动形成的主要原因，传统的单斩 PWM 方式均存在二极管续流引起导通区的转矩脉动问题，在具体不同的 PWM 调制方式下有不同的特点，现以 pwm_on 方式为例进行说明。

图 7-52 所示为 pwm_on 调制方式示意图。在一个周期内，A 相绕组的非导通区间为 0～30°、150°～180°、180°～210°和 330°～360°四个区间。

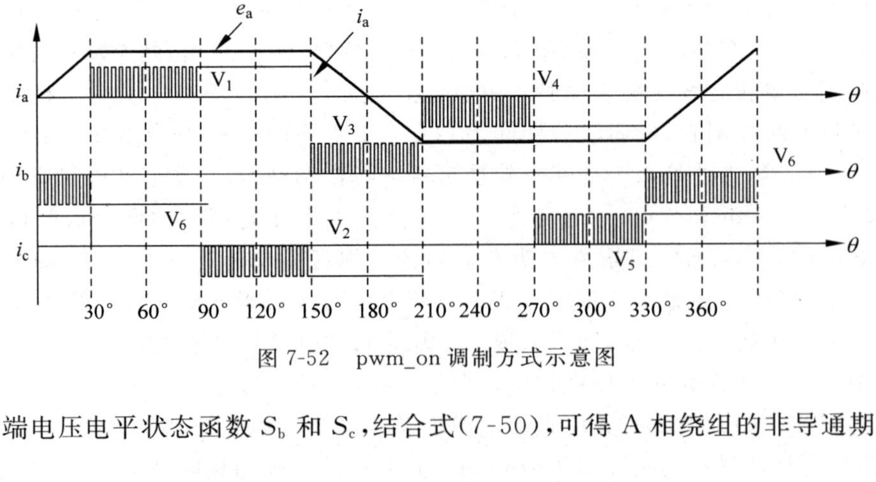

图 7-52　pwm_on 调制方式示意图

引入端电压电平状态函数 S_b 和 S_c，结合式(7-50)，可得 A 相绕组的非导通期间三相绕组端电压

$$u_b = U_d \times S_b = Ri_b + L\frac{di_b}{dt} + e_b + u_n \tag{7-51}$$

$$u_c = U_d \times S_c = Ri_c + L\frac{di_c}{dt} + e_c + u_n \tag{7-52}$$

$$u_a = e_a + u_n \tag{7-53}$$

式中，S_b（或 S_c）$=1$ 表示对应相绕组的端电压为直流母线电压（即控制对应相绕组的上桥臂功率管导通或该相通过上桥臂二极管续流）；S_b（或 S_c）$=0$ 表示对应相绕组的端电压为零（即控制对应相绕组的下桥臂功率管导通或该相通过下桥臂二极管续流）；$i_b=-i_c=I$；$e_b=-e_c=E$，E 为反电动势幅值。将式(7-51)和式(7-52)相加后可得

$$u_n = \frac{1}{2}U_d(S_b + S_c) \tag{7-54}$$

u_n 的取值范围为

$$u_n = \begin{cases} 0 & (S_b = S_c = 0) \\ \frac{1}{2}U_d & (S_b = 1, S_c = 0;\ S_b = 0, S_c = 1) \\ U_d & (S_b = S_c = 1) \end{cases} \tag{7-55}$$

式中，$u_n=0$ 表示对应相绕组的下功率管导通或续流；$u_n=U_d$ 表示对应相绕组的上功率管导通或续流；$u_n=U_d/2$ 表示上下桥臂各有一个功率管导通的正常工作状态。

在 A 相绕组非导通期间，当其端电压高于直流母线电压 u_a 或低于零电压时，A 相绕组桥臂的上或下二极管由于承受正向电压而导通，从而在 A 相绕组上流过电流，这就是非导通相绕组在导通区的二极管续流现象。

由式(7-53)可知，在 A 相非导通期间，其端电压除了和本身反电动势有关以外，还受到电机中性点电压 u_n 的影响。根据相关研究，在一个电周期内，$0\sim\pi/6$ 区间，A 相绕组中流过负（反向）电流，$\pi\sim7\pi/6$ 区间，A 相绕组中会产生正向的续流电流，其余区间 A 相绕组中不产生续流电流。与以上 pwm_on 分析方法类似，也可以证实无刷直流电机的其他几种常规 PWM 调制方式均存在二极管续流问题。

可见，非换相区非导通相由于二极管续流导致的正向或反向的电流的出现，其产生的电磁转矩势必会对总转矩造成影响，引起非换相期间的转矩脉动。

7.7.3 换相区转矩脉动形成原因分析

如图 7-51 所示，当功率变换器的功率管由 V_1、V_2 导通变为 V_3、V_2 导通时，电路状态由 A、C 两相绕组导通切换为 B、C 两相绕组导通。由于电枢绕组电感的影响，电流不能突变，关断相和开通相电流变化速率不同是引起换相转矩脉动的根本原因。图 7-53 所示为换相期间各种电流可能的变化情况。

图中，t_1 为关断相电流下降时间，t_2 为开通相电流上升时间，当 $t_1=t_2$ 时，关断相和开通相电流变化率相同，则 C 相电流不受干扰，转矩脉动量为零。

可得到如下结论：

(1) 当 $U_d=4E$ 时，$t_1=t_2$，换相期间转矩不变；

(2) 当 $U_d>4E$ 时，$t_1>t_2$，换相期间转矩增大；

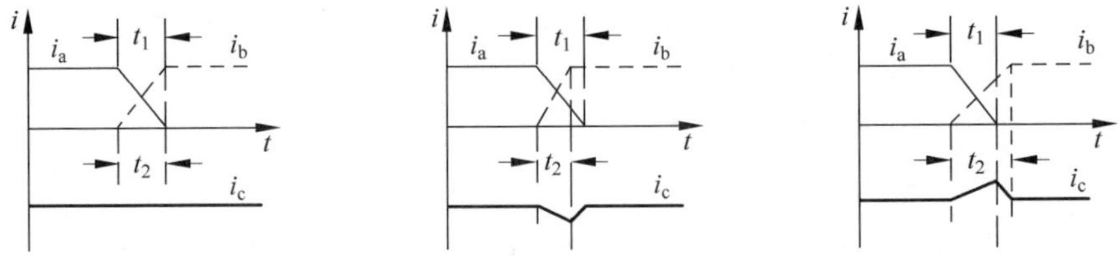

(a) $U_d=4E,\ t_1=t_2$　(b) $U_d>4E,\ t_1>t_2$　(c) $U_d<4E,\ t_1<t_2$

图 7-53　换相期间电流波形

(3) 当 $U_d<4E$ 时，$t_1<t_2$，换相期间转矩减小。

可见，电流变化率由直流侧供电电压 U_d 和反电动势 E 共同决定，而 E 与转速成正比，通过检测电机的实时速度值，即可较为准确地把握 E 值。通常情况下，直流侧电压 U_d 往往保持不变，而电机的速度变化促使 E 变化，调速时不能始终满足 $U_d=4E$，因此在换相时的转矩脉动就比较明显。

7.7.4　非换相区转矩脉动抑制方法

1. 传统 PWM 调制方式转矩脉动

传统的几种单斩 PWM 调制方式中，pwm_on 方式的转矩脉动最低，但仍然存在导通区二极管续流引起的转矩脉动，如图 7-54 所示为 pwm_on 调制方式下的电流与转矩仿真结果。

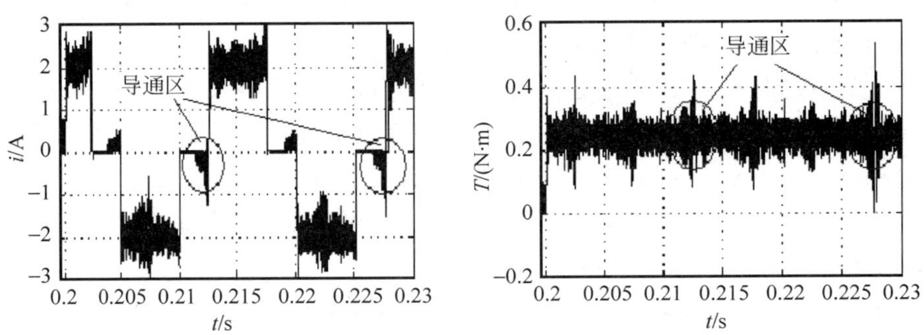

(a) 相绕组电流　(b) 合成转矩

图 7-54　pwm_on 调制方式续流仿真波形

2. PWM 开关模式抑制非换相区转矩脉动原理

为了消除非导通相绕组二极管续流造成的转矩脉动，对 pwm_on_pwm 调制方式进行分析研究，pwm_on_pwm 的意思是在某相绕组的 120°导通期间，开通后和关断前的各 30°区间采用 PWM 调制，即任意一只功率管，在开通和关断期间都采用 PWM 模式，简称 PWM 开关模式。

根据 7.7.2 节的分析，当非导通相续流发生在 pwm_off 期间，同时 $e_a>0$ 时，即在 $0\sim\pi/6$ 和 $5\pi/6\sim\pi$ 区间内，若为下桥调制，则 A 相绕组通过二极管续流，若为上桥调制，则绕组不通过二极管续流；在 $e_a<0$ 时，即 $\pi\sim7\pi/6$ 和 $11\pi/6\sim2\pi$ 区间内，若为上桥调制，则 A 相绕组通过二极管续流，若为下桥调制，则绕组不通过二极管续流。

图 7-55 为 PWM 开关模式即 pwm_on_pwm 调制下，导通期间功率变换器的各相输出，前 30°采用 PWM 调制，中间 60°保持恒通，后 30°再次采用 PWM 调制。因此，在 $0\sim\pi/6$ 和 $5\pi/6\sim\pi$ 区间内，功率变换器为上桥调制；在 $\pi\sim7\pi/6$ 和 $11\pi/6\sim2\pi$ 区间内，功率变换器为下桥调制，这样就彻底消除了非导通相绕组由于二极管续流引起的转矩脉动。

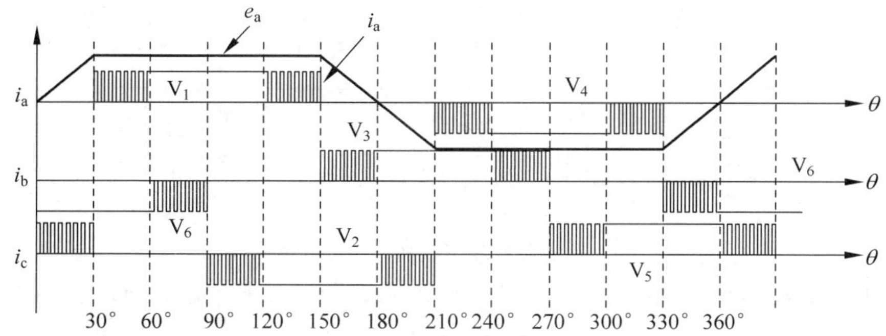

图 7-55　PWM 开关调制模式

图 7-56 为该调制模式下的仿真波形，设定电机转速为 1000r/min，通过与图 7-54 比较可得，导通区电流和转矩的脉动得到明显抑制。

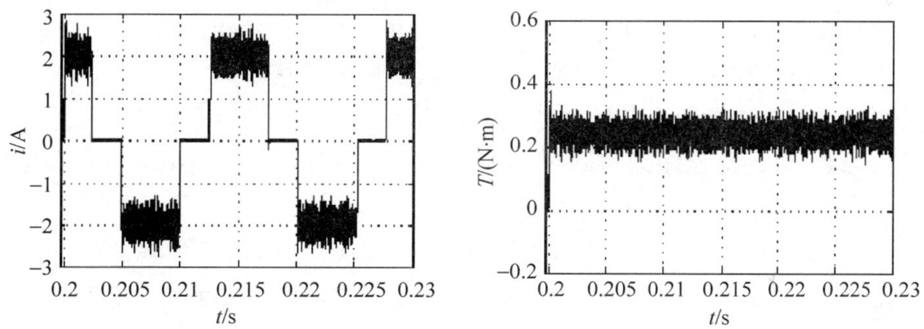

(a) 相绕组电流　　(b) 合成转矩

图 7-56　PWM 开关模式仿真波形

7.7.5　换相区转矩脉动抑制方法

本节提出一种基于 ZETA 变换器的电压跟随方法，即换相时投入 ZETA 变换器并令其输出电压实时等于四倍的电机电枢绕组反电动势。

1. 前置 ZETA 变换器的新型逆变主电路

如图 7-57 所示，换相前闭合 K_3，断开 K_2，将 ZETA 变换器引入，通过对 K_1 的开关占空比调节，可令 $U_0=U_d=4E$。换相结束，K_3 断开 K_2 闭合。

根据 ZETA 斩波电路的输入输出关系

$$U_0 = \frac{\alpha}{1-\alpha}U_S \tag{7-56}$$

式中，α 为 ZETA 斩波电路占空比，由 K_1 控制。

反电动势 E 与电机转速的关系为

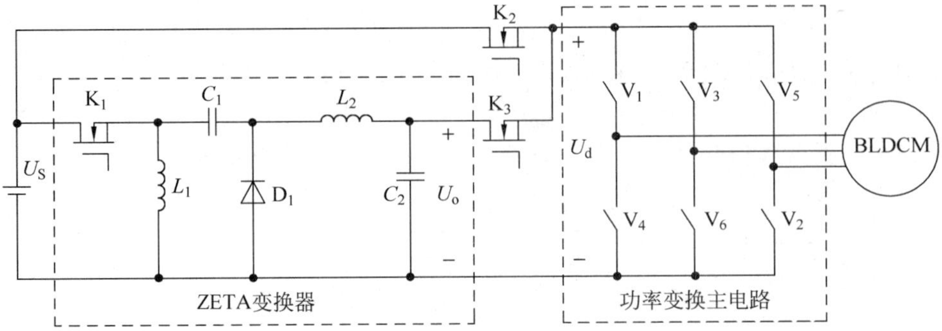

图 7-57 前置 ZETA 变换器的无刷直流电机功率变换电路

$$E = C_e \Phi n \tag{7-57}$$

式中,C_e 与电机的极对数和绕组并联支路数有关,为常数;由于无刷直流电机多为永磁体结构,其磁通量 Φ 也为常数,因而 E 与 n 之间基本近似线性关系,获得 n 的值后即可获得 E 的值。

在换相期间,要使 $U_d = U_o = 4E$,根据式(7-56)和式(7-57)可得

$$\alpha = \frac{4C_e \Phi n}{U_S + 4C_e \Phi n} \tag{7-58}$$

若使式(7-58)中供电直流电压 U_S 保持恒定,则通过速度反馈传感器采集的实时速度信号,就可实时改变 ZETA 变换器的 K_1 开关管的开关改变占空比,使得 $U_d = U_o = 4E$ 保持稳定,并在换相来临时切入 ZETA 电路,从而抑制换相转矩脉动。

2. 基于 ZETA 变换器的电压跟随控制仿真

换相开始到结束的电压跟随控制区间,需满足 $U_d = U_o = 4E$。电源电压 U_S 和 ZETA 变换器输出电压 U_o 之间的切换由高频 MOSFET 控制。

电机模型额定参数:电压为直流 24V,转速为 1000r/min,转矩为 0.76N·m。图 7-58 为传统控制方式与基于 ZETA 变换器的电压跟随控制后的绕组电流仿真波形。

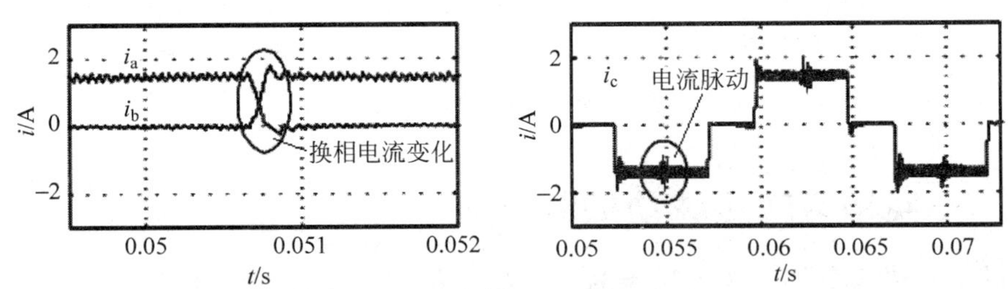

(a) 传统控制

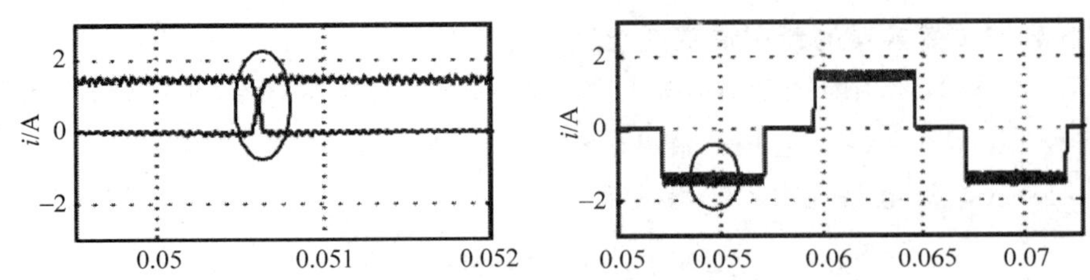

(b) 基于ZETA变换器的电压跟随控制

图 7-58 额定转速时绕组电流仿真波形

图 7-59 为相应的电磁转矩仿真波形。

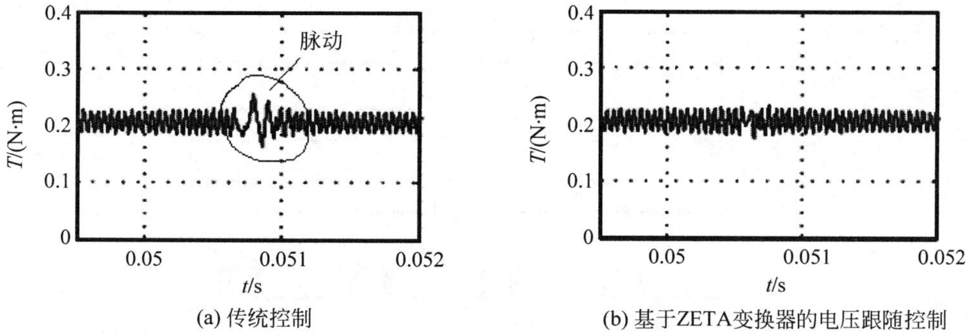

图 7-59　额度转速时电磁转矩仿真波形

可见，在额定状态时，转矩脉动率由接近 50%降为 20%左右。

7.7.6　实验结果

图 7-60 为基于 TMS320LF28335 浮点型高速 DSP 的无刷直流电机控制框图。

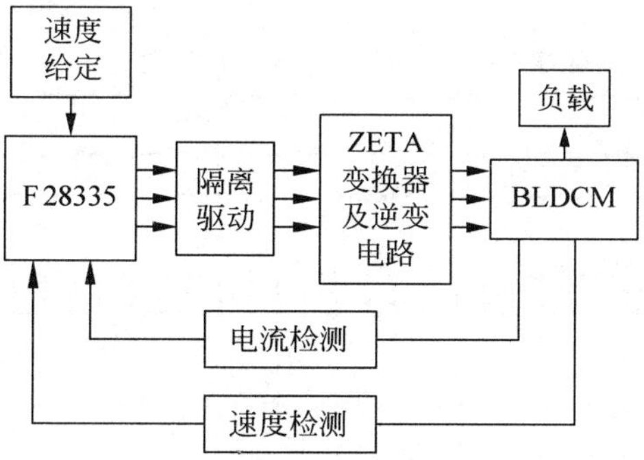

图 7-60　无刷直流电机控制系统设计原理图

系统采用 pwm_on_pwm 调制方式，转子位置即速度的采集使用高精度霍尔传感器来实现。系统根据给定的速度信号，经与速度反馈的实际速度作比较，其差值经过 PI 调节器调节后作为电流环 PI 调节器的给定值，与相电流采样值做比较后再经 PI 调节器输出成为功率变换器 PWM 调制的占空比。其间 ZETA 变换器的接入和断开根据速度及转子位置检测回来的位置信息决定；ZETA 变换器的输出电压值的控制依赖于实时的速度信号，通过改变 ZETA 变换器中唯一的开关管 K_1 的占空比实现。

实验样机额定参数：电压为直流 24V，功率为 80W，转速为 1000r/min，转矩为 0.76N·m。

图 7-61 为电机的三个霍尔位置传感器信号及功率管 V_1 的 pwm_on_pwm 调制信号波形，电机转速 1000r/min。

图 7-62 为额定转速时转子位置传感器信号及开关选择电路 K_3 控制信号。可见换相时(位置传感器信号有变化)K_3 控制信号都会产生一个时间为 250μs 的导通脉冲。

图 7-63 和图 7-64 给出了利用传统调制方式和新型组合式调制控制方式下的电磁转矩与相电流波形。可见电流与电磁转矩的脉动情况明显好转。

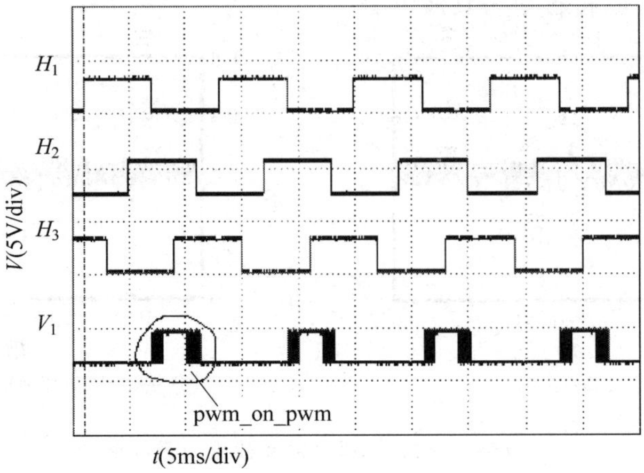

图 7-61 电机转子位置传感器信号和 pwm_on_pwm 调制信号

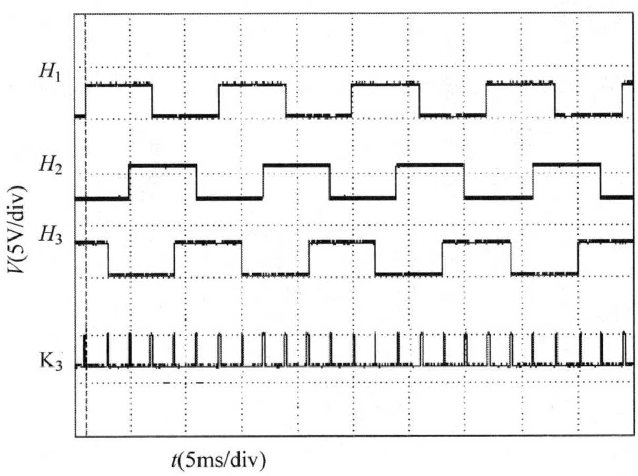

图 7-62 电机转子位置传感器信号和 ZETA 变换器电压跟随控制信号

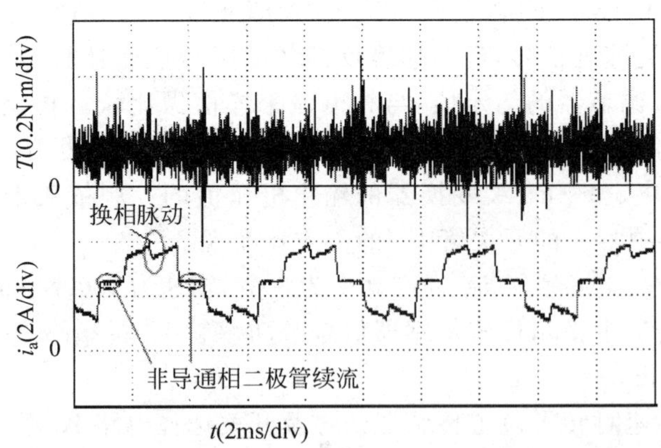

图 7-63 传统控制方式下电磁转矩与相绕组电流波形

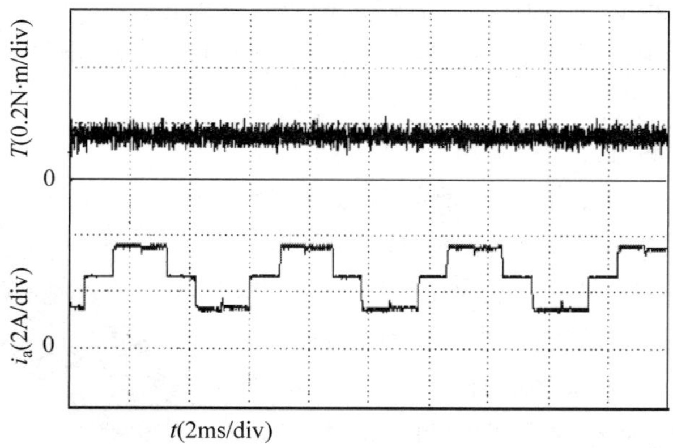

图 7-64　新型控制方式下电磁转矩与相绕组电流波形

本节所提出的组合式降低无刷直流电机转矩脉动的方法，结构和算法上都较为简单，但系统实现上依赖于高精度高速的控制芯片，以及高频高精确性电力电子转换开关器件，比较适合于某些对转矩脉动要求较高的高性能应用场合。另外，该系统也存在高速与低速运行区域的脉动抑制效果不如额定速度附近的问题，更适用于某些调速范围不宽的领域。

7.8　无刷直流电动机控制系统的应用与发展

由于无刷直流电动机调速性能优越，且体积小，重量轻、效率高、转动惯量小、不存在励磁损耗问题。此外，反馈装置简单，功率密度更高，输出转矩更大，控制结构更为简单，使电机和逆变器各自的潜力得到充分的发挥，因此在各个领域具有广阔的应用前景。

无刷直流电动机主要由电机本体、功率驱动电路和位置传感器三部分组成，其控制涉及电机技术、电力电子技术、检测与传感器技术和控制技术。因此，新电子技术、新器件、新材料及新控制方法的出现都将进一步推动无刷直流电动机的发展和应用。

1）电力电子及微处理器技术对无刷直流电动机发展的影响

微机电系统(MEMS)技术的发展将使电机控制系统朝控制电路和传感器高度集成化的方向发展，如将电流、电压、速度等信号融合后再进行反馈，可使无刷直流电动机控制系统更加简单而可靠。

高速微处理器及高密度可编程逻辑器件技术的出现，为控制器的全数字化提供了可行的方案和可靠的保证。

2）永磁材料对无刷直流电动机发展的影响

与传统电励磁电机相比，由稀土提炼的钕铁硼制造的永磁电机具有加工简单、体积和质量小等特点。同等条件下，电机的电枢绕组的匝数也由于磁性材料性能的提高而大大减少。我国是稀土元素矿藏大国，有着丰富的资源优势。近年来，随着第三代稀土永磁材料钕铁硼的磁钢性能不断提高，为我国无刷直流电动机等永磁电机的大规模生产提供了可靠的基础。

3）新型无刷直流电动机的发展

在无刷直流电动机控制系统中，速度和转矩波动一直是需要进一步解决的问题，希望具有更急平稳、高精度、低噪声的特点。目前，已经涌现出多种新型无刷直流电动机，如无槽式与无铁芯无刷直流电动机、轴向磁场的盘式无刷直流电动机、无刷直流力矩电机、直线型无刷直流电动机、无刷直流平面电机等，如图 7-65 为国外 LEM 公司开发的直线型无刷直流电动机。

4）先进控制策略的应用

无刷直流电动机控制系统是典型的非线性、多变量耦合系统，传统的 PID 算法很难实现电机的高精度运行。基于现代控制理论和智能控制理论的非线性控制方法为实现被控系统高质量的动态和稳态性能奠定了基础，再结合数字控制技术的发展和 DSP 处理速度的加快，为各种先进控制策略更多地用于无刷直流电动机控制系统中，使系统性能大幅提高。全面推进无刷直流电动机控制系统朝小型化、轻量化、智能化和高效节能的方向发展。

图 7-65 LEM 公司直线型无刷直流电动机

本章小结

本章首先介绍了永磁无刷直流电动机的结构与工作原理。通过数学模型的分析，推导出无刷直流电动机的电压方程、转矩方程、电流方程和状态方程，并结合数学模型对电机的工作特性、调速特性，以及机械特性进行了分析。

永磁无刷直流电动机靠电子换相，离不开控制方式方法，文章首先介绍了传统的调压控制、PWM 电流控制，并对四象限运行控制方法做了详尽介绍，其后还重点介绍了无位置传感器的位置检测方法，包括基于反电动势过零点法、续流二极管法、基于反电动势积分法、基于反电动势三次谐波法、基于状态观测器法、基于磁链函数法等。

由于永磁无刷直流电动机的大量的、广泛的应用，通用性较强，业内有大量的针对该型电机的专用驱动控制集成芯片，文章的 7.5 节介绍了两种集成芯片，分别是 MC33035 和 EC302，重点介绍了这两款典型芯片的功能特点和典型应用。

文章的 7.6 节针对较高性能的永磁无刷直流电动机控制系统，采用 TMS320LF2812 DSP 芯片实现，从硬件系统、软件系统、控制策略三个方面做了较全面的介绍。其中涉及部分硬件电路和软件系统具有一定的创新性。

转矩脉动问题是高性能无刷直流电动机系统应用的瓶颈问题，本章 7.7 节详细介绍了无刷直流电动机的换相区转矩脉动和非换相区转矩脉动形成机理，在此基础上，给出了相应的脉动抑制方案，并得到证实。

本章最后简介了该型电机的应用发展概况。

思考题与习题

1. 无刷直流电动机转子的一种结构是磁钢插入转子铁芯的沟槽中，称为内嵌式或________式。

2. 无刷直流电动机转子的一种结构是转子铁芯外表面粘贴瓦片形磁钢，称为

________式。

3. 无刷直流电动机利用电子开关线路和位置传感器来代替电刷和________，使这种电机既具有直流电动机的特性，又具有交流电动机结构简单、运行可靠、维护方便等优点。

4. 在三相星形六状态无刷直流电动机的控制运行中，主电路总开关管数量和瞬时处于开通状态的开关管各为________个。

A. 3、2　　B. 6、2　　C. 6、3　　D. 3、3

5. 三相星形六状态无刷直流电动机控制中，每支开关管每次导通的电角度是________度。

A. 30　　B. 60　　C. 90　　D. 120

6. 说明无刷直流电动机的工作原理。（以使用位置传感器控制两相导通三相星形六状态无刷直流电动机为例。）

7. 当转矩较大时，无刷直流电动机的机械特性为什么会向下弯曲？

8. 无刷直流电动机如何实现正反转？

9. 说明无刷直流电动机的控制方式。

10. 如何使无刷直流电动机制动、倒转和调速？

第 8 章 开关磁阻电机及其控制

CHAPTER 8

开关磁阻电动机驱动控制(Switched Reluctance Drive,SRD)系统是自 20 世纪 80 年代逐步发展起来的一种电气传动系统,它主要由开关磁阻电动机(Switched Reluctance Motor,SRM 或 SR 电动机)及其控制装置组成。如图 8-1 所示为典型通用 SRD 系统装置。

图 8-1 典型通用 SRD 系统

全世界各类人工运动装置中,采用内燃机与电动机是主要的两个方向,飞机、轮船、通用汽车、各类农业机械等方面的动力主要来源于内燃机,工厂生产机械、工业控制装置、农业水电设备、轨道交通牵引、家用电器等方面的动力主要来自电动机。电动机是最主要的发展方向,并且,随着能源的日益紧张,尤其是石油能源的匮乏,越来越多的动力装置采用电动机来替代,而电能也是由煤炭、水利、核能等不同能源形式产生的,尤其是煤炭,与石油一样,也是不可再生能源。那么应用更加节能,效率更高的电动机则是电传动系统发展的重要方向。SRD 系统就符合这个发展方向,同时,随着现代电力电子器件与技术的发展,近些年来 SRD 系统在国内外得到广泛发展,逐步拓展应用领域,并占据了部分传统电机系统的市场。

汽车是世界上第一大耗能产业,尤其是对石油的消耗,在我国,石油本身就比较匮乏,如图 8-2 为投入商业运行的采用 SRD 系统的电动汽车。SRM 因其明显的高效率,特别适合在电动汽车中的应用。在2008北京绿色理念的奥运会期间，我国自行开发的采用SRD系统的电动大巴已经进入商业运行。在可以预见的未来，不需要为城市中汽车尾气排放的污染而头疼，不需要每天关注汽油的短缺与油价上涨，也会发现地球的温室效应在放缓，而这将得益于电动汽车的逐步应用，SRD系统将会作为重要的传动装置在这个领域中占有重要一席之地。

图8-2　采用SRD系统的电动轿车与大型客车

采用SRD系统的电动自行车、摩托车也以其优秀的品质在深入人们的生活，相比电动汽车，采用SRD系统的电动单车则更容易实现。如图8-3是早期开发应用的电动助力车和电动摩托车。

图8-3　采用SRD系统的电动助力车和摩托车

在日常生活中，也许我们不太关注家中各类电器内部的东西，但事实上我们随时都离不开家用电器，离不开它的内部执行电机装置，SRD系统的节能高效、成本低廉、维护简便的特点，促使它逐步在各类家用电器中被采用。图8-4为一款采用SRD系统的吸尘器。

图8-4　SRD系统吸尘器

当然，电动机作为耗费电能的第一大户，主要在工业、农业等的一般领域，SRD系统同样以其特有的优秀品质获得青睐并逐步取得深入替代发展。如图8-5和图8-6中，均由于SRD系统的高效率及启动特性等在工农业生产中广泛应用。

本章将对 SRD 系统进行详细讨论，结合各类应用场合，从电动机本身的结构、工作原理、特性，到控制系统设计实例；同时对新兴的开关磁阻发电机也进行讨论，以期给读者关于开关磁阻电机系统的全方位认识。

图 8-5　采用 SRD 系统的数控车床

(a) 抽油机

(b) 风机

(c) 水泵

图 8-6　SRD 在部分工农业领域的应用

8.1 开关磁阻电动机驱动控制系统构成与工作原理

8.1.1 SRD系统的基本构成

开关磁阻电动机的典型运行特点是该电机的绕组通电程序根据实际实时的电机转子位置来决定，任何瞬时不会出现所有绕组同时通电的可能。这就造成该电机的运行与大多数类型电机的区别，对控制部分依赖程度很高。

SRD系统包括功率变换器、控制器、检测单元、SR电动机4部分。系统原理框图见图8-7。

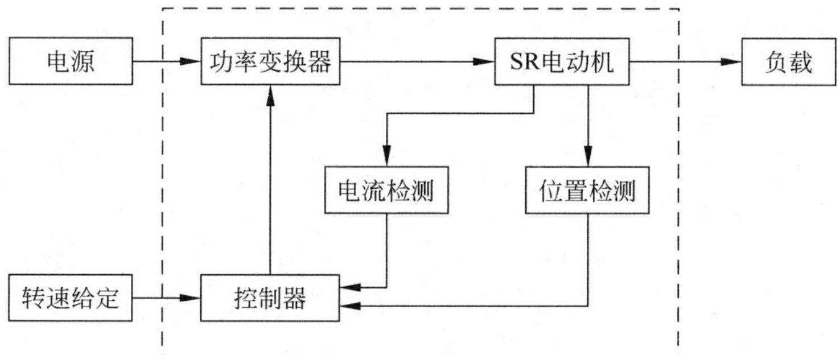

图8-7　SRD系统构成

开关磁阻电动机是SRD系统的执行元件。它不像传统的交直流电动机那样依靠定子、转子绕组电流所产生磁场间的相互作用形成转矩和转速。它与磁阻(反应)式步进电动机一样，遵循磁通总是要沿着磁导最大(磁阻最小)的路径闭合的原理，产生磁拉力形成转矩——磁阻性质的电磁转矩。因此，它的结构原则是转子旋转时磁路的磁导要有尽可能大的变化，一般采用凸权定子和凸极转子，即双凸极型结构，并且定子、转子齿极数(简称极数)不相等。定子装有简单的集中绕组，直径方向相对的两个绕组串联成为一相；转子由叠片构成，没有任何形式的绕组、换向器、集电环等。如图8-8为定转子结构图(绕组只画出其中一相)。

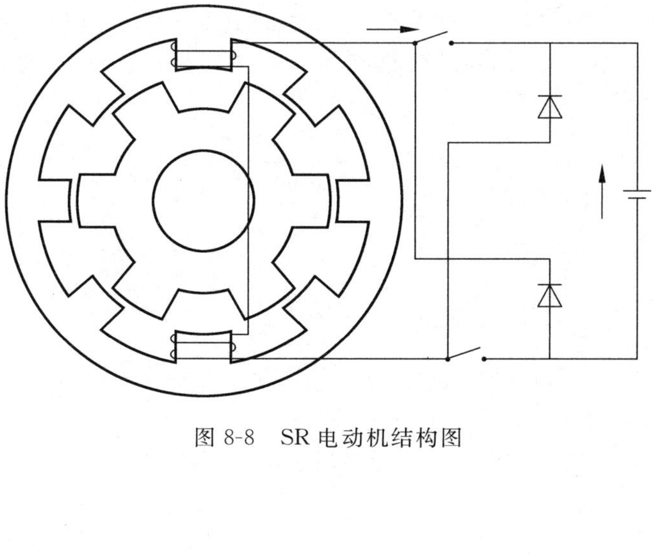

图8-8　SR电动机结构图

功率变换器是 SR 电动机运行时所需能量的提供者，是由连接电源和电动机绕组的开关元件所组成的。通过它将电源能量送入电机。由于 SR 电动机的绕组电流是单向的，使得其功率变换器主电路具有普通交流及无刷直流驱动系统所没有的优点，即相绕组与主开关器件是串联的，因而可预防开关元件直通的短路故障。功率变换器有多种形式，并且与供电电压、电机相数和开关器件的种类等有关。图 8-9 所示为一台三相电动机驱动系统用的功率变换器示意图。图中电源 U_d 是一直流电源，既可以是电池，也可以由交流电经整流来获得，A、B、C 分别表示 SR 电动机的三相绕组，$T_1 \sim T_6$ 表示与绕组相连的可控开关元件，$D_1 \sim D_6$ 为对应的续流二极管。

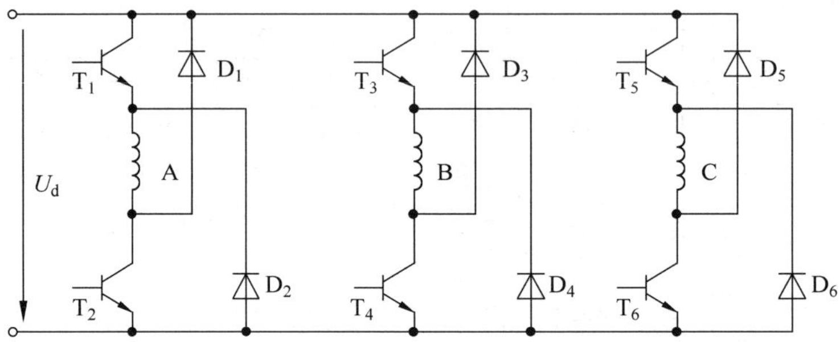

图 8-9　三相 SR 电动机典型功率变换器主电路示意图

功率变换器是 SRD 系统能量传输的关键部件，起控制绕组开通与关断的开关作用，也是影响系统性价比的主要因素。它接收控制器的输出信息，这个信息就是电机绕组的开通或关断信息，功率变换器把这个信息转换为实际的电机绕组通或断。简单地说，就是功率变换器输出的强电(直接供电给电机绕组的电源通过)的变化依据是控制器输出给功率变换器的弱电信号。

控制器是 SRD 系统的中枢，起决策和指挥作用。它综合处理转子位置指令、速度反馈信号以及电流传感器、位置检测器的反馈信息及外部输入的命令，通过分析处理，决定控制策略，控制功率变换器中主开关器件的状态，实现对 SR 电动机运行状态的控制。控制器由具有较强信息处理功能的微处理器及外部接口电路等部分构成。微机信息处理功能大部分都是通过软件完成的，因此软件设计也是控制器部分中一个很重要的组成环节。软硬件的合理配合，对控制器的性能产生巨大的影响。图 8-10 是控制器的一般整体结构框图。

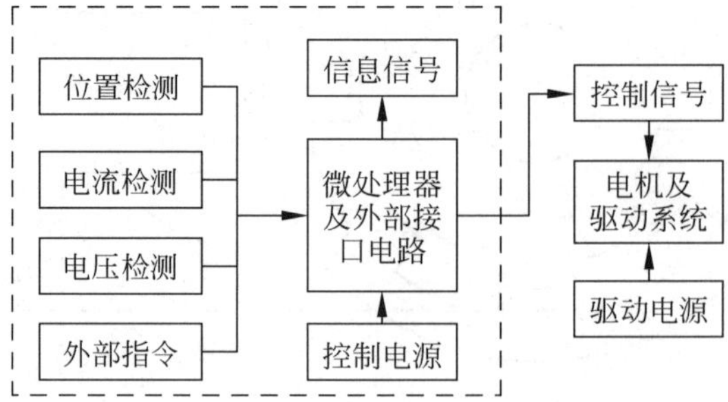

图 8-10　控制器硬件电路原理框图

检测单元由位置检测和电流检测环节组成，提供转子的位置信息从而确定各相绕组的开通与关断，一般在电机内部会有几只判断转子实时位置的传感器，位置传感器的目的在于确定开关磁阻电动机定子、转子的相对位置，即要用绝对位置传感器检测转子相对位置，然后位置信号反馈至逻辑控制电路，以确定对应相绕组的通断；通过电流传感器提供电流信息给控制器，来完成电流斩波控制或采取相应的保护措施以防止过电流。

功率变换器是承载电机绕组实际电量的部件，经过整流后的直流电源（或蓄电池）通过功率变换器加到电机绕组上，根据电机控制系统常规，一般把转速的给定作为主要的外部给定，这样内部的控制系统在运行时就有了依据。根据外部的转速给定量，外部转速给定量改变，控制系统就会改变。

形象地比喻 SRD 系统的几大部分，控制器好比人的大脑，功率变换器与电动机一起相当于人的四肢，人劳动需要能量（电源），劳动之前需要一定的计划、要求（转速给定），劳动的对象即负载。

8.1.2 SR 电动机的运行原理

电机可以根据转矩产生的机理粗略地分为两大类：一类是由电磁作用原理产生转矩；另一类是由磁阻变化原理产生转矩。在第一类电机中，运动是定子、转子两个磁场相互作用的结果，这种相互作用产生使两个磁场趋于同向的电磁转矩，这类似于两个磁铁的同极性相排斥、异极性相吸引的现象，目前大部分电机都是遵循这一原理，例如，一般的直流电动机和交流电机。第二类的电机，运动是由定子、转子间气隙磁阻的变化产生的，当定子绕组通电时，产生一个单相磁场，其分布要遵循磁阻最小原则（或磁导最大原则），即磁通总要沿着磁阻最小（磁导最大）的路径闭合，因此，当转子凸极轴线与定子磁极的轴线不重合时，便会有磁阻力作用在转子上并产生转矩使其趋于磁阻最小的位置，即两轴线重合位置，这类似于磁铁吸引铁质物质的现象。开关磁阻电动机和反应式步进电机就属于这一类型。

与反应式步进电机相似，SR 电动机也属于双凸极可变磁阻电动机，其定子、转子铁芯均由普通硅钢片叠压而成，且定转子极数不同。定子上装有简单的集中绕组，直径方向相对的两个绕组线圈相连接成为一相，转子只由叠片构成，没有绕组和永磁体。典型的三相开关磁阻电动机的结构如图 8-11 所示。其定子和转子均为凸极结构，定子有 6 个极（$N_s=6$），转子有 4 个极（$N_r=4$）。定子极上套有集中线圈，两个空间位置相对的极上的线圈顺向串联构成一相绕组，图 8-11(a)中只画出了 A 相绕组，转子由硅钢片叠压而成，转子上无绕组，该电机则称三相 6/4 极 SR 电动机。在结构形式及动作原理上磁阻电动机与大步距反应式步进电机并无差别；但在控制方式上步进电机应归属于他控式，而开关磁阻电动机则归属于自控式；在应用上步进电机都用作控制电机，而开关磁阻电动机则是拖动用电机，因此电机设计时所追求的目标不同而使参数不同。

当 A 相绕组通电时，因磁通总要沿着磁阻最小的路径闭合，将力图使转子极 1、3 和定子极 A、A′对齐，如图 8-11(a)所示。A 相断电，B 相通电时，则 B 相磁吸力要吸引转子 2、4 极，使转子逆时针转动，最终使转子 2、4 极与定子 B、B′对齐，如图 8-11(b)所示，转子在空间转过 $\theta=30°$机械角。使 B 相断电，C 相通电，转子又将逆时针转过 30°到达图 8-11(c)的位

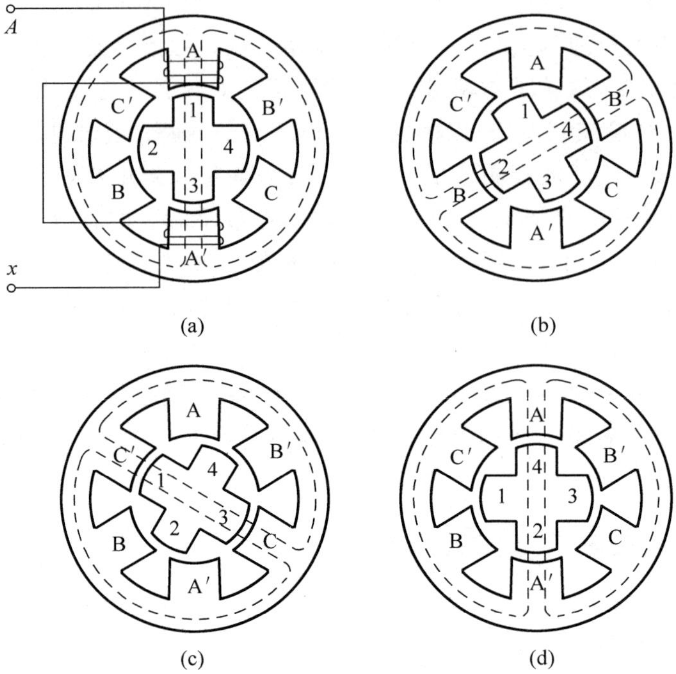

图 8-11　SR 电动机动作原理图

置。再 C 相断电，回到 A 相绕组通电，平衡时转子极 4、2 与定子极 A、A′对齐。转子在空间转过了一个齿距。如此循环往复，定子按 A—B—C—A 的顺序通电，电机便按逆时针方向旋转。若按 A—C—B—A 的顺序通电，则反方向旋转。电流的方向不影响上述的动作过程。

为保证开关磁阻电动机能连续旋转，当 A 相吸合时，B 相的定子、转子极轴线应错开 $1/m$ 个转子极距，m 为电机相数，若电机极对数为 P，则定子极数 $N_s = 2m_P$，转子极数为 $N_r = 2(m \pm 1)P$。常用的有三相 6/4 极、三相 6/8 极、四相 8/6 极、四相 8/10 极、三相 12/8 极等。

当电机定子相绕组通电频率为 f 时，每个电周期转子转过一个转子极距，每秒钟转过 f 个转子极距，即每秒转过 f/N_r 转，则电动机的转速与绕组通电频率的关系为

$$n = 60f/N_r \tag{8-1}$$

8.1.3　SRD 系统与其他系统的比较

1. SRD 系统与反应式步进电动机和同步磁阻电动机系统比较

从电机结构及运行原理上看，SR 电动机与具有大步进角的反应式步进电动机十分相似，因此将 SR 电机看成是一种高速大步矩角的步进电机。但事实上，两者是有本质差别的，这种差别体现在电机设计、控制方法、性能特性和应用场合等方面，见表 8-1。

SR 电机也可视为一种反应式同步磁阻电动机，但它与常规的反应式同步磁阻电动机有许多不同之处，见表 8-2。

表 8-1　SRD 系统与反应式步进电机系统的主要差别

SRD 系统	反应式步进电机系统
利用转子位置反馈信号运行于自同步状态，绕组电流导通时刻与转子位置有严格的对应关系，并且绕组电流波形的前后沿可以分别独立控制，即电流脉冲宽度可以任意调节。多用于功率驱动系统，对效率指标要求很高，功率等级至少可达到数百千瓦，甚至数千千瓦，并可运行于发电状态	工作于开环状态，无转子位置反馈。多用于伺服控制系统，对步距精度要求很高，对效率指标要求不严格，只作电动状态运行
可控参数多，既可调节主开关管的开通角和关断角，也可采用调压或限流斩波控制	一般只通过调节电源步进脉冲的频率来调节转速

表 8-2　SR 电机与反应式同步磁阻电动机的主要差别

SR 电机	反应式同步磁阻电动机
定子、转子均为双凸极结构	定子为齿、槽均匀分布的光滑内腔
定子绕组是集中绕组	定子嵌有多相绕组，近似正弦分布
励磁是顺序施加在各相绕组上的电流脉冲	励磁是一组多相平衡的正弦波电流
各相励磁随转子位置作三角波或梯形波变化，不随电流改变	各相自感随转子位置作正弦变化，不随电流改变

2. SRD 系统与异步电动机变频调速系统的比较

因异步电动机变频调速系统在当前电传动系统领域的重要地位和广泛应用，而 SRD 系统相比而言与其有相同或相似的应用领域，所以下面详细介绍它们之间的比较，以更详细展示 SRD 系统的特点。

1）电动机方面的比较

SR 电动机较异步电动机坚固、简单，其突出优点是转子上没有任何绕组，因此不会有异步电动机由于笼型转子所引起的铸造不良、疲劳故障及最高转速的限制等问题。SR 电动机较笼型异步电动机的制造成本低、制造难度小。

2）逆变器（功率变换器）方面的比较

就简单性和成本而言，SR 电动机功率变换器总体上较异步电动机 PWM 变频器略占优势。如前所述，SRD 系统一个极为有利的特点是相电流单向流动，与转矩方向无关，这样每相可做到只用一个主开关器件即可控制电动机实现四象限运行，而异步电动机 PWM 变频器每相则必须有两个；另外，异步电动机电压型 PWM 变频器的主开关器件因逐个跨接在电源上，存在因误触发而使上、下桥臂直通，使主电路短路的故障隐患，而 SR 电动机功率变换器主电路中，始终有一相绕组与主开关器件串联，这就从结构上排除了短路击穿的可能。

3）系统性能方面的比较

SRD 系统在单位体积转矩值、效率、逆变器（功率变换器）伏安容量及其他性能参数上可与异步电动机 PWM 变频调速系统竞争，特别是转矩/转动惯量比值较交流调速系统占有较大优势。表 8-3 给出一台 7.5kW SR 电动机与同功率的普通异步电动机及高效异步电动机性能参数的比较。注意到异步电动机驱动系统的效率值在表 8-3 中没有列出，这是由于电动机与逆变器之间组合的不同，异步电动机调速系统的效率值在较大范围内变动。

表 8-3 同功率(7.5kW)SRD 系统与异步电动机系统性能比较

性能参数	SR 电动机	普通异步电动机	高效率异步电动机
定子直径(mm)	205	221	221
铁芯长度(mm)	179	95	140
转矩/定子体积(kN·m/m³)	8.68	11.2	7.56
转矩/转动惯量(kN·m/kg·m²)	3.74	1.59	1.07
转矩/电磁重量(N·m/kg)	1.43	1.52	1.02
转矩/铜重(N·m/kg)	6.93	7.72	5.93
电动机效率(%)	88.3	85.0	89.8
系统效率(%)	85.7	—	—
峰值伏安容量(kVA/kW)	11.2	11.4	10.4
有效值伏安容量(kVA/kW)	5.50	4.74	4.26

SRD 系统与异步电动机变频调速系统相比，稍显逊色的是 SR 电动机功率变换器输出的是不规则电流脉冲，以及转子单边磁拉力、转矩波动引起的噪声问题较为突出。

国内某公司也通过实验比较了 SRD 系统与直流和异步电机 PWM 变频两种系统的区别，如表 8-4 所示。系统均为 7.5kW、1500r/min 恒转矩负载；电动机容量/体积、控制能力、控制电路复杂性、可靠性均以直流系统的相对值表示。

表 8-4 SRD 系统与直流和 PWM 变频调速系统性能比较

<table>
<tr><th colspan="2">系统类型
比较项目</th><th>直流系统</th><th>PWM 变频系统</th><th>SRD 系统</th></tr>
<tr><td colspan="2">成本</td><td>1.0</td><td>1.5</td><td>1.0</td></tr>
<tr><td rowspan="2">效率%</td><td>额定转速</td><td>76</td><td>77</td><td>83</td></tr>
<tr><td>1/2 额定转速</td><td>65</td><td>65</td><td>80</td></tr>
<tr><td colspan="2">电动机容量/体积</td><td>1.0</td><td>0.9</td><td>>1.0</td></tr>
<tr><td colspan="2">控制能力</td><td>1.0</td><td>0.5</td><td>0.9</td></tr>
<tr><td colspan="2">控制电路复杂性</td><td>1.0</td><td>1.8</td><td>1.2</td></tr>
<tr><td colspan="2">可靠性</td><td>1.6</td><td>0.9</td><td>1.1</td></tr>
<tr><td colspan="2">噪声/dB</td><td>65</td><td>72</td><td>72</td></tr>
</table>

综上所述，与技术日趋成熟并得到广泛应用的异步电动机变频调速系统等相比，SRD 系统这一交流调速领域的新型运动控制系统已显示出与传统调速系统强大的竞争力，但也暴露出不足和有待进一步研究改进的问题。在相当长的一段时间内，SRD 必将与其他性能优良的电动机及其控制系统共同发展，发挥各自特长。

8.2 开关磁阻电动机的控制方式

SRD 系统的控制方式是指电动机运行时如何通过一定的控制参数进行电机的控制，使得电动机达到给定的转速值、转矩值等运行工况，并保持较高的效率。和大多数其他电动机不同，SRD 系统中，可以说，没有控制就没有 SR 电机，因为没有对电机绕组通电顺序的选择与控制，电机是不会运行的，不像其他某些电机，即使没有控制装置，电机是可以启动运行的，只不过其运行的方式一般比较单一，可控性差而已。

可见，控制方式是SRD系统中一个非常重要的问题，因此有必要单独对其进行详细阐述。

(1) 控制方式是涉及系统性能优劣的关键因素，由于对SR电动机可以采用多种完全不同的控制方式控制，不同控制方式其输出参数即电机的机械特性也存在较大差异，因此要根据对电机输出参数要求来正确选择控制方式是提高系统性能的关键因素。

(2) 控制方式决定了包括电动机和控制器、功率变换器在内的整个系统的技术经济指标，因为任一控制方式都是通过适当的控制电路和功率电路才能实现，而这涉及控制装置硬件的构成和成本。从系统设计角度看，只有选择了控制方式后，系统各部分才有了设计依据；选择不同的控制方式，会导致各个部分设计方案和设计参数极大的差异。只有正确选择控制方式，才能使得系统具有最佳性价比。因此可以说，控制方式是SRD系统机电一体化结构中不可缺少的一个部分，并处于核心地位。

(3) SRD系统的控制方式是其特有的专门知识，它与传统电动机的控制方式完全不同，与其他相近的电动机，例如，步进电动机、无刷直流电动机、永磁同步电动机等也相差非常大，因此这部分知识是SRD系统所独有的，并且是学习掌握SRD系统必不可少的一部分知识。

本节首先介绍SR电机的本体数学模型，即与控制方式相关的电机本体的绕组电感模型、电压方程、运行理论等。然后介绍SRD系统可行的几种调速控制方式。最后给出基于一定的控制算法下的控制方式实例。

8.2.1　SR电动机的数学模型

1. SR电动机绕组线性电感模型

由于SR电动机的定转子是双凸极结构，电机在运行时其定转子极存在着显著的边缘效应和高度局部饱和而引起整个磁路的高度非线性，绕组电感既是转子位置的函数，又是绕组电流的函数，也就是说，电机在运行时，绕组的电感不仅仅与绕组电流有关，还与转子的所处位置有关，即与定转子所处相对位置有关。而SRD系统的电磁转矩又与电感直接相关，绕组电感的计算一般采用数值计算方法、理想线性化模型、准线性模型或非线性方法。本书通过理想线性化模型介绍电感的计算。

理想电感线性模型中定子绕组电感与转子位置角的关系如图8-12所示。

在定子极中心线与转子槽中心线对齐位置(即坐标原点)气隙大，此时电感为最小值$L_{\min}$，在定子极中心线与转子极中心线对齐位置气隙小，电感为最大值$L_{\max}$。τ_r表示极距，即转子相邻两极之间的机械角度。

$$\tau_r = \frac{2\pi}{N_r} \tag{8-2}$$

绕组电感L与转子位置角θ的关系如下：

$$L(\theta) = \begin{cases} L_{\min} & \theta_1 \leqslant \theta < \theta_2 \\ K(\theta - \theta_2) + L_{\min} & \theta_2 \leqslant \theta < \theta_3 \\ L_{\max} & \theta_3 \leqslant \theta < \theta_4 \\ L_{\max} - K(\theta - \theta_4) & \theta_4 \leqslant \theta < \theta_5 \end{cases} \tag{8-3}$$

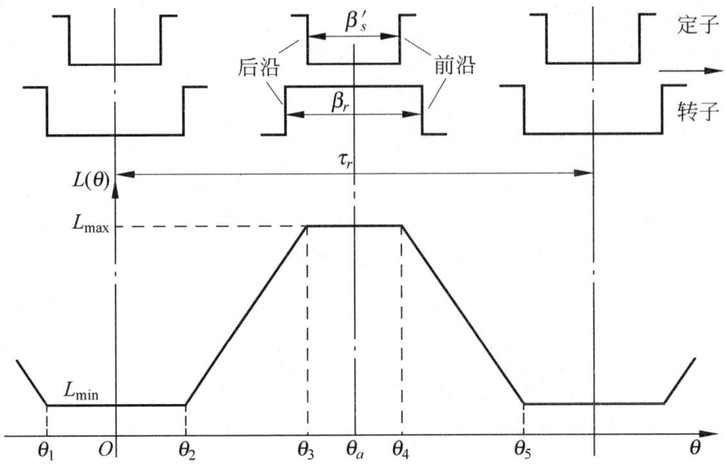

图 8-12 定子、转子相对位置及相绕组电感曲线

式中，$K=(L_{max}-L_{min})/(\theta_3-\theta_2)$。

利用傅里叶级数分解式(8-3)，且忽略高次谐波的简化的电感线性模型为

$$L(\theta)=\frac{L_{min}+L_{max}}{2}+\frac{L_{min}-L_{max}}{2}\cos(N_r\theta) \tag{8-4}$$

其中，$\theta=\omega t$，N_r 为转子极数。

2. 电压方程

由电路基本定律可列写包括各相回路在内电气主回路的电压平衡方程式，电动机第 k 相的电压平衡方程式为

$$U_k=R_k i_k+\mathrm{d}\psi_k/\mathrm{d}t \tag{8-5}$$

式中，U_k 为加于 K 相绕组的电压；R_k 为 K 相绕组的电阻；i_k 为 K 相绕组的电流；ψ_k 为 K 相绕组的磁链。

一般来说，ψ_k 为绕组电流 i_k 和转子位移角 θ 的函数，即

$$\psi_k=\psi_k(i_k,\theta) \tag{8-6}$$

电机的磁链可用电感和电流的乘积表示，即

$$\psi_k=L_k(\theta_k,i_k)i_k \tag{8-7}$$

每相的电感 L_k 是相电流 i_k 和转子位移角 θ_k 的函数。电感之所以与电流有关是因为 SR 电动机非线性特性的缘故，而电感随转子角位置变化正是 SR 电动机的特点，是产生电磁转矩的先决条件。

将式(8-6)、式(8-7)代入式(8-5)中，得

$$\begin{aligned}U_k&=R_k i_k+\frac{\partial\psi_k}{\partial i_k}\frac{\mathrm{d}i_k}{\mathrm{d}t}+\frac{\partial\psi_k}{\partial\theta}\frac{\mathrm{d}\theta}{\mathrm{d}t}\\&=R_k i_k+\left(L_k+i_k\frac{\partial L_K}{\partial i_k}\right)\frac{\mathrm{d}i_k}{\mathrm{d}t}+i_k\frac{\partial L_k}{\partial\theta}\frac{\mathrm{d}\theta}{\mathrm{d}t}\end{aligned} \tag{8-8}$$

式(8-8)表明，电源电压与电路中三部分电压降相平衡。其中，等式右端第一项为 K 相回路中电阻的压降；第二项是由电流变化引起磁链变化而感应的电动势，所以称为变压器电动势；第三项是由转子位置改变引起绕组中磁链变化而感应的电动势，所以称为运动电

动势，它直接影响机电能量的转换。

综合式(8-2)和式(8-8)可以看出，在保持供电电压不变的前提下，在电感的最低平行区域、上升区域、最高平行区域，会有不同的电流特性，其中运动电动势仅仅在电感的上升区域存在，在电感的最低平行区域，电感值最小，此时若保持方程式平衡，则电流会上升很快，对任何电机来说，电流与电机的转矩是密切相关的，当然通过以上分析，可以看出转矩与电机的定转子相对位置也是密切相关的，这就引出了开关磁阻电动机在特定情况下可以采用角度位置控制方式的可能。

3. 运行特性

对于SR电动机在允许的最高电源电压作用和允许的最大磁链与最大电流条件下，有一个临界转速 n_1，是电动机能得到最大转矩的最高转速。在这个转速以下SR电动机呈现恒转矩特性。

当SR电动机在高于 n_1 转速范围运行时，对于线性理想情况，随着的 n 增加，磁链和电流随之下降，由式(8-3)可知，转矩则随转速的平方下降。在最高电源电压作用下最大导通角($\theta_{max}=2\pi/2N_r$)以及最佳触发角条件下，在转速 n_2 下呈现恒功率特性。

当SR电动机在超过 n_2 下运行时，由于可控条件已达到极限，SR电动机呈现串励特性，基于串励的软机械特性特点，为防止“飞速”，因此除电机应用于铁道机车牵引等串励有利的个别领域外，基本上SR电机的最高额定转速控制在 n_2 这一点，如图8-13所示。

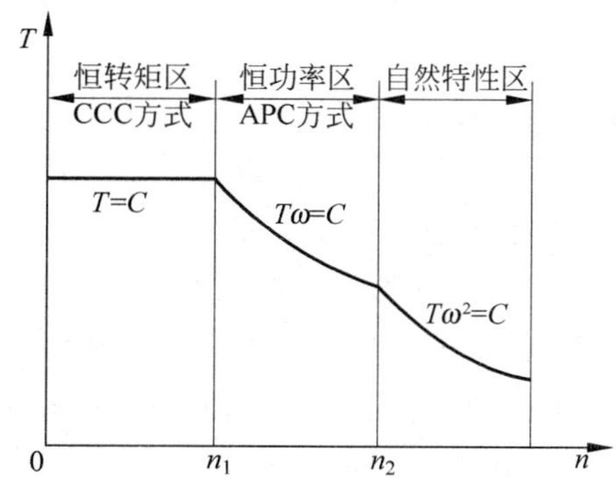

图8-13 SR电动机运行特性

采用不同的电源电压、开通关断角的组合，两个临界点在速度轴上将对应不同的分布，并且在上述两个区域内分别采用不同的控制方法，便能得到满足不同需求的机械特性，这也表明了SR电动机具有十分优良的调速性能。

8.2.2 SRD系统的调速控制方式

SR电动机的可控变量一般有施加于相绕组两端的电压 $\pm U$、相电流 i、开通角 θ_{on} 和关断角 θ_{off} 等。根据控制参量的不同方式，常用的控制方式有电流斩波控制(Chopped Current Control，CCC控制，又叫电流PWM控制)、角度位置控制(Angular Position Control，APC控制，又叫单脉冲控制)和电压PWM斩波控制。

1. CCC控制

由式(8-8)可知，在SR电动机启动、低速、中速运行时，电压不变，一般来说，旋转电动势引起的压降小，电感上升期的时间长，而 di/dt 的值相当大，为避免过大的电流脉冲峰值超过功率开关元件和电机允许的最大电流，采用CCC控制模式可以同时来限制电流。

这种控制方式中，θ_{on} 和 θ_{off} 保持不变，主要靠控制 i_T 的大小来调节电流的峰值，从而起到调节电动机转矩和转速的作用，如图8-14所示。

电流斩波控制的优点是适用于电动机低速调速系统，电流斩波控制可限制电流峰值的增长，并起到良好有效的调节效果；因为每个电流波形呈较宽的平顶波，故产生的转矩也比

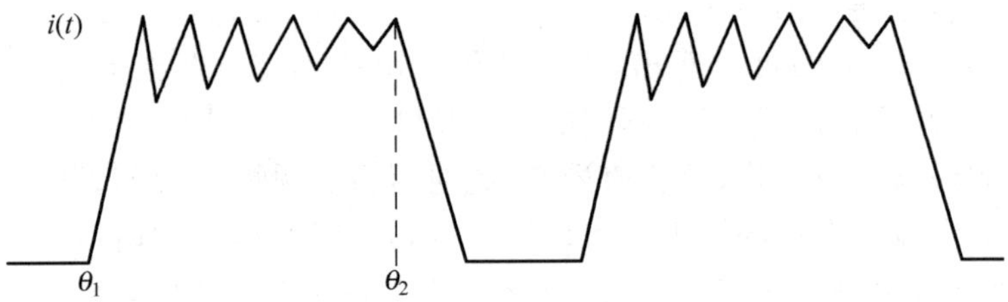

图 8-14　CCC 方式下的斩波电流波形

较平稳，电动机转矩波动一般也比采用其他控制方式时要小一些。

CCC 控制又分为启动斩波模式、定角度斩波模式和变角度斩波模式。

1）启动斩波模式

在 SR 电动机启动时采用。此时，要求启动转矩大，同时又要限制相电流峰值，通常固定开通角 θ_{on}、关断角 θ_{off}，导通角 θ_c 值相对较大。

2）定角度斩波模式

通常在电机启动后，低速运行时采用。导通角 θ_c 值保持不变，但值限定在一定范围内，相对较小。

3）变角度斩波模式

通常在电机中速运行时采用。此时转矩调节通过电流斩波、开通角 θ_{on}、关断角 θ_{off} 的调节同时起作用。

但是，电流斩波控制抗负载扰动的动态响应较慢，在负载扰动下的转速响应速度与自然机械特性硬度有非常大的关系。由于在电流斩波控制中电流的峰值受限制，当电动机转速在负载扰动作用下发生变化时，电流峰值无法相应地自动改变，使之成为特性非常软的系统，因此系统在负载扰动下的动态响应十分缓慢。

2. APC 控制

APC 控制是通过改变开通角 θ_{on}、关断角 θ_{off} 的值，实现转速 n(或转矩 T)的闭环控制。由式(8-8)可知，当电机转速较高时，旋转电动势较大，因此电机绕组电流相对较小，此时可采用 APC 控制方式。

角度控制法是指针对开通角 θ_{on} 和关断角 θ_{off} 的控制，通过对它们的控制来改变电流波形以及电流波形与绕组电感波形的相对位置。在电动机电动运行时，应使电流波形的主要部分位于电感波形的上升端；在电动机制动运行时，应使电流波形位于电感波形的下降段。

改变开通角 θ_{on}，可以改变电流的波形宽度、电流波形的峰值和有效值大小以及电流波形与电感波形的相对位置。这样就可以改变电动机的转矩，从而改变电动机的转速。

改变关断角 θ_{off} 一般不影响电流峰值，但可以影响电流波形宽度以及与电感曲线的相对位置，电流有效值也随之变化，因此 θ_{off} 同样对电动机的转矩和转速产生影响，只是其影响程度没有 θ_{on} 那么大，如图 8-15～图 8-17 所示。

角度控制的优点是转矩调节范围大；可允许多相同时通电，以增加电动机输出转矩，且转矩波动较小；可实现效率最优控制或转矩最优控制。

角度控制不适用于低速，因为转速降低时，旋转电动势减小，电流峰值增大，必须进行限流，因此角度控制一般用于转速较高的应用场合。

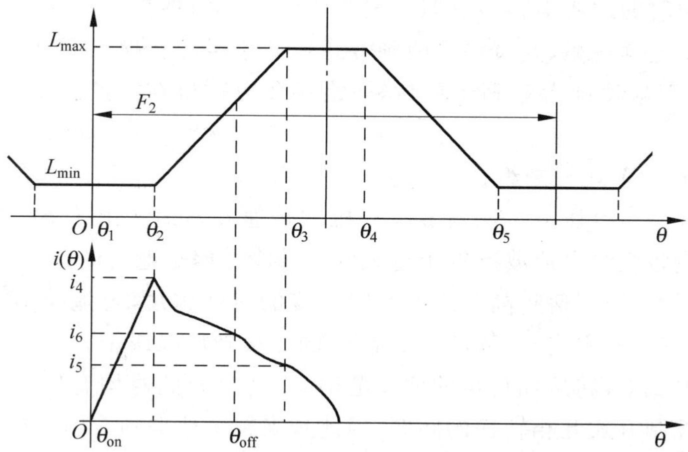

图 8-15　角度位置控制时相电流波形($\theta_{on}<\theta_2$ 时)

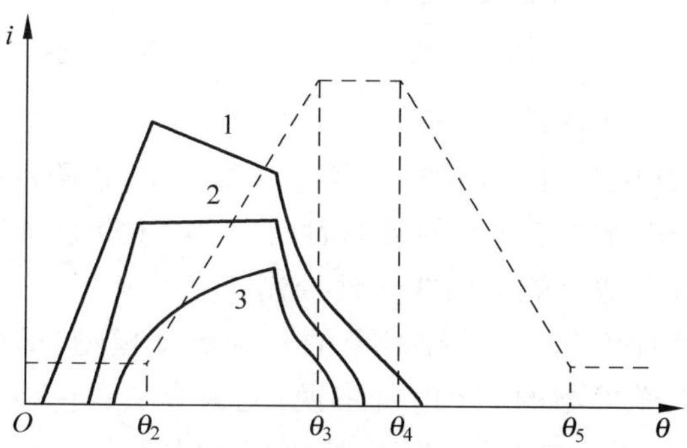

图 8-16　不同开通角下的相电流波形

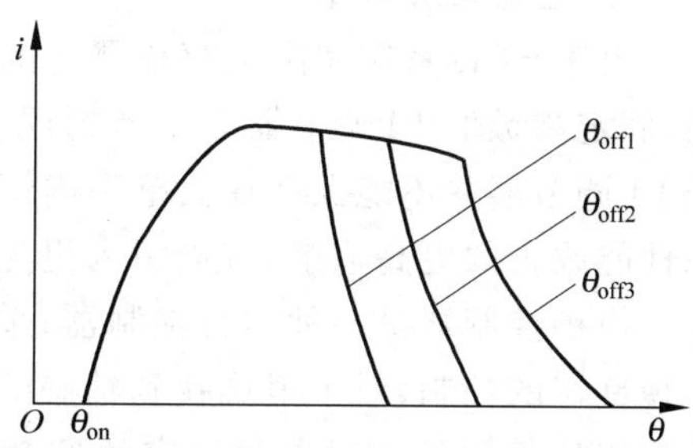

图 8-17　不同关断角下的相电流波形

图 8-16 中,电流波形 1、2、3 分别为开通角由小变大的 3 个典型电流波形。

3. 电压 PWM 控制

电压 PWM 控制也是在保持 θ_{on} 和 θ_{off} 不变的前提下,通过调整 PWM 波的占空比,来调整相绕组的平均电压,进而间接改变相绕组电流的大小,从而实现转速和转矩的调节。PWM 控制的电压和电流波形如图 8-18 所示。

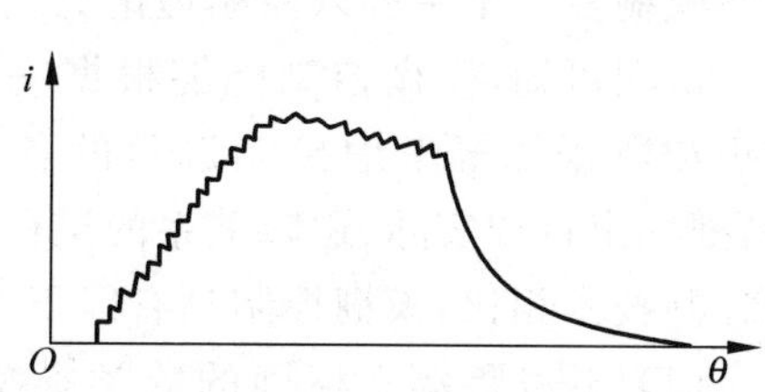

图 8-18　电压控制时的相电流波形

电压 PWM 控制的特点是电压 PWM 控制通过调节相绕组电压的平均值,进而能间接地限制和调节相电流,因此既能用于高速调速系统,又能用于低速调速系统,而且控制简单。但调速范围较小。

4. 组合控制

SRD 系统可使用多种控制方式,并根据不同的应用要求可选用几种控制方式的组合。典型的组合方式主要有高速角度控制与低速电流斩波控制组合、变角度电压 PWM 控制组合等。

1) 高速角度控制和低速电流斩波控制组合

高速时采用角度控制,低速时采用电流斩波控制,以利于发挥二者的优点。这种控制方法的缺点是在中速时的过渡不容易掌握。因此要注意在两种方式转换时参数的对应关系，避免存在较大的不连续转矩，并且注意两种方式在升速时的转换点和在降速时的转换点间要有一定回差，一般应使前者略高于后者，一定避免电动机在该速度附近运行时处于频繁转换。

2）变角度电压 PWM 控制组合

这种控制方式是靠电压 PWM 调节电动机的转速和转矩。由于 SR 电动机的特点，所以工作时希望尽量将绕组电流波形置于电感的上升段。但是电流的建立过程和续流消失过程是需要一定时间的，当转速越高时通电区间对应的时间越短，电流波形滞后的就越多，因此通过调节开关角（一般固定 θ_{off} 角，使 θ_{on} 提前）的方法来加以纠正。

在这种工作方式下，转速和转矩的调节范围大，高速和低速均有较好的电动机性能，且不存在两种不同控制方式互相转换的问题，因此越来越多地得到业内普遍采用，其缺点是控制方式的实现稍显复杂，一般低速时还要加入电流限幅电路以防止电流过大。

8.2.3 基于模糊控制算法的 SRD 系统控制方式

1. 控制算法选择

由于 SRD 系统实际上存在严重的非线性，在不同的控制方式下，其参数、结构都是变化的，固定参数的 PI 调节器无法得到理想的控制性能指标。例如，在某一速域内整定好参数的 PI 调节器并不能保证在大范围内调节时，系统仍保持良好的动特性。作为 SRD 系统动态性能改善的更高追求，应当引入更先进的具有自适应能力的非线性控制。

模糊控制器是一种语言控制器，采用模糊集理论，无须被控对象的精确数学模型，即能实现良好的控制，对于很难找到精确的非线性数学模型的 SR 电机来说，尤为合适；它是一种采用比例因子进行参数设定的控制器，有利于自适应控制；模糊控制器本质上是一种非线性控制，具有较强的鲁棒性，当对象参数变化时有较强的适应性。模糊控制器的这些特点，从原理上保证了在非线性的 SRD 系统中引入模糊控制能够改善其调速性能。近年来，应用模糊控制理论设计 SRD 系统比较普遍。

2. 模糊控制技术原理及特点

模糊控制是一种以模糊理论为基础的反馈控制，其原理框图如图 8-19 所示。

由图可知，模糊控制能够根据一系列模糊知识和数据统筹考虑控制过程的各种控制行为，推导出符合实际、逻辑关系的结论。与一般的控制技术相比，模糊控制具有以下 3 大特点。

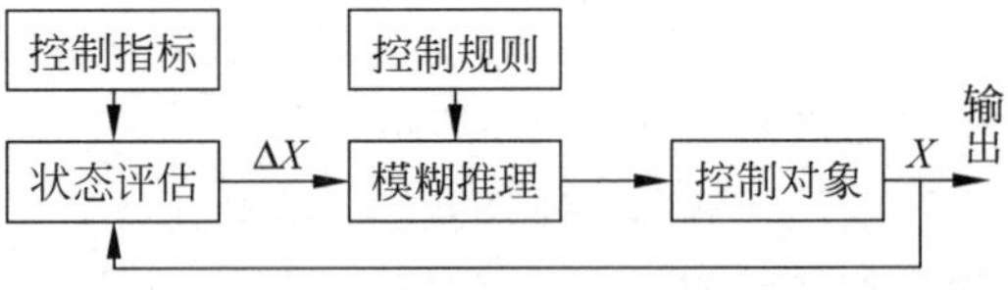

图 8-19 模糊控制原理框图

（1）不需要建立精确的数学模型，可以根据人的经验，将控制规则模型化，模拟人的控制，也就是实现智能控制。

（2）模糊控制器结构简单，易于实现，成本低廉，按照英国 Mandani 给出的算法，设计模糊控制器，其软件和硬件的实现都很方便。十几千字节的芯片就能实现含有十几条甚至几十条规则的模糊推理功能。

（3）模糊控制器具有较好的性能，例如，对系统参数变化的适应性强，系统的稳定性和抗干扰能力强，可以避免恶性循环和险情发生。

1）模糊规则

模糊规则是模糊控制器设计的核心，其选择过程可分为 3 部分，即选择适当的模糊语言变量，确定各语言变量的隶属函数，最后建立模糊控制规则表。

（1）模糊语言变量。首先确定基本的语言变量值，如描述偏差大小时，先给出 3 个基本语言变量值："正"、"零"、"负"，然后根据需要可以生成若干语言子值，如"正大"、"正中"、"正小"、"零"、"负小"、"负中"、"负大"，分别对应于 PL、PM、PS、ZE、NS、NM、NL，进一步细化为"零"，又有 PE、NE 分别代表"正零"、"负零"。一般来说，语言值越多，对事物的描述越准确，得到的控制效果也越好，但过细的划分有可能使控制规则变复杂。

（2）语言值的隶属函数。隶属函数是用来描述语言值的，连续的隶属函数描述较准确，而离散的较直观简洁。控制系统中常用的隶属函数有三角型、高斯型、台型等，本系统即采用三角型隶属函数。

（3）模糊控制规则的建立。模糊控制规则的建立可以根据人的控制经验、直觉推理或实验数据，经过整理、加工、提炼后形成。模糊控制器最常用的结构为二维模糊控制器，输入量一般取为偏差和偏差的变化，输出量为控制量的增量。这种结构的模糊控制器常采用 Mamdani 推理方式，表 8-5 就是本系统的模糊控制规则表。

表 8-5 模糊控制规则表

U \ E \ EC	NL	NM	NS	ZE	PS	PM	PL
NL	PL	PL	PL	PL	PL	PM	PS
NM	PL	PL	PL	PM	PM	PS	ZE
NS	PL	PL	PM	PM	PM	ZE	NS
NE	PS	PS	PS	ZE	ZE	NS	NM
PE	PS	PS	ZE	ZE	NS	NS	NM
PS	ZE	ZE	ZE	ZE	NM	NM	NL
PM	ZE	ZE	NS	NS	NM	NL	NL
PL	ZE	NS	NS	NM	NL	NL	NL

2）模糊推理

模糊规则确立后，接着进行模糊推理。其二维形式如下：

```
if X is A and Y is B, then Z is C
    if X is A' and Y is B'
then Z is ?
```

假如有下面两条规则：

R_1: if X is A^1 and Y is B^1, then Z is C^1

R_2: if X is A^2 and Y is B^2, then Z is C^2

用马丹尼（Mamdani）极小运算法。计算方法如下，若已知 $x=x_0$，$y=y_0$，则新的隶属度为

$$\mu_c(Z) = [\omega_1 \wedge \mu_{c1}(Z)] \vee [\omega_2 \wedge \mu_{c2}(Z)] \tag{8-9}$$

式中，$\omega_1=\mu_{A1}(x_0) \wedge \mu_{B1}(y_0)$，$\omega_2=\mu_{A2}(x_0) \wedge \mu_{B2}(y_0)$。

3）解模糊

经模糊推理得到的结果一般都是模糊值不能直接进行控制，需要进行相应的转化，使其成为一个可执行的精确量，这一过程就是解模糊。

解模糊的方法有以下两种：

（1）最大隶属度：直接选择模糊隶属度最大的元素。

（2）加权平均法（重心法），其计算公式为

$$Z^* = \frac{\sum_{j=1}^{n} \mu_{cj}(\omega_j) \cdot \omega_j}{\sum_{j=1}^{n} \mu_{cj}(\omega_j)} \tag{8-10}$$

一般采用加权平均法。

3. 基于模糊算法与电压 PWM 斩波变绕组开通角的控制流程

流程图如图 8-20 所示，在线控制与离线计算均通过软件的形式实现。

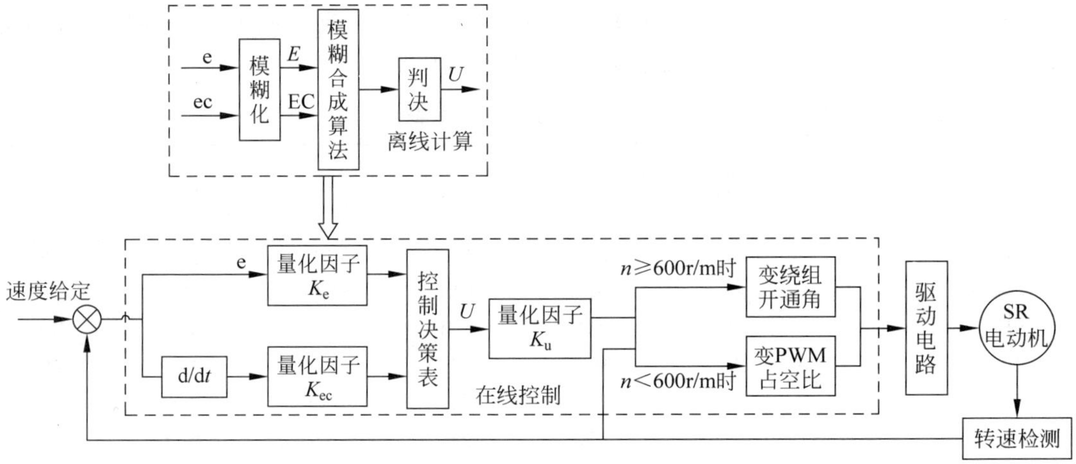

图 8-20 模糊控制电压 PWM 的 SRD 系统控制流程图

8.3 SRD 系统功率变换器

功率变换器是 SR 电动机运行时所需能量的供给者，也是电机绕组通断指令的执行者。SR 电动机的功率变换器相当于 PWM 变频调速异步电动机的变频器，在调速系统中占有重要地位，功率变换器设计是提高 SRD 系统性价比的关键之一。由于 SR 电动机工作电压、电流波形并非正弦波，且波形受系统运行条件及电机设计参数的制约，变化很大，难以准确预料，因此，SR 电动机功率变换器的设计是与 SR 电动机、控制器的设计密切相关的，适用于所有 SR 电动机及不同控制方式的“理想功率变换器”是没有的。事实上，SRD 系统的一些参数，例如，相数，定转子级数，定转子极弧尺寸，绕组匝数，功率变换器主电路、运行方式及其控制变量等在设计中均有很大的选择余地，所以必须从优化整体性价比的角度综合地考虑三者的设计。

SRD 系统的功率变换器主要由主开关器件及其主电路、主开关驱动电路、保护电路、稳

压电源电路等组成。

8.3.1 功率变换器主电路

主电路即拓扑结构设计是 SR 电动机功率变换器设计的关键之一。围绕处理放电绕组磁场能量问题，已出现多种主电路结构形式，例如，不对称半桥型、双绕组型、斩波带存储电容型、双极性电源型等，其中在四相(8/6)SRD 系统中应用最广的是图 8-21 所示不对称半桥型和双极性直流电源型。

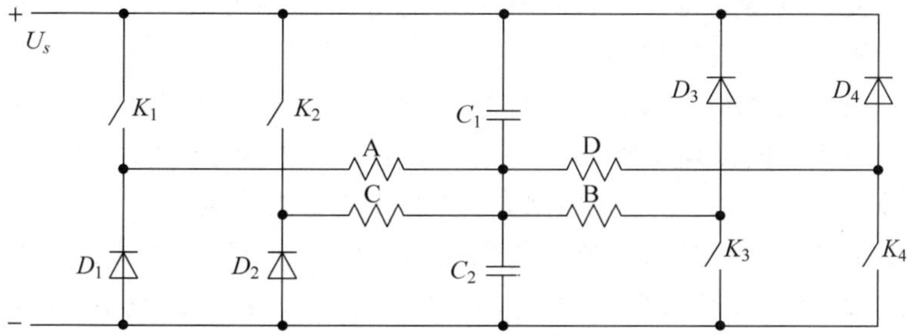

(a) 双极性电源型

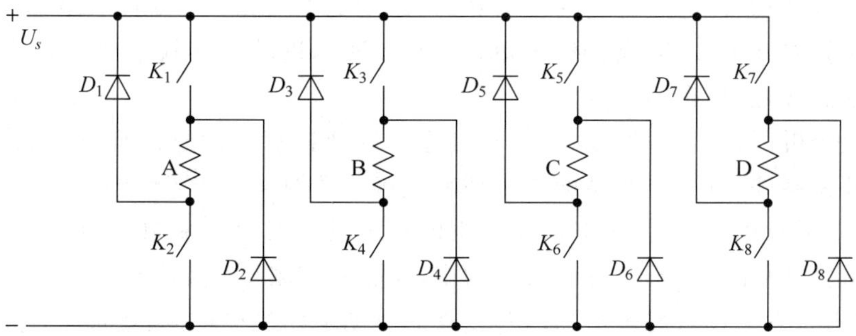

(b) 不对称半桥型

图 8-21 两种四相 SR 电机常用功率变换器主电路

双极性直流电源型功率变换器是世界上第一台商品化的 SRD 装置中曾采用的主电路，每相只用一只主开关是其主要优点，但主开关和续流二极管的电压定额为 $U_s+\Delta U$（ΔU 是因换相引起的任一瞬变电压），而加给励磁绕组的电压仅为 $U_s/2$，未能用足开关器件的额定电压和电源的容量。另外，这种结构的功率变换器，当电机单相低速运行时，电容器 C_1、C_2 两端电压交替出现较大的波动，限制了系统整体性能的提高，原因如下。

在一相绕组通电期间，C_1、C_2 的工作情况不一致。以 A 相通电为例：K_1 导通后，C_1 经 K_1 给 A 相绕组放电，U_{c1}下降，而电源 U_s 经 K_1 给 A 相绕组供电的同时，给 C_2 充电，U_{c2}上升，可见在 A 相通电期间 $\Delta U_c=\mathrm{U}_{c2}-U_{c1}$将增大，A 相关断后，A 相绕组储存的磁场能量有一部分经续流二极管 D_1 给 C_2 充电，更加剧了 ΔU_c 的增大。若 B 相单独通电，情况刚好相反，这时 $\Delta U_c=U_{c1}-U_{c2}$将增大。因此，单相运行时 U_{c1}、U_{c2}将交替出现较大的波动，这在低速运行时尤其严重，因为低速运行时，C_1、C_2 充放电时间长。采用双相运行方式可以解决电容波动的问题（前提是电路上、下两部分同时有一相绕组导通），但在双相运行时，相电流可能流过 $\mathrm{d}L/\mathrm{d}\theta<0$ 的区域，这时电动转矩的有效性将降低，而电流在相绕组中的电阻损耗却

将增加；而且，两相同时通电，电机磁路饱和加剧，进一步降低了电流产生电动转矩的有效性。

这种结构只能给相绕组提供两种电压回路，即主开关导通时的正电压回路和主开关关断时的负电压回路，低速 CCC 方式运行时只能采用能量回馈式斩波方式，在斩波期间相电流不是自然续流，而是在外加的$-U_s/2$电源作用下续流，同时将部分磁场能馈回电源，这不仅增加了斩波次数，降低了斩波续流期间的有功能量输出，而且导致电源电压的波动，增加了转矩波动。

不对称半桥型主电路的特点是各主开关管的电压定额为U_s；由于主开关管的额定电压与电机绕组的额定电压近似相等，所以这种线路用足了主开关管的额定电压，有效的全部电源电压可用来控制相绕组电流；不对称半桥型主电路于每相绕组接至各自的不对称半桥，在电路上，相与相之间的电流控制是完全独立的；另外，可给相绕组提供 3 种电压回路，即上、下主开关同时导通时的正电压回路，一只主开关保持导通，另一只主开关关断时的零电压回路，上、下主开关均关断时的负电压回路，这样，低速 CCC 方式运行时可采用能量非回馈式斩波方式，即在斩波续流期间，相电流在“零电压回路”中的续流，避免了电机与电源间的无功能量交换，这对增加转矩、提高功率变换器容量的利用率、减少斩波次数、抑制电源电压波动、降低转矩波动都是有利的。图 8-21(b)中的$D_1 \sim D_8$二极管承担续流作用。该主电路每相需两只主开关，未能充分体现单极性的 SR 电机功率变换器较其他交流调速系统变流器固有的优势，这是它的缺点。

通过以上分析可看出，从性能上看，不对称半桥型较双极性电源型有很大优势，其唯一不足是所用开关器件数量多，明显增加了功率变换器的成本，经济性差。对四相 SRD 系统而言，即使若采用双相运行时(瞬时两相绕组同时通电)，因为 A 相和 C 相、B 相和 D 相的电流一般不会重叠，因此传统不对称半桥结构中，A 相和 C 相、B 相和 D 相分别可共用一只上臂主开关(共用一只下臂时需多增加两套独立的驱动电路供电电源，增加了成本)，从而减少两个主开关，构成如图 8-22 所示的四相功率变换器主电路——新型最少主开关型功率变换器主电路。

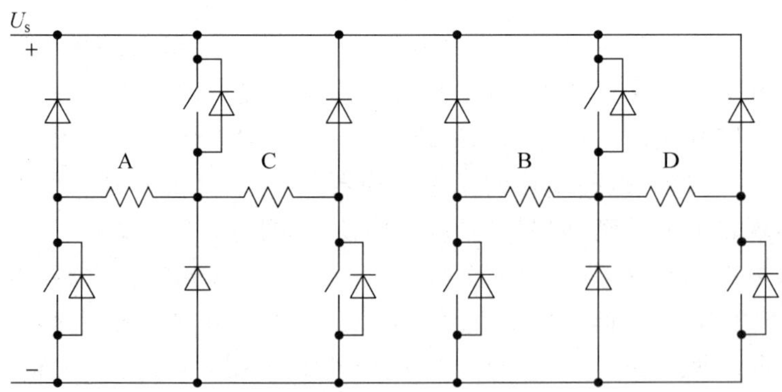

图 8-22　最少主开关型主电路

图 8-22 这种主电路方案基本保留了不对称半桥型的优点，使所用开关器件降到最少，具有较高的性能价格比，稍显不足的是上部的两个开关管的热耗较下部的大。

表 8-6 给出了这种新型电路与其他两种传统电路在器件额定值及 kVA 容量方面的比

较。其中 I 表示相电流有效值，i_p 表示相电流峰值。

表 8-6　3 种四相 SR 电动机功率变换器主电路性能比较

结构形式	电机额定电压	主开关器件额定电压	主开关器件额定峰值电流	功率电路伏安容量有效值 kVA	功率电路伏安容量峰值 kVA
双极性电源电路	U_s	$2(U_s+\Delta U)$	i_p	$8(U_s+\Delta U)I$	$8(U_s+\Delta U)i_p$
不对称半桥电路	U_s	$U_s+\Delta U$	i_p	$8(U_s+\Delta U)I$	$8(U_s+\Delta U)i_p$
新型功率电路	U_s	$U_s+\Delta U$	i_p	$8(U_s+\Delta U)I$	$8(U_s+\Delta U)i_p$

由上表可见，新型最少主开关四相 SR 电动机功率主电路虽然较传统的双极性电源电路多用了两只主开关，但两者有效值 kVA 容量是一样的，而且前者峰值 kVA 容量比后者还小，因此，新型主电路在性价比上能体现出较大的优势。

8.3.2　SRD 功率变换器设计实例

1. 设计依据与原则

给定 SRD 原始数据如下所示。

定转子极数比：8/6(四相)

额定电压：260V(DC)

额定转速：1500r/min

额定功率：5.5kW

控制方式：变角度电压 PWM 斩波控制

调速范围：50～2000r/min

2. 主电路设计

图 8-23 为所采用的功率变换器主电路，在实用中又进行了优化。

系统采用三相交流电源(线电压 380V、50Hz)供电，系统中使用的整流电路为三相三线制电路，分为二极管整流部分和电容滤波部分。电解电容 C_1、C_2 对整流电路的输出电压起到平滑滤波作用，同时作为相绕组能量回馈、电机换相和制动运行时能量回馈的储能元件。而电阻 R_1、R_2 起到平衡两个电容上的电压及整个系统关闭时对 C_1、C_2 电容放电的作用。在系统加电开始工作的瞬间，为了防止滤波电容开始充电所引起的过大的浪涌电流，需要采取一定的保护措施，本系统采用了电阻—继电器并联网络。当充电电压小于某一值时，继电

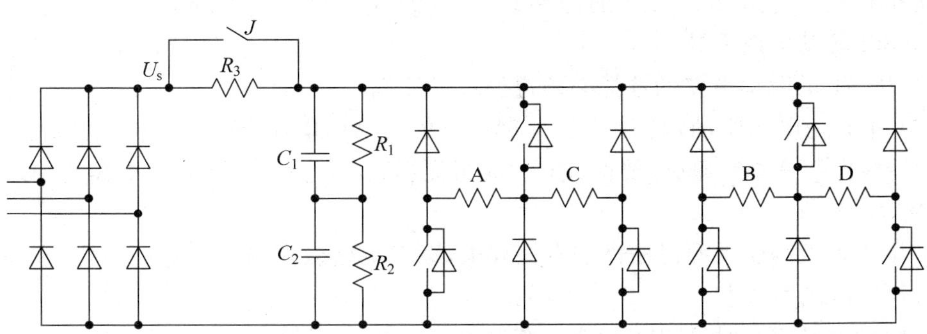

图 8-23　系统功率变换器实用主电路

器 J 断开，电阻 R_3 流过电流，把浪涌电流限制到一个安全的范围。当充电电压大于此值时，J 闭合，把电阻 R_3 短路。

3. 主要器件选择与计算

SR 电动机功率变换器主开关器件的选择与电动机的功率等级、供电电压、峰值电流、成本等有关；另外还与主开关器件本身的开关速度、触发难易、开关损耗、抗冲击性、耐用性及市场普及性有关系。

对于 SR 电机而言，开关管的选取应基于以下原则。

(1) 满足系统电压、电流值的要求，并留有一定的裕量；

(2) 尽可能低的导通压降和关断以后的漏电流，以降低系统损耗；

(3) 足够的安全工作区和二次击穿耐量有利于提高系统运行的可靠性；

(4) 尽可能小的驱动功率，驱动方便。

绝缘栅双极晶体管(IGBT)综合了场效应晶体管(MOSFET)控制极输入阻抗高和电力晶体管(GTR)通态饱和压降低的优点，其工作频率较高、驱动电路简单，目前是中、小功率开关磁阻电动机功率变换器较理想的主开关元件(MOSFET 多用于低压场合，GTR 相比速度较慢，GTO 关断时需要的反向控制电流较大)。因此选用 IGBT 作为系统的主开关元件。

在本系统中，直流主电源电压最高为 537V，主开关管承受的电压最大值等于直流电源电压最大值，考虑到 2 倍的电压裕量，则主开关器件的耐压定额为

$$U_r = 2U_s = 2 \times 537 = 107(\mathrm{V})$$

则可选择使用耐压 1200V 的开关管。

对于电流定额的计算，根据经验公式和电机已知参数，其最大峰值电流为

$$I_{\max} = 2.1P_N/U_n = 2.1 \times 5.5 \times 1000/260 = 44.4(\mathrm{A})$$

根据市场已有规格，选取 50A/1200V 的 IGBT 作为系统的主开关器件。

功率变换器中所用续流二极管必须正向导通和反相截止均具有快恢复特性。正向快恢复特性能保证主开关器件断开时，相电流迅速从主开关器件转换到二极管续流；而反向快恢复特性则能保证二极管以足够快的速度从导通变为截止。特别是 SR 电动机高速运行和以较高斩波频率运行时，允许续流二极管反向恢复时间较短，反向快恢复特性尤为重要。为此，均选用快恢复二极管作为续流管。

整流部分采用常用的三相全波二极管整流桥，根据 SR 电动机的原始数据，整流桥的定额可选为 60A/1200V。具有滤波与储能作用的电容值根据公式 $C=T\times10^5/3R_f$ 计算，其中，R_f 为电机绕组电阻，$R_f=0.47\Omega$，$T=1/(6\times50)\mathrm{ms}$，所以 $C=2250\mu\mathrm{F}$。

4. IGBT 驱动电路设计

对于 IGBT 的驱动电路的选择必须遵循以下原则。

(1) IGBT 是电压驱动，具有一个 2.5V～5V 的阈值电压，有一个容性输入阻抗，因此 IGBT 对栅极电荷聚集很敏感，要保证有一条低阻抗的放电回路，即驱动电路与 IGBT 的连线要尽量短。

(2) 用小内阻的驱动源对栅极电容充放电，以保证栅极控制电压有足够陡的前后沿，使 IGBT 的开关损耗尽量小。

(3) 驱动电平增大时，IGBT 通态压降和开通损耗均下降，但负载短路时流过的电流增大，IGBT 能承受的短路电流的时间减少，对其安全不利，一般选为+12V～+15V。

(4) 在关断过程中,为尽快抽取存储的电荷,必须施加一个负偏压,但此负压受 IGBT 的 G、D 极间最大反向耐压的限制,一般取 −2V～−5V。

(5) 大电感负载下,IGBT 的开关时间不能过分短,以限制 di/dt 所形成的尖峰电压,保护 IGBT 的安全。

(6) 由于 IGBT 在电力电子设备中多用于高压场合,故驱动电路应与整个控制电路在电位上严格隔离。

(7) IGBT 的栅极驱动电路应尽可能简单实用,最好自身带有对 IGBT 的保护功能,并有较强的抗干扰能力。

电力电子技术发展至今,驱动电路已经很少使用分立元件来构成,集成化的 IGBT 专用驱动电路(模块)已广泛使用,集成模块的性能更好、整机的可靠性更高及体积更小。

EXB840/1 是日本富士公司提供的 150A/600V 和高达 75A 的 1200V 快速型 IGBT 专用驱动模块。整个电路信号延迟时间不超过 1μs,最高工作频率可达 40kHz～50kHz,它只需外部提供一个 +20V 的单电源,内部自己产生一个 −5V 反偏压。对本系统比较适用。

EXB840/1 由放大、过流保护、5V 电压基准 3 部分组成。其功能框图如图 8-24 所示。

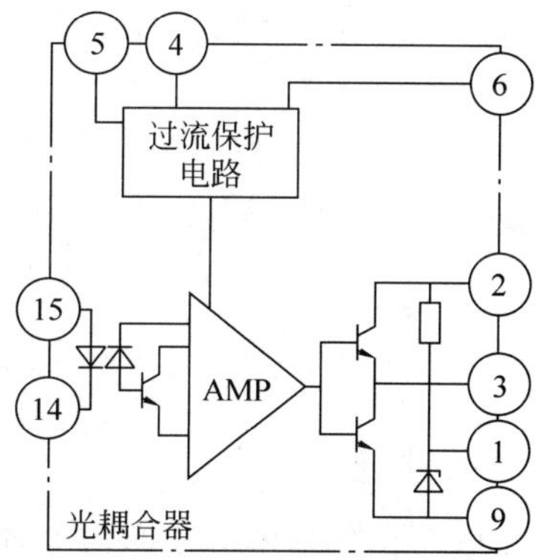

图 8-24　EXB840/1 功能框图

图 8-25 为以 EXB841 为核心的驱动电路,图中 OP1 为用于过流保护作用的光耦,A-H 接 IGBT 的集电极,以监视集电极电压;驱动信号经数字逻辑电路后从 U_{10}-14 输入模块,先经过高隔离光耦再放大信号,输出 IGBTA 和 A-L 分别接 IGBT 的门极、射极,当两端电压为 +15V 时驱动 IGBT 开通,为 −5V 时随即关断。

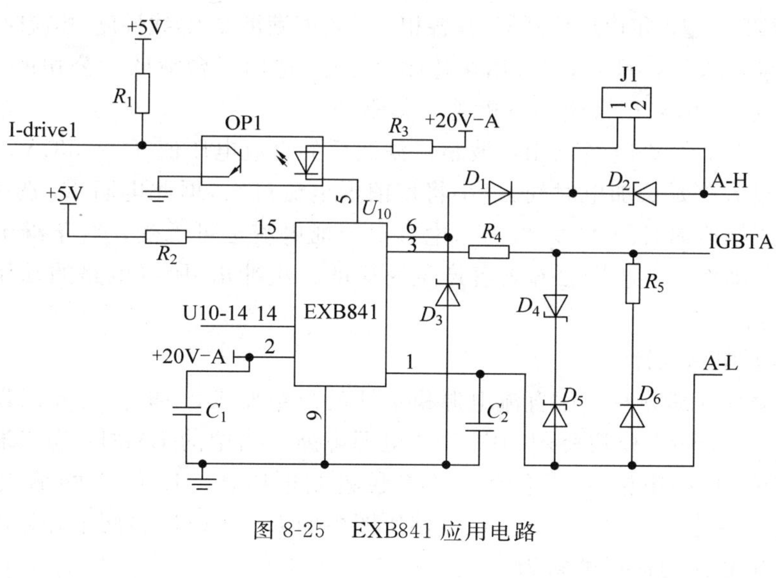

图 8-25　EXB841 应用电路

5. 继电器触发电路设计

电路如图 8-26 所示,直流电压传感器将主电路的高电压转换为低压信号,随着主电路电压的变化,输出低压信号与其呈线性变化。电压传感器的输出信号经采样电阻后转变为电压信号，与给定的比较值比较，当电路加电瞬间，在上升到电源最高电压前某点使继电器闭合。

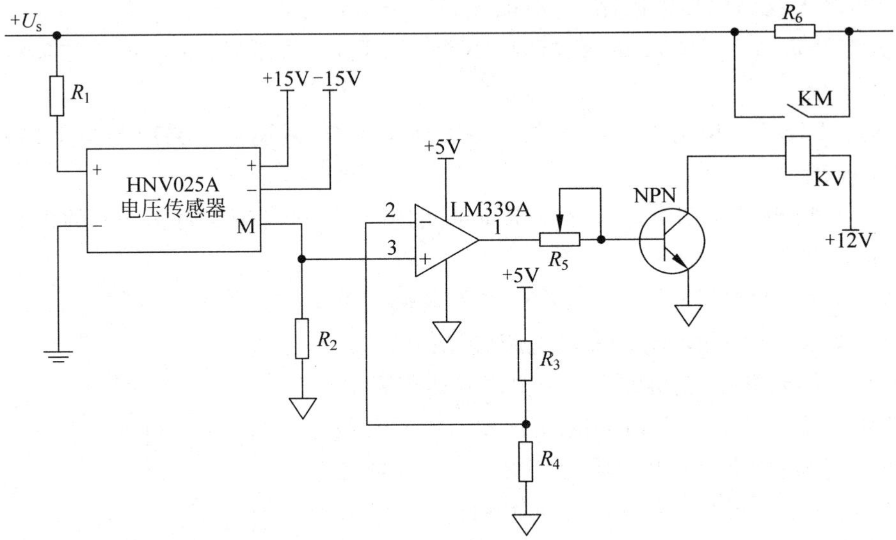

图 8-26 继电器触发电路

电压传感器实际上是一个霍尔型的电流传感器，所以外围要加限流电阻(输入端)和采样电阻(输出端)，因此可以视为输入、输出均是直流电压信号，并且输出随输入的变化而线性变化，同时电压传感器也发挥了强弱电隔离的效果，增强了电路的稳定性、可靠性。为使电压传感器达到较佳精度，应尽量选择 R_1 的大小，使输入电流为 10mA，此时精度最高，因此在原边电压上升过程中，匹配电阻 R_1 的大小选择，遵循使继电器动作点的原边电压所产生的原边电流为 10mA，另外最好是 R_1 大于等于被测电压 V_1/10mA。

选用 HNV025A 型霍尔电压传感器，其各相参数均能满足要求，线性度、响应时间也很理想。

继电器要求除保障容量外，需选用快速闭合型的，选用了台湾欣大公司的密闭式 956—1C—12DSE 型继电器，采用常用的三极管对其驱动。

U_s 为经过 380V 交流电经三相全波整流滤波后的直流电压值，U_s=537V。在主电路加电时，电阻 R_6 过大将延长加电时间，过小将使浪涌电流过大，据此电阻 R_6 选为 30Ω/30W，这样加电到电压幅值的时间为 τ=0.07s，电容对浪涌电流也可承受。对于继电器动作点的选择要考虑到若动作点过小则会对电容产生明显的二次冲击，所以电路的动作电压点选为 510V，二次冲击很小。

6. 直流电源电路设计

鉴于驱动模块等部分对所用直流电源稳定性的严格要求，一般需要专门设计各种稳压电路，图 8-27 为 EXB841 模块所用 20V 稳压电源电路。当中的 LM317 为三端可调正稳压器集成电路器件，是使用极为广泛的一类串联集成稳压器。LM317 的输出电压范围是 1.2V～37V，负载电流最大为 1.5A。仅需使用图中的 R_1、R_2(可调)两个外接电阻来设置输出电压。输出电压 U 的计算公式为

$$U = 1.25 \times R_2/R_1 + 1.25 \tag{8-11}$$

LM317 的线性调整率和负载调整率比标准的固定稳压器好。另外它内置有过载保护、安全区保护等多种保护电路。图中的电容 C_1 滤波，输出电容 C_2 应对电压的瞬态波动。

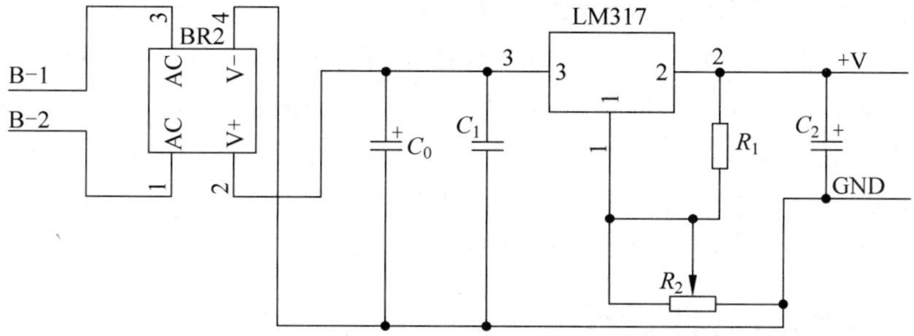

图 8-27 驱动模块电源电路

图 8-28 为由三端稳压器 L78XX 系列组成的+5V 和+15V 稳压电源电路。此电路输出的电压的稳定性能更高，尤其对于+5V 电源，经过了三级稳压。

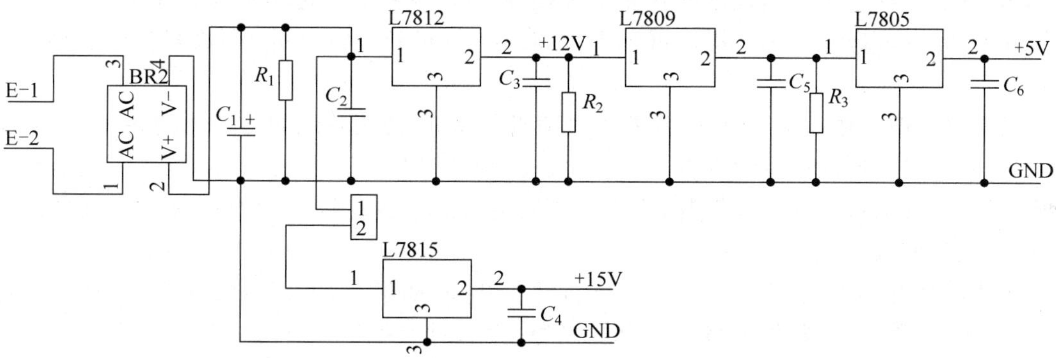

图 8-28 +5V 与+15V 电源电路

8.4 开关磁阻电动机控制器

控制器好比 SRD 系统的神经中枢、大脑，它接收电机的转子位置信号、绕组电流信号、外围给定信号，给出电机每相绕组的通断信号，计算电机的转速等。

图 8-29 为典型的 SRD 系统控制器的原理框图。

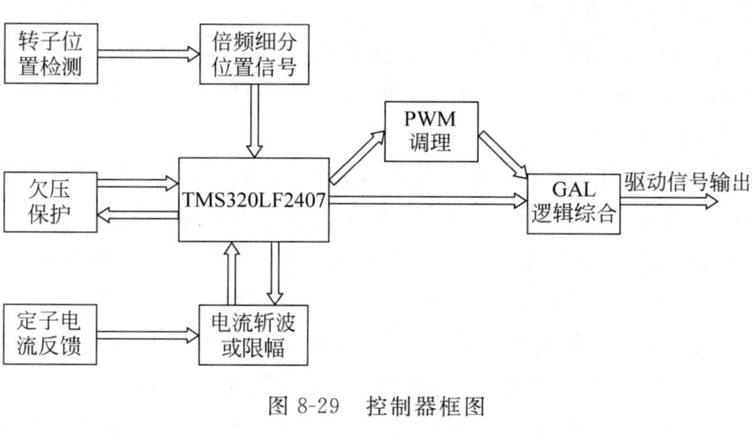

图 8-29 控制器框图

中央处理芯片一般采用数字信号处理器(DSP)来实现,TMS320LF2000 系列的 DSP 为当前的主流芯片,从上图这个典型控制器原理控制可以看出,DSP 负责判断转子的位置信息,并综合各种保护信号和给定信息、转速情况,给出相通断信号,以及产生一路定频调宽的 PWM 信号以利于使用 PWM 控制方式。最后通过逻辑综合将信号传递给功率变换器中主开关器件的驱动电路,以便通过主开关的通断来进行电机绕组的通断控制。

为了便于理解,本文继续阐述 SRD 系统控制器的原理与设计。

8.4.1 控制器硬件设计

1. 简介

目前用于电机控制的 DSP 芯片多采用美国德州仪器公司(TI 公司)的 TMS320F2000 系列,是 TI 公司专门针对电机、逆变器、机器人等控制而设计的,它配置了完善的外围设备,此系列芯片在电机调速领域的整体来说,应用日趋成熟。不论是从计算速度、精度、内外部资源或是性价比,还是从其发展前景上来考虑,TMS320F2000 系列都优于传统的单片机。

设计时一般使用高速 CMOS 片外程序随机存储器,使用专用的仿真机向存储器下载软件程序,这样可方便地进行软件程序的调试。控制器接收处理电机的转子位置信息和绕组电流信息,实现电机的双闭环控制,为了将高质量的信号输入 DSP 进行处理,在之前要进行滤波、隔离调制等处理。

由于功率变换器主电路采用了上、下桥臂双开关,如果上、下桥臂的两个开关瞬时同时开通或同时关断,开关器件上将同时出现尖峰电压,对 IGBT 的耐压值就要求很高,提高了成本。这样需要设计一个 PWM 调理电路解决此问题,这样可使上、下桥臂开通、关断的时刻错开,但又能使整个桥臂开通、断开的总效果不变,同时此种方案对抑制电机的转矩波动也有一定意义。

为了精确进行角度位置控制,控制器设计了转子位置信号的倍频电路,经过 512 倍频产生用于角度位置控制的时基。

此外,在过电流、欠电压保护方面也采取了相应的措施,均通过硬件电路形式,采用 DSP 复位的方式保障安全。

2. 转子位置检测及电路设计

系统所用位置传感器一般为光敏式转子位置传感器,它由光电脉冲发生器和转盘组成。转盘有与转子凸极、凹槽数相等的齿、槽,且齿、槽均匀分布。转盘固定在转子轴上,光电脉冲发生和接收部分固定在定子上。

研究对象为 8/6 极四相 SR 电动机(步进角为 $\theta_{step}=15°$,转子极距角 $\tau_r=60°$),则可以选用两路检测电路,如图 8-30 所示,转盘的齿、槽数与转子的凸极、凹槽数一样为 6,且均匀分布,所占角度均为 30°,转盘安装在转子轴上并同步旋转,夹角为 75°的两光电脉冲发生器 S、P 分别固定在定子极的中心线的左右两侧 75°/2 处。

当圆盘中凸起的齿转到开槽光电脉冲发生器 S、P 位置时,因其中发光管的光被遮住而使其输出状态为 0,而没有被遮住时,其输出状态为 1,则在一个转子角周期 τ_r($\tau_r=60°$)内,S、P 产生两个相位差为 15°、占空比为 50%的方波信号,它组合成 4 种不同的状态,分别代表电动机四相绕组不同的参考位置。例如,设图 8-30(a)所示的相对位置为计时零点,有

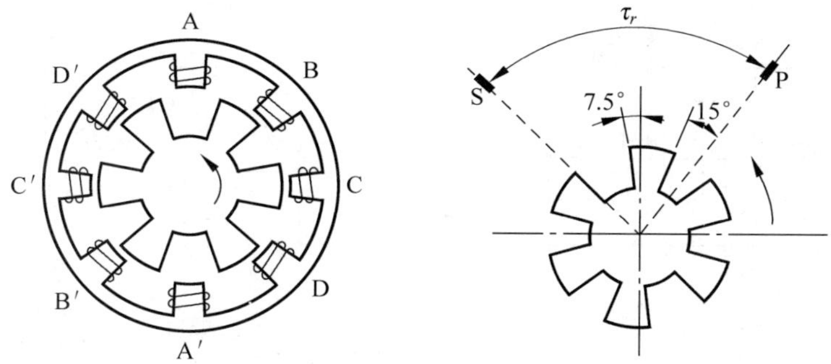

(a) t=0时，定转子相对位置　　(b) t=0时，光电转盘与光电脉冲发生器S、P相对位置

图 8-30　光敏式转子位置传感器检测转子位置图

S=1,P=1；转子逆时针转过 15°，状态变为 S=1,P=0；再转过 15°，则 S=0,P=0；再转过 15°，则 S=0,P=1；再经过一个 15°，转子已转过一个转子角周期 τ_r，则重新恢复为起始的 S=1,P=1，如此往复循环，如图 8-31 所示。

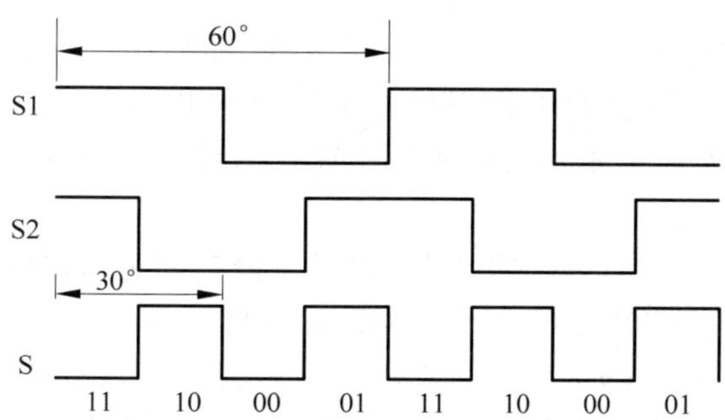

图 8-31　转子位置信号波形(S1、S2 为图 8-30 中的 S、P)

从图中可见，在 4 种不同状态下，总会同时有两相绕组加电使电机产生正向转矩，每相绕组通电所转角度最大为 30°。

3. 电流限幅电路设计

系统虽然采用变角度的电压 PWM 斩波控制，但并不代表电流环就没有意义了，根据电机电压平衡方程式

$$
\begin{aligned}
U_k &= R_k i_k + \frac{\partial \psi_k}{\partial i_k}\frac{\mathrm{d}i_k}{\mathrm{d}t} + \frac{\partial \psi_k}{\partial \theta}\frac{\mathrm{d}\theta}{\mathrm{d}t} \\
&= R_k i_k + \left(L_k + i_k \frac{\partial L_k}{\partial i_k}\right)\frac{\mathrm{d}i_k}{\mathrm{d}t} + i_k \frac{\partial L_k}{\partial \theta}\frac{\mathrm{d}\theta}{\mathrm{d}t}
\end{aligned}
$$

当电动机低速运行时，由于电机速度值很小，因而运动电动势(上式中的第 3 项)很小；当电源电压 U_s 不变时，在相导通的极短一段时间内，增量电感 L 几乎不变(最小值)，故绕组的 $\mathrm{d}i/\mathrm{d}t$ 会很大。为了保护功率开关元件和电机绕组，使之不致因电流过大而损坏，在低速运行时必须采用限流措施，电路如图 8-32 所示。特别说明的是，此电路若经适当更改，再配合 DSP 及其经 D/A 的输出控制，完全可用于低速电流斩波控制的主电路，通用性强。

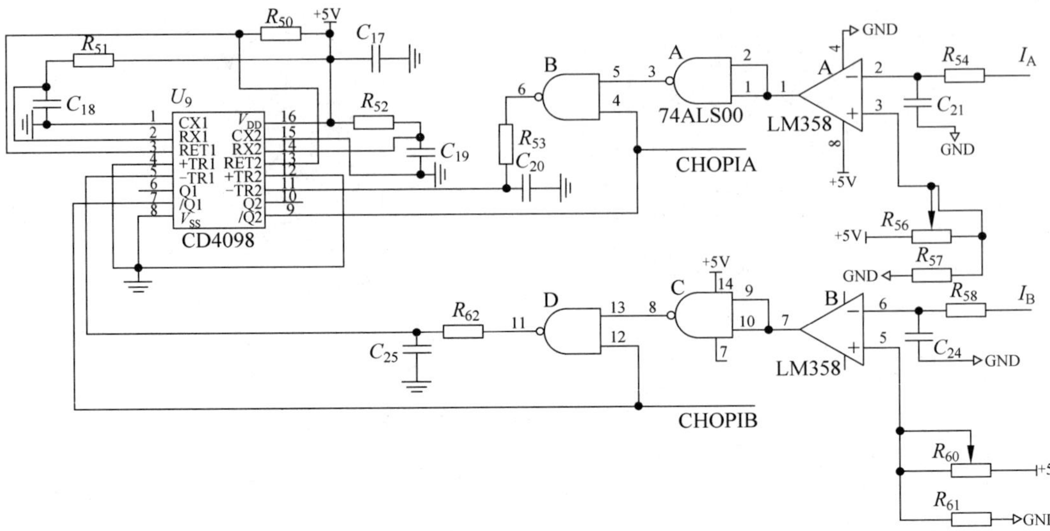

图 8-32　电流限幅电路

电路中，I_A、I_B 为绕组电流经过电流—电压变换、隔离放大后的信号。CD4098 是双路单稳态多频振荡触发器，输出的单稳态脉冲的宽度可以外接设置。其输出的两路信号 CHOPIA、CHOPIB 与从 DSP 输出的相通断、PWM 信号共同经 GAL 元件逻辑综合后输出给开关管驱动部分。

在本系统中，PWM 斩波时引起的电流斩波的下降时间是固定的，即为单稳态触发器的脉冲宽度值，取 $R_{52}=R_{51}=20\text{k}\Omega$，$C_{19}=C_{18}=0.01\mu\text{f}$，则

$$t_w = 0.69\times 20\times 10^3\times 0.01\times 10^{-6} = 0.14(\text{ms})$$

即频率为 7kHz，当电机以额定最高 2000r/min 运行时，主开关的开关频率仅为 800Hz，所以完全满足要求。

4. 倍频电路设计

S_1、S_2 两路信号进行异或所得到的 30°方波信号 S(分辨率为 15°)可直接用于定角度的电压斩波控制，但不能用于角度控制。因为角度控制的分辨率要求很高，可以利用角度细分电路将 30°的方波细分，使 DSP 实现角度控制所需的角度精确定位。

角度细分电路可以采用数字锁相环 CD4046 和十二进制计数器 CD4040，将两路位置传感器信号异或以后的 30°方波信号倍频为 512 个小周期信号(对应 0.06°)，提高角度控制的分辨率，从而使 DSP 准确地在导通角 θ_{on} 和 θ_{off} 处输出相应的相通断信号来实现 SR 电机的角度控制。其电路图如图 8-33 所示。其中，S 是 S_1、S_2 两路信号异或得到的 30°方波信号，ANGLECOUNT 是经角度细分(倍频)所得到的信号，送到 DSP 的 TMRCLK 端口。在 DSP 发生捕获中断时，对 TMRCLK 端口的信号进行计数，来决定关断角和导通角。

5. PWM 调理电路设计

由于考虑到功率电路采用了上下桥臂双开关，如果上下桥臂的两个开关瞬时同时开通或关断，那么开关器件上将同时出现尖峰电压，这样对 IGBT 的耐压值就要求很高，提高了成本。设计了 PWM 调理电路就是为了解决这个问题，它可以使上下桥臂开通、关断的时刻错开，但又能使整个桥臂开通、断开总的效果不变。其电路如图 8-34 所示。

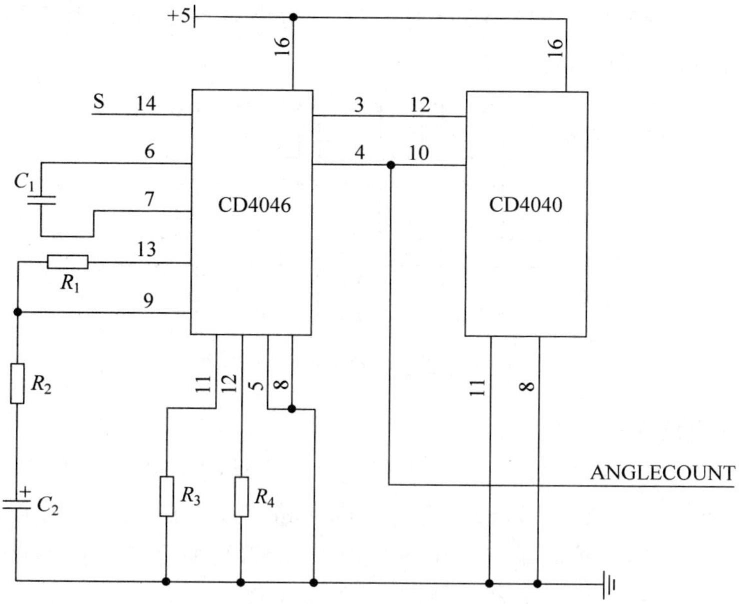

图 8-33 角度位置信号倍频电路

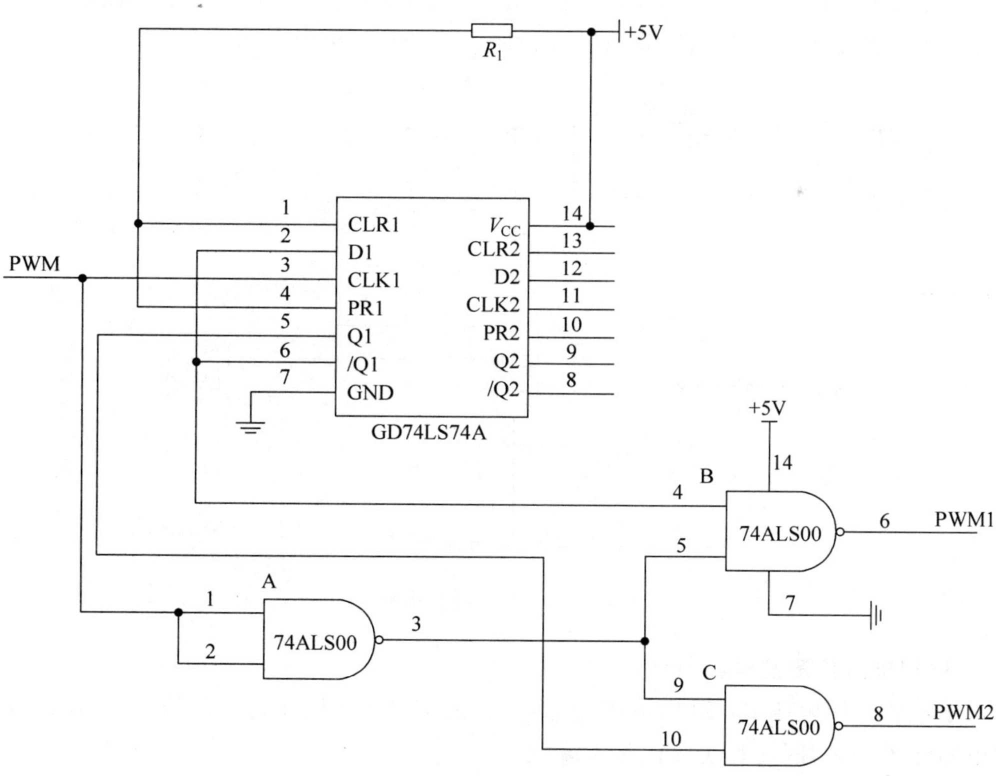

图 8-34 PWM 调理电路

经 DSP 计算输出的定频调宽的脉冲信号 PWM,通过一个 D 触发器和三组与非门的处理,分出两路信号(PWM1、PWM2),分别提供给功率电路的上桥臂和下桥臂,PWM1、PWM2 信号的时序图如图 8-35 所示。

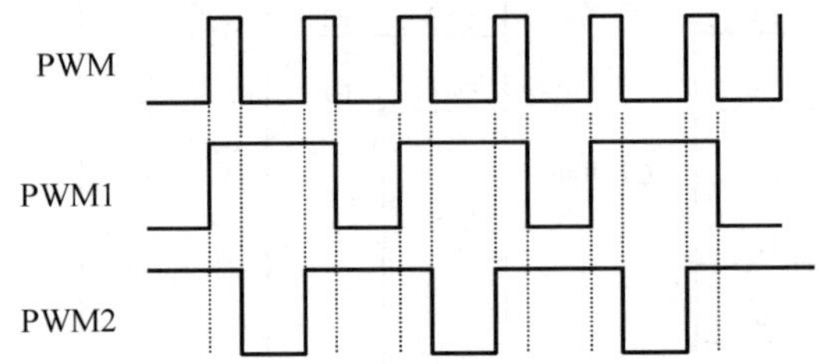

图 8-35 PWM1 和 PWM2 的波形

6. 欠压保护电路设计

本电路是为了防止控制器所用+5V 电压过小而设计的保护电路。

当电源电压低于一定值时,DSP 及其他集成电路工作电压达不到其正常工作电压,有可能造成输出信号错乱,使控制系统工作在非正常状态,功率开关工作不可靠,势必出现该导通的没有导通,该关断的没有关断的情况,使电机工作不正常甚至损坏。欠压现象是缓变故障,当多次检测到欠压仍存在时,CPU 关闭输出信号,并给出欠压指示。图 8-36 为系统的欠压保护电路,第一个 LM358 具有比较功能,给定一个允许的最小电压值,如系统规定为+3V,若输入实际电压小于+3V,则输出 SOFF 为低电平(低电平有效),则 DSP 检测到此信号并维持低电平一段时间后关断所有相输出信号直至电源电压恢复正常。

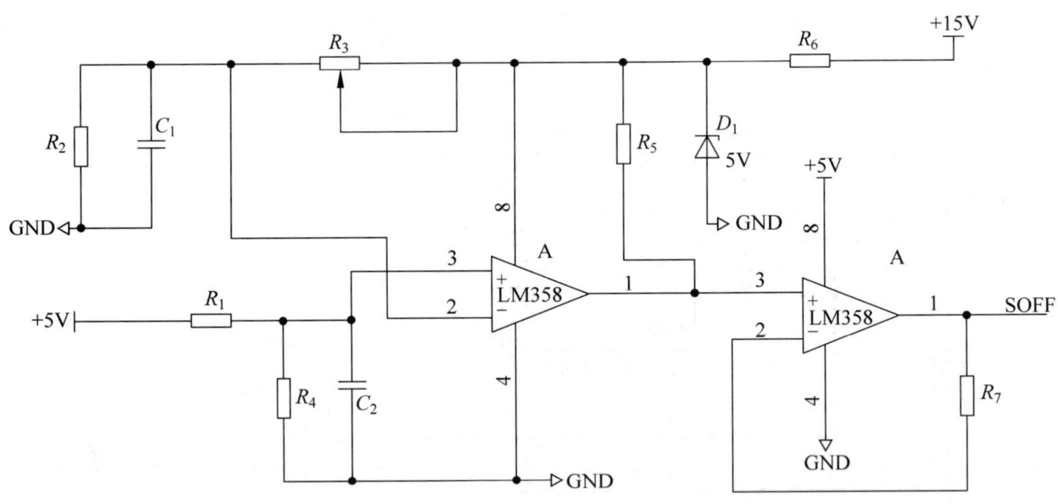

图 8-36 欠压保护电路

7. 绕组电流检测及电路设计

由于电机采用电压 PWM 斩波工作方式,在低速时为了限制过大的绕组电流,需要电流限幅电路作为保护,因此首先要检测电流值。

SRD 系统中电流检测器应具备以下 4 条性能特点。

(1) 快速性能好,从电流检测到控制主开关器件动作的延时应尽量小;

(2) 主电路(绕组即强电部分)与控制电路(弱电部分)间应良好隔离,且有一定的抗干扰能力;

(3) 灵敏度高,检测频带范围宽,可测含有多次谐波成分的直流电流;

(4) 单向电流检测,在一定工作范围内具有良好的线性度。

霍尔电流传感器是国际上电子线路中普遍采用的电流检测及过流保护元件,其最大优点是测量精度高、线性度好、响应快速,可以做到电隔离检测。利用霍尔效应检测电流目前有直接检测式和磁场平衡式两种方法。

直接检测式霍尔电流传感器的主要不足是当被测电流过大时,为不使磁路饱和,保证测量的线性度,必须相应增大铁芯的截面积,这就造成检测装置的体积过大。而磁场平衡式霍尔电流传感器(简称 LEM 模块)把互感器、磁放大器、霍尔元件和电子线路集成在一起,具有测量、反馈、保护三重功能,其工作原理如图 8-37 所示。

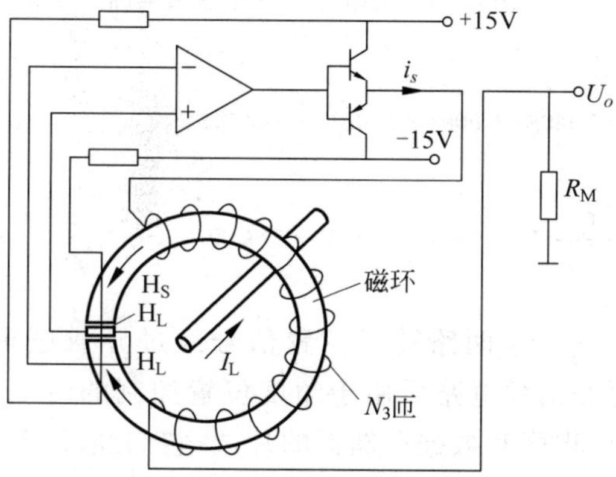

图 8-37　LEM 模块工作原理

LEM 模块通过磁场的补偿,铁芯内的磁通保持为零,致使其尺寸、重量显著减小,使用方便,电流过载能力强,整个传感器已模块化,套在被测母线上即可工作。

本例系统采用 CSM050B 型电流传感器,它是利用霍尔效应和磁平衡原理制成的一种多量程电流传感器,能够测量直流、交流,以及各种脉冲电流,其测量精度高、线性度好、频带宽,同时具有强弱电隔离功能,是目前广泛采用的方案。

由于电机每相绕组的电流在不同的阶段分别流过 IGBT 和续流二极管,电流流过续流二极管时电流处于下降阶段,因此电流检测电路只需检测电动机四相绕组的电流,由于两相共用了一个 IGBT 管,所以只使用两只电流传感器,分别穿在功率变换器主电路的上部共用的两只主开关管线路上。

电流传感器检测电流比为 1000∶1,输出电流信号后,需先经过采样电阻、滤波,然后经过放大输出信号 I_A。如图 8-38 为电流的输出电路。

8. GAL 逻辑设计

图 8-39 为其应用电路,对于 U_1,输入信号 PHASE1～PHASE6 为从 DSP I/O 口输出的相通断信号,它与经过 PWM 调理后的 PWM1、PWM2,以及限幅电路的输出 CHOPIA、CHOPIB,经 GAL 逻辑综合,得到 6 路针对 6 只主开关管的通断驱动信号,其逻辑关系如下:

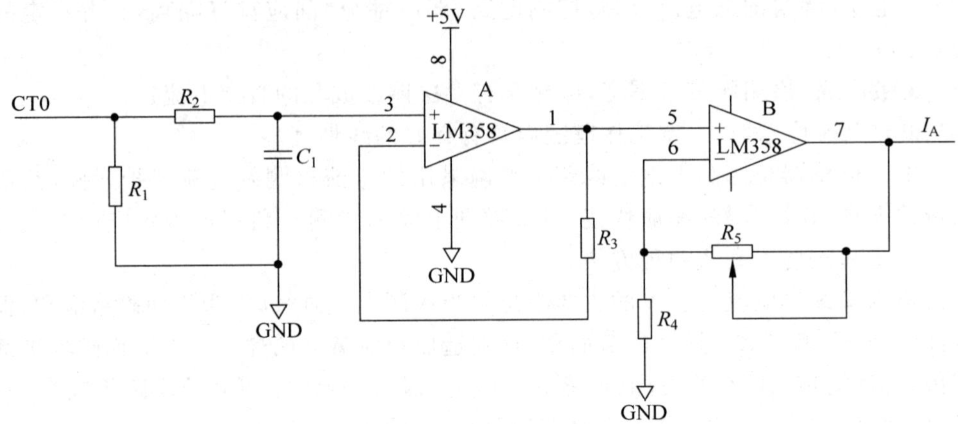

图 8-38　绕组电流取样输出电路

```
DRIVE1 = PHASE1 * PWM2
DRIVE2 = PWM1 * CHOPIA * PHASE2 + PWM1 * CHOPIB * PHASE2
DRIVE3 = PHASE3 * PWM2
DRIVE4 = PHASE4 * PWM2
DRIVE5 = PWM1 * CHOPIA * PHASE5 + PWM1 * CHOPIB * PHASE5
DRIVE6 = PHASE6 * PWM2
```

U_2 分为两部分,一是 S_1、S_2 两路转子位置信号经过异或逻辑后产生一路 S 信号,如图 8-32 所示,此 S 信号再经倍频电路后用于角度位置控制的时基。二是 DSP 的两路输出引脚,$\overline{PS}$和$\overline{DS}$,它们是外扩程序和数据存储器的片选,它们经过"与"后给外扩存储器的片选引脚。它们的逻辑关系如下:

$$S = S1 * \overline{S2} + \overline{S1} * S2$$

$$\overline{CS} = \overline{PS} * \overline{DS}$$

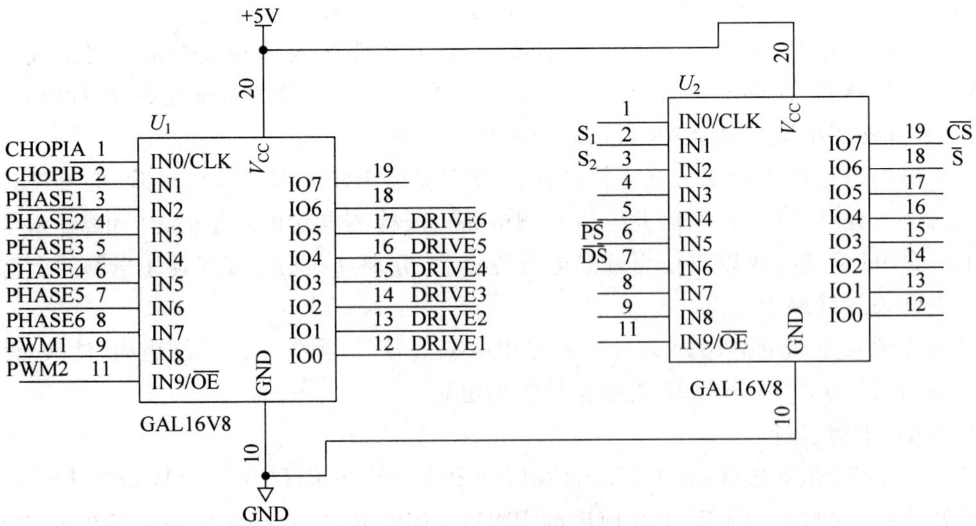

图 8-39　GAL 逻辑综合电路

8.4.2 SRD 系统软件设计

1. DSP 功能简介

软件设计按照采用 DSP(TMS320F2812)C 语言编程,实现模块化设计的方法,增加了程序的可读性和移植性。对于本系统而言,控制软件应满足如下设计要求:

(1) 系统采用模糊控制,输出为变角度的电压 PWM 驱动信号;

(2) 实现电机的实时双相绕组同时通电启动与运行;

(3) 能够接收、判断外部的故障信号和保护信号并且采取相应的保护措施。

程序主要利用 TMS320F2812 的事件管理模块、I/O 模块、A/D 转换模块等。现对系统用到的作重点介绍。

1) 通用定时器

事件管理器有 3 个通用定时器。在实际应用中,这些定时器可以用作独立的时间基准。例如,控制系统中采样周期的产生和为全比较单元以及相应的 PWM 电路产生比较 PWM 输出的操作提供时间基准。

其相关寄存器为 16 位的双向计数器 TxCNT、16 位的周期寄存器 TxPR 和 16 位的比较寄存器 TxCMPR,其中 x=1、2、3。通用定时器的输入包括内部 CPU 时钟、外部时钟以及复位信号等。其输出包括通用定时器比较 PWM 输出以及和比较单元的匹配信号等。

程序中定时器 1 的输入时钟为内部 CPU 时钟,计数方式为连续递增计数,在程序中主要完成为全比较 PWM 输出提供时间基准。定时器 2 输入时钟为外部时钟,即倍频位置信号后的角度细分信号,计数方式为连续增计数,在程序中主要是产生周期中断,从而完成相通断信号的输出。定时器 3 的输入时钟为内部 CPU 时钟,计数方式也为连续增计数,在程序中主要完成测速和进行速度更改的功能。

2) 与全比较相关的 PWM 单元

本系统中,采用模糊算法实现调速,最终输出为 PWM 信号和高速时的角度变化信号,其中 PWM 信号是一系列脉宽不断变化的脉冲,这些脉冲在固定长度的周期内展开(定频调宽)。同时速度达到一定值后(根据占空比大小)辅之以角度控制。

在电机控制系统中,PWM 信号用来控制开关电源器件的开关时间,为绕组提供所需要的能量,相电流和相电压的形式和频率以及提供给绕组的能量控制着电机所需的转速和转矩。

要产生 PWM 信号,需要有一个合适的定时器来重复产生一个与 PWM 周期相同的计数周期,一个比较寄存器来保持调制值。比较寄存器的值不断与定时器计数器的值相比较,当两个值匹配时,在响应的输出上就会产生一个转换。当两个值之间的第二个匹配产生或一个定时器周期结束时,响应的输出上会产生一个转换。通过这种方法,所产生的输出脉冲的开关时间就会与比较寄存器的值成比例。本系统中,模糊算法计算的最终输出就存放在比较单元 CMPR1 中,从而产生 PWM 波。

3) 捕获单元

捕获单元是一种输入设备,用于捕获引脚上电平的变化并记录它发生的时刻,捕获单元不停地检测捕获输入引脚的跳变。本系统的位置 S 信号使用 DSP 的捕获单元 CAP4,当捕获输入引脚发生跳变后,捕获单元将该时刻的时基的计数寄存器 T3CNT 的值随即装入相应的 FIFO 堆栈中。

4）A/D 转换

因为系统调速可以经过模拟电位器实现，给定的速度信号以电压形式先经 A/D 转换，为了确保转换的精度，A/D 转换的时间必须大于 6μs，由于转换的时间由时钟源模块的 SYSCLK 经分频器产生，因此在设置时钟控制寄存器 CKCRO 时需满足 SYSCLK 的周期×分频系数×6≥6μs。

5）数字 I/O

系统使用的 I/O 模块，主要是输入的两路电机转子位置信号，输出的 6 路相关断信号。

2. 控制方式选择与模糊控制算法实现

1）控制方式选择

SR 电动机的可控变量为加于相绕组两端的电压 $\pm U_s$、开通角 θ_{on} 和关断角 θ_{off} 3 个参数。SR 电动机的控制方式主要针对以上 3 个可控变量的优化控制，如前所述，一般分为角度位置控制（APC）、电流斩波控制（CCC）和电压斩波控制（电压 PWM）。

对于 APC 控制方式，当 SR 电机在高于基速的速度范围内运行时，因旋转电动势较大，且各相主开关器件导通时间较短，电流较小。通过控制开通角 θ_{on} 和关断角 θ_{off}，来对电流脉动的大小和相对位置实行间接控制。对各相绕组进行导通位置和导通期长短的控制可以获得最大功率输出特性。

对于 CCC 方式，如前所述，当电机低速运行时，旋转电动势很小，电压主要表现为变压器电动势（式中第二项），致使电流较大，通过斩波，即通过 DSP 输出信号调节限流幅的大小，可控制输出转矩变化，进而调节转速，同时可有效防止电流过大。

对于电压 PWM 斩波控制方式，在 $\theta_{on} \sim \theta_{off}$ 导通区间内，其脉冲周期 T 固定，占空比 T_1/T 可调。改变占空比，则绕组电压的平均 PWM 方式值 $\overline{U}$ 变化，绕组电流也相应变化，从而实现转速和转矩的调节。因而此调速方式可用于低速和高速，另外此方式在电机启动和低速时要有对绕组电流的限制措施。基于在单纯采用 PWM 控制时，高速时电机电流波形滞后，降低了电机的效率；另外，采用电流斩波必须同时采用高速下的角度位置控制，在方式转换上存在明显弊端。因此，在本文采用变角度电压 PWM 斩波控制，编程实现占空比按给定要求自动调节，当转速达到一定高度时，角度位置控制辅助发挥调速作用，主要是通过采用模糊算法提前开通角的方式提高转速，而关断角固定在某一角度不变，此种方式同时有利于减小转矩波动。

采用直接速度给定的方式是使用 DSP 的一路 A/D 端口，电位器模拟电压信号经 A/D 输入转变为给定的数字速度信号，通过调节电位器的电压值调节电机转速。

2）模糊控制算法的实现

（1）模糊调速原理。根据转子位置信号，用测周法计算转子的转速，然后与给定的转速进行比较，得到转速偏差 e、转速偏差变化 ec，根据 e 和 ec，通过模糊控制算法，再依据当前的速度实际值，进而分别调节各相的 PWM 占空比或相电流的开通角，从而实现速度闭环控制。模糊调速原理图见图 8-20。

（2）模糊控制算法设计。模糊控制作为以模糊理论为基础的反馈控制方法，无须数学模型，结构简单，易于实现，成本低廉，系统稳定性和抗干扰能力强。具体说，当改变接入 DSP 的 A/D 引脚的电位器电压值后，相应改变了程序中的速度设定值，根据测出的真实速度值与设定值只差 e，以及当前实时速度的变化方向（实为前后两次实测速度差 ec），运用模糊控制方法调节电压占空比和改变导通角。电压 PWM 控制时模糊控制输出为 DSP 的定时器 1 比较寄存器的比较值，比较寄存器的比较值变化，从而改变 PWM 占空比，改变速度；角度位置控制时，因使用的是倍频电路输出的信号作时基，则通过定时器 2 比较寄存器的比较值的改变而进行模糊调速。

输入变量 EC、输出变量 U 取 7 个语言变量值：NL（负大）、NM（负中）、NS（负小）、ZE（零）、PS（正小）、PM（正中）、PL（正大）；E 为 8 个语言变量值，将 ZE 分为了 NE（负零）和 PE（正零），主要目的在于提高了控制的精度。

隶属度函数采用三角形形式。通过 PL、…的隶属函数值建立 E、EC 的赋值表，根据 e 和 ec 的基本论域选定量化因子，最后将清晰的反馈输入量模糊化为模糊控制规则，如表 2-1。

通过以上条件计算出模糊关系 R 之后，由系统偏差 e 和偏差变化率 ec 的离散论域，根据语言变量偏差 E 和偏差变化率 EC 赋值表，针对论域全部元素的所有组合，求取相应的语言变量，控制量变化 u 的模糊集合，并应用最大隶属度法对此等模糊集合进行模糊判决，取得控制量变化值 u，即模糊控制表。如表 8-7 为模糊控制查询表。

表 8-7　模糊控制查询表

e \ u \ ec	−6	−5	−4	−3	−2	−1	0	1	2	3	4	5	6
−6	6	5	6	5	6	6	6	3	3	1	0	0	0
−5	5	5	5	5	5	5	5	3	3	1	0	0	0
−4	6	5	6	5	6	6	6	3	3	1	0	0	0
−3	5	5	5	5	5	5	5	2	1	0	−1	−1	−1
−2	3	3	3	4	3	3	3	0	0	0	−1	−1	−1
−1	3	3	3	4	3	3	1	0	0	0	−2	−2	−2
−0	3	3	3	4	1	1	0	0	−1	−1	−3	−3	−3
+0	3	3	3	4	0	0	0	−1	−1	−1	−3	−3	−3
1	2	2	2	2	0	0	−1	−3	−3	−2	−3	−3	−3
2	1	1	1	−1	−2	−2	−3	−3	−3	−2	−3	−3	−3
3	0	0	0	−1	−2	−2	−5	−5	−5	−5	−5	−5	−5
4	0	0	0	−1	−3	−3	−6	−6	−6	−5	−6	−5	−5
5	0	0	0	−1	−3	−3	−5	−5	−5	−5	−5	−5	−5
6	0	0	0	−1	−3	−3	−6	−6	−6	−5	−6	−5	−6

把该控制表存放到计算机的存储器中，并编制一个查找控制表的子程序。在实际控制过程中，只要在每一个控制周期中，将采集到的实测偏差 $e(k)$（$k=0,1,2,\cdots$）和计算得到的偏差变化 $e(k)-e(k-1)$ 分别乘以量化因子 k_e 和 k_{ec}，取得以相应论域元素表征的查找控制表所需的 e_i 和 ec_j 后，通过查找表 5-1 的相应行和列，立即可输出所需的控制量变化 u_{ij}，再乘以量化因子 k_u，便是加到被控过程的实际控制量的变化值。

3. 调速控制软件设计

本调速软件采用 DSP（TMS320F2812）C 语言编程，实行模块化设计，增加了程序的可读性和移植性。软件程序主要组成模块有主程序、捕获中断程序、测速子程序、运行子程序、相判断子程序、模糊调速子程序、通用定时器 2 周期中断子程序等。

1）主程序

主程序主要完成系统的初始化、初始状态的判断以及启动、运行子程序的调用。判断是否启动时中间要延时，防止干扰而使程序勿认为启动。初始化包括 TMS320F2407 内部各寄存器的初始化、事件管理器各命令寄存器的初始化、中断命令初始化、CAP 捕获中断触发方式，禁止全部中断、关闭所有的相输出信号等。主程序流程如图 8-40 所示。

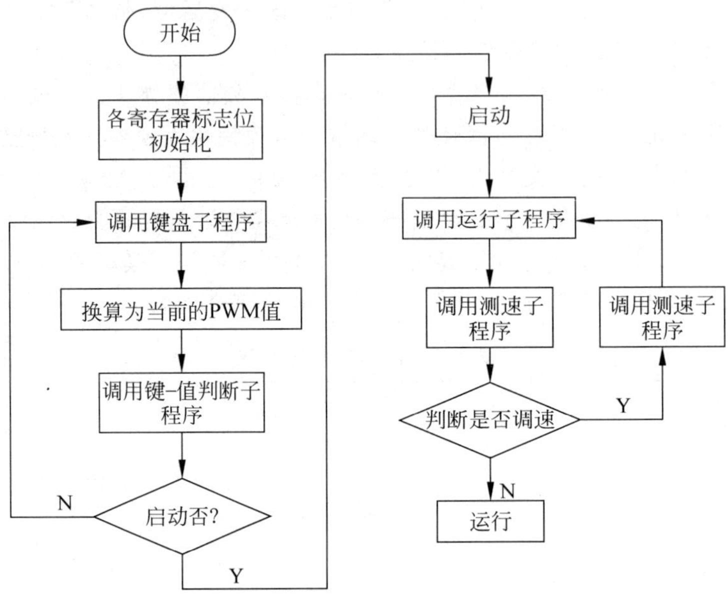

图 8-40 主程序流程图

2）运行子程序

运行子程序是整个程序的主要部分，其流程图如图 8-41 所示。主要作用有以下两点。

(1) 根据位置传感器的输入信号，调相逻辑判断子程序，进行转子下一位置的预测，以此作为电机运行时的位置参考。位置预测时，针对一次不能准确测定的情况，例如可以连续测量 8 次，认为大于 4 次的值即为该测定值，然后和相通断预测信号比较，如果和实际预测不符，则认为是预测错误，并且采用预测值，如果反复 12 次预测都和实际信号不一致，则认为是位置传感器错误。

(2) 如果电机能够正常运行，应先调用启动子程序。所谓启动子程序，就是要求开通角和关断角固定，开通角最小，关断角最大，使电机获得最大启动转矩。

3）测速子程序

控制器是通过轴位置传感器来实现速度闭环的，每隔 15°机械角度，位置传感器的输出状态变化一次，电动机每转一周，轴位置传感器的输出状态变化 360°/15°＝24 次，本程序中，电机转速的测量主要利用了 CAP 捕获中断和通用定时器 3。两路位置信号异或后变为 15°，而 CAP 捕获中断每 15°产生一次中断。每发生一次 CAP 捕获中断，就要读一次通用定时器 3 的计数值，根据此计数值，就可以计算出实际电机转速。定时器 3 的计数周期为 64μs，故速度计算公式为

$$n=\frac{60\times 15^\circ}{360^\circ\times 6.4\times 10^{-6}\times T_{3CNT}}=\frac{390\,625}{T_{3CNT}}\text{rpm}$$

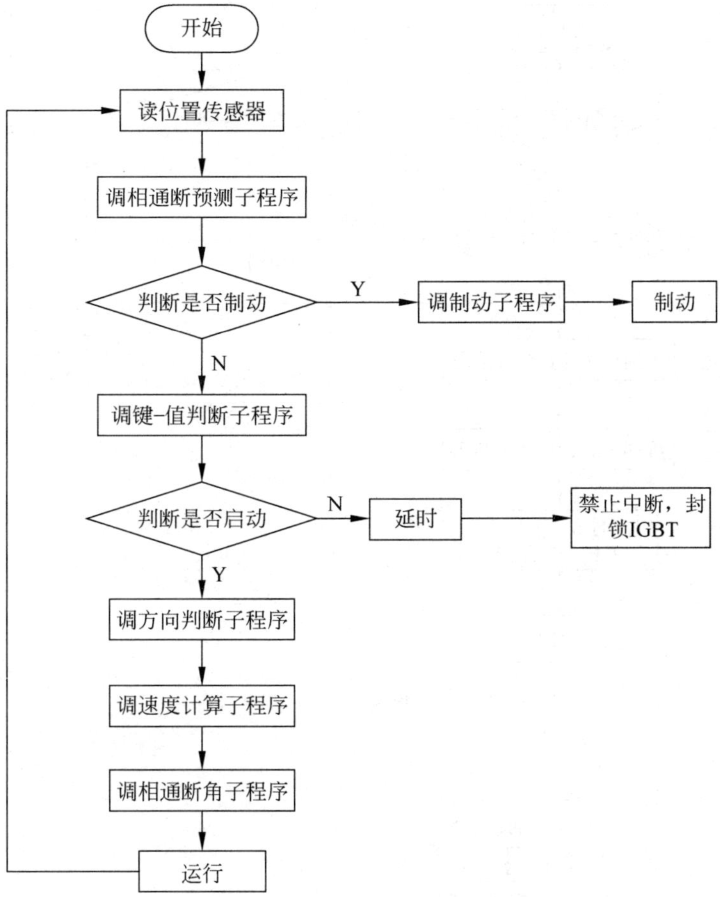

图 8-41　运行子程序流程图

由于加工工艺等方面的原因，位置传感器输出波形的状态难以保证每 15°变换一次，同时还存在外界干扰，这将导致 DSP 计算出的速度同电动机的实际转速不符。程序中采用均值法对 T_3 计数器的值进行数字滤波，即取 8 个连续 n 值，取其平均值作为此时的速度值。实验证明，实际的误差小于 5rpm。

4）相通断角计算子程序

相通断角计算子程序流程图如图 8-42 所示，此程序的主要功能有以下两点。

(1) 转速在 600r/m 以上时，PWM 占空比停止变化，加入变角度控制。

(2) 当速度大于 600r/m 时，开通角和关断角都要随着速度的增加而向前移。

5）捕获中断子程序

捕获中断子程序的流程图如图 8-43 所示，其主要功能有以下 3 点。

(1) 给通用定时器 2 送相开通角的具体时间，即给其周期寄存赋值，供通用定时器 2 产生周期中断，从而送给各 IGBT 相开通信号。

(2) 进行相通断逻辑判断，通过相通断逻辑判断可以知道开通和关断电机各相时，给各 IGBT 的信号。

(3) 如果系统不进行制动，那么电机在 600r/m 范围内时，系统运行启动运行子程序和

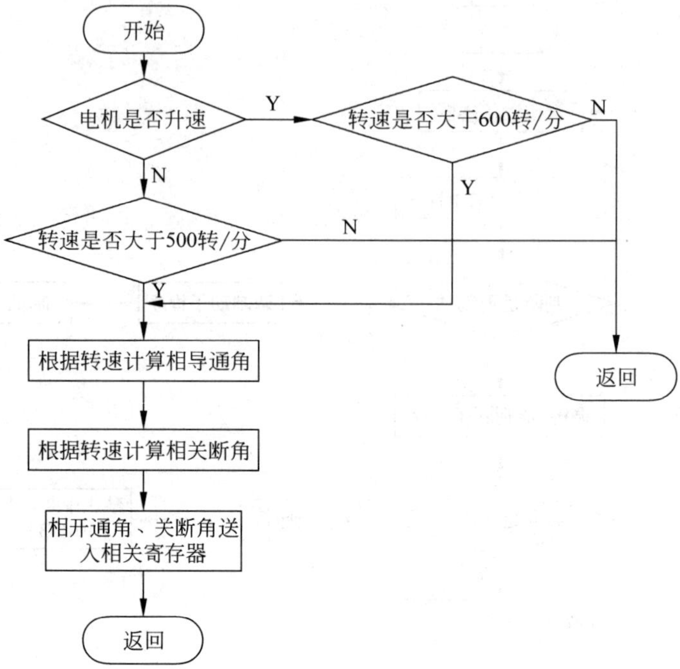

图 8-42　相通断角计算子程序流程图

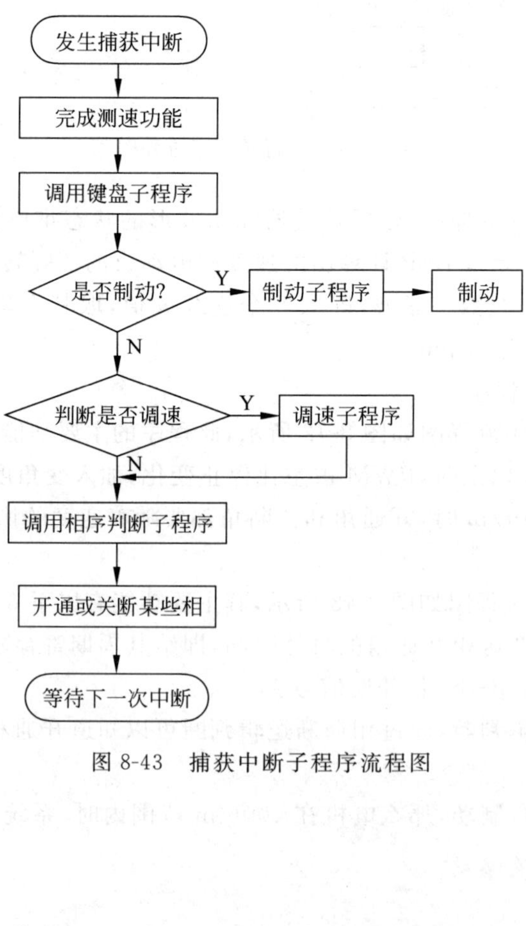

图 8-43　捕获中断子程序流程图

模糊调速子程序，实现定角度控制。如果电机在 600r/m 以上时，则调用相通断角计算子程序，再结合定时器 2 周期中断子程序和模糊调速子程序，加入变角度控制。后读出通用定时器 3 的计数值，供测速子程序使用。

6）相逻辑判断子程序

在捕获中断子程序中，要运行相逻辑判断子程序。在相逻辑判断子程序中，要根据当前位置传感器，来预测下一次捕获中断时位置传感器的信号。这样，将位置传感器上一次值、当前值和下一次值分别存入 3 个寄存器中。当前值如果和预测值相等，那么进行逻辑处理，逻辑运算所得值存入相关寄存器。这些值是运行控制中相通断信号输出的基础。如果当前值和预测值不符，则要进行重新预测。如果反复重新预测都和当前值不符，那么就认为是传感器错误。

7）通用定时器 2 周期中断子程序

在电机转速大于 600r/m 时，系统引入变角度控制，即开通角和关断角随着速度的不同而变化。具体大小则由通断定时器 2 中周期寄存器的值来决定，而它又是由相通断角计算子程序决定的。当定时器周期中断发生时，就要根据实际情况给 IGBT 送相应的开通和关断信号。通用定时器 2 周期中断子程序流程图如图 8-44 所示。

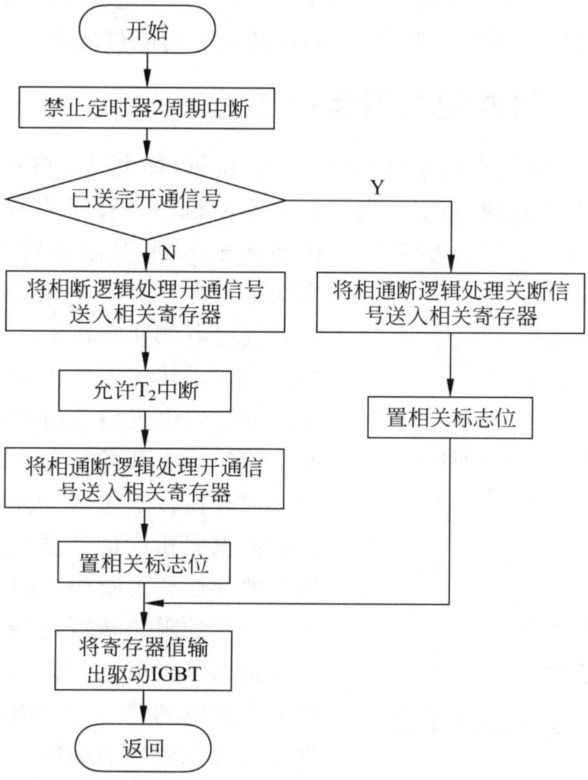

图 8-44 通用定时器 2 周期中断子程序流程图

8）模糊调速子程序

首先将模糊控制决策查询表的内容编制成为一个查找程序。

模糊输出量最后要经量化因子转化为电机的实际控制参量，电机转速在 600r/m 以内，输出的是 PWM 脉冲的定时器 1 的比较寄存器值，以改变占空比；当转速大于 600r/m 时，PWM 波的占空比不变，输出的是定时器 2 的计数值，也就是导通角的改变。

8.5 开关磁阻发电机

SR 电机作为发电机运行也非常有特色，目前以美国 GE(通用电气)公司为代表的航空电气界，从 20 世纪 80 年代后期对开关磁阻发电机(Switched Reluctance Generator，SRG)作为航空起动机/发电机开始可行性探索，单机功率最大达到 250kW，输出电压为 270V，其电压品质满足国际标准；由美国著名军火公司——洛克·马丁公司研制的美国空军新一代联合攻击战斗机，机上也采用了 80kW(270VDC)的开关磁阻起动机/发电机。近些年来，在风力发电领域，开关磁阻风力发电机也开始受到重视，有一定的应用实践。

与其他发电机相比，开关磁阻发电机具有如下独特的结构特点：

(1) 结构简单　其定子、转子均为简单的叠片式双凸极结构，定子上绕有集中绕组，转子上无绕组及永磁体。

(2) 容错能力强　无论从物理方面还是从电磁方面来讲，电机定子各相绕组间都是相互独立的，因而在一相甚至两相故障的情况下，仍然能有一定功率的电能输出。

(3) 可以做成很高转速的发电装置，从而达到很高的能量流密度。

8.5.1 开关磁阻发电机的运行原理

与电动运行时不同，绕组在转子转离"极对极"位置(即电感下降区)时通电励磁，产生的磁阻性电磁转矩驱使电机回到"极对极"位置，但原动机驱动转子克服电磁转矩继续逆时针旋转。此时电磁转矩与转子运动方向相反，阻碍转子运动，是阻转转矩性质，绕组产生感应电动势发电。如图 8-45 为发电机与电动机相比相对绕组电感和定转子凸极关系的电流状态。

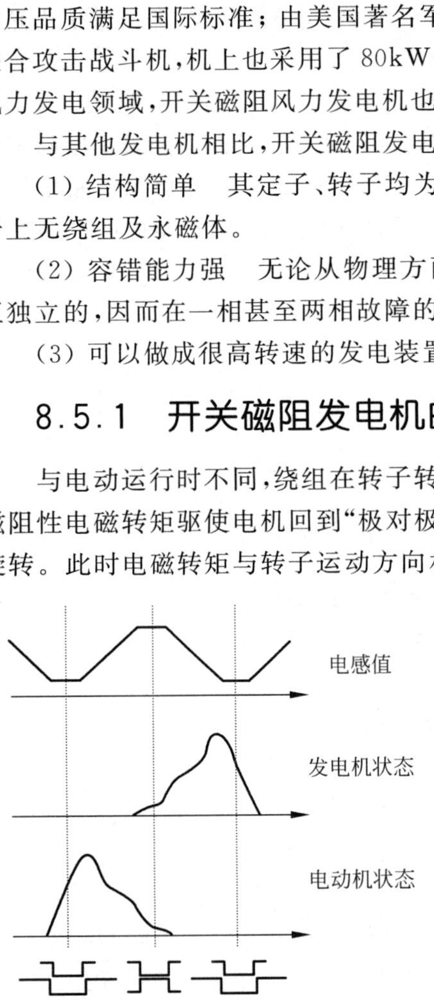

图 8-45　开关磁阻电动机/发电机模式示意图

当转子转到下一相的"极对极"位置时，控制器根据新的位置信息向功率变换器发出命令，关断当前相的主开关元件，而导通下一相，则下一相绕组会在转子转离"极对极"位置通电。这样，控制器根据相应的位置信息按一定的控制逻辑连续地导通和关断相应的相绕组的主开关，就可产生连续的阻转转矩，在原动机的拖动下发电。

根据法拉第电磁感应定律"运动导体在磁场中会产生电动势"，而 SRG 转子仅由叠片构成，没有任何带磁性的磁体。这就需要在 SRG 发电前有电源提供给 SRG 励磁，使其内部产生磁场。所以，SRG 的特点是首先要通过定子绕组对电机励磁。这一点和其他发电机有着很明显的区别。

SRG 的工作原理如下：图 8-46 中的直流电源，既可以是电池，也可以是直流电动机。3 个电感分别表示 SRG 的三相绕组，六个 IGBT 开关管 1～6 为与绕组相连的可控开关元件，6 个二极管为对应相的续流二极管。当第一相绕组的开关管导通时(即励磁阶段)，电源给第一相励磁，电流的回路是由电源正极→上开关管→绕组→下开关管→电源负极，如图 8-46(a)所示。开关管关断时，由于绕组是一个电感，根据电工理论，电感的电流不允许突变，电流的续流回路(即发电阶段)是绕组→上续流二极管→电源→下续流二极管→绕组，如图 8-46(b)所示。

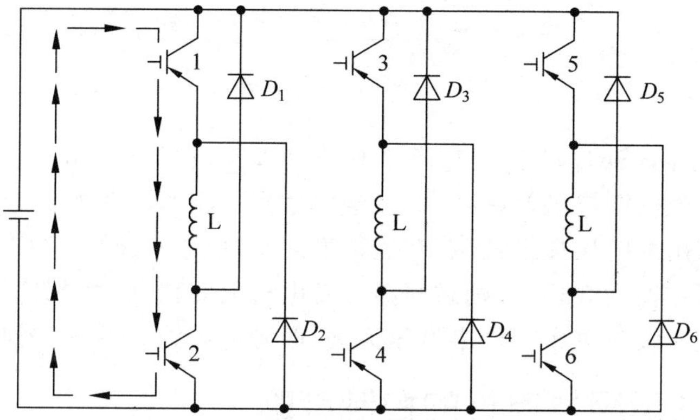

(a) 励磁阶段电流流向

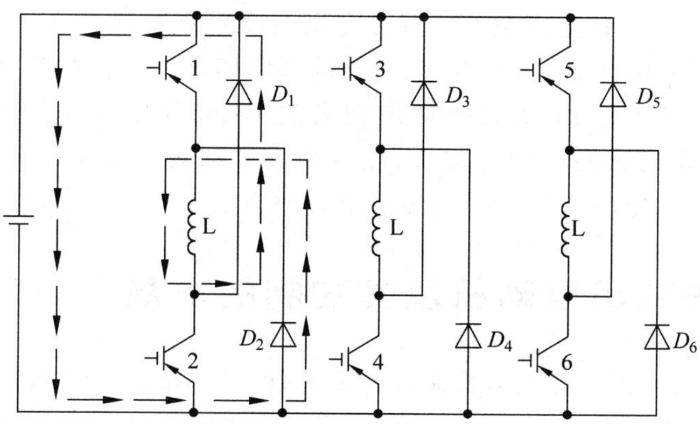

(b) 发电阶段电流流向

图 8-46　SRG 电路工作示意图

当忽略铁耗和各种附加损耗时，SRG 工作时的能量转换过程为通电相绕组的电感处在电感下降区域内(转子转离"极对极"位置)，当开关管导通时，输入的净电能转化为磁场储能，同时原动机拖动转子克服 SRG 产生的与旋转方向相反的转矩对 SRG 做功使机械能也转化为磁场储能；当开关管关断时，SRG 绕组电流续流，磁场储能转化为电能回馈电源，并且机械能也转化为电能给电源充电。

SR 发电机的运行特性与 SR 电动机的运行特性类似，将曲线沿速度轴翻转到转矩为负的第四象限即可。

8.5.2　开关磁阻发电机系统的构成

以用于风力发电的 SRG 系统为例，其主要由风轮机、SR 电机本体及其功率变换器、控制器、整流逆变器(直流负载不需要逆变器)、蓄电池和辅助电源等部分组成，如图 8-47 所示。

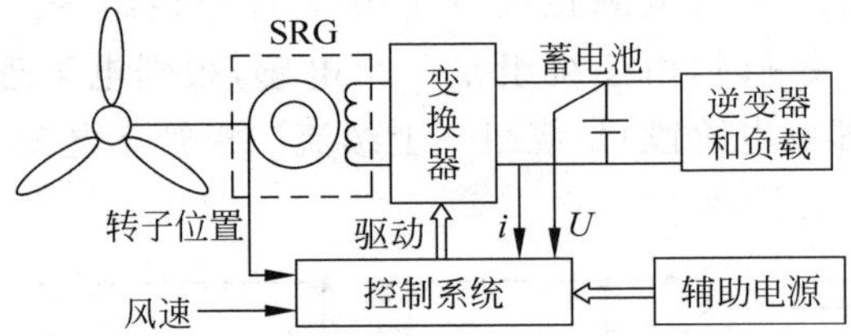

图 8-47 SRG 系统的一般构成

由于励磁方式不同，SRG 的功率变换器有他励式和自励式之分。所谓自励式，就是在电压建立的瞬间，由外电源提供初始励磁，当电压达到控制所需要的稳定值后，切断外电源，此后由 SRG 本身发出的电压提供励磁，在这种模式中，由于建压后不再需要外电源，系统体积较小、效率高。而在他励方式下，励磁回路与发电机彼此独立，在 SRG 运行过程中始终由外电源提供励磁，此时励磁电压与输出电压无关，两者可以独立调节，因此控制比较方便。

8.5.3 开关磁阻发电机的控制策略

SRG 的控制方式主要有 3 种：角度控制（APC）、电流斩波控制（CCC）和 PWM 控制。通常因发电系统的输入转速范围宽及负载突变剧烈，PWM 控制方法的调节性和适应性不理想，因此其主要用于电动场合及小变速、变载的发电场合；CCC 在确保变换器充分、可靠工作的同时，减小了相电流对开关管的冲击，可有效实现低脉动、恒电压发电；APC 能有效改变相电流相对于相电感的工作位置，因此对相电流和输出电压的调节作用明显，目前 SRG 系统均采用 CCC 配合 APC 就可达到较好控制效果。

8.6 开关磁阻电动机及其控制的发展

SRD 系统的未来被国内外大多数业内专家看好，在当前，由于阻碍其进一步推广应用的障碍还是大量存在的，从 SRD 本身来说，有待进一步完善。目前，SRD 系统的研究主要涉及以下几个方面。

（1）SRD 系统的优化。SRD 系统是由 SR 电机及其控制装置构成的不可分割的整体，因此，在设计时必须从系统的观点出发，对电机模型和控制系统综合考虑，进行全局优化。这也有赖于诸如微电子技术、控制理论的进步。

（2）新型控制技术的应用。高性能 DSP 和专用集成电路（ASIC）的应用，为 SRD 系统的高性能控制提供了可靠的硬件保证。因此，研究具有较高动态性能、算法简单、能抑制参数变化、扰动及各种不确定性干扰的 SRD 系统控制技术成为近期的重要任务。目前，SRD 系统的直接转矩控制、智能控制技术的研究是热点。

（3）无位置传感器 SRD 系统的研制。位置闭环控制是开关磁阻电动机的基本特征，但是位置传感器的存在使电机的结构变得复杂，同时也降低了可靠性。为此，探索真正实用的无位置传感器控制方案是十分引人注目的课题。

（4）振动和噪声问题。由于 SRD 系统是脉冲供电工作方式、瞬时转矩脉动大、低速时步进状态明显、振动噪声大，这些缺点限制了其在诸如伺服驱动这类要求低速运行平稳且有一定静态转矩保持能力场合下的应用。因此，研究 SR 电机的电磁力及振动噪声特征成为改进SRD系统特性的重要课题之一。

(5) 铁损耗分析与效率研究。SRD系统堪称是高效率调速系统,但SR电机的铁损耗计算难度较大,这是因为电机供电波形复杂、电机磁路局部饱和严重、电机的步进运动状态及双凸极结构等特点。SR电机的铁损耗常常是影响效率的主要方面,尤其在斩波工作状态及高速运行时,铁损耗是较为可观的。铁耗分析的目的是建立准确、实用的铁损耗计算模型和分析、测试手段,以及从电机、电路结构和控制方案着手,研究减少损耗、提高效率的措施。

本章小结

本章首先介绍了开关磁阻电动机系统的主要构成,对各个部分进行了简要讲述,随后与当前常用的类似的调速系统进行了比较,从中可以发现SRD系统的特点。

对于SRD系统来说,控制方式显得格外重要,本章首先根据对SR电机数学模型的分析,引出电机的几种控制方式,即APC、CCC、电压PWM 3种控制方式,其各自有各自的特点,针对不同应用场合可以单独选用某一方式或者采用复合控制方式,以其发挥各自特长。控制算法也是实现电机调速控制的关键,尤其是对调速控制精度、反应速度等要求高的场合,控制算法必不可少,本章以SRD系统中常用的模糊智能控制方法为主进行了介绍。

功率变换器是提高SRD系统性价比的关键,是直接与电机绕组相接的部分,本章以实际应用实例的形式讲解了功率变换器的设计步骤、方法。IGBT作为功率器件的主流,采用模块化的驱动电路。辅助电路在当中也具有重要作用。

控制器是SRD系统的核心,在这部分,按照功率变换器的实例,继续采用同样的方式讲解了控制器的设计。以TI公司的电机控制专用DSP芯片为核心,对转子位置检测、信号的精细处理、逻辑综合、功能辅助等部分的电路设计进行了详细介绍。

最后,针对目前国内外逐步展开研究与应用的开关磁阻发电机及其系统进行了简要介绍,在航空航天、风力发电等场合,SRG获得了研究应用。

思考题与习题

1. SRD系统一般由________、________、________3大部分组成。
2. 试分析开关磁阻电动机与步进电动机的异同。
3. 比较开关磁阻电动机控制系统与步进电动机驱动系统的异同,各自有何特点?
4. 开关磁阻电动机相对步进电机等控制电机来说,在应用上,更注重其本身的________指标。
5. SR电动机在工作中总是遵循________原理。
6. 当开关磁阻电动机的某定子、转子的凸极中心线重合,此时有________。

A. 磁阻最大,绕组电感最小　　B. 磁阻最小,绕组电感最大

C. 磁阻最大,绕组电感最大　　D. 磁阻最小,绕组电感最小

7. 当开关磁阻电动机的某定子槽中心线与转子凸极中心线重合,此时有________。

A. 磁阻最大,绕组电感最小　　B. 磁阻最小,绕组电感最大

C. 磁阻最大,绕组电感最大　　D. 磁阻最小,绕组电感最小

8. SRD 系统一般有________、________、________ 3 种控制方式。

9. 为什么开关磁阻电动机调速控制系统适宜采用低速电流斩波、高速角度位置控制的方式? 若采用电压 PWM 控制方式有何优缺点?

10. 介绍开关磁阻电动机的几种测速方法,各有何特点。

11. 采用什么硬件电路可以实现精确的角度位置控制? 请画出至少一种电路,并说明该电路原理。

12. SRD 系统功率变换器所用 IGBT 主开关,开关信号经 DSP 产生后,必须经具有________、________及________功能的专用驱动集成电路,然后再驱动 IGBT 的通断。

13. 采用什么硬件电路可以实现电流斩波? 请画出至少一种电路,并说明该电路原理。

14. 分析开关磁阻电动机控制中的各种功率变换起类型、适用范围,并说明功率变换器在整个系统中的作用与地位。

15. 分析比较开关磁阻电动机与开关磁阻发电机的运行原理。

第9章 直线电动机

CHAPTER 9

直线运动与旋转运动是世界上最主要的两种运动方式。至于许多曲线运动,从微观上来看,也还是一些直线运动。目前,很多的直线运动往往都是通过旋转运动转换而成的。例如,火车的直线运动通过蒸汽机带动轮子转换,空中飞机的直线运动通过发动机转动螺旋桨进行转换,海上的轮船、陆上的汽车都是如此。许多直线驱动装置或系统都是采用旋转电动机通过中间转换装置,如链条、钢丝绳、皮带、齿条或丝杆等机构转换为直线运动。由于这些装置或系统有中间转换传动机构,所以整机存在着体积大、效率低、精度差等问题。

能否在一个直线驱动装置或系统中不通过中间转换机构而直接产生直线运动呢?回答是肯定的。随着直线电机技术的出现和不断完善,用直线电机驱动一些直线运动装置和系统,可以不需要中间转换机构,通电后直接产生直线驱动力,从而使整个装置和系统的结构非常简单、运行可靠、性能更好、控制更方便。在许多场合,其装置和系统的成本比原来的机构更低,且在运行中有节能效果。

利用直线电机驱动的装置或系统是一种新型的直线驱动装置与系统。目前,世界上这种新型的直线驱动装置与系统得到越来越广泛的应用。例如,在交通运输方面的磁悬浮列车、磁悬浮船、地铁车、公路高速车;在物流输送方面的各种流水生产线,各种邮政分拣线,港口、车站、机场的各种搬运线,物料输送系统等;在工业上,各种锻压设备的驱动部分,如冲压机、压力机、电磁锤等;金属加工设备中的车床进刀机构,插床、送料机构、工作台运动等;在信息与自动化方面,从计算机的磁盘读取到绘图仪、打印机、扫描仪、复印机、照相机等;在民用方面,如民用自动门、自动窗帘机、洗衣机、自动床、电子缝纫机、制茶机;在军事方面也有许多应用,如军用导弹、电磁炮、鱼雷、潜艇等装置。此外,直线电机驱动装置在天文、医疗许多领域也有不少应用。以下为典型的直线电机驱动系统。

图 9-1 为平板型直线电机,具有连续、峰值推力大,行程可无限延长,内置水冷及过热保护装置,寿命长等特点,将完全取代传统的旋转电机+滚珠丝杠运动系统。广泛应用于抽油、电动门业、采矿、传送、印刷、纺织、磁悬浮列车、机械装备行业、数控机床行业、半导体封装行业、医疗设备行业及家用电子设备行业等领域。

图 9-2 为采用直线电机驱动的 X-Y 定位平台,具有高速度、高加速度、高精确性且定位快速、无摩擦损耗、运动平顺、可靠度高、耐久使用、维护简单、小型化设计所需空间小、单轴上可有复数动子等特性。主要应用于精密机床、半导体、集成电路板、精密光电、生物科技、激光、精密检测仪器等行业。

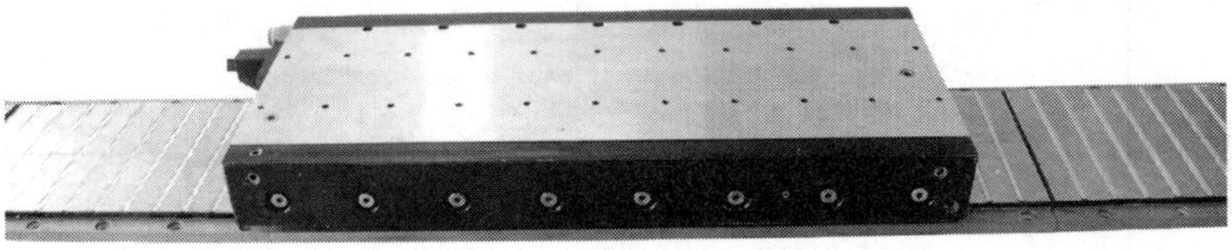

图 9-1　平板型直线电机

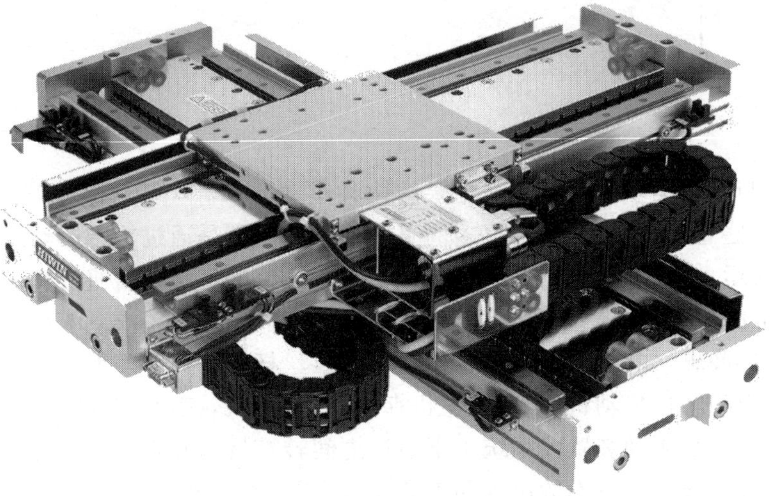

图 9-2　直线电机 X-Y 定位平台

图 9-3 为磁悬浮列车运行图。磁悬浮列车利用“同性相斥，异性相吸”的原理，让磁铁具有抗拒地心引力的能力，使车体完全脱离轨道，悬浮在距离轨道约 1cm 处，腾空行驶，创造了近乎“零高度”空间飞行的奇迹。悬浮列车有许多优点：列车在铁轨上方悬浮运行，铁轨与车辆不接触，不但运行速度快，能超过 500km/h，而且运行平稳、舒适，易于实现自动控制；无噪声，不排出有害的废气，有利于环境保护；可节省建设经费；运营、维护和耗能费用低。

图 9-3　磁悬浮列车

采用直线电机驱动的新型直线驱动装置与系统和其他非直线电机驱动的装置与系统相比，具有如下一些优点：

(1) 采用直线电机驱动的传动装置，不需要任何转换装置而直接产生推力，因此，它可以省去中间转换机构，简化了整个装置或系统，保证了运行的可靠性，提高传递效率，降低制造成本，易于维护。据国外资料报道，曾经有台直线电机驱动的洗衣机，每天 24 小时连续不停地工作了 7 年，而没有作任何维修。

(2) 普通旋转电机由于受到离心力的作用，其圆周速度受到限制，而直线电机运行时，它的零部件和传动装置不像旋转电机那样会受到离心力的作用，因而它的直线速度可以不受限制。

(3) 直线电机是通过电能直接产生直线电磁推力的，它在驱动装置中，其运动时可以无机械接触，故整个装置或系统噪声很小或无噪声；并且使传动零部件无磨损，从而大大减少了机械损耗，例如直线电机驱动的磁悬浮列车就是如此。

(4) 由于直线电机结构简单，且它的初级铁芯在嵌线后可以用环氧树脂等密封成整体，所以可以在一些特殊场合中应用，例如可在潮湿环境甚至水中使用，或在有腐蚀性气体中使用。

(5) 由于散热面积大，容易冷却，直线电机的散热效果比较好，直线电机可以承受较高的电磁负荷，容量定额较高。

本章将对这种新型驱动装置——直线电机进行详细讨论，从直线电机的工作原理，到各种直线电机的结构、工作特性，以及直线电机的应用进行讨论。

9.1 直线电动机的基本结构

直线电机主要是直线电动机，它是一种将电能直接转换成直线运动机械能，而不需任何中间转换机构的传动装置。它是 20 世纪下半叶电工领域中产生的具有新原理、新理论的新技术。它所具有的特殊优势，已越来越引起了人们的重视，不久的将来，它将像微电子技术和计算机技术一样，在人类的各个领域中得到广泛的应用。

直线电机的结构可以根据需要制成扁平形、圆筒形或盘形等各种形式，它可以采用交流电源、直流电源或脉冲电源等各种电源进行工作。

图 9-4(a)和(b)分别表示一台旋转电动机和一台扁平形直线电动机。

可以认为，直线电机是旋转电机在结构方面的一种演变，它可以看作是将一台旋转电机沿径向剖开，然后将电机的圆周展成直线，这样就得到了由旋转电机演变而来的最原始的直线电机，如图 9-5 所示。由定子演变而来的一侧称为初级或原边，由转子演变而来的一侧称为次级或副边。

图 9-5 中演变而来的直线电机，其初级和次级长度是相等的，由于在运行时初级与次级之间要作相对运动，如果在运动开始时，初级与次级正巧对齐，那么在运动中，初级与次级之间互相耦合的部分越来越少，而不能正常运动。为了保证在所需的行程范围内，初级与次级之间的耦合能保持不变，因此实际应用时，将初级与次级制造成不同的长度。在直线电机制造时，既可以是初级短、次级长，也可以是初级长、次级短，前者称为短初级长次级，后者称为长初级短次级。但是由于短初级在制造成本上、运行的费用上均比短次级低得多。因此，目前除特殊场合外，一般均采用短初级，如图 9-6 所示。

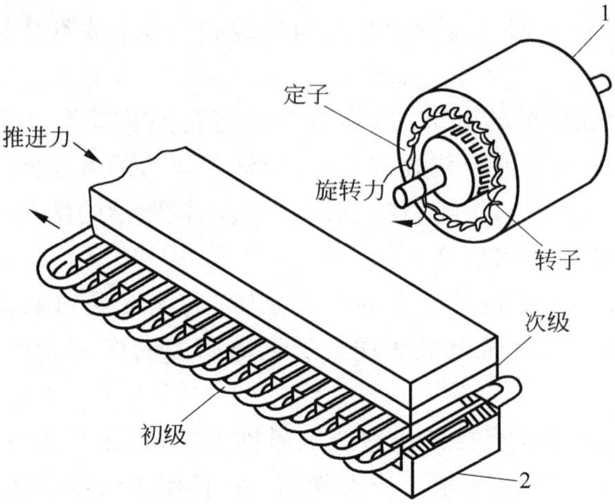

图 9-4　旋转电动机和直线电动机示意图

1—旋转电动机；2—直线电动机

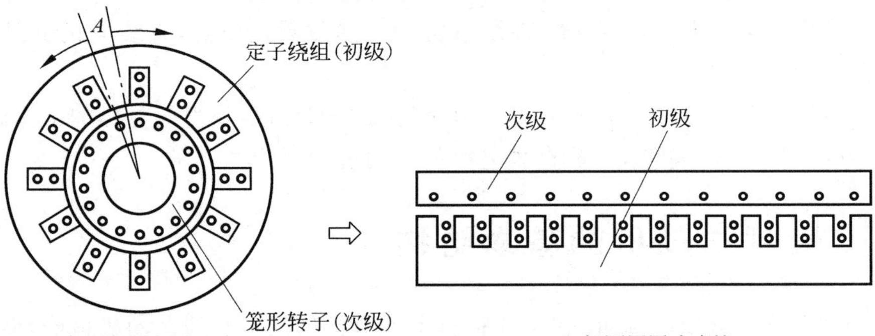

(a) 沿径向剖开　　(b) 把圆周展成直线

图 9-5　由旋转电机演变为直线电机的过程

在图 9-6 中所示的直线电机仅在一边安放初级，对于这样的结构形式称为单边型直线电机。这种结构的电机，一个最大特点是在初级与次级之间存在着一个很大的法向吸力。一般这个法向吸力，在钢次级时为推力的 10 倍左右，在大多数的场合下，这种法向吸力是不希望存在的，如果在次级的两边都装上初级，那么这个法向吸力可以相互抵消，这种结构形式称为双边型，如图 9-7 所示。

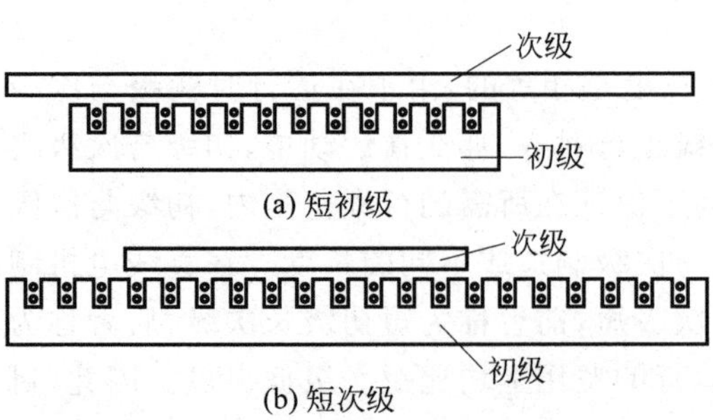

(b) 短次级

图 9-6　单边型直线电机

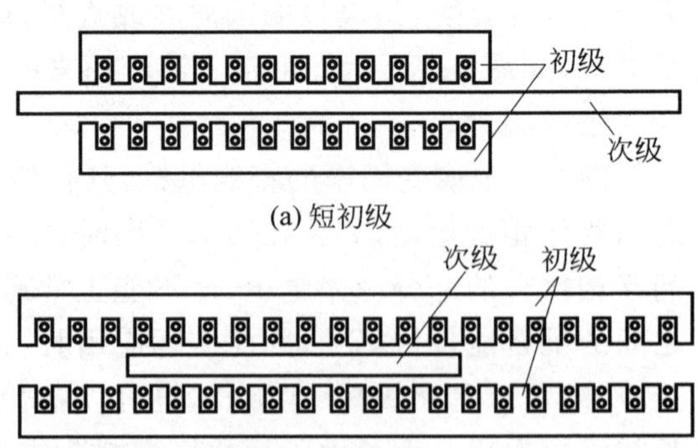

(b) 短次级

图 9-7　双边型直线电机

上述介绍的直线电机称为扁平形直线电机，是目前应用最广泛的。除了上述扁平形直线电机的结构形式外，直线电机还可以做成圆筒形（也称管形）结构，它也可以看作是由旋转电机演变过来的，其演变的过程如图 9-8 所示。

图 9-8(a)表示一台旋转式电机以及定子绕组所构成的磁场极性分布情况；图 9-8(b)表示转变为扁平形直线电机后，初级绕组所构成的磁场极性分布情况；将扁平形直线电机沿着和直线运动相垂直的方向卷接成筒形，这样就构成图 9-8(c)所示的圆筒形直线电机。

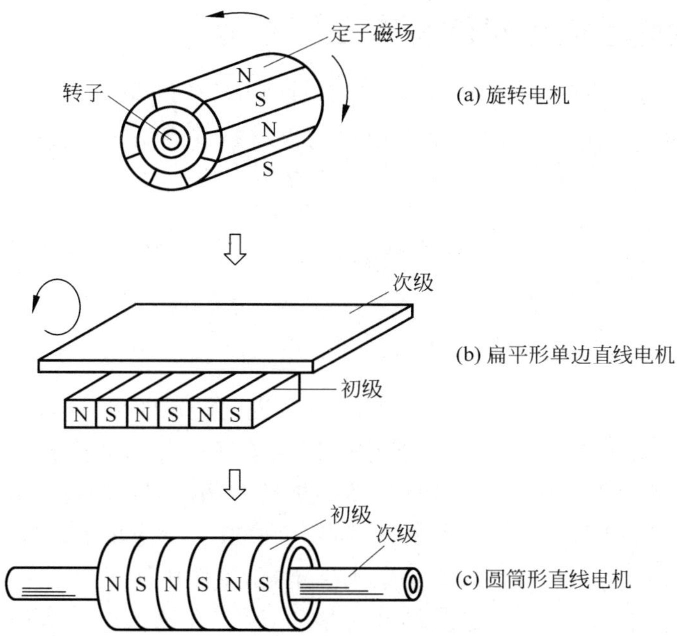

图 9-8　由旋转电机演变为直线电机的过程

图 9-9 是圆盘形直线电机。该电机把次级做成一片圆盘（铜、铝，或铜、铝与铁复合），将初级放在次级圆盘靠近外缘的平面上，盘形直线电机的初级可以是双面的，也可以是单面的。圆盘形直线电机的运动实际上是圆周运动，如图中的箭头所示，然而由于它的运行原理和设计方法与扁平形直线电机结构相似，故仍归入直线电机的范畴。

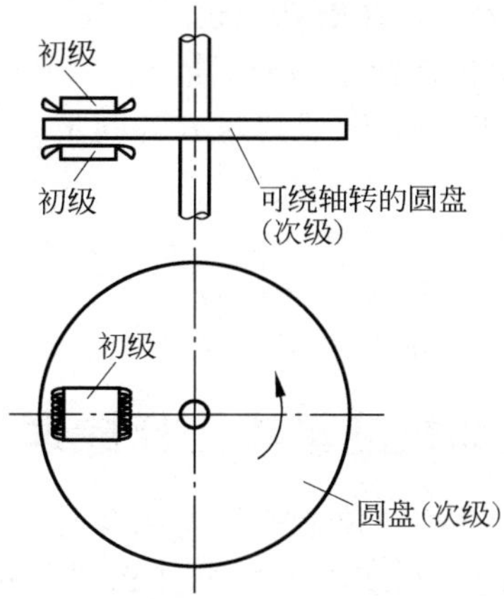

图 9-9　圆盘形直线电机

9.2 直线感应电动机

直线电机不仅在结构上相当于是从旋转电机演变而来的，而且其工作原理也与旋转电机相似。本节将以直线感应电动机为例，从旋转电机的基本工作原理出发引申出直线电机的基本工作原理。

9.2.1 旋转感应电机的基本工作原理

旋转感应电机运行时的磁场为旋转磁场，其速度称为同步转速，用 n_s 表示，单位为 rad/min，它与电流的频率 f(Hz)成正比，而与电机的极对数 p 成反比，如下式所示：

$$n_s = \frac{60f}{p} \tag{9-1}$$

如用 v_s(单位为 m/s)表示在定子内圆表面上磁场运动的线速度，则有

$$v_s = \frac{n_s}{60} 2p\tau = 2\tau f \tag{9-2}$$

式中，τ——极距，m。

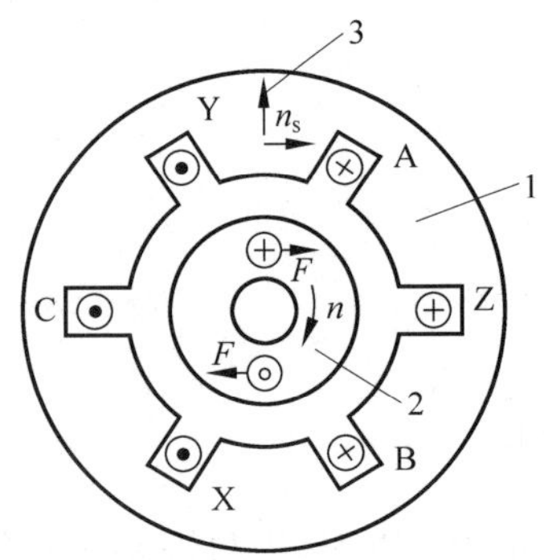

图 9-10 旋转电机的基本工作原理
1—定子；2—转子；3—磁场方向

图 9-10 可以说明旋转磁场对转子的作用。为了简单起见，图中鼠笼转子只画出了两根导条。

当气隙中旋转磁场以同步转速 n 旋转时，该磁场就会切割转子导条，而在其中感应出电动势。电动势的方向可按右手定则确定，示于图中转子导条上。由于转子导条是通过端环短接的，因此在感应电动势的作用下，便在转子导条中产生电流。当不考虑电动势和电流的相位差时，电流的方向即为电动势的方向。这个转子电流与气隙磁场相互作用便产生切向电磁力 $\boldsymbol{F}$。电磁力的方向可按左手定则确定。由于转子是个圆柱体，故转子上每根导条的切电磁力乘上转子半径，全部加起来即为促使转子旋转的电磁转矩。由此可以看出，转子旋转的方向与旋转磁场的转向是一致的。转子的转速用 n 表示。在电动机运行状态下，转子转速 n 总要比同步转速 n_s 小一些，因为一旦 $n=n_s$，转子就和旋转磁场相对静止了，转子导条不切割磁场，于是感应电动势为零，不能产生电流和电磁转矩。转子转速 n 与同步转速 n_s 的差值经常用转差率来表示，即

$$s = \frac{n_s - n}{n_s} \tag{9-3}$$

以上就是一般旋转感应电动机的基本工作原理。

9.2.2 直线感应电动机的基本工作原理

将图 9-10 所示的旋转感应电机在顶上沿径向剖开，并将圆周拉直，便成了图 9-11 所示的直线电机。在这台直线电机的三相绕组中通入三相对称正弦电流后也会产生气隙磁场。当不考虑由于铁芯两端开断而引起的纵向边端效应时，这个气隙磁场的分布情况与旋转电

机的相似，即可看成沿展开的直线方向呈正弦形分布，当三相电流随时间变化时，气隙磁场将按 A、B、C 相序沿直线移动。这个原理与旋转电机的相似，两者的差异是：这个磁场是平移的，而不是旋转的，因此称为行波磁场。显然，行波磁场的移动速度与旋转磁场在定子内圆表面上的线速度是一样的，即为 v_s（单位为 m/s），称为同步速度，且

$$v_s = 2\tau f \tag{9-4}$$

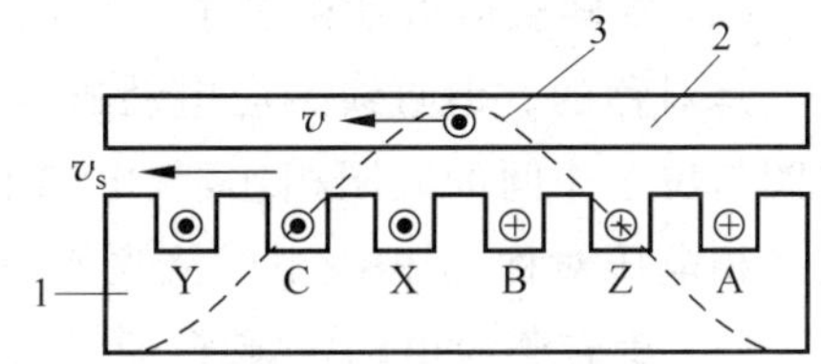

图 9-11 直线感应电动机的基本工作原理
1—初级；2—次级；3—行波磁场

再来看行波磁场对次级的作用。假定次级为栅形次级，图 9-11 中仅画出其中的一根导条。次级导条在行波磁场切割下，将感应出电动势并产生电流。而所有导条的电流和气隙磁场相互作用便产生电磁推力。在这个电磁推力的作用下，如果初级是固定不动的，那么次级就顺着行波磁场运动的方向做直线运动。若次级移动的速度用 v 表示，转差率用 s 表示，则有

$$s = \frac{v_s - v}{v_s} \tag{9-5}$$

在电动机运行状态下，s 的大小在 0～1 之间。

以上就是直线电机的基本工作原理。

应该指出，直线电机的次级大多采用整块金属板或复合金属板，因此并不存在明显的导条。但在分析时，不妨把整块金属板看成是无限多的导条并列组合，这样仍可以应用上述原理进行讨论。图 9-12 分别画出了假想导条中的感应电流及金属板内电流的分布，图中 l_δ 为初级铁芯的叠片厚度，c 为次级在 l_δ 长度方向伸出初级铁芯的宽度，它用来作为次级感应电流的端部通路，c 的大小将影响次级的电阻。

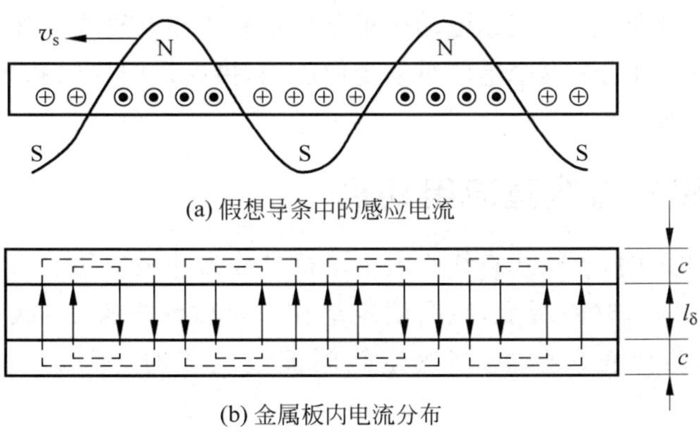

图 9-12 次级导体板中的电流

与旋转感应电机一样，改变直线感应电动机初级绕组的通电次序，便可以改变电动机运动的方向，这样就可使直线电机做往复直线运动。在实际应用中，也可以将次级固定不动，而让初级运动。因此，通常又把静止的一方称为定子，而运动的一方称为动子。

综上所述，直线感应电动机与旋转感应电动机在工作原理上并无本质区别，只是所得到的机械运动方式不同而已。但是两者在电磁性能上却存在很大的差别，主要表现在以下 3 个方面：

(1) 旋转感应电动机定子3相绕组是对称的，因而若所施加的3相电压对称，则3相电流就是对称的。但直线感应电动机的初级3相绕组在空间位置上是不对称的，位于边缘的线圈与位于中间的线圈相比，其电感值相差很大，也就是说3相电抗是不相等的。因此，即使3相电压对称，3相绕组电流也不对称。

(2) 旋转感应电动机定子、转子之间的气隙是圆形的，无头无尾，连续不断，不存在始端和终端。但直线感应电动机初、次级之间的气隙存在着始端和终端。当次级的一端进入或退出气隙时，都会在次级导体中感应附加电流，这就是所谓的“边缘效应”。由于边缘效应的影响，直线感应电动机与旋转感应电动机在运行特性上有较大的不同。

(3) 由于直线感应电动机初、次级之间在直线方向上要延续一定的长度，往往不均匀，因此在机械结构上一般将初、次级之间的气隙做得较长，这样，其功率因数比旋转感应电动机还要低。

直线感应电动机的运行特性，可根据计及边缘效应的等效电路来计算和分析，但其推导过程涉及电磁场理论较为复杂，此处不详细讨论。有兴趣的读者可参阅相关书籍。

9.3 直线直流电动机

与直线感应电动机相比，直线直流电动机没有功率因数低的问题，运行效率高，并且控制方便、灵活。若与闭环控制系统结合在一起，则可以精密地控制直线位移，其速度和加速度控制范围广，调速平滑性好。直线直流电动机的主要缺点还是电刷和换向器之间的机械磨损，虽然在短行程系统中，直线直流电动机可以采用无刷结构，但在长行程系统中，就很难实现无刷无接触运行。

按照励磁方式的不同，直线直流电动机可分为永磁式和电磁式两种，前者多用于功率较小的自动记录仪表中，如记录仪中笔的纵横走向驱动，摄影机中快门和光圈的操作等；后者主要用于较大功率的驱动。

9.3.1 永磁式直线直流电动机

按照结构形式的不同，永磁式直线直流电动机可分为动磁型和动圈型两种。

动磁型结构如图9-13(a)所示，线圈固定绕在一个软铁框架上，线圈的长度应包括可动永磁体的整个运动行程。显然，当固定线圈流过电流时，不工作的部分要白白浪费能量。

为了降低电能的消耗，可以将线圈外表面进行加工，使铜线裸露出来，通过安装在永磁体磁极上的电刷把电流溃入相应的线圈(如图9-13(a)中虚线所示)。这样，当磁极移动时，电刷跟着滑动，仅使线圈的工作部分通电。但是，这种结构形式由于电刷存在磨损，因此降低了电机的可靠性和使用寿命。

动圈型结构如图9-13(b)所示，在软铁框架的两端装有极性同向的两块永磁体，通电线圈可在滑道上做直线运动。这种磁场固定、线圈可动的结构及原理类似于扬声器，因此又称为音圈电动机。它具有体积小、效率高、成本低等优点，可用于计算机的硬盘驱动。

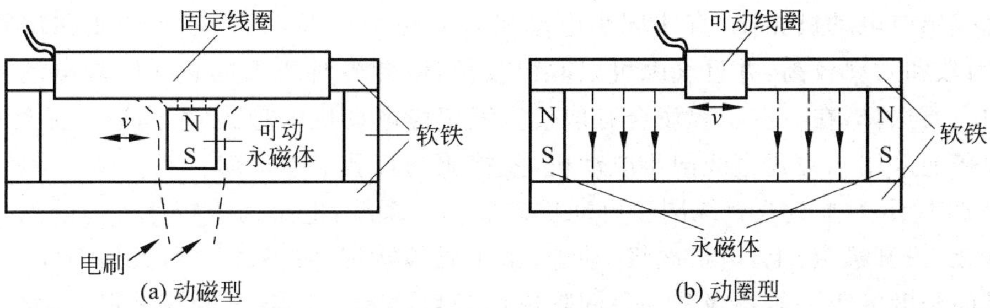

图 9-13　永磁式直线直流电动机

9.3.2　电磁式直线直流电动机

图 9-14 所示为圆筒形电磁式直线直流电动机的典型结构，图 9-14(a)所示为单极电机，图 9-14(b)所示为两极电机。由图 9-14 可见，当环形励磁绕组通入电流后，便产生经电枢铁芯、气隙、极靴端面和外壳的磁通(如图 9-14 中虚线所示)。电枢绕组是在圆筒形电枢铁芯的外表面上用漆包线绕制而成的。对于两极电机，电枢绕组应绕成两半，两半绕组绕向相反，串联后接到低压直流电源上。当电枢绕组通电后，载流导体与气隙磁通的径向分量相互作用，在每极上便产生轴向推力，磁极就沿着轴线方向做往复直线运动。

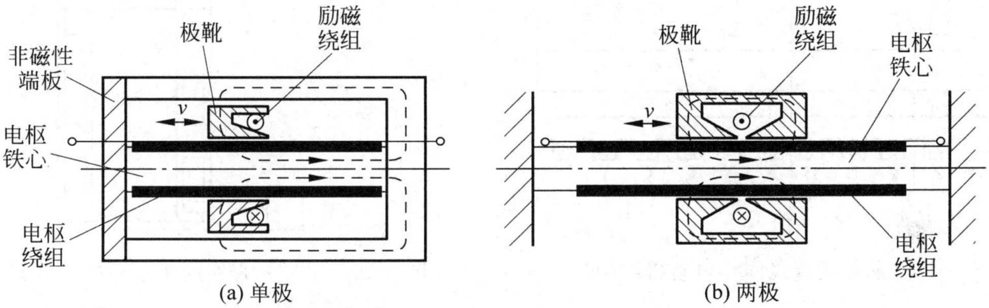

图 9-14　圆筒形电磁式直线直流电动机的典型结构

当把这种电机应用于短行程和低速移动的场合时，可以省掉滑动的电刷。但当行程较长时，为了提高效率，应与永磁式直线直流电动机一样，在磁极端面装上电刷，使电流只在电枢绕组的工作段流过。

这种圆筒形结构的直线电机具有若干优点，如没有线圈端部，电枢绕组利用率高；气隙均匀，磁极和电枢间没有径向吸力。

9.4　直线同步电动机

在一些要求直线同步驱动的场合，如电梯、矿井提升机等垂直运输系统，往往采用直线同步电动机。直线同步电动机的工作原理与旋转同步电动机是一样的，都是利用定子合成移动磁场和动子行波磁场相互作用产生同步推力，从而带动负载做直线同步运动。直线同步电动机可以采用永磁体励磁，这样就成为永磁式直线同步电动机，其结构如图 9-15 所示。

同直线感应电动机相比，直线同步电动机具有更大的驱动力，控制性能和位置精度更好，功率因数和效率较高，并且气隙可以取得较长，因此各种类型的直线同步电动机成为直线驱动的主要选择，在一些工程场合有取代直线感应电动机的趋势，尤其是在新型的垂直运输系统中普遍采用永磁式直线同步电动机，直接驱动负载上下运动。

图 9-16 所示为永磁式直线同步电动机矿井提升系统，电机初级(定子)间隔均匀地布置在固定框架(提升罐道)上，电机次级(动子)由永磁体构成，在双边型初级的中间上下运动。动子的纵向长度等于一段初级和一段间隔纵向长度之和。在动子运动过程中，始终保持有一段初级长度的动子与初级平行，这对于整个系统而言，原理上近似于长初级短次级的直线电动机，不同的是每一段都存在一个进入端和退出端。这种永磁式的直线驱动系统控制方便、精确，并且整体效率较高。

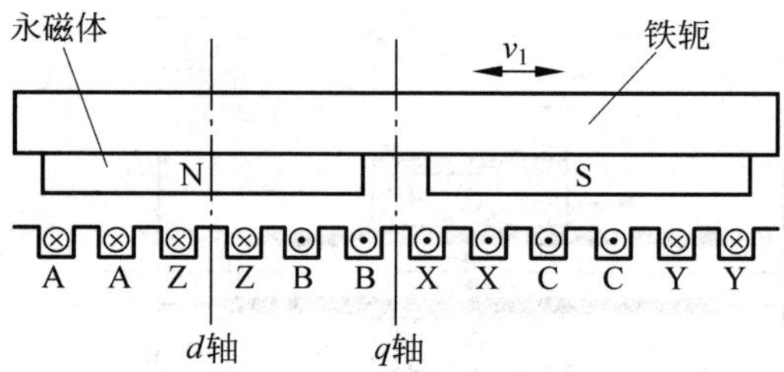

图 9-15　永磁式直线同步电动机结构

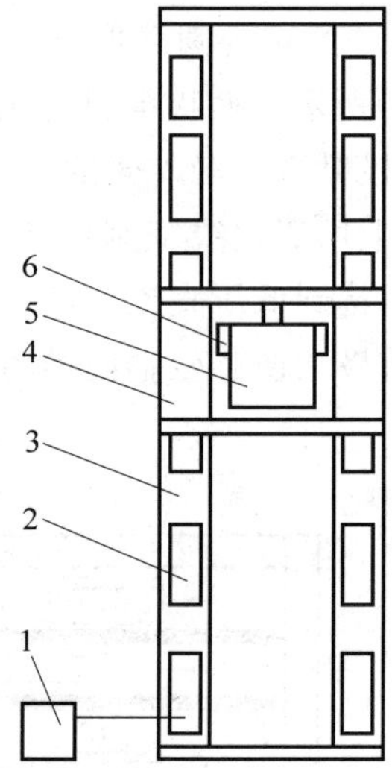

图 9-16　永磁式直线同步电动机矿井提升系统

1—供电及控制系统；2—电机定子；3—固定框架；4—电机动子；5—提升容器；6—防坠器

长定子结构的电磁式直线同步电动机在高速磁悬浮列车中也有重要应用，其励磁磁场的大小由直流励磁电流的大小决定，通过控制励磁电流可以改变电动机的切向牵引力和侧向吸引力，这样列车的切向力和侧向力可以分别控制，使列车在高速行进过程中始终保持平稳。

9.5 直线步进电动机

直线步进电动机是由旋转步进电动机演变而来的，其工作原理就是利用定子和动子之间气隙磁阻的变化而产生电磁推力。从结构上来说，直线步进电动机通常制成感应子式(即混合式)，图 9-17 所示为直线步进电动机的结构及原理，其中定子是由带齿槽的反应导磁板及支架(图中未标)组成，动子是由永磁体、导磁磁极和控制绕组组成。

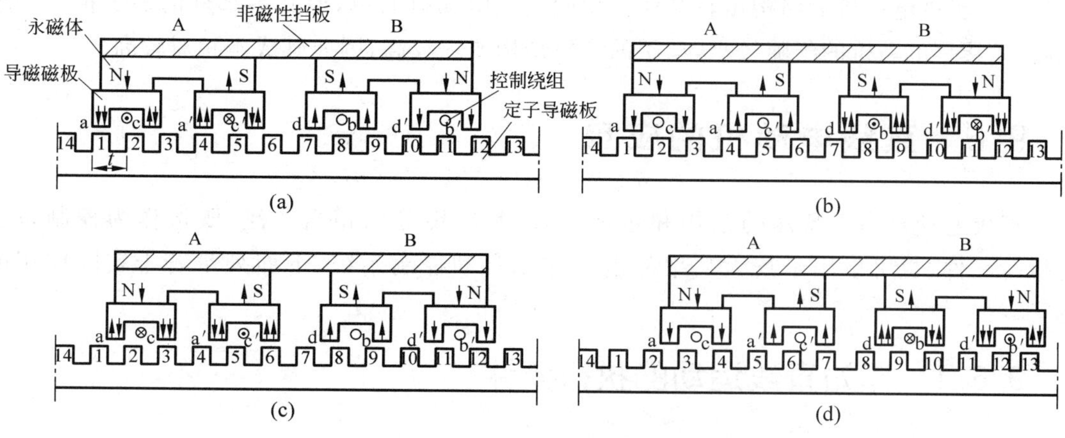

图 9-17 直线步进电动机的结构及原理

每个导磁磁极有两个小极齿，小极齿和定子齿的形状相同，并且小极齿之间的齿距为定子齿距的 1.5 倍。若前齿极对准某一定子齿时，后齿极必然对准该定子齿之后第二个定子槽的位置。同一永磁体的两个导磁磁极之间的间隔应使对应位置的小极齿都能同时对准定子上的齿。另外，两个永磁体之间的间隔应使其中一个永磁体导磁磁极的小极齿在完全对准定子的齿或槽时，另一永磁体导磁磁极的小极齿正好位于定子齿槽的中间位置。

图 9-17 中分 4 个阶段表示了直线步进电动机移动一个定子齿距时的情况：

(1) 当 A 相绕组通入正向电流(B 相绕组未通电)时，导磁磁极的极齿 a、a′增磁，而极齿 c、c′去磁，极齿 a、a′应与定子齿对齐，动子移动后处于图 9-17(a)所示的位置；

(2) 当 A 相绕组断电，而 B 相绕组通入正向电流时，导磁磁极的极齿 b、b′增磁，而极齿 d、d′去磁，极齿 b、b′应与定子齿对齐，动子向右移动 1/4 定子齿距后处于图 9-17(b)所示的位置；

(3) 当 B 相绕组断电，而 A 相绕组通入负向电流时，导磁磁极的极齿 c、c′增磁，而极齿 a、a′去磁，极齿 c、c′应与定子齿对齐，动子继续向右移动 1/4 定子齿距后处于图 9-17(c)所示的位置；

(4) 当 A 相绕组断电，而 B 相绕组通入负向电流时，导磁磁极的极齿 d、d′增磁，而极齿 b、b′去磁，极齿 d、d′应与定子齿对齐，动子继续向右移动 1/4 定子齿距后处于图 9-17(d)所示的位置。

若重复上述通电过程，则图 9-17 所示的 4 种情况将依次出现，而动子将持续向右移动。显然，在每一个通电周期内，动子便向右移动一个定子齿距。若要使动子向左移动，则只需将以上 4 个阶段的通电顺序颠倒过来进行即可。而若改变通电周期(或通电脉冲频率)，则可以改变动子的移动速度。上述直线步进电动机每移动一次，便步进 1/4 的定子齿距，这就是直线步进电动机的步距。

除了图 9-17 所示的两相结构外，直线步进电动机还可以制成三相、四相、五相等结构，其具体结构可参照旋转步进电动机和上述直线步进电动机的形式。

直线步进电动机的结构虽较其他类型的直线电动机简单，但其零部件的加工精度要求较高，尤其是电动机的气隙较小，动子的支撑结构要求较高，因此其成本相对较高。

9.6 直线电动机的应用

直线电动机由于特殊的结构和运动方式，其应用范围相当广泛，既可作为控制系统的执行元件，也可以用于较大功率的电力拖动自动控制系统，下面列举若干实际应用的例子。

9.6.1 作为直线运动的执行元件

1. 机械手

图 9-18 所示为电机制造中传递硅钢片冲片的机械手示意图。直线感应电动机的次级端头装有电磁铁，冲片冲好后，直线电机通电，电磁铁随同次级进入冲床，电磁铁通电把冲好的冲片吸上后，直线电机反向通电，把冲片从冲床内带出，电磁铁断电，冲片靠自重落下，集聚在预置的框内。

2. 电动门

图 9-19 所示为一扇直线电机电动门示意图。直线感应电动机的次级钢板作为电动门的构件，初级通电后，次级钢板中感应产生电流，并产生推力，驱动电动门做直线运动。

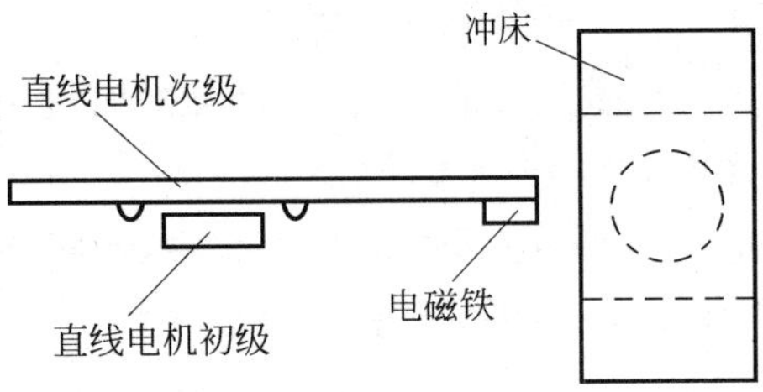

图 9-18 机械手示意图

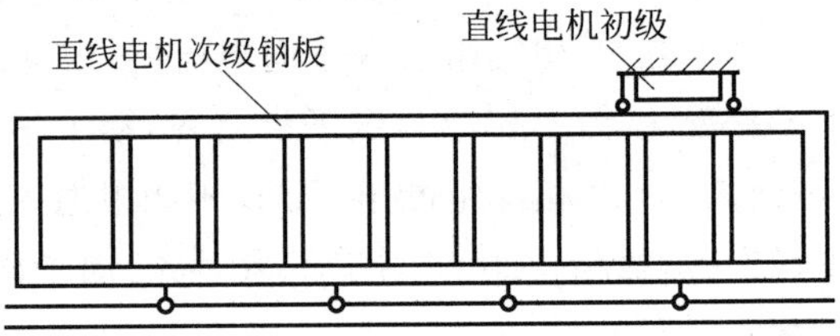

图 9-19 直线电机电动门示意图

9.6.2 用于机械加工产品

1. 电磁锤

图 9-20 为用于机械加工的电磁锤示意图，电磁锤的锤杆用两根角钢焊接成空心的钢杆，在其两侧各装一个直线感应电动机的初级。初级通电，锤杆上升；初级断电，锤杆自由落下打击工件。

2. 电磁打箔机

图 9-21 为电磁打箔机示意图，电磁打箔机采用圆筒形直线感应电动机作为动力源。初级通电后，锤杆向上运动，当锤杆上升到一定高度时断电，由于惯性的作用，锤杆继续上升，撞击顶部的弹簧，然后依靠弹簧的储能和锤杆、锤头的重力势能打击工件。电动机间歇通电，锤杆即能做上下往复运动。工件为韧性较大的纸包，其中包有金箔。在锤头频繁的锻打下，金箔可被打制成很薄的箔片，其厚度可达 0.2μm。

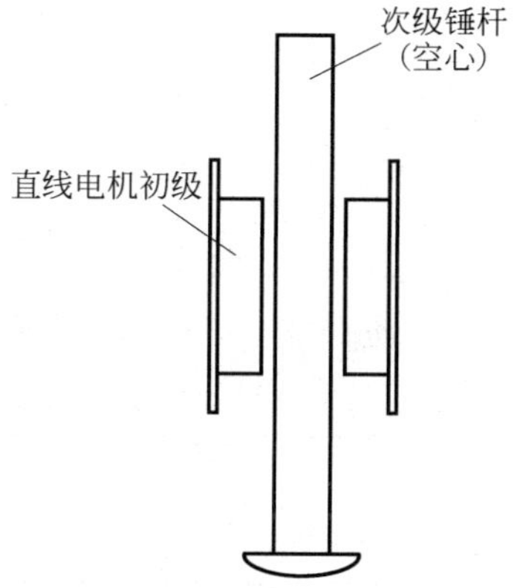

图 9-20 电磁锤示意图

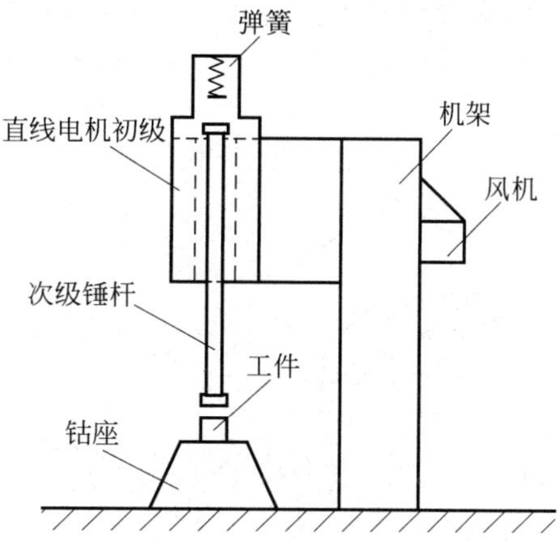

图 9-21 电磁打箔机示意图

9.6.3 用于信息自动化产品

1. 笔式记录仪

笔式记录仪主要由动圈型永磁直线直流电动机、运算放大器和平衡电桥组成，如图 9-22 所示。电桥平衡时，没有电压输出，这时直线电动机所带的记录笔处在仪表的指零位置。当外来信号 E_W 不等于零时，电桥失去平衡，运算放大器产生一定的输出电压，推动直线电动机的可动线圈做直线运动，从而带动记录笔在记录纸上把信号记录下来。同时，直线电动机还带动反馈电位器滑动，使电桥重新趋向平衡。

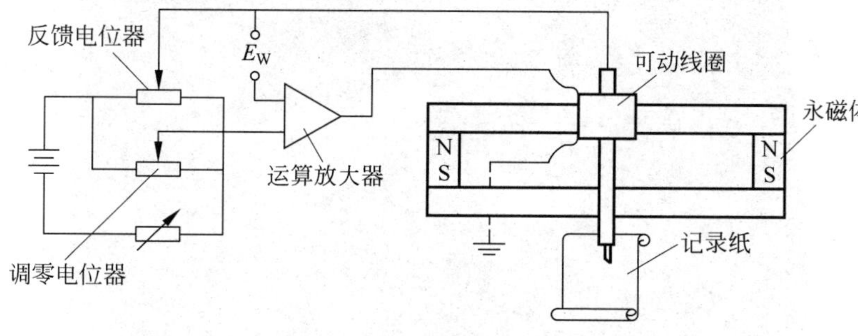

图 9-22 笔式记录仪的组成

2. 平面电机与平面绘图仪

由双轴组合的直线步进电动机可以构成平面式步进电动机。图 9-23 为平面电机示意图，它是将两台直线步进电动机组合在一起，其中一台电动机产生 x 轴方向的运动，另一台电动机产生 y 轴方向的运动。这样，平面式步进电动机不需要任何机械转换装置，就能够直接产生平面形式的运动。由于直线步进电动机的特殊结构和工作原理，使得两台直线步进电动机的组合变得十分简便。实际上，采用三台直线步进电动机还可以做成三轴向的三维电动机。

这种平面电机结构简单，特点突出，性能优良，目前已广泛应用于数控机床和自动绘图等领域。图 9-24 所示为基于双轴直线步进电动机的平面绘图仪示意图，两个电动机的初级相互垂直,次级台板上开有相互垂直的齿槽,电动机利用气垫形成初、次级之间的气隙,在计算机的控制下带动绘图笔运动,实现绘图功能。

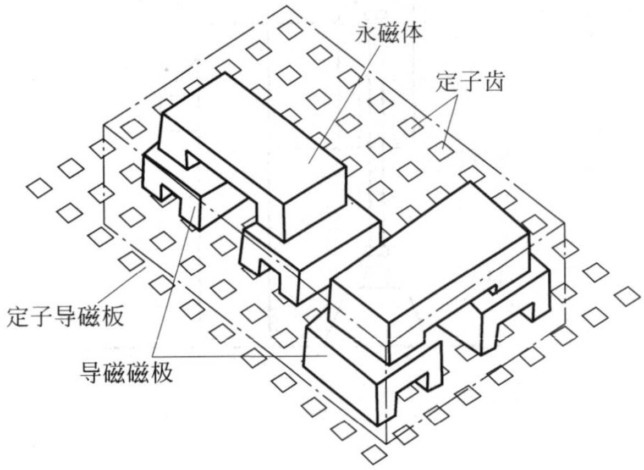

图 9-23 平面电机示意图

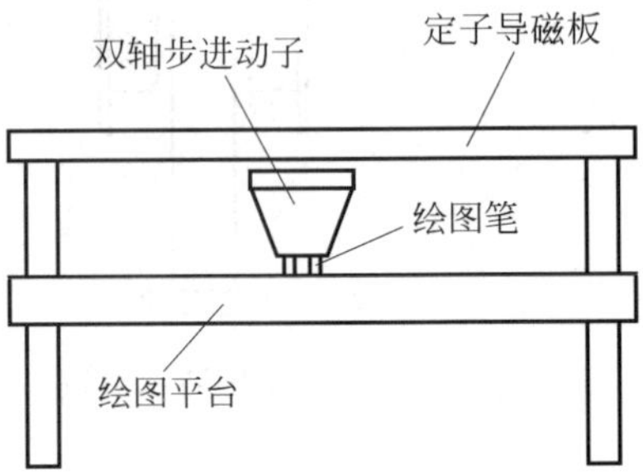

图 9-24 平面绘图仪示意图

3. 硬盘的磁头驱动机构

硬盘内部结构是由盘头组件构成的核心,封装在硬盘的净化腔体内,包括浮动磁头组件、磁头驱动机构、磁碟及主轴驱动机构、前置读写控制电路等,如图 9-25 所示。

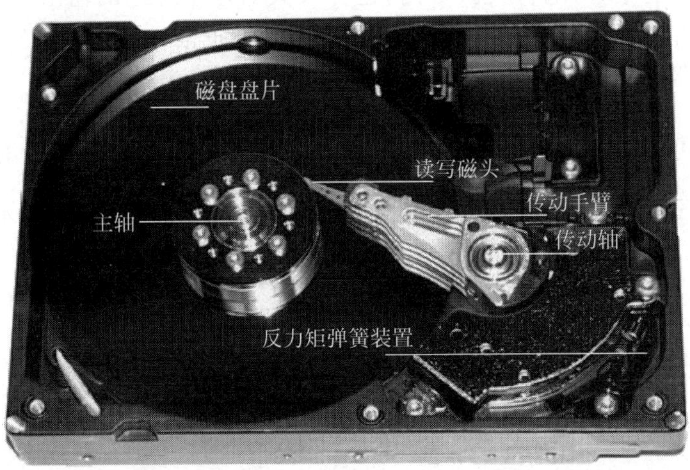

图 9-25 硬盘内部结构

硬盘的磁头驱动机构(见图 9-26)由音圈电机和磁头驱动小车组成,新型大容量硬盘还具有高效的防震动机构。高精度的轻型磁头驱动机构能够对磁头进行正确的驱动和定位,并在很短的时间内精确定位到系统指令指定的磁道上,保证数据读写的可靠性。

音圈电机是一种将电信号转换成直线位移的直流伺服电机。音圈电机的工作原理与电动式扬声器类似,即在磁场中放入一环形绕组,绕组通电后产生电磁力,带动负载作直线运动;改变电流的强弱和极性,即可改变电磁力的大小和方向。以音圈电机为动力的直线定位系统具有整体结构简单、驱动速度快、定位精度高等优点,广泛应用于计算机磁盘驱动器、激光微调机、六自由度机器人手臂等高新技术设备中。

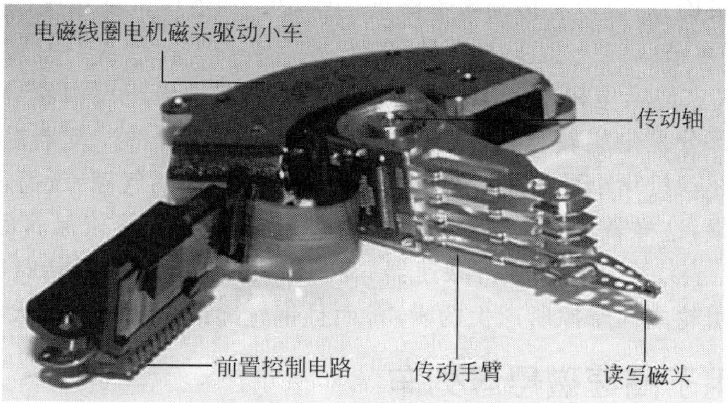

图 9-26　磁头驱动机构

硬盘驱动器加电正常工作后，利用控制电路中的单机初始化模块进行初始化工作，此时磁头置于磁碟中心位置，初始化完成后主轴电机将启动并以高速旋转，装载磁头的小车机构移动，将浮动磁头置于磁碟表面的 00 道，处于等待指令的启动状态。当接口电路接收到微机系统传来的指令信号，通过前置放大控制电路，驱动音圈电机发出磁信号，根据感应阻值变化的磁头对磁碟数据信息进行正确定位，并将接收后的数据信息解码，通过放大控制电路传输到接口电路，反馈给主机系统完成指令操作。结束硬盘操作的断电状态，在反力矩弹簧的作用下浮动磁头驻留到盘面中心。

9.6.4　用于长距离的直线传输装置

1. 运煤车

图 9-27 所示为直线电机运煤车示意图。矿井运煤轨道一般很长，每隔一段距离，在轨道中间安置一台直线感应电动机的初级。一列运煤车由若干矿车组成，每台矿车的底部装有铝钢复合次级。直线电机的初级依次通电，便可把运煤车向前推进。

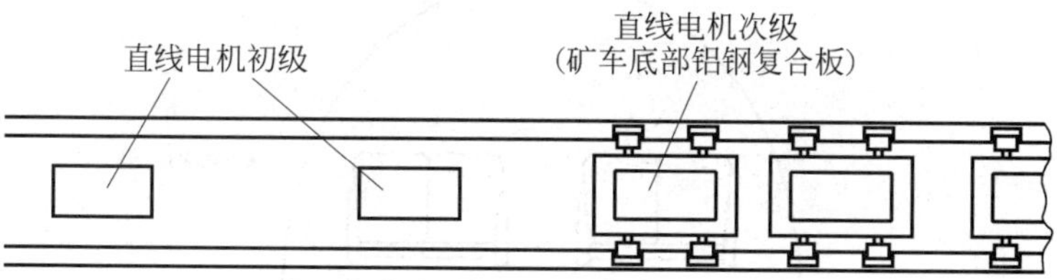

图 9-27　直线电机运煤车示意图

2. 新型电梯

图 9-16 所示的永磁式直线同步电动机矿井提升系统同样可以应用于电梯这种垂直运输系统。同传统的绳索电梯和液压电梯相比，基于直线电机的新型电梯具有如下优点：

(1) 节约场地。因为直线电机电梯的轨道即是直线电机的定子，没有必要专门铺设垂直轨道，具有增加有效面积的优点。

(2) 节省电力。新型直线电机电梯的最高速度可达 1.75m/s，这样的速度，绳索电梯的曳引机必须采用齿轮减速器变速，电梯升降系统的传动效率会明显降低。而直线电机因其是非接触的驱动机构，所以没有传动效率降低的情况。和液压电梯相比，电力消耗的差别更大，它比液压电梯可节约60%以上的能量。

(3) 可靠性高。绳索电梯的曳引机由齿轮减速器、旋转电机曳引轮、防振机构等组成，液压电梯的动力部分是由旋转电机、液压油泵控制阀、油箱和油冷却器组成，都比较复杂。直线电机电梯的驱动机构十分简单，而且由于自动保持一定的气隙，没有零件的摩擦，因而也就不会产生磨损，这样就可以使电梯运行的可靠性大大提高，维修保养也十分方便。

(4) 噪声低。直线电机电梯没有减速器、旋转电机及液压油泵运转时所产生的噪音，也没有钢丝绳和曳引轮之间摩擦所产生的噪声，而且钢丝绳的寿命也会大大提高。

9.6.5 用于高速磁悬浮列车

磁悬浮列车是21世纪理想的超级特别快车，世界各国都十分重视发展磁悬浮列车。目前，我国和日本、德国、英、美等国都在积极研究这种列车。

目前世界上有3种类型的磁悬浮技术，它们是常导电磁悬浮、超导电动磁悬浮、永磁悬浮。常导电磁悬浮由德国研发并拥有核心技术；超导电动磁悬浮由日本研发并拥有核心技术；永磁悬浮由中国大连永磁悬浮课题组自主研发，是拥有核心及相关技术发明专利的原始创新技术，是独立于德国、日本磁悬浮技术之外的磁悬浮技术。

1. 常导电磁悬浮技术

图9-28所示为常导高速磁悬浮列车模型。该列车采用“异性相吸”原理设计，是“常导磁吸型”(简称“常导型”)直线感应电动机磁悬浮列车。利用安装在列车两侧转向架上的悬浮电磁铁和铺设在轨道上的磁铁，在磁场作用下产生的吸力使车辆浮起来。直线感应电动机的初级绕组装在车厢底部，次级反应轨由铝钢复合板制成，固定在路基上。反应轨下面还装有电磁铁，电磁铁从侧面与车厢连接在一起，控制电磁铁的电流使电磁铁和轨道间保持1cm的间隙，让转向架和列车间的吸引力与列车重力相互平衡，利用磁铁吸引力将列车浮起1cm左右，使列车悬浮在轨道上运行，这要求必须精确控制电磁铁的电流。

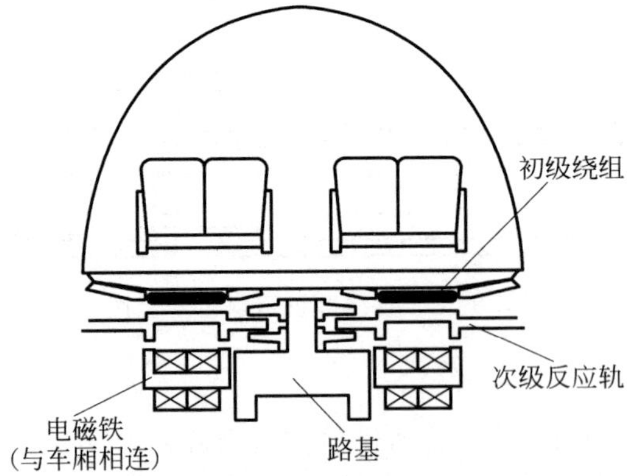

图9-28 常导高速磁悬浮列车模型

悬浮列车的驱动和同步直线电动机原理一样。通俗地说，在位于轨道两侧的线圈里流动的交流电，能将线圈变成电磁体，由于它与列车上的电磁体的相互作用，使列车开动。列车头部的电磁体N极被安装在靠前一点的轨道上的电磁体S极所吸引，同时又被安装在轨道上稍后一点的电磁体N极所排斥。列车前进时，线圈里流动的电流方向就反过来，即原来的S极变成N极，N极变成S极。循环交替，列车就向前行进。

稳定性由导向系统来控制。"常导型磁吸式"导向系统，是在列车侧面安装一组专门用于导向的电磁铁。列车发生左右偏移时，列车上的导向电磁铁与导向轨的侧面相互作用，产生排斥力，使车辆恢复正常位置。列车如运行在曲线或坡道上时，控制系统通过对导向磁铁中的电流进行控制，达到控制运行目的。

世界第一条磁悬浮列车示范运营线——上海磁悬浮列车，是常导型磁悬浮列车。上海磁悬浮列车时速430km，一个供电区内只能允许一辆列车运行，轨道两侧25m处有隔离网，上下两侧也有防护设备。转弯处半径达8km，肉眼观察几乎是一条直线；最小的半径也达1.3km。乘客不会有不适感。轨道全线两边50m范围内装有目前国际上最先进的隔离装置。

2. 超导电动磁悬浮

图9-29所示为超导电动磁悬浮列车，基于直线同步电动机原理设计。直线同步电动机电枢绕组埋在路基中间，励磁绕组采用超导线圈，安装在车厢底部。由于超导线圈能提供极强的磁场，因此这种电机不需要铁芯。车厢底部两侧还装有供磁悬浮用的超导磁浮线圈，在其下方的地基中铺有导电铝板，磁浮线圈产生的磁场在铝板中感生电流，它们相互作用产生推斥力，使列车悬浮。这是一种超导斥浮型高速列车。日本的超导磁悬浮列车已经过载人试验，即将进入实用阶段，运行时速可达500km以上。

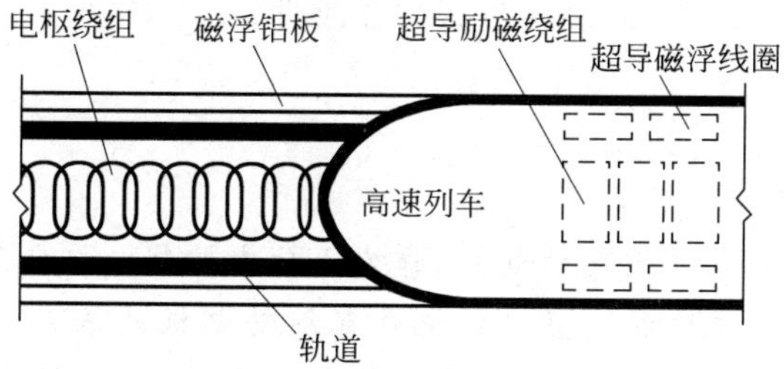

图9-29 超导电动磁悬浮列车

3. 永磁悬浮技术

上述两种方案各有利弊。超导斥浮型直线同步电动机初、次级之间的气隙可以设计得比较大，易于控制，但由于采用超导，且全程都必须设置电枢绕组，因此总体成本高；常导吸浮型直线感应电动机的气隙不能做得过大，否则电动机的效率和功率因数都偏低，所以它对控制系统的要求较高，但成本要低不少。

永磁悬浮技术是中国自己拥有核心及相关技术发明专利的原始创新技术。日本和德国的磁悬浮列车在不通电的情况下，车体与槽轨是接触在一起的，而利用永磁悬浮技术制造出的磁悬浮列车在任何情况下，车体和轨道之间都是不接触的。驱动系统采用自主研发的磁动机技术。磁动机由永磁转子轮和直线定子铁靴构成，定子与转子之间不接触，依靠永磁场产生吸力或拉力，从而驱动磁悬浮列车运行或制动，它均布在列车动力舱内，属分散动力装置，是永磁悬浮列车的核心技术之一。

磁动机已经在轻型吊轨磁悬浮技术验证车(中华06号，如图9-30所示)的专用装置上成功试用，并在专用模拟圆周轨道上运行成功。大连正在建设目前世界最先进的3km永磁悬浮试验线，运行槽轨磁悬浮列车(中华 01 号，如图 9-31 所示)，最高速度可达每小时 320km。

图 9-30 轻型吊轨磁悬浮技术验证车

图 9-31 槽轨磁悬浮列车微缩模型

永磁悬浮技术装备的列车具有 5 个领先优势：一是节能、环保，悬浮耗能少，列车在运行过程中噪声低；二是超强的运载能力；三是安全，由于永磁悬浮采用车、路一体化结构与控制设计，杜绝了发生追尾、撞车、脱轨和翻车可能；四是路车综合造价最低，综合造价远低于国外；五是运行成本最低，国外磁悬浮运行成本略低于飞机，而永磁悬浮运行成本低于现行轨道列车。

直线电机的原理虽不复杂，但在设计、制造方面有自己的特点，多数应用领域的相关产品尚不如旋转电机那样成熟，有待进一步研究和改进。

本章小结

直线电动机是一种做直线运动的电机，作为小功率控制电机使用时，可以将输入的电压信号直接转换成输出的直线位移。直线电机是在旋转电机的基础上演变而来的，因此其工作原理与旋转电机相似，而结构可以根据需要制成扁平形、圆筒形或弧形等。本章主要对具有代表性的直线感应电动机、直线直流电动机、直线同步电动机、直线步进电动机的基本结构、工作原理和应用领域进行了介绍。

直线电动机由于不需要中间传动机构，整个系统得到简化，精度提高，振动和噪声减小；电机加速和减速的时间短，可实现快速启动和正反向运行；其部件不受离心力的影响，因而它的直线速度可以不受限制；可以承受较高的电磁负荷，容量定额较高；可以在一些特殊场合中应用。

直线电动机由于运动方式的特殊性，其应用范围相当广泛，既可作为控制系统的执行元件使用，也可以作为较大功率直线负载的驱动源。本章列举了直线电动机多方面的应用情况，其中引人注目的是直线感应电动机和直线同步电动机用于高速列车的驱动。

思考题与习题

1. 直线电动机有哪些优点？又有哪些缺点？
2. 直线感应电动机有哪几种结构形式？其运动速度如何确定？

3. 直线感应电动机与旋转感应电动机在电磁性能上有什么不同？

4. 永磁式直线直流电动机可分为哪几种？它们各有什么特点？

5. 直线同步电动机与直线感应电动机相比有什么特点？

6. 感应子式直线步进电动机的推力与哪些因素有关？为什么？

7. 什么是音圈电动机和平面电动机？其工作原理各如何？

8. 直线电动机有哪些主要用途？试举例说明。

9. 一台直线感应电动机，其初级固定、次级运动，极距 $\tau=10\text{cm}$，电源频率为 50Hz，额定运行时的滑差率 $s=0.05$，试计算：

(1) 同步速度 v_s；

(2) 次级的移动速度 v。

第 10 章 盘式电动机

CHAPTER 10

随着数控机床、工业机器人、机械手、电动助力车、计算机及其外围设备等高科技产品的兴起及特殊应用(如雷达、卫星天线等跟踪系统的需要),对伺服驱动电机提出了更高的性能指标和薄型安装结构的要求。同时随着人们生活水平的不断提高,尤其是对家用电器小型化、薄型化、低噪声的呼声愈来愈高,对电机的结构和体积也都提出了新的要求。

为了满足工业和人们生活等需要,具有高性能指标的盘式永磁电机(见图 10-1)应运而生。它结合了永磁电机和盘式电机的优点,该类电机具有永磁电机的结构简单、运行可靠,体积小、质量轻,损耗小、效率高等优点;也具有盘式电机的轴向尺寸短、结构紧凑,硅钢片利用率高,没有叠片、铆压工序,下线方便、工艺简单,功率密度高,转动惯量小等优势。因此,盘式永磁电机以其本身的诸多优势在国内外迅速地得到了广泛的应用。其中尤其以盘式永磁同步电机、盘式永磁直流电动机、盘式永磁无刷直流电动机最为突出。

图 10-1 某盘式电机

近年来,由于电力电子技术的迅速发展,具有更高控制性能的伺服系统对伺服电机的性能要求越来越高,同时随着材料科学的发展,尤其是高性能的稀土永磁材料的问世和不断完善,为研制新一代的高性能指标的大容量盘式永磁电机提供了动力和条件。该类电机在电动车辆、汽车工业、纺织工业、制衣工业等工农业生产和家用电器中具有广泛的应用前景。

10.1 盘式电动机概况

盘式电动机,又称蝶式电动机,由于其外形扁平、轴向尺寸短而特别适用于安装空间有严格限制的场合。盘式电动机的气隙是平面型的,气隙磁场是轴向的,所以又称为轴向磁场电机。

在 1821 年,物理学家法拉第发明的世界上第一台电机就是轴向磁场盘式永磁电机。限于当时的材料和工艺水平,盘式电机未能得到进一步发展。1837 年柱式电机(径向磁场电机,即我们常见的电磁电机)问世以后,盘式电机便受到冷落。一百多年来,柱式电机一直处于主导地位,具有明显的优势。

随着电工技术的发展，人们逐渐认识到普通圆柱式电机存在一些固有的缺点，如冷却困难和转子铁芯利用率低等，这些缺点增加了电机利用成本，耗费资源。从 20 世纪 40 年代起，轴向磁场盘式电机重新受到了电机界的重视。20 世纪 70 年代初研制出盘式直流电动机，70 年代末研制出交流盘式电机。进入 21 世纪，由于节能环保概念的深入人心，盘式电机得到了快速的发展利用。

自 20 世纪 90 年代，微机控制的铁芯自动冲卷机的问世，解决了盘式电机制造的关键工艺装备问题，使其批量生产及多种结构设计成为可能，因而促进了盘式电机的推广应用。我国一些企业近年也自主掌握了微机控制铁芯自动冲卷机的制造技术，使得盘式电机在我国已经开始进入批量生产阶段。

我国是稀土大国，储量占全球稀土可利用量的 95%，利用稀土材料提炼出的高性能 NdFeB(钕铁硼)永磁材料的出现，使盘式永磁电机得到了迅速发展。如英国一家公司采用稀土永磁材料研制的电动汽车用永磁盘式电机，具有高效率(90%～92%)、高转矩、高转速(大于 10 000r/min)和低惯量的特点，将盘式电机装在车轮内直接驱动车辆，结构非常紧凑。研究表明，轴向磁场结构电机比普通的径向磁场结构具有更高的功率密度和转矩——惯量比，F. Spooner 在《环绕无槽轴向磁场无刷直流电动机》一文中给出了 5～100kW 电机的设计尺寸，其中 100kW 电机的设计总长度仅为 111mm，它表明盘式电机在某些传动系统应用中具有特别的吸引力。

盘式电机的工作原理与柱式电机相同，因此，它与柱式电机一样，既可以制成电动机又可以制成发电机。一般说来，每种柱式电机都有相对应的盘式电机。为简明起见，本章不一一罗列各种盘式电机，而是以盘式直流电动机和盘式同步电动机为例介绍。

10.2 盘式直流电动机

10.2.1 盘式直流电动机的结构特点

盘式直流电动机一般是指盘式永磁直流电动机。盘式永磁直流电动机的典型结构如图 10-2 所示，电机外形呈扁平状。定子上粘有多块按 N、S 极性交替排列的扇形或圆柱形永磁磁极，并固定在电枢一侧或两侧的端盖上。永磁体为轴向磁化，从而在气隙中产生多极

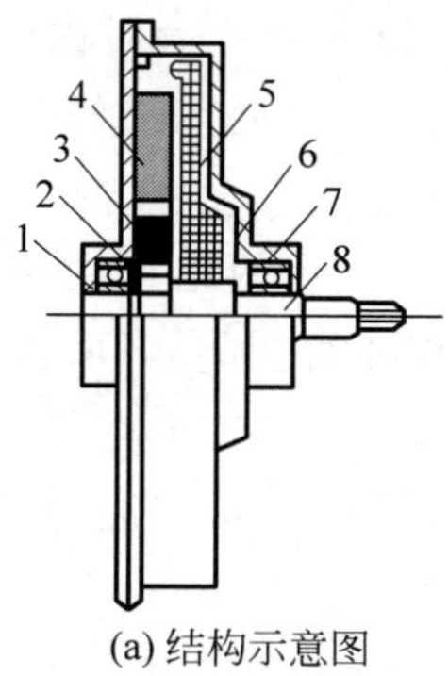

(a) 结构示意图

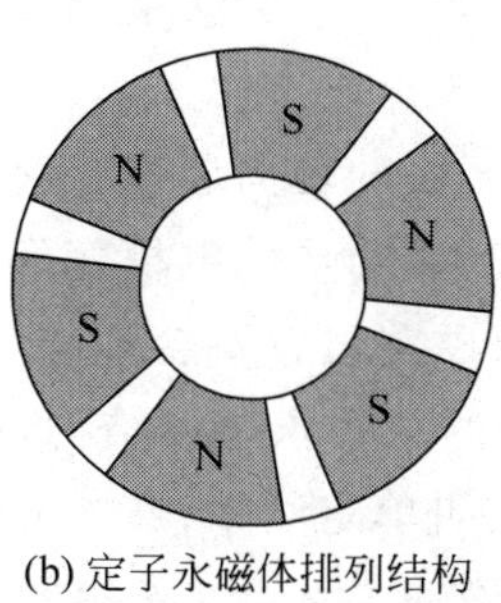

(b) 定子永磁体排列结构

图 10-2 盘式永磁直流电动机结构

1—端盖；2—换向器；3—电刷；4—永磁体；5—电枢；6—端盖；7—轴承；8—轴

的轴向磁场。电枢通常无铁芯，仅由导体以适当方式制成圆盘形。电枢绕组的有效导体在空间沿径向呈辐射状分布。各元件按一定规律与换向器连接成一体，绕组一般都采用常见的普通直流电机用的叠绕组或波绕组连接方式。由于电枢绕组直接放置在轴向气隙中，这种电机的气隙比圆柱式电机的气隙大。

除了常见的扇形磁极和圆柱形磁极外，盘式永磁直流电动机还常常采用环形磁极。一般来说，采用价格低廉的永磁材料如铁氧体时，可采用环形磁极结构，环形磁极容易装配。可以保证较小的气隙。而采用高性能永磁材料如钕铁硼时大都采用扇形结构，扇形永磁体制造时容易保证质量，装配时调整余地大，但对装配要求较高。

该电机的转子电枢属于盘形电枢，由于没有电枢铁芯，盘形电枢的制造是这种电机的关键制造技术。盘形绕组的成形工艺不仅决定着绕组本身的耐热、寿命和机械强度等，而且决定着气隙的大小，直接影响永磁材料的用量，原则是一定要在高速运行中保证电枢绕组的坚固、稳定。按制造方法的不同，盘形电枢分为印制电枢绕组和线绕电枢两种，如图 10-3 所示。

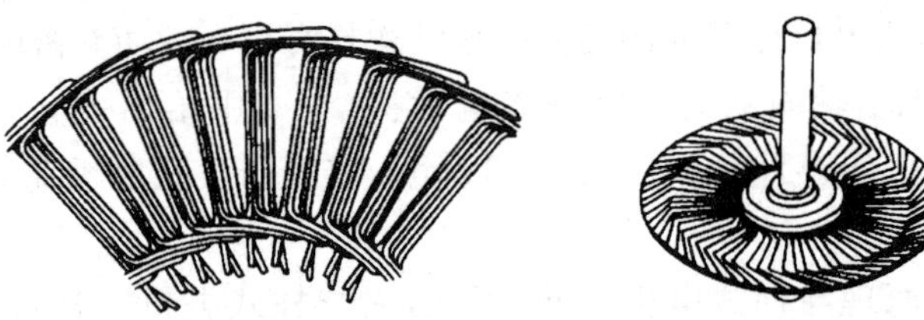

(a) 线绕式　　(b) 印制绕组

图 10-3　盘式永磁直流电动机的电枢绕组

印制绕组的制造最初采用与印制电路相同的方法，并因此得名。出于经济性考虑，目前多采用由铜板冲制然后焊接制造而成的工艺。其电枢片最多不能超过 8 层，每层之间用高黏结强度的耐热绝缘材料隔开，在电枢片最内圈和最外圈处的连接点把各层电枢片连接起来，电枢片最内圈处的一层导体作为换向器用。这样，电机的热过载能力和机械稳定性受导体厚度(0.2～0.3mm)的限制。印制绕组电枢制造精度较高，成本也高，但转动惯量很小，适用于较高速度工况下。

线绕电枢的成形过程分为 3 个步骤：绕组元件成形、绕组元件与(带轴)换向器焊接成形、盘形电枢绝缘材料灌注成形，线绕电枢的成形关键是在绕制时保证导体固定在正确位置上，特别是在换向器区域，由于无法采用机械固定方法，因此需要采用高精度的绕线机和专用卡具。

盘式电动机要求严格的轴向装配尺寸。图 10-2 所示的结构由于永磁体结构的轴向不对称，存在着单边磁拉力，会造成电枢变形而影响电机的性能。同时，盘式永磁直流电动机由于工作气隙大，如果磁路设计不合理，漏磁通将会很大。为了克服单边磁拉力、减少漏磁，可以采用图 10-4 所示的双边永磁体结构，即双定子结构。相应地，把图 10-2 所示的结构称为单边永磁体结构，或叫单定子结构。

在相同体积的永磁体情况下，采用双边永磁结构比单边永磁结构的气隙磁密可高出 10%左右，而且改善了极面下气隙磁密的均匀性。所以双边永磁体结构可以充分利用永磁材料，有利于提高电机性能、降低成本、缩小体积。

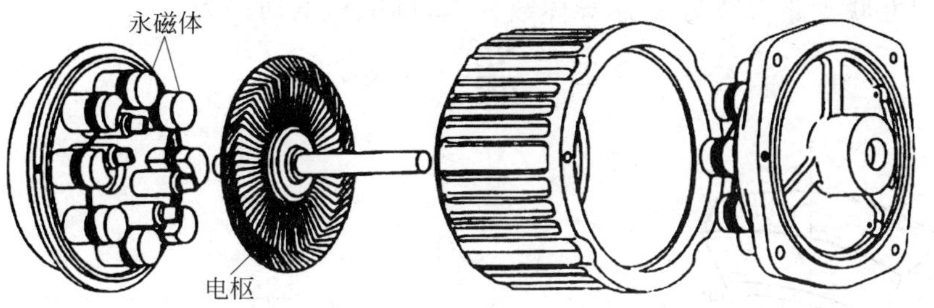

图 10-4　双边永磁盘式直流电动机结构

盘式永磁直流电动机的主要特点有：

(1) 轴向尺寸短，可适用于严格要求薄型安装的场合，如计算机外设、机器人、电动车等。

(2) 采用无铁芯电枢结构，不存在普通圆柱式电机由于齿槽引起的转矩脉动，转矩输出平稳、噪音低。

(3) 不存在磁滞和涡流损耗，可以达到较高的效率。

(4) 电枢绕组电感小，具有良好的换向性能，无须装设换向极。

(5) 由于电枢绕组两端面直接与气隙接触，有利于电枢绕组散热，可取较大的电负荷，有利于减小电机的体积。

(6) 转动部分只是电枢绕组，转动限量小，具有优良的快速反应性能，可以用于频繁启动和制动的场合。

基于盘式永磁直流电动机优良的性能和较短的轴向尺寸，已被广泛应用于机器人、计算机外围设备、汽车空调器、录像机、办公自动化用品、电动自行车和家用电器等场合。

10.2.2　盘式直流电动机的基本电磁关系

盘式永磁直流电动机的电枢绕组是分布式的，有效导体位于永磁体前方的平面上，如果考虑其单根导体，则在该平面上的位置可用半径 r 和极角 θ 来描述。如气隙磁密用平均半径处的磁密代表，可以写成 $B_\delta(\theta)$ 的形式，如图 10-5 所示，如电机的机械角速度为 Ω，则在 (r,θ) 处 $\mathrm{d}r$ 长导体所产生的电动势为

$$\mathrm{d}e = \Omega B_\delta(\theta) r\mathrm{d}r \tag{10-1}$$

因而有效导体在某个极角 θ 位置下的电动势为

$$e = \Omega\int_{R_{\mathrm{mi}}}^{R_{\mathrm{mo}}} B_\delta(\theta) r\mathrm{d}r = \frac{1}{2}\Omega(R_{\mathrm{mo}}^2 - R_{\mathrm{mi}}^2) B_\delta(\theta) \tag{10-2}$$

式中：R_{mo}——永磁体的外半径；R_{mi}——永磁体的内半径。

由此可得每根导体的平均电动势为

$$\begin{aligned} E_{\mathrm{r}} &= \frac{p}{\pi}\int_0^{\frac{\pi}{p}} e\mathrm{d}\theta = \frac{1}{2}\Omega(R_{\mathrm{mo}}^2 - R_{\mathrm{mi}}^2)\ \frac{p}{\pi}\int_0^{\frac{\pi}{p}} B_\delta(\theta)\mathrm{d}\theta \\ &= \frac{1}{2}\Omega B_{\delta\mathrm{aV}}(R_{\mathrm{mo}}^2 - R_{\mathrm{mi}}^2) \end{aligned} \tag{10-3}$$

式中：$B_{\delta\mathrm{aV}}$——一个极矩下的气隙磁密平均值，它与磁密幅值 B_δ 之间的关系为

$$B_{\delta\mathrm{aV}} = a_\delta B_\delta \tag{10-4}$$

其中，a_δ 为计算极弧系数，其定义如图 10-6 所示，其原理是根据面积等效原则。

如果绕组并联支路对数为 a，总导体数为 N，则电枢电动势为

$$E=\frac{NE_r}{2a}=C_e\Phi n \tag{10-5}$$

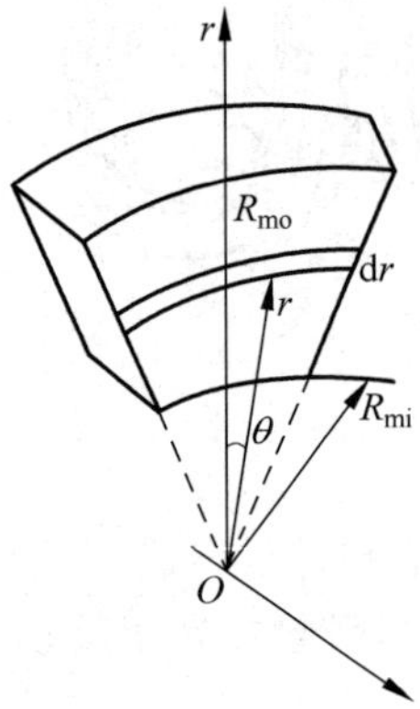

图 10-5 电枢与磁极的相对位置

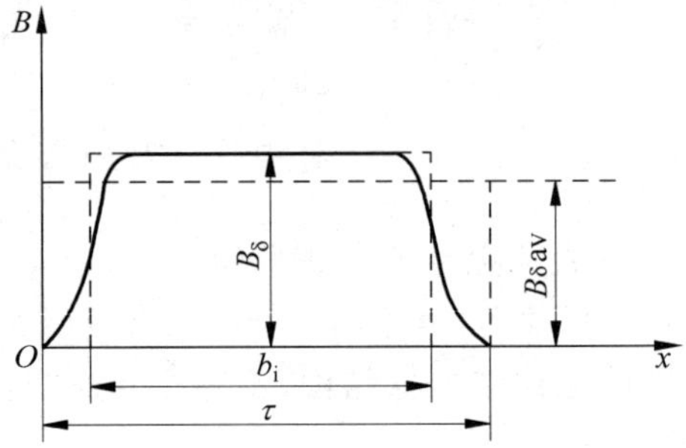

图 10-6 计算极弧系数的定义

式中：

$$\Phi=\frac{\pi}{2p}(R_{mo}^2-R_{mi}^2)B_{\delta aV} \tag{10-6}$$

$$C_e=\frac{Np}{60a} \tag{10-7}$$

式(10-5)～式(10-7)说明盘式永磁直流电动机的电动势公式与普通圆柱式直流电动机的电动势公式完全一致，盘式电机的电磁本质未变，只是结构改变而已。经过同样推导，可以得出盘式永磁直流电动机的电磁转矩公式与普通圆柱式直流电动机一致(后续盘式永磁同步电机同)，即

$$T=C_T\Phi n \tag{10-8}$$

式中

$$C_T=\frac{Np}{2\pi a} \tag{10-9}$$

如设每根导体的电流为 I，则电动机的电负荷为

$$A=\frac{NT}{\pi D}=\frac{NI}{2\pi aD} \tag{10-10}$$

由于盘式永磁电机电枢绕组的有效导体在空间呈径向辐射状分布，电机的线负荷随考察处的直径变化而变化。如果考虑平均直径处电动机的线负荷 A_{av}，由式(10-5)和式(10-10)可以得到盘式永磁直流电动机的电磁功率为

$$P_{em}=\frac{\pi^2}{60}nB_{\delta av}A_{av}(R_{mo}^2-R_{mi}^2)(R_{mo}+R_{mi}) \tag{10-11}$$

10.3 盘式同步电动机

盘式同步电动机，一般指盘式永磁同步电机，它的典型结构如图 10-7 所示，转子为永磁体，结构坚固可靠，绕组位于左右定子铁芯上，散热方便。其定子、转子均为圆盘形，在电机

中对等放置，产生轴向的气隙磁场，定子铁芯一般由双面绝缘的冷轧硅钢片带料冲卷而成（如图 10-8 所示），定于绕组有效导体在空间呈径向分布。转子为高磁能积的永磁体和强化纤维树脂灌封而成的薄圆盘。盘式定子铁芯的加工是这种电机的制造关键。近年来，采用钢带卷绕的冲卷机床来制造盘式永磁电机铁芯既节省材料，又简化工艺，促使盘式永磁电机迅速发展。

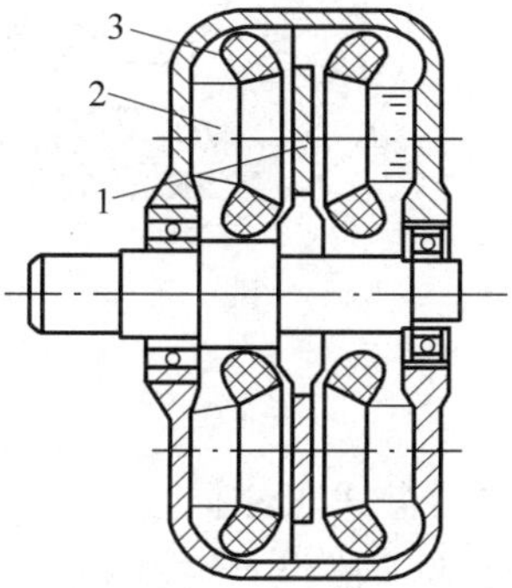

图 10-7 盘式永磁同步电动机（中间转子双定子结构）
1—转子；2—定子铁芯；3—定子绕组

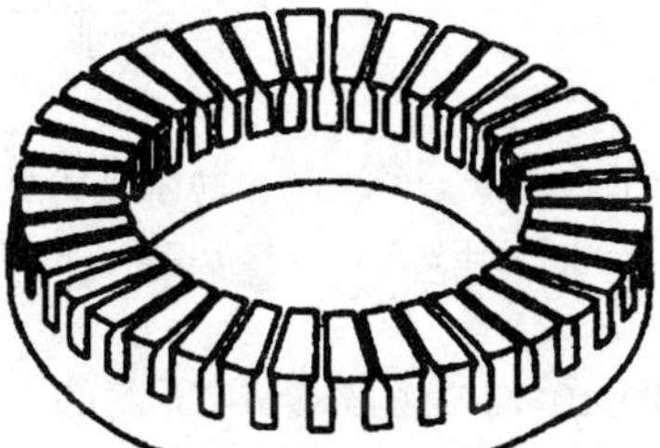

图 10-8 盘式永磁同步电动机的定子铁芯

该种电机轴向尺寸短、质量轻、体积小、结构紧凑。由于励磁系统无损耗，电机运行效率高。由于定转子对等排列，定子绕组具有良好的散热条件，可以获得很高的功率密度，这种电机转子的转动惯量小，机电时间常数小，峰值转矩和堵转转矩高，转矩质量比大，低速运行平稳，具有优越的动态性能。

以盘式永磁同步电动机为执行元件的伺服传动系统是新一代机电一体化组件，具有不用齿轮、精度高、响应快、加速度大、转矩波动小、过载能力高等优点，应用于数控机床、机器人、雷达跟踪等高精度系统中。

盘式永磁同步电机有多种结构形式、按照定子、转子数量和相对位置可以大致分为以下 4 种。

1. 中间转子结构

这种结构（如图 10-7、图 10-9 所示）可使电机获得最小的转功惯量和最优的散热条件。它由双定子和单转子组成双气隙，定子铁芯加工时采用专用的冲卷床，使铁芯的冲槽和卷绕一次成形，这样既提高了硅钢片的利用率（90%以上），又可降低电机损耗。

图 10-9 双定子单转子盘式电动机立体结构图

2. 单定子、单转子结构

这种结构（如图 10-10 所示）最为简单，其定子结构与图 10-7 所示电机的定子结构相同，转子为高性能永磁材料黏结在实心钢上构成的圆盘，如图 10-11 所示。由于其定子同时作为旋转磁极的磁回路，需要推力轴承以保证转子不致发生轴向串动。而且转子磁场在定子中交变，会引起损耗，导致电机的效率降低。

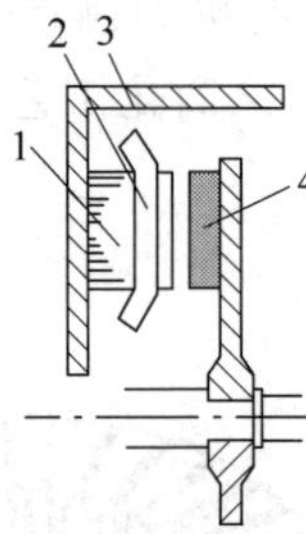

图 10-10 单定子、单转子盘式永磁同步电机结构

1—定子铁芯；2—定子绕组；3—机座；4—永磁体

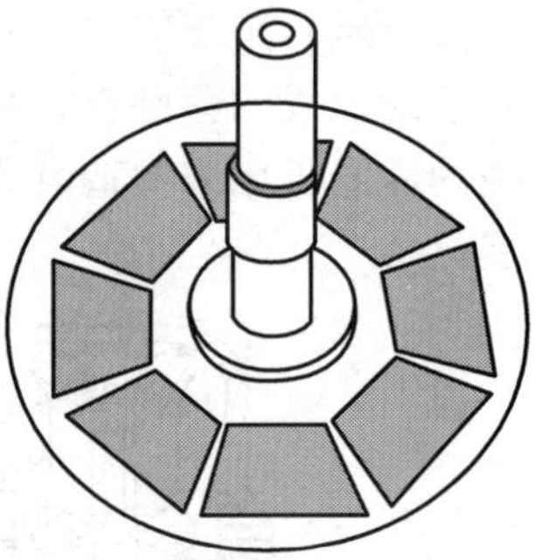

图 10-11 盘式转子结构

图 10-12 为国外近年研发的一款单定子、单转子结构的盘式永磁同步发电机，此种发电机的定子采用了开槽式的双层集中式电枢绕组，转子属于表面磁钢粘贴式，它主要应用于小规模的风力发电设备上，作为涡轮结构的一部分如图 10-13 所示。

图 10-12 单边盘式永磁同步发电机结构图

图 10-13 涡轮驱动装置

3. 中间定子结构

由双转子和单定子组成双气隙，如图 10-14 所示。转子为高性能永磁材料黏结在实心钢构成的圆盘上(见图 10-11)，所以这种电机的转动惯量比中间转子结构要大。

定子通常有两种：有铁芯结构和无铁芯结构。有铁芯结构的定子铁芯一般不开槽，定子铁芯由带状硅钢片卷绕成环状，多相对称的定子绕组均匀环绕于铁芯上，形成框形绕组。

无铁芯定子的成形过程如下：绕制多相对称绕组、电枢固化成形。在绕组的绕制中必须保证绕组元件位置正确，保证多相绕组在空间对称分布。电枢固化采用专门的模具和工艺，确保电枢表面平整、电枢轴向不变形，以减小电机的气隙。

4. 多盘式结构

由多定子和多转子交错排列组成多气隙，如图 10-15 所示。采用多盘式结构可以进一步提高盘式永磁同步电动机的转矩，特别适合大力矩直接传动装置。

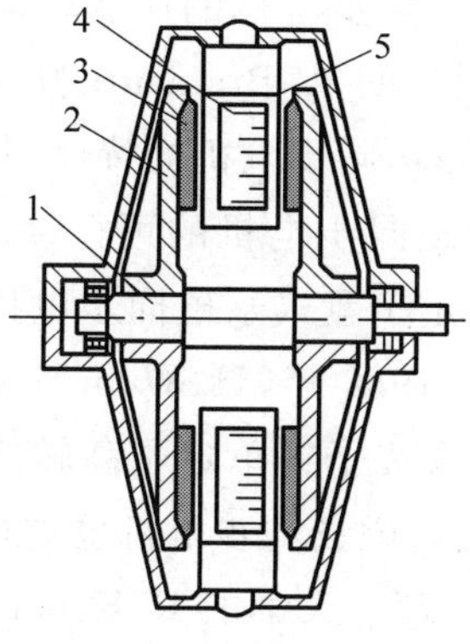

图 10-14　中间定子结构盘式永磁同步电动机

1—轴；2—转子轭；3—永磁体；4—定子铁芯；5—定子绕组

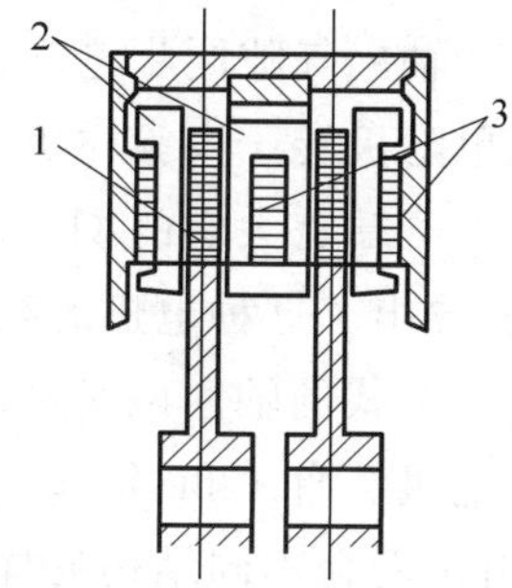

图 10-15　多盘式永磁同步电动机

1—转子；2—定子绕组；3—定子铁芯

在多盘式结构中，伴随着大力矩需求的某些场合希望减小电机质量的要求，有无铁芯结构的盘式永磁同步电机已经出现。图 10-16、图 10-17 为意大利某公司研制的多盘式永磁同步电动机结构图与实物图。电机中的外壳和轴承均采用的是塑胶材料，以达到减轻电机重量的目的，在两个末端转子盘上分别安装了与永磁体同步旋转的铁环，使其内部磁场呈封闭式，它主要应用于飞行器螺旋推进器的驱动装置。

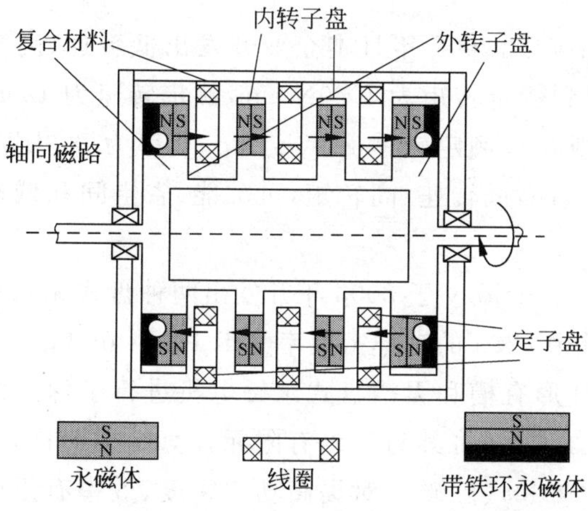

图 10-16　多盘式无铁芯永磁同步电动机结构图

图 10-17　多盘式无铁芯永磁同步电动机

10.4　盘式电动机的发展

自从 20 世纪 40 年代起，人们就对轴向磁场电机开展了研究。研究结果表明，轴向磁场电机不但具有较高的功率密度，对于一些特殊应用场合，它还具有明显的优越性。20 世纪 60 年代，发明了盘形转子电机。20 世纪 70 年代初期，轴向磁场电机以直流电动机的形式应用于电车、电动自行车、水泵、吊扇和家用电器等场合。1973 年，英国的 F. Keiper 指出了采用圆盘式轴向磁场结构的优越性，引起了电机界的极大兴趣，英国、前苏联、瑞士、法国、美国、日本和澳大利亚竞相研制盘式异步电机。自 20 世纪 70 年代末期起，随着现代工业的发展和生产的需要，对轴向磁场永磁直流电动机和轴向磁场异步电机的研制转向了对轴向磁场盘式永磁同步电动机的研究。1978 年，意大利比萨大学的 A. Bramanti 教授等人首次描述了制造轴向气隙同步电动机的几种方法，探讨了轴向磁场同步电机的特性，制造了一台双定子夹单隐极转子实验样机，并提出了制造轴向磁场永磁同步电机的可行性。1979 年，联邦德国不伦瑞克大学的 H. Weh 教授探讨了双转子夹单定子盘式永磁同步电机磁场计算的解析法，导出了这种电机的稳态、瞬态参数和特性方程。1982 年，H. Weh 等人描述了几种不同结构形式的轴向磁场永磁同步电机，并研制了一台双转子夹单定子高转矩高速盘式永磁同步电机。自 1980 年起，香港大学的陈清泉博士对轴向磁场同步电机也进行了深入的研究，制造了两台不同结构的样机。1985 年，美国弗吉尼亚理工大学的 R. Krishnan 教授对伺服驱动用盘式永磁同步电机进行了全面讨论，通过各种径向、轴向磁场电机的性能比较，得出了盘式永磁同步电机具有其他电机无可比拟的优越性能的结论，描述了这种电机构成的伺服驱动系统及其控制器。1986 年，联邦德国 Robert Bosch 公司的 G. Henneberger 博士等人介绍了应用于机器人、机械手等领域的盘式永磁同步电机的结构和设计特点。到目前为止，已有瑞士的 Infranor 公司、联邦德国的 Robert Bosch 公司和罗马尼亚电力工程研究所生产系列盘式永磁同步(无刷直流)电机。近几年，盘式永磁电机随着市场的需要和设计研究辅助工具的提高而得到了迅速的发展。目前，国内外已开发了许多不同种类、不同结构的盘式永磁电机。

盘式永磁同步电动机广泛地应用于伺服系统中，2002 年日本企业开发出低转速、高转矩，采取直接驱动方式的圆盘形伺服电动机，得到额定转矩为 1060N·m，额定转速为 120r/min，功率为 15kW；而用一般的伺服电动机，则要求额定转速 2000r/min，功率为 220kW。由于有如此的不同，和原来的伺服电机相比较，新品低转速、高转矩，可节能、省空间和低价格，又能额定运转从而稳定性优良。

美国的盘式电机研制公司 Lynx Motion Technology 于 2003 年开发出两种盘式无刷直流电动机 e225、e815，具有很高的功率密度。其中 e225 的功率密度率为 1.18N·m/kg。

2001 年，MetinAydin 和 Surong Hung 对环形有槽和无槽盘式永磁电机进行了深入的研究，推导出用于环形盘式永磁电机的 Sizing 方程，并将其与三维有限元计算结果对比，结果基本一致。文章指出合理地选择主要尺寸比 λ 和气隙磁密对提高功率密度、效率有重要影响，同时合理地选择绕组形式和永磁体形状可以很好地降低脉振转矩。

2003 年，芬兰的 Panu Kurronen 在其博士论文中详细地讨论了减少脉振转矩的几种技术手段。

2004 年，意大利的 Federico Caricchi、Fabio Giulii Capponi 等对盘式永磁电机的空载损耗和脉动转矩通过试验和磁场分析的方法进行了深入研究。两篇文章都得出相同的结论：采用永磁体偏移一个角度，改变永磁体的宽度和形状、分数槽和磁性槽楔等办法都可以显著减小脉振损耗。

2005 年，芬兰的 Lappeenranta 理工大学的 Asko Parviainen 在其博士论文中介绍双定子夹单转子型结构的盘式永磁电机的设计，并制造了一台 5kW 的双定子单转子的表面式永磁盘式电动机。但是由于采用了如图 10-18(c)形状的永磁体导致该电机的脉振转矩较大。主要参数如表 10-1 所示。

(a) 转子　(b) 定子　(c) 永磁体

图 10-18　样机的转子、定子及永磁体形状

表 10-1　5kW 的双定子、单转子永磁盘式电机主要参数

名称	单位	数值
功率	kW	5
效率	%	89.6
外径	mm	328
内径	mm	197
转矩	Nm	159
转速	r/min	300
相电压	V	230

在我国，近几年，盘式永磁电机随着市场的需要和设计研究辅助工具的提高而得到了迅速发展。目前，国内外已开发了许多不同种类、不同结构的盘式永磁电机，与之相关的研究领域都取得很大成果。

1998 年，浙江大学的刘晓东、赵衡兵等对单定子、双转子的盘式永磁电机进行了研究，采用这种结构消除了轴向吸力的影响，提出了该类电机的设计方法，并给出了该电机的输出功率和主要尺寸之间的关系。

2000 年，西安交通大学的王正茂、苏少平等研制出了两台三相盘式永磁同步电动机，其主要参数如表 10-2 所示。

表 10-2　三相盘式永磁同步电动机主要参数

	单位	数值(钕铁硼磁钢厚 2mm)	数值(钕铁硼磁钢厚 2.8mm)
额定功率	W	750	750
输入功率	W	948	875
输入电流	A	1.87	1.34
功率因数	—	0.75	0.99
效率	—	0.79	0.857
启动转矩(倍数)	—	2.32	2.22
启动电流	A	7.67	6.74

2005 年，沈阳工业大学特种电机研究所研制出两台外转子结构的无铁芯永磁同步电机，具有很高的转矩密度和效率。其中铁机壳的电机主要参数如表 10-3 所示。

表 10-3 无铁芯永磁盘式电机主要参数

名称	单位	数值
额定功率	W	5000
输入电流	A	15.05
功率因数	—	0.92
额定电压	V	230
效率	%	90.3
转速	r/min	750
转矩密度	Nm/kg	1.18

我国一些学者对盘式永磁电机永磁体尺寸的计算、工作点的确定、电感计算也进行了研究,近年也研制出这种电动机,但一直处于试验阶段。国外对这类电机的研究已远远走在我国的前面,为发展我国新一代高性能电机及伺服系统,研究盘式永磁同步电机已成为我国电机行业一项十分紧迫而艰巨的任务。

本章小结

盘式电机又称为轴向磁场电机、蝶式电机,其工作原理与普通径向磁场电机(柱式)完全相同,其电磁关系与柱式电机也基本相同,只不过是结构有所变化而已。盘式电机外形扁平,适用于轴向尺寸有严格要求的场合,如信息设备、航空设备、机器人等领域。

盘式直流电动机大多是永磁式。常见的盘式永磁直流电动机有两种:印制绕组式和线绕电枢式。

盘式同步电机一般也指永磁式,主要有4种结构形式:单定子、单转子式,双定子、单转子式(即中间转子式),双转子、单定子式(中间定子式)和多盘式结构。目前看,中间转子式发展潜力最大。

本章最后对盘式电机在国内外的发展和研究现状做了进一步的介绍。

思考题与习题

1. 试比较盘式电机与普通圆柱式电机的异同。盘式电机主要应用在什么场合?
2. 试解释图10-8所示的定子铁芯的冲卷过程。
3. 盘式永磁直流电动机双边永磁体结构相对单边永磁体结构,主要优点是什么?
4. 查阅最新文献资料,论述盘式电机的最新进展。

第 11 章 超声波电动机及其控制

CHAPTER 11

超声波电动机(Ultrasonic Motor,USM)技术是振动学、波动学、摩擦学、动态设计、电力电子、自动控制、新材料和新工艺等学科结合的新技术。超声波电动机不像传统的电动机那样,利用电磁力来获得其运动和力矩,而是利用压电陶瓷的逆压电效应和超声振动来获得其运动和力矩的。在这种新型电机中,压电陶瓷材料盘代替了许许多多的铜线圈。

图 11-1 是超声波电动机在国外应用于各个科学和工业领域的情况。

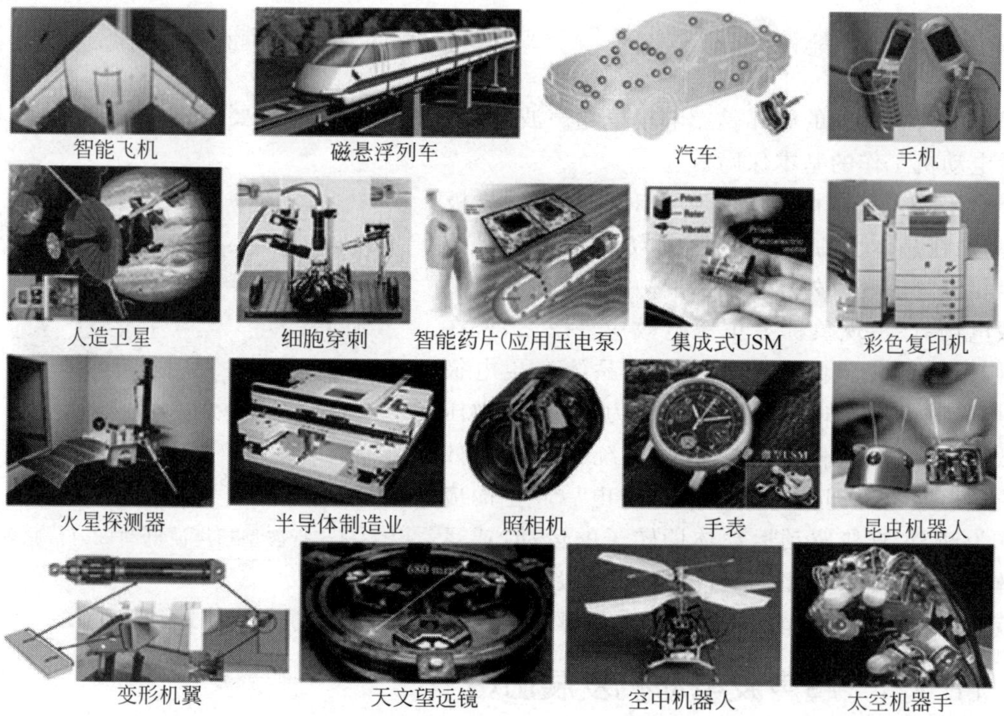

图 11-1　超声波电动机的各种应用场合

11.1　超声波电动机概述

超声波电动机是国内外日益受到重视的一种新型直接驱动电机。它与传统的电磁式电机不同,没有磁极和绕组,不依靠电磁介质来传递能量,而是利用压电材料(压电陶瓷)的逆压电效应把电能转换为弹性体的超声振动，并通过摩擦传动的方式转换成运动体的回转或直线运动，这种新型电机一般工作于 20kHz 以上的频率，这个频率已超出人耳所能采集到的声波范围，因此称为超声波电机。

超声波电动机或叫压电电动机(Piezoelectric Motor)可分直线型和旋转型，或者按照结构分为行波型和驻波型。图 11-2 是行波超声波电动机(旋转型)的轴侧分解图，图 11-3 为实物结构。

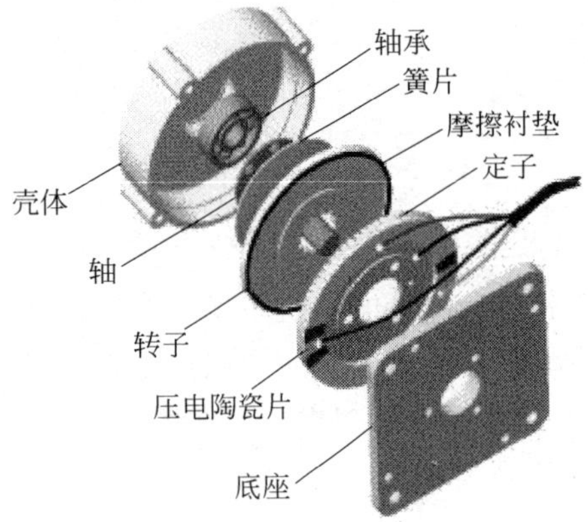

图 11-2 行波超声波电动机轴侧分解图

图 11-3 行波型超声波电动机的典型结构

压电陶瓷性能的好坏是影响压电超声波电动机性能好坏的重要因素，其压电效应是超声波电动机工作的基本保障。

对于陶瓷晶体构造中不存在对称中心的异极晶体，加在晶体上的张应力、压应力或切应力，除了产生相应的应变以外，还将在晶体中诱发出介电极化或电场，这一现象称为正压电效应。反之，若在这种晶体上加上电场，从而使得该晶体产生电极化，则晶体也将同时出现应变或应力，这就是逆压电效应(也叫电致伸缩效应)，两者统称为压电效应。超声波电机即利用这种晶体受电后产生的应力作为动力，直接驱动运动体即转子的运动(或运动体的直线运动)，如图 11-4 所示。一般通以正负交变超声波频率的电能，晶体就以一定频率振动，再通过摩擦方式驱使运动体运动。

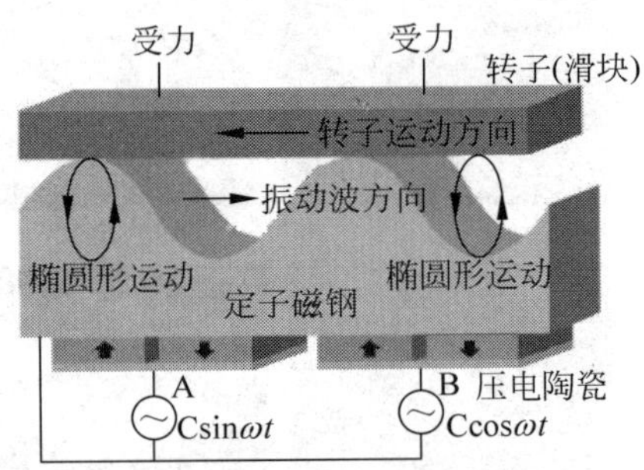

图 11-4 行波型超声波电动机运行原理图

11.1.1 超声波电动机发展历史

在 20 世纪 60 年代，前苏联的科学家首先提出了超声波电动机的设想。1969 年，英国 Salfod 大学的两名教授介绍了一种伺服压电马达，这种马达采用二片式压电体结构，其速度、运动形式和方向都可以任意变化，响应速度也是传统结构电机所不能及的。1972 年前后，德国西门子公司研制出了利用压电谐振工作的直线驱动机械，申请了超声波电机的第一个有样机的专利。1973 年美国 IBM 公司的 H. V. Barth 提出了超声波电机原理模型，并研制出了以超声振动驱动的电机。1980 年日本的指田年生教授研制了楔型超声波电机，所用的定子是由一个用螺栓压紧的兰杰文(Langevin)振子和薄振动片组成,振动片以微小倾角压于转子之上。1982年,指田年生又研制成功了行波型超声波电机,解决了超声波电机振动面的摩擦这个制约它实用化发展的瓶颈问题。这台电机的研制成功,为超声波电机走向实用开辟了道路,它也吸引了很多研究单位和企业的关注。同时,指田年生也创建了新生工业公司,并在1987年正式商业销售这种超声波电机。同年,日本佳能公司研制出用于相机调焦的超声波电机,震撼了整个相机业界,是迄今为止超声波电机市场化应用中最成功的一例,标志着超声波电机开始走向实用化阶段。1985年Maxell公司的熊田明生研制出第一台复合振动型超声波电机即单电源驱动型纵扭振动超声波电动机。在此基础上,1988年东京工业大学教授上羽贞行教授提出了纵扭复合振动超声波电机。

20世纪90年代,随着各种各具特色的超声波电机的出现,世界各国也将超声波电机性能的研究放到了重要位置。超声波电机的建模与分析、驱动控制逐渐成为研究的主要内容。另外,在非接触式超声波电机、大转矩超声波电机、微型超声波电机及多自由度超声波电机等领域也得到了进一步的深入研究。非接触式超声波电机的定子、转子是不直接接触的,它克服了接触式超声波电机由于接触摩擦所带来的效率低、使用寿命短、摩擦生热等缺点,是超声波电机的一个新的研究领域。日本东京工业大学的Tohgo Yamazaki等研制了圆筒形非接触超声波电机。1995年,法国的Antoine Ferreia等提出并研制了多自由度球形原理性超声波电机样机。1998年,Takafumiamano等制成了球体-圆柱三自由度超声波电机,该电机由一个圆柱形定子和一个球形转子组成,定子采用兰杰文振子,由螺杆将弹性体和3组压电陶瓷及电极片组合起来构成。该电机最大输出转矩为0.035N·m,转速100r/min。

日本在超声波电机的基础理论、制造技术、控制策略、工业应用和规格化产品研发等诸方面都取得了引人注目的成就,成果与水平居世界领先地位。它掌握着世界上大多数的超声波电机技术的发明专利,几乎所有的知名大学和大公司都在进行超声波电机的研究。美、英、法、德等国紧随其后,各自在相关的方面取得了一定的研究成果。目前,美国已将超声波电机成功地应用于航空航天、信息和汽车产业领域;法国也将超声波电机用于对空导弹导引装置;德国则将超声波电机用于飞机的电传操纵系统。

国内研究超声波电机是在20世纪80年代末90年代初开始的,先后有吉林大学、清华大学、中国科学院、浙江大学、东南大学、哈尔滨工业大学、南京航空航天大学、陕西师范大学、华中科技大学、上海交通大学、天津大学、国电南京自动化研究院等单位开展了超声波电机的研究。他们在超声波电机的运行原理、数学建模、仿真计算、样机制作及驱动技术等方面的研究中已经取得了一批研究成果。

11.1.2 超声波电动机的特点

众所周知,人耳能感觉到声音的频率范围为20Hz～20kHz,超声波就是频率超过20kHz的声波。超声波电机就是一种利用在超声频域的机械振动作为驱动源的驱动执行器。

超声波电机采用一种全新的运行机理。它不需要磁铁和线圈,而是依靠压电陶瓷的逆压电效应直接将电能转变成机械能,更新了迄今为止由电磁作用获得转矩的电磁型电机的概念,是当前处于学科前沿的新型微电机。超声波电机与传统的利用电磁效应工作的电机相比,具有体积小、质量轻、转矩大、响应速度快、控制精度高、运行无噪声、静态(断电时)有保持力矩、不受磁场干扰、也不对周围环境产生磁干扰等优点。因此，超声波电机的研究受到了工业发达国家的普遍重视。日、美、德等国在超声波电机的理论研究和应用方面都投入了大量的人力和财力。日本在这个领域居世界领先地位，现已有多种规格的产品问世。超声波电机应用于航天航空、军事、机器人、计算机设备、生物医疗仪器、汽车专用电器、办公自动化设备、精密仪器和仪表等方面，已取得了令人瞩目的成就。

超声波电机不同于电磁式电机，它具有以下特点：

1）低速大转矩

超声波电机振动体的振动速度和摩擦传动机制决定了它是一种低速电机，但它在实际运行时的转矩密度一般是电磁电机的 10 倍以上，如表 11-1 所示。因此，超声波电机可直接带动执行机构，这是其他各类驱动控制装置所无法达到的。由于系统去掉减速机构，这不仅减小体积、减轻重量、提高效率，而且还能提高系统的控制精度、响应速度和刚度。

表 11-1　超声波电机与电磁电机的性能对比

类型	产　　品	厂家	质量/g	堵转转矩/N·cm	空载转速/(r/min)	功率密度/(W/kg)	转矩密度/(N·cm/kg)	效率/%
EM	FK-280-2865/直流有刷	Mabuchi	6	1.52	14 500	160	42	3
EM	1319E003S/直流有刷	MicroMo	1.2	0.33	13 500	104	29	1
EM	直流有刷	Maxon	8	1.27	5200	45	33	0
EM	直流无刷	Kannan	56	8	5000	17	13	0
EM	直流无刷	Aaeroflex	56	0.98	4000	4.0	3.8	0
USM	8-mm 行波、环形	MIT	0.26	0.054	1750	108	210	0
USM	驻波、纵扭	Kumada	50	133	120	～50	887	0
USM	USR60，行波、盘式	Shinsei	30	62	105	16	270	3
USM	EF 300/2.8L，环形	Canon	5	16	40	～5	356	5
USM	双面齿	MIT	30	170	40	7.3	520	3

2）无电磁噪声、电磁兼容性(EMC)好

超声波电机依靠摩擦驱动，无磁极和绕组，工作时无电磁场产生，也不受外界电磁场及其他辐射源的影响，非常适用在光学系统或超精密仪器上。

3）动态响应快、控制特能好

超声波电机具有直流伺服电机类似的机械特性(硬度大)，但超声波电机的启动响应时间在毫秒级范围内，能够以高达 1kHz 的频率进行定位调整，而且制动响应更快。

4）断电自锁

超声波电机断电时由于定子、转子间静摩擦力的作用，使电机具有较大的静态保持力矩，实现自锁，省去制动闸保持力矩，简化定位控制。

5）运行无噪声

由于超声波电机的振动体的机械振动是人耳听不到的超声振动，低速时产生大转矩，无齿轮减速机构，运行非常安静。

6）微位移特性

超声波电机振动体的表面振幅一般为微米、亚微米，甚至纳米数量级。在直接反馈系统中，位置分辨率高，较容易实现微米、亚微米级、纳米级的微位移步进定位精度。

7）结构简单、设计形式灵活、自由度大，易实现小型化和多样化

由于驱动机理的不同，超声波电机形成了多种多样的结构形式，如为了满足不同的技术指标（如额定转矩、额定转速、最大转速等），可方便地设计成旋转、直线或多自由度超声波电机。为充分满足不同应用场合中结构空间的要求，如体积（长×宽×高）、质量等，即使同一种驱动原理的超声波电机，可以设计成不同的安装形式，超声波电机的定子、转子可以与拟采用超声波电机控制的运动系统中的固定部件和运动部件做成一体，简少整个系统的体积和质量。

8）易实现工业自动化流水线生产

超声波电机的结构简单，只需要金属材料的定子、转子，激励振动的压电陶瓷，有些场合需使用热塑性摩擦材料和不同的胶黏剂，没有电磁电机线圈绕组那样需要人工下线，比传统电机更易实现工业自动化流水线生产，优化电机生产的产业结构、提高成品率、降低电机生产企业的人力资源费用，超声波电机驱动控制装置在目前的电工电子技术条件和集成化芯片的生产工艺条件下更易实现工业自动化流水线生产，不仅避免了目前电机生产企业只生产电机本体的产品单一性，而且降低企业的整个生产成本，提高了企业的利润。

9）耐低温/真空，适合太空环境

超声波电机及其驱动控制装置的耐低温、真空的特性，可将其作为宇航机械系统和控制系统的驱动装置。由于超声波电机是一种可以直接驱动的结构，不仅解决了减速机构带来的机械噪声问题，传统电机的润滑等引起的一系列问题也不复存在。如定转子间不需润滑系统，不仅可以保证电机的正常运行，还可以减少使用润滑油或润滑脂给环境带来的污染。在太空环境中，避免了润滑油泄漏与挥发在外层空间带来的麻烦。

11.1.3 超声波电动机的分类

超声波电动机的分类方法和种类很多。按照所利用波的传播方式分类，即按照产生转子运动的机理，超声波电动机可以分成以下两类：行波型超声波电动机和驻波型超声波电动机。行波型则利用定子中产生的行走的椭圆运动来推动转子，属连续驱动方式；驻波型是利用作固定椭圆运动的定子来推动转子，属间断驱动方式。

按照结构和转子的运动形式划分，超声波电动机又可以分成旋转型电机和直线型电机两种。按照转子运动的自由度划分，超声波电动机则可以分成单自由度电机和多自由度电机两种。按照弹性体和移动体的接触情况，超声波电动机又可以分成接触式和非接触式两种。

本章主要对相对常见的旋转行波型超声波电动机进行介绍。

11.2 行波型超声波电动机

11.2.1 行波型超声波电动机的结构特点

行波型超声波电动机就结构来看，有环形行波型超声波电机（Ring-type Travelling Wave Ultrasonic Motor，RTWUSM）和圆盘式超声波电机（Disk-type Ultrasonic Motor，DTUSM），RTWUSM 是目前国内外应用和研究最多的电机。图 11-5 所示为 RTWUSM 的基本结构分解图，定转子均为圆环形结构。其中，转子同定子的接触面覆有一层特殊的摩擦

材料，定子上开有齿槽，定转子之间依靠蝶簧变形所产生的轴向压力紧压在一起。

超声波电动机一般都是通过放大由逆压电效应引起的压电陶瓷微观振动来产生宏观机械直线运动或旋转的。环形行波型超声波电动机，其核心部分是由压电陶瓷和弹性体组成的定子及与定子的接触面粘有摩擦材料的转子。定子和转子均为一薄圆环，使得整个电机结构呈扁圆环形，这也是环形行波型超声波电动机在结构上的最大特点。

图 11-6 所示为压电陶瓷的电极结构图，由极化过的压电陶瓷片组成。图中的阴影区域为未敷银或对应部分的敷银层已经被磨去的小分区，它将压电陶瓷的上下极板分隔成不同的区域。图 11-6(a)中相邻两个压电分区的极化方向相反，分别以"+"、"−"表示，在电压激励下一段收缩，另一段伸长，构成一个波长的弹性波。图中所示的极化分区可组成 3 个电极，其中 A 区和 B 区表示驱动 RTWUSM 的两相电极，它们利用压电陶瓷的逆压电效应产生振动；而 S 区是传感器区，它利用压电陶瓷的正压电效应产生反馈电压，该电压可实时反映定子的振动情况，其反馈信号可用于控制驱动电源的输出信号，形成弧极反馈控制回路。图中，压电陶瓷环的周长为行波波长 λ 的 n 倍，A 区和 B 区各分区所占的宽度为 $\lambda/2$，S 区宽度为 $\lambda/4$，用于将两驻波合成为一个波长的行波，也可作控制和测量用反馈信号的传感器，A、B 区中间留有 $3\lambda/4$ 的区域作为 A 区和 B 区的公共地。

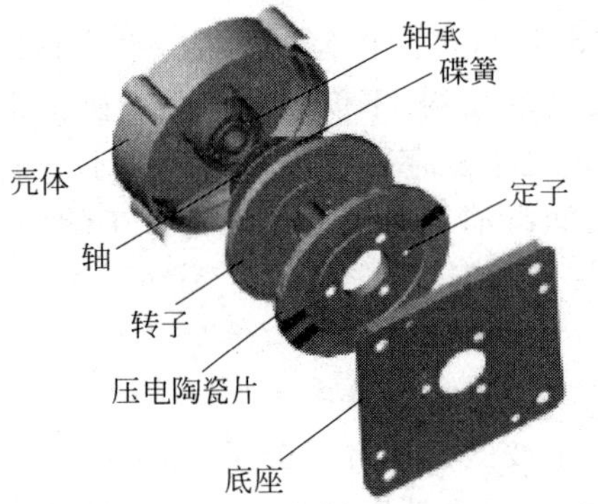

图 11-5 环形行波型超声波电动机的结构

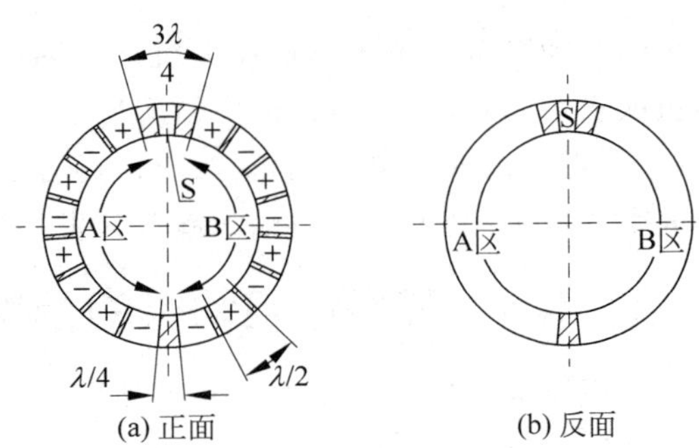

图 11-6 压电陶瓷体电极结构图

11.2.2 行波型超声波电动机的运行机理

1. 行波的形成

如图 11-7(a)所示，将极化方向相反的压电陶瓷依次粘贴于弹性体上，当在压电陶瓷上施加交变电压时，压电陶瓷会产生交替伸缩变形，在一定的频率和电压条件下，弹性体上会产生如图 11-7(b)所示的驻波，用方程表示为

$$y = \varepsilon_0 \cos\frac{2\pi}{\lambda}x\cos\omega_0 t \tag{11-1}$$

式中：y 为纵向坐标；x 为横向坐标；t 为时间；λ 为驻波波长；ω_0 为输入电压的角频率；ε_0 为驻波的波幅。

设 A、B 两个驻波的振幅同为 ε_0，二者在时间和空间上分别相差 90°，方程分别为

$$y_A = \varepsilon_0 \cos\frac{2\pi}{\lambda}x\sin\omega_0 t \tag{11-2}$$

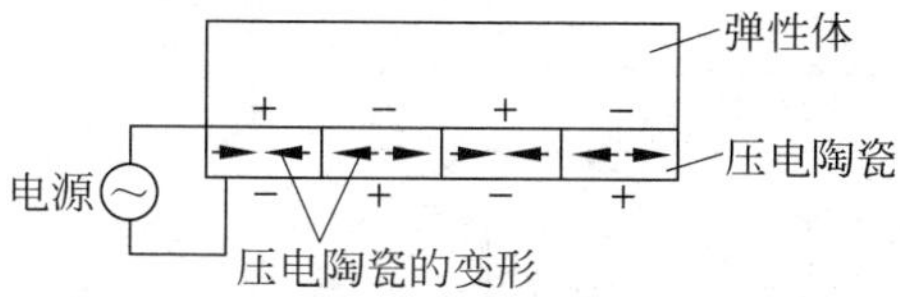

(a) 行波形成机理示意图

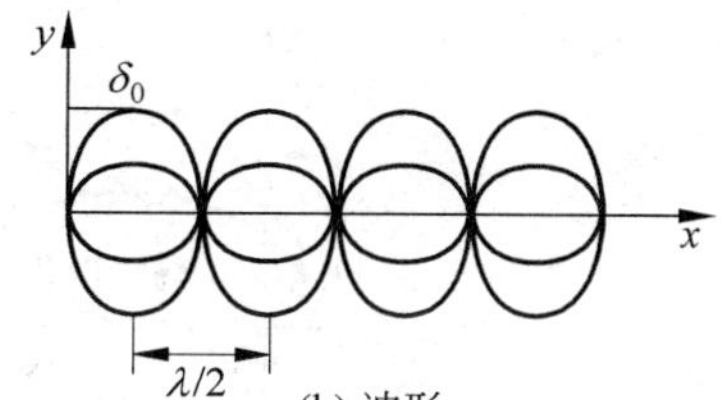

(b) 波形

图 11-7　驻波形成示意图

$$y_B = \varepsilon_0 \cos \frac{2\pi}{\lambda} x \cos\omega_0 t \tag{11-3}$$

在弹性体中，这两个驻波合成为一行波，即

$$y = y_A + y_B = \varepsilon_0 \cos\left(\frac{2\pi}{\lambda} x - \omega_0 t\right) \tag{11-4}$$

对于图 11-8 所示的行波型超声波电动机，定子由环形弹性体和环形压电陶瓷(PZT 材料)构成，压电陶瓷按图 11-9 所示的规律极化，即可产生两个在时间和空间上都相差 90°的驻波。

如图 11-9 所示，将一片压电陶瓷环极化为 A、B 两相区，两相区之间有 $\lambda/4$ 的区域未极化，用作控制电源反馈信号的传感器，另有 3/4 波长的区域作为两相区的公共区。极化时，每隔 1/2 波长反向极化，极化方向为厚度方向。图中“＋”和“－”代表压电片的极化方向相反，两组压电片空间相差 $\lambda/4$，相当于 90°，分别通以同频、等幅、相位相差为 90°的超声频域的交流信号，这样两相区的两组压电体就在时间与空间上获得 90°相位差的激振。

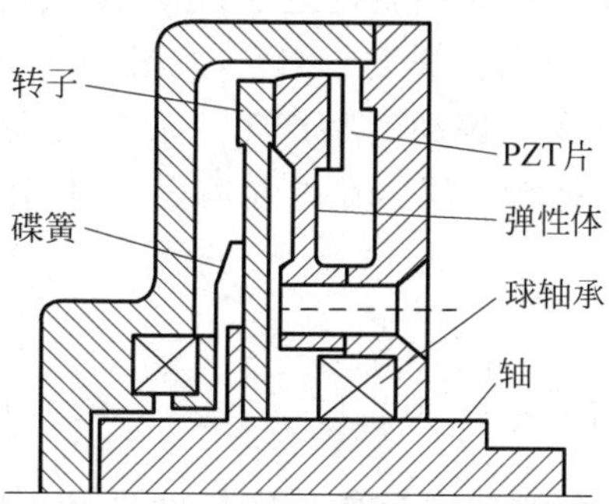

图 11-8　行波型超声波电动机结构

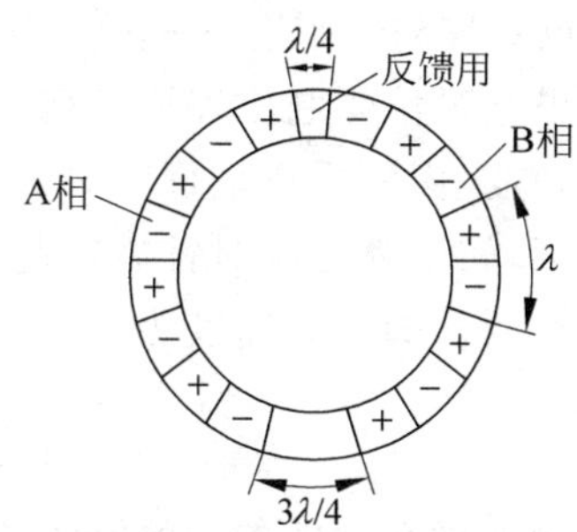

图 11-9　压电陶瓷(PZT)极化分布

2. 行波型超声波电机调速原理

定子的振动即弹性体中的行波如图 11-10 所示，设弹性体厚度为 h。若弹件体表面任一点 P 在弹件体未绕曲时的位置为 P_0，则从 P_0 到 P 在 z 方向的位移为

$$\xi_r = \xi_0 \sin\left(\frac{2\pi}{\lambda} - \omega_0 t\right) - \frac{h}{2}(1 - \cos\phi) \tag{11-5}$$

由于行波的振幅比行波的波长小得多，弹性体弯曲的角度 ϕ 很小，故 z 方向的位移近似为

$$\xi_z \approx \xi_0 \sin\left(\frac{2\pi}{\lambda} - \omega_0 t\right) \tag{11-6}$$

从 P_0 到 P 在 x 方向的位移为

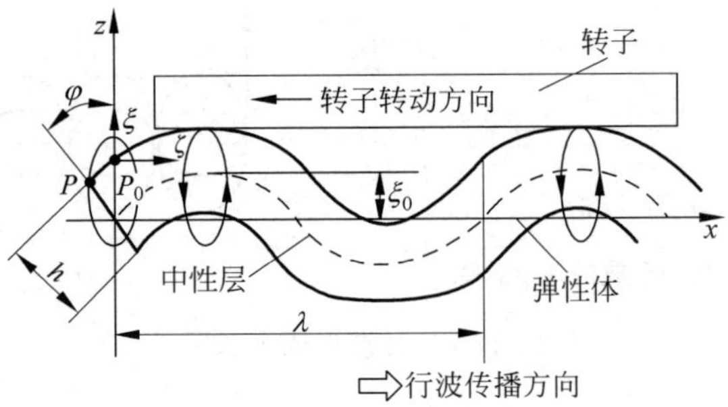

图 11-10 定子振动原理

$$\xi_x \approx -\frac{h}{2}\sin\phi \approx -\frac{h}{2}\phi \tag{11-7}$$

弯曲角 ϕ 为

$$\phi = \frac{\mathrm{d}z}{\mathrm{d}x} = \xi_0\,\frac{2\pi}{\lambda}\cos\left(\frac{2\pi}{\lambda}x - \omega_0 t\right) \tag{11-8}$$

x 方向的位移近似为

$$\xi_x = -\pi\xi_0\,\frac{h}{\lambda}\cos\left(\frac{2\pi}{\lambda}x - \varepsilon_0 t\right) \tag{11-9}$$

所以

$$\left(\frac{\xi_x}{\xi_0}\right)^2 + \left(\frac{\xi_x}{\pi\xi_0 h/\lambda}\right)^2 = 1 \tag{11-10}$$

由式(11-10)可以看出：弹性体表面上任意一点 P 按照椭圆轨迹运动，这种运动使弹性体表面质点对移动体产生一种驱动力，且移动体的运动方向与行波方向相反，如图 11-10 所示。

如果把弹性体制成环形结构，当弹性体受到压电陶瓷振动激励产生逆时针运动的弯曲行波时，它表面的质点呈现顺时针椭圆旋转运动。当把转子压紧在弹性体表向时，在摩擦力的驱动下，转子就会顺时针旋转起来。

质点的横向运动速度为

$$v = \frac{\mathrm{d}\xi_x}{\mathrm{d}t} = -\pi\omega_0\xi_0\,\frac{h}{\lambda}\sin\left(\frac{2\pi}{\lambda}x - \varepsilon_0 t\right) \tag{11-11}$$

横向速度在行波的波峰和波谷处最大。若假设在弹性体与移动体接触处的滑动为 0，则移动体的运动速度与波峰处质点的横向速度相同。其最大速度为

$$v_{\max} = -\pi\omega_0\xi_0\,\frac{h}{\lambda} \tag{11-12}$$

式中，负号表示移动体沿着与行波相反的方向运动。

设行波的传播速度 v 为常数，由行波的特点可知 $v=\dfrac{\xi_0\lambda}{2\pi}$，故由式(11-12)得

$$v_{\max} = -2\pi^2 f^2\xi_0\,\frac{h}{v} \tag{11-13}$$

式中，f 为电机的激振频率。

从式(11-13)可以看出，调节激振频率可以调节电机的转速，但是有非线性。在保持两相驻波等幅的前提下，若忽略压电陶瓷的应变随激励电压的非线性，改变驻波的振幅 ξ_0，即

调节压电陶瓷的激振电压，可以做到线性调速，这是调压调速的一大优点。

11.2.3 行波型超声波电动机的驱动控制

1. 行波型超声波电动机的驱动控制方法

超声波电动机利用摩擦传动，定子、转子间的滑动率不能完全确定，共谐振频率随环境温度变化发生源移；另外，超声波电动机在实际应用中需要对位移、速度进行控制，因此要求超声波电机采用闭环控制。根据超声波电动机的传动原理，可以采用以下 4 种速度控制方式：

1）控制电压幅值

改变电压幅值可以直接改变行波的振幅，但是在实际应用中一般不采用调压调速方案，因为如果电压过低压电元件有可能不起振，而电压过高又会接近压电元件的工作极限，而且在实际应用中也不希望采用高电压，毕竟较低的工作电压是比较容易获得的。

2）变频控制

通过调节谐振点附近的频率可以控制电机的速度和转矩，变频调速对超声波电动机最为合适，由于电机工作点在谐振点附近，因此调频具有响应快的特点。另外，由于工作时谐振频率的漂移，要求有自动跟踪频率变化的反馈回路。

3）相位差控制

改变两相电压的相位差可以改变定子表面质点的椭圆运动轨迹。采用这种控制方法的缺点是低速启动困难，驱动电源设计较复杂。

4）正反脉宽调幅控制

调节电机正反脉宽比例即占空比即可实现速度控制。

在以上 4 种控制方式中，由于变频控制响应快、易于实现低速启动，应用得最多。下面简要介绍这种调速控制方法。

超声波电动机变频调速控制系统如图 11-11 所示。系统主要由 4 部分组成：高频信号发生器、移相器、逆变器（主电路及其驱动电路）和频率跟踪回路。由信号发生器和移相器产生两相互差 90°的高频信号，用于控制逆变器的功率开关，由逆变器给超声波电动机的两相区压电陶瓷通以高频电压。

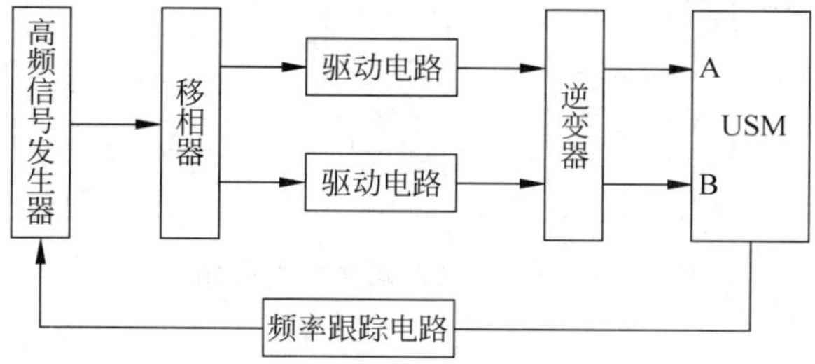

图 11-11 超声波电动机变频调速控制系统原理框图

信号发生器和移相器的功能可以由微型计算机实现，同时微型计算机作为控制核心对频率进行控制。

2. 逆变器主电路

变频驱动电路的作用是将直流驱功电压逆变为高频交流电压输出，从而实现超声波电机的功率驱动。常用的逆变器有两相桥式半控逆变器、两相桥式全控逆变器、双推挽式逆变器等。

图 11-12 为两相桥式半控逆变器主电路，它的主要优点是效率高，变压器的利用率高，抗不平衡能力强。缺点是逆变器主回路的桥臂电压只是直流电源电压的一半，因此所需直流电源的电压较高。

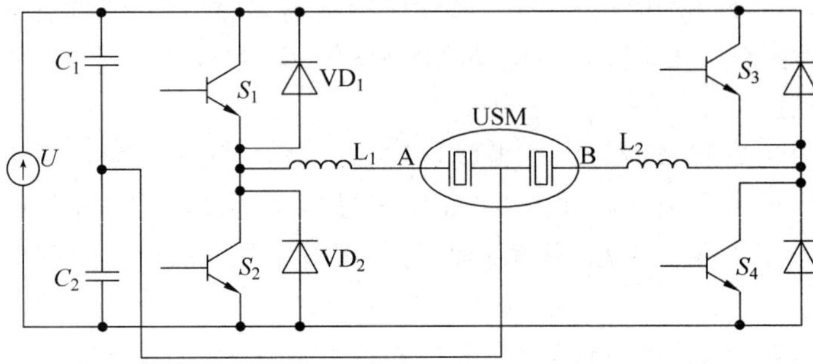

图 11-12　两相桥式半控型主电路

推挽式逆变器如图 11-13 所示，在输出端需要原边带有中间抽头的变压器，推挽式逆变器可以工作于 PWM 方式或方波方式。推挽式逆变器的主要优点是导通路径上串联开关元件数在任何瞬间都只有一个；两个开关元件的驱动电路具有公共地，可以简化驱动电路设计。缺点是难以防止输出变压器的直流磁化。

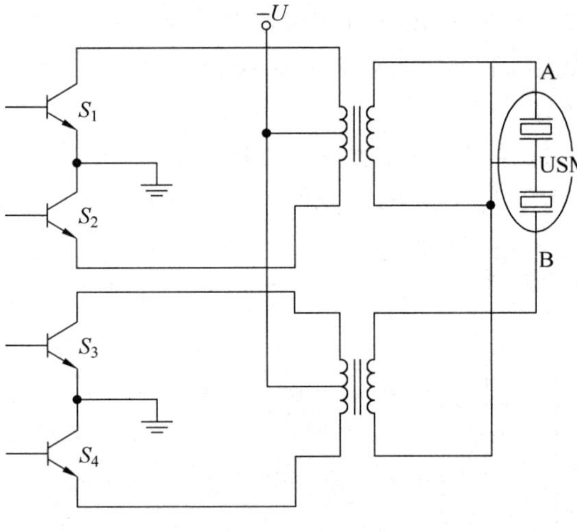

图 11-13　推挽式功率主电路

3．频率跟踪技术

当超声波电动机的工作频率偏离预先设定的状态时，要求驱动控制电路具有自动跟踪这个变化的能力，通过调整压控振荡器（VCO）的控制电压来改变驱动电路的频率。

超声波电功机定子工作频率的检测主要有以下两种方法：

1）压电传感器检测法

超声波电动机在设计时，将定子压电环上的一部分作为传感器（见图 11-8），利用压电元件的正压电效应(在外加应力时,压电材料可以产生电压差)来检测机械系统的谐振状态。

压电陶瓷的振动速度与转子转速呈线性关系,通常将压电传感器所产生的电压作为反馈信号,与给定信号进行比较,组成闭环系统,实现频率的自动跟踪。这种控制方式的实质是通过跟踪定子系统的共振频率来实现速度稳定性控制。

控制系统框图如图 11-14 所示。图中 ES 为与驱动频率 f 同频的高频交变电压。通过半波整流和滤波得到平均电压 E_{SA},E_{SA} 与给定电压 E_{SA}^{*} 相比较得到误差电压,通过比例积分调节器(PI)后输入压控振荡器,从而改变压控振荡器的输出频率,使逆变器的输出频率达到稳定值。采用压电传感路检测的优点是电路比较简单,不需要额外传感器。

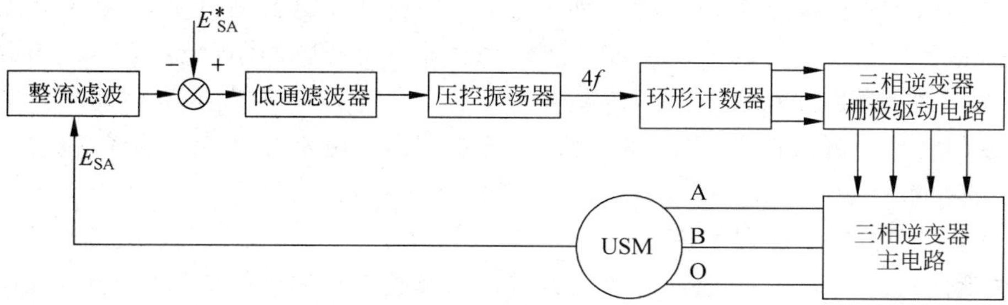

图 11-14　压电传感器直接反馈频率控制原理图

2）相位差检测法

若超声波电动机工作在预先设定的状态,加在电机上的电流和电压的相位差会保持恒定,一旦偏离预先设定的状态,电流和电压的相位差就会随之改变,使电机的工作性能下降,因此可以通过检测相位差来监测电机的工作状态。

当定子的压电陶瓷设计成无压电传感器方式时,需要通过相位差反馈的方式实现频率跟踪,即用谐振回路的电压和电流的相位差来跟踪频率。

图 11-15 为锁相频率自动跟踪系统框图,图中 E_P 是通过电流互感器检测得到的与电流同相的电压信号,E_N 是通过变压器检测到的负载电压信号,二者相位差的变化转换为鉴相器的输出电压变化。鉴相器的输出与给定相位信号 Φ^* 进行比较,其误差输入到低通滤波器,低通滤波器(LPF)滤除误差电压中的高频成分和噪声,压控振荡器受低通滤波器输出的控制电压控制,使压控振荡器的频率向给定的频率靠拢,直至消除频差而锁定。

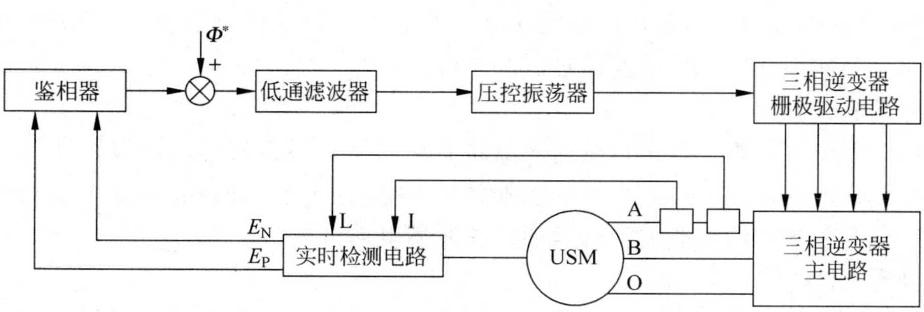

图 11-15　相位差检测法实现锁相频率控制系统原理图

与采用压电传感器反馈比较,相位差检测具有较好的抗干扰性,且能连续工作。缺点是需要加额外的传感器,如电流互感器和检测用变压器等,增加了控制电路的成本。

11.3 超声波电动机的应用

由于超声波电动机新颖的工作原理和独有的性能特点,引起了工业界的广泛的关注,并显示出了良好的应用前景。其应用领域涉及航空航天、汽车制造、生物工程、医学、机器人、仪器仪表等领域。从目前的研究情况来看,超声波电机产品可用于照相机的自动聚焦系统的驱动器,航空航天领域自动驾驶仪伺服驱动器,机器人或微型机械自动控制系统的驱动器,高级轿车门窗和座椅靠头调节的驱动装置,窗帘或百叶窗自动升降装置,CD 光盘唱头驱动装置,精密仪器仪表精确定位装置,医学领域(如人造心脏的驱动器、人工关节驱动器),强磁场环境条件下设备的驱动装置(如未来的磁悬浮火车),不希望驱动装置产生磁场的场合(如磁通门的自动测试转台)等。可以预言,随着超声波电机在工业界的成功应用,将会发生一场新的技术革命。

1. 用于照相机的自动调焦装置

随着照相机的自动曝光控制、自动焦点重合以及胶卷自动卷绕的发展,超声波电机在照相机中的使用日益扩大,特别是用于自动焦点重合已达到实用化阶段。日本 Canon 在 EOS656 型自动聚焦单透镜反射式照相机中,已大量采用圆环式行波超声波电动机驱动镜头,如图 11-16 所示。

图 11-16 照相机自动调焦行波形超声波电机

原来的照相机内装置小型的电磁电机,为了降低转速而又能确保一定的保持转矩,必须把电机的输出采用适当的传动机构来驱动镜头,这样既不利于缩短焦点重合时间,也不利于调焦精度的保证。而超声波电动机本身具有快速响应的特性,将它的转子直接与镜头结合后,接通电源即可迅速驱动,保证了快速准确的调焦,并且没有噪声。一般如用电磁电机调焦,响应时间为 100ms,而超声波电机只需几个微秒,焦点重合时间也缩短到普通相机的一半以上。

为了满足照相机用电电池的要求,这种电机一般具有较高的效率,消耗较少的电能(一般不超过 1W)。为适合镜头传动所需速度与负载条件,转速(无负载条件下)为 40～80r/min,启动转矩为 1.2～1.6kg·cm,使用次数在 100 万次以上。日本佳能公司从 1987 年开始大批量生产,是最具实用化的一种结构的超声波电机。

2. 用于手表中

Akiniro Iino 等人将一种由自激振荡电路驱动的微型超声波电动机应用在手表上。如图 11-17 所示,超声波电动机在手表中分别做振动报时和日历翻转用,使整个手表的性能有很大提高,这里使用的超声波电动机为环形驻波型电动机。

3. 机器人

如果使用电磁式电动机作为机械臂的驱动部件,为了获得多个自由度的运动就要使用多台电磁式电动机和十分复杂的安装机构,这样机械臂就会又大又重。为了解决这个问题,

Naoki 和 Fukaya 等人利用超声波电动机作为机械臂的驱动部件。图 11-18 所示为他们在机械臂中使用的两种电动机：球转子超声波电动机和双定子夹心式超声波电动机。

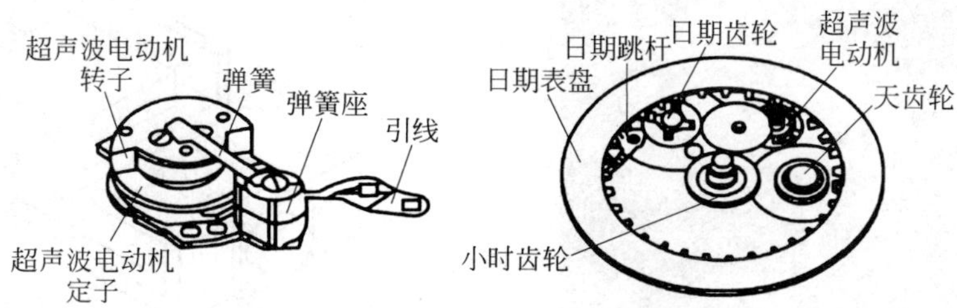

(a) 用于振动报时的超声波电动机　　(b) 用于日历翻转的超声波电动机

图 11-17　手表中使用的超声波电动机

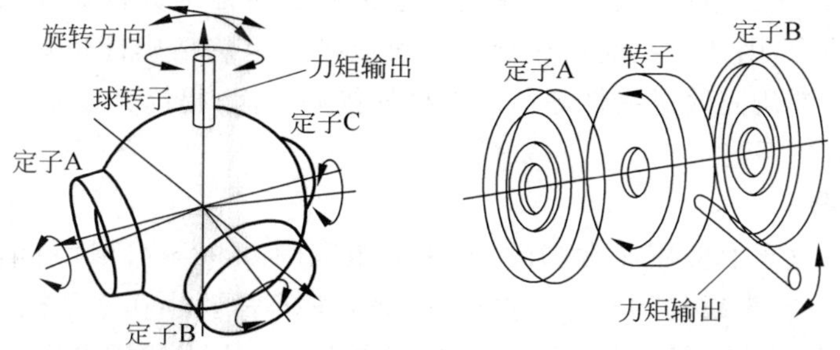

(a) 球转子超声波电动机　　(b) 双定子夹心式超声波电动机

图 11-18　机械臂上使用的超声波电动机

另外，韩国的 B. H. Choi、H. R. Choi 和日本的 Ikuo Yaman 等人还将超声波电动机用在机械手的手指关节驱动上，并取得了成功。

美国国家航空宇航局(NASA)承担着探测火星的任务，为了满足太空机器人对电动机的特殊要求：重量轻、转矩大、能在超低温环境正常工作等，下属的喷气推进实验室与麻省理工学院联合研制一款环形行波型超声波电动机用于火星探测微着落器，如图 11-19 所示。

4. 卷动式窗帘的自动化

随着人们对噪声污染的日益关注，机械噪声在日常生活中所造成的问题也使人们日益关注。尤其在一些特殊的场合，办公室、旅馆、医院等都需要低噪声的环境。普通的电磁电机和齿轮传动所引起的噪声令人讨厌，而超声波电机无噪声的优点满足这些场合的要求。在日本东京的某些建筑物里，已经有成千上万个超声波电机用于窗帘的自动卷动装置。

5. 用于精确定位装置

毫微米级的快速定位装置正用于半导体的生产。为了进一步集成化，需要更高程度精确性。但是，传统的电磁马达用齿轮减速装置，由于存在间隔，增加了误差积累环节，难以保证精度，而超声波电机可以直接驱动负载，步距小，无间隙，在驱动过程中基本无误差。当配用合适的控制电路和精密传感装置以后，就可实现精确走位和定位，其精度可以达到配用传感器所能测得的程度。现已研制成功的有用于旋转精密定位 θ 分度台上的回旋型超声波电机。用于 x-y 精密分度台的直线型超声波电机，还有直接用于 x-y 高精度绘图机上的超声波电机，如图 11-20 所示。

图 11-19　USM 用于火星探测微着落器

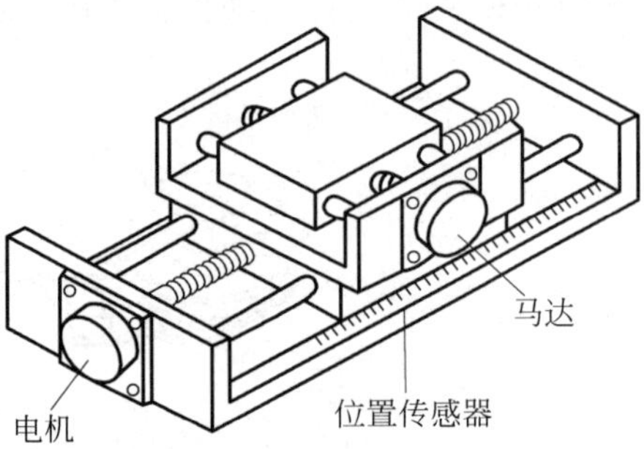

图 11-20　用于高速精密绘图仪的超声波电机

当传感器测出标定位置并关机时，超声波电机将及时停下并固定位置。由于摩擦阻力远远大于转子惯性力，因此电机能快速响应。而最终的定位精确性依赖于反馈测量。所以目前工程师们正不断研究改进线性超声波电机的控制方法，提高其控制特性，以便更好地应用于各种定位装置中。

6. 轿车驱动器

小功率电机在汽车上应用非常广泛，所用力矩范围 0.98～4.9N·m，如用于车门的玻璃升降、刮雨器、座椅、头靠的调整等。据统计，普通轿车需要小功率电机为 30～40 个，高级轿车需要 50～60 个，豪华轿车则需 70～80 个或更多。汽车上所用电机多是间歇工作，目前小功率超声波电机连续工作寿命在几千小时，能够满足汽车的使用要求，而且可以用一个电源控制多个电机，既可以相对减少使用信号发生器造成的成本上升，又能充分发挥超声波电机低速高转矩及低噪声的特点。丰田汽车公司已在其产品中使用了这种电机。还有人根据超声波电机形状多样、低速高转矩及低噪声的特点，把它应用于汽车车窗或百叶窗开闭驱动机构上。

7. 微小机械驱动器

电磁电机由于磁隙及线圈体积的要求，微型化受到一定的限制，最小体积充其量只能达到毫米程度。而毫米直径的微小型超声波电机已经被开发试制出来，且由于尚未发现限制其最小体积的本质因素，因而估计其体积尚可进一步减小，预计其直径能做到微米级，在与昆虫一样大小的微小机械中会具有良好的应用前景，如图 11-21 所示。

图 11-21　美国宾夕法尼亚州立大学研制的微型超声波电机

8. 用于强磁场环境条件

由于超声波电机对外磁场不敏感，在外界强磁场条件下仍能工作，一次可用于作为核磁共鸣装置周边的驱动器。也可以用于磁浮列车，为使列车悬浮在轨道上，需要通过超导电流产生强磁场，这时，需要有大力矩和能正确控制的驱动器，压电超声波电机自然最合适。

由以上可知，开展超声波电机的研究和应用产品的开发，将部分地取代传统的小型和微型电磁电机，对于工业控制、仪器仪表、航空航天、办公设备等领域的技术革新有极大的推动作用。对超声波电机理论与实验技术的研究有重要的科学意义和经济价值，其所拥有的应用前景和市场价值能够带来良好的经济和社会效益。

11.4　超声波电动机的发展方向

除行波型超声波电动机外，近年来，国内外开发研究了多种如新型直线形超声波电机、多自由度超声波电机等，它们的发展方向基本上可以归纳为如下几点：

1. 新型摩擦材料和压电材料的研制可以提高超声波电机对环境的适应性

由于超声波电机靠摩擦耦合来传递扭矩，摩擦界面的磨损和疲劳是不可避免的，这大大限制了超声波电机的应用。目前超声波电机仅应用在一些间隙工作的场合：照相机的聚焦系统，累计工作时间仅需要10多个小时；汽车车窗开关和座椅头靠调整装置，累计工作时间约500h。最近两年，日本Canon公司将行波形超声波电机应用到彩色复印机中，要求寿命在3000h以上。某些应用场合还要求更长的累计寿命，甚至期望超声波电机能连续地长时间运转。为此，世界各国都在研制新型摩擦材料，以提高超声波电机的使用寿命。以日本Shinsei公司超声波电机产品为例，近十多年来最大的改进就是摩擦材料，从而使超声波电机的寿命和效率都有所提高。

2. 超声波电机的微型化和集成化

与传统电磁电机相比，超声波电机没有线圈，结构简单并易于加工，转矩/体积比大。尺寸减小时能基本保持效率不变，非常适合作为微机电系统(MEMS)中的作动器。因此，微型化和集成化是超声波电机的重要发展方向。目前，国外(如美国)研制的如图11-21所示的微型超声波电机；图11-22所示为日本研制微型超声波电机结构图。将电机与驱动控制装置集成化为一体的超声波电机系统在许多场合也陆续出现，图11-23为日本公司研制的用于内窥镜的作动器的某集成式超声波电机系统。

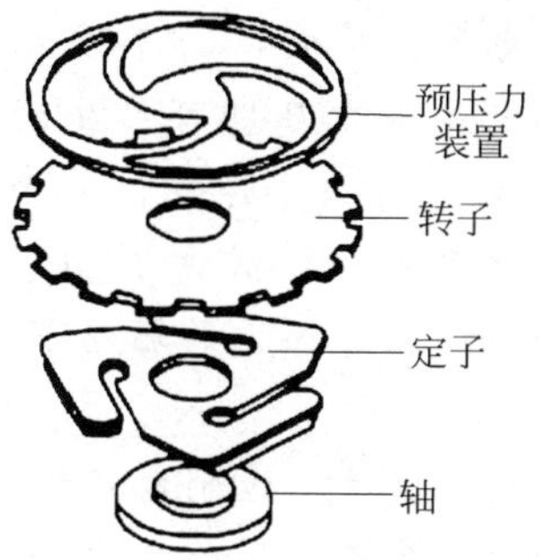

图11-22　Suzuki研制的微型USM

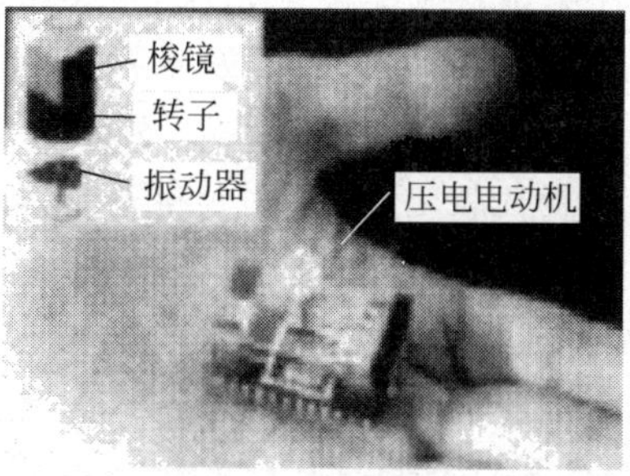

图11-23　Seiko公司集成式USM

3. 超声波电动机与生物医学工程结合

现代生物医学工程离不开对细胞的加工、传递、分离和融合，以及细胞内物质(细胞核、染色体、基因)的转移、重组、拉伸、固定等操作。对尺寸只有几个微米的细胞，关键技术是接近细胞时的精细微调，要求分辨率为几十纳米。要完成以上操作，需要有很高定位精度和精细操作能力的驱动装置。目前这些工作主要依靠受过专门训练的技术人员手工完成，工作效率很低，成功率也很低。位移分辨率高、响应快的超声波电机可以成功解决这一难题。

由日本研制的三维微操作系统对白细胞进行操作可知，人类的白细胞直径大约为10μm，该系统的定位精度可以达到0.1μm，工作范围可达到586μm×586μm×52μm。该系统利用压电叠层作为作动器,设计了具有两个指头的微操作手,模仿筷子的运动。它还可以作外科手术,操作 2μm 大小的玻璃球,进行微装配,等等。采用精密驱动系统,可以提高效率,简化操作,实现生物工程的自动化。最近日本学者还在实验室里,利用惯性式直线形超声波电机的纳米定位技术和图像处理技术,研制出一套自动化细胞微穿刺操作系统,如图 11-24 所示。

药物传送的概念是充分利用现代微制造技术而提出的。它可以大大改善口服肽和口服蛋白质药剂的传统的传送方法。目前用于药物传送的射流微系统包括:微型压电泵、电泳膏药和智能药片。图 11-25 所示为美国研制的具有微型压电泵的智能药片。

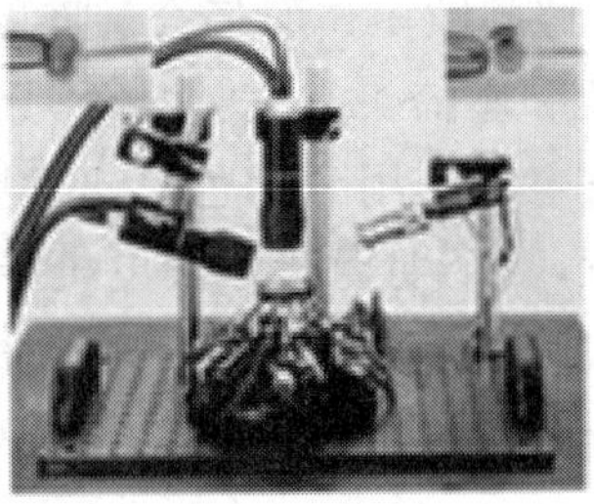

图 11-24 USM 用于细胞穿刺微操作系统

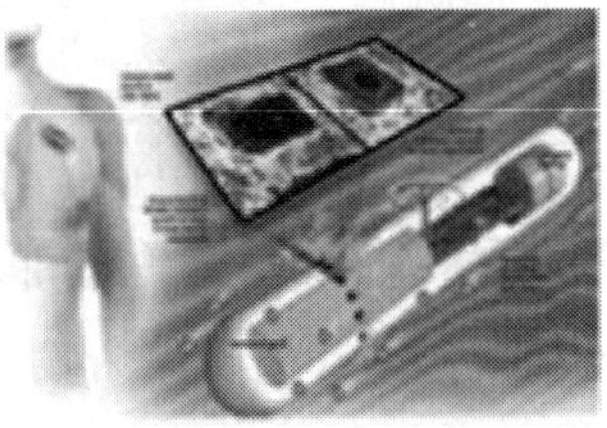

图 11-25 压电作动器应用于智能药片

本章小结

超声波电机利用压电材料的逆压电效应(即电致伸缩效应),把电能转换为弹性体的成熟振动,并通过摩擦传动的方式转换成运动体的回转或直线运动。本章以常见的旋转行波型超声波电动机为主进行了介绍。

对于行波型超声波电动机,定子由环形弹性体和环形压电陶瓷构成,压电陶瓷按一定规律极化为两相区,对两相区压电陶瓷通以相位差为 90°的两相高频电压即可产生两个在时间和空间上都相差 90°的驻波,在弹性体中,这两个驻波合成为一行波。弹性体表面上任意一点按照椭圆轨迹运动,这种运动使弹性体表面质点对移动体产生一种驱动力,且移动体的运动方向与行波方向相反。当我们把转子压紧在弹性体表面时,在摩擦力的驱动下,转子就会旋转起来。

根据超声波电动机的传动原理,可以采用以下四种速度控制方式:控制电压幅值、变频控制、相位差控制和正反脉宽调幅控制。在这四种控制方式中,变频控制响应快,易于实现低速启动,应用得最多。

在本章最后介绍了超声波电动机的应用情况及最新发展概况。我们要说的是,超声波电动机作为一种全新概念的驱动装置,其用途必将越来越广泛。

思考题与习题

1. 比较超声波电动机与传统的电磁式电机。
2. 简述行波型超声波电动机的工作原理。
3. 行波型超声波电动机的调速方法有几种?各有什么特点?

附录A 课程设计

APPENDIX A

A.1 步进电动机驱动系统设计

A.1.1 设计背景

步进电机具有转矩大、惯性小、响应频率高等优点，因此具有瞬间启动与急速停止的优越特性，与其他驱动元件相比，通常不需要反馈就能对位移或速度进行精确控制；输出的转角或位移精度较高，误差不会累积；控制系统结构简单，与数字设备兼容，价格便宜。因此，在有些领域，如简易数控机床、送料机构、仪器、仪表等中，步进电机仍有广泛应用。

A.1.2 设计要求

(1) 查阅有关资料，学习熟悉步进电动机及其基本控制原理；

(2) 查阅有关资料，确定系统总体实现方案，熟悉总体驱动控制原理；

(3) 利用 EDA 设计软件，设计四相步进电动机驱动器硬件电路原理图；

(4) 查阅有关资料，熟悉 GAL 器件，编写四相双四拍脉冲分配软件并烧录程序，焊接；

(5) 焊接调试 GAL 电路，调试其基本逻辑关系以及正/反转、起停控制信号；

(6) 查阅有关资料，熟悉光耦、功率放大集成电路结构原理，并焊接剩余部分全部电路；

(7) 调试系统电路，要求电机可变脉冲频率调速；

(8) 依据查阅之参考资料、设计原理及具体实现方案、调试之实验数据及其他结果结论，认真撰写课程设计报告。

A.1.3 设计原理

1. 概述

1) 电机

步进电机是一种将电脉冲转化为角位移的机电执行元件。每外加一个控制脉冲，电机就运行一步，故称为步进电机或脉冲马达。通俗一点讲，当步进电机接收到一个脉冲信号，它就驱动步进电机按设定的方向转动一个固定的角度(步进角)。可以通过控制脉冲个数来控制角位移量，从而达到准确定位的目的；同时可以通过控制脉冲频率来控制电机转动的速度和加速度，从而达到调速的目的。步进电机可以作为一种控制用的特种电机，利用其没有积累误差(精度为100%)的特点，广泛应用于各种开环控制。

2）变频脉冲信号

变频信号源是一个脉冲频率能由几赫兹到几万赫兹连续变化的脉冲信号发生器，常见的有多谐振荡器和单结晶体器构成的弛张振荡器，它们都是通过调节 R 和 C 的大小，以改变充放电的时间常数，得到各种频率的脉冲信号。

3）脉冲分配

脉冲分配器又称环形分配器，它根据运行指令按一定的逻辑关系分配脉冲，通过功率放大器加到步进电机的各相绕组，使步进电机按一定的方式运行，并实现正反转控制和定位。脉冲分配器的功能可以用硬件来实现，也可以用软件来实现。

4）功率放大

功率放大器又称驱动电路，其作用是将脉冲发生器的输出脉冲进行功率放大，给步进电机相绕组提供足够的电流，驱动步进电机正常工作。

2. 设计实现原理

1）总体电路设计

电动机可选用常见12V供电的四相反应式步进电动机。变频脉冲信号选用常用的函数(脉冲)发生器，可方便得到各种频率的脉冲信号。脉冲分配器采用GAL16V8器件，可用FM法编程实现脉冲信号的分配。功率驱动部分，因设计所用步进电机绕组电流较小，可采用ULN2003达林顿晶体管。光耦建议选用TIL113，它是一款较高速的具一定线性的光耦放大器，可避免大电流窜入控制电路部分。具体电路见图A-1。

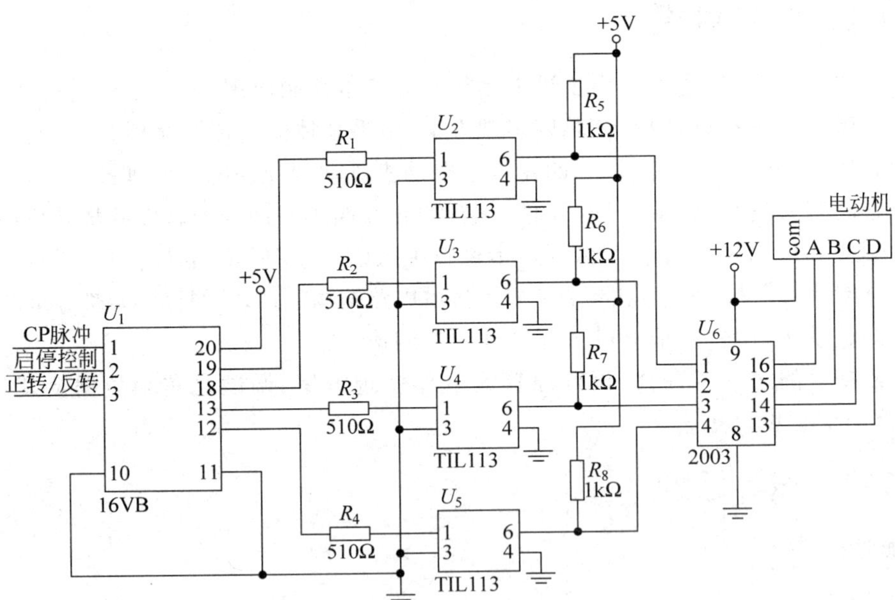

图 A-1 四相步进电动机驱动电路原理图

2）脉冲分配器

步进电机各相绕组是按一定的节拍，依次轮流通电工作的。为此，需用脉冲分配器将脉冲按规定的通电方式分配到各相。我们选用四相双四拍，设A、B、C、D表示四相步进电机的各相绕组，正转方式为AB-BC-CD-DA-AB，反转方式为AB-DA-CD-BC-AB，其状态如表A-1所示。

表 A-1 真值表

RESET	F	A1	B1	C1	D1	A2	B2	C2	D2	说明
1	X	X	X	X	X	1	1	0	0	四相四拍
0	0	1	1	0	0	0	1	1	0	
0	0	0	1	1	0	0	0	1	1	
0	0	0	0	1	1	1	0	0	1	
0	0	1	0	0	1	1	1	0	0	
0	1	1	1	0	0	1	0	0	1	
0	1	1	0	0	1	0	0	1	1	
0	1	0	0	1	1	0	1	1	0	
0	1	0	1	1	0	1	1	0	0	

RESET：复位，RESET=1 时复位；RESET=0 时电机启动。

F：运行方向，F=1 时正转，F=0 时反转。

A1、B1、C1、D1：前一状态的输出。

A2、B2、C2、D2：下一状态的输出。

输出为 A2、B2、C2、D2。

根据真值表得逻辑表达式如下：

```
A2 = RESET + /RESET * /F * /A1 * /B1 * C1 * D1 + /RESET * /F * A1 * /B1 * /C1 * D1 + /RESET * F * A1 *
B1 * /C1 * /D1 + /RESET * F * /A1 * B1 * C1 * /D1
B2 = RESET + /RESET * /F * A1 * B1 * /C1 * /D1 + /RESET * /F * A1 * /B1 * /C1 * D1 + /RESET *  F * /A1
* /B1 * C1 * D1 + /RESET * F * /A1 * B1 * C1 * /D1
C2 = /RESET * /F * A1 * B1 * /C1 * /D1 + /RESET * /F * /A1 * B1 * C1 * /D1 + /RESET * F * A1 *
/B1 * /C1 * D1 + /RESET * F * /A1 * /B1 * C1 * D1
D2 = /RESET * /F * /A1 * B1 * C1 * /D1 + /RESET * /F * /A1 * /B1 * C1 * D1 + /RESET * F * A1 *
B1 * /C1 * /D1 + /RESET * F * A1 * /B1 * /C1
```

根据 GAL16V8 的引脚配置图，应用 PROTEL 提供的 PLD 语言编辑器，用 FM 法编程（或 REBEL），合并正反向、使能端，得到以下程序：

```
GAL16V8
作者(如: DESIGNED  BY  CJLU)
日期(如: 2006.6.10)
CP RESET  F    NC NC NC NC NC NC GND
OE D    C    NC NC   NC NC   A    B VCC
A: = RESET + /RESET * /F * /A * /B * C * D + /RESET * /F * A * /B * /C * D + /RESET * F * A * B *
/C * /D + /RESET * F * /A * B * C * /D
B: = RESET + /RESET * /F * A * B * /C * /D + /RESET * /F * A * /B * /C * D + /RESET * F * /A * /B * C *
D + /RESET * F * /A * B * C * /D
C: = /RESET * /F * A * B * /C * /D + /RESET * /F * /A * B * C * /D + /RESET * F * A * /B * /C * D +
/RESET * F * /A * /B * C * D
D: = /RESET * /F * /A * B * C * /D + /RESET * /F * /A * /B * C * D + /RESET * F * A * B * /C * /D +
/RESET * F * A * /B * /C * D
DESCRIPTION
END
```

说明：reset：高电平=》复位，低电平=》使能。fangxiang：高电平=》正转，低电平=》反转。

3）功率放大电路

在 GAL 和功率放大电路之间加入光电耦合器件 TIL113，用来隔离电机启动、冲击电流等干扰信号对 GAL 的影响，确保驱动系统的安全稳定。但加入此光耦后缺点是其输出速度变低，最高频率降低，影响到电机的调速范围不高。设计调试中脉冲发生器提供的最高频率要低于 800Hz，即光耦频率最高控制在 200Hz。

电机驱动利用 ULN2003 实现。ULN2003 是由 7 个 NPN 型大电压、大电流的达林顿管组成，所有单元都内部集成了序列二极管。输出电压为－0.5～50V，输出电流 0.5A 最大，完全符合本设计的要求。步进电机只有 4 相，只需选用其中的 4 个输入端即可。

A.1.4 分组说明

本设计由一个工作团队共同完成，每个团队 3 人，各有侧重，具体分工由 3 位同学协商决定，分工如下。

同学一：主要负责“设计要求”中的(1)、(2)、(3)、(7)、(8)项。

同学二：主要负责“设计要求”中的(1)、(2)、(4)、(5)、(7)、(8)项。

同学三：主要负责“设计要求”中的(1)、(2)、(6)、(7)、(8)项。

A.1.5 设计报告说明

课程设计报告要有前言、系统设计原理或设计方案、系统各小模块的软硬件设计思路或实现方法、实验数据或其他结果结论，文末列出参考文献。注意因为每个同学之间的差别，在设计报告中每一位同学对自己单独负责(其他两位同学配合)的部分要重点阐述(设计思路与实现方法)！

A.2 永磁无刷直流电动机控制系统设计

A.2.1 设计背景

近年来，随着石油能源的日趋紧张以及人们环保意识的增强，以及基于替代普通直流电动机的迫切要求，无刷直流电动机已成为电动车、医疗器械、航空航天等领域的重要替代应用方向。该电机由定子、转子和转子位置检测传感器等组成，既具有交流电机结构简单、运行可靠维护方便的特点，又具有直流电动机良好的调速特性，并且无机械式换相器，现已广泛应用于各种调速场合。

A.2.2 设计要求

(1) 查阅有关资料，熟悉永磁无刷直流电动机及其基本控制原理；

(2) 查阅有关资料，确定系统总体实现方案，熟悉总体调速控制原理；

(3) 利用 EDA 设计软件，设计基于 MC33035 的永磁无刷直流电动机开环控制系统硬件电路原理图；

(4) 查阅有关资料，熟悉 MC33035 器件及其外围电路工作原理，焊接调试其外围硬件电路；

(5) 查阅有关资料，熟悉 IRF530/9530 器件及功率电路工作原理、焊接调试此部分功率电路；

(6) 调试系统电路,要求最终可通过调节电位器在一定范围内调速;

(7) 依据查阅之参考资料、设计原理及具体实现方案、调试之实验数据及其他结果结论,认真撰写完成课程设计报告。

A.2.3 设计原理

该闭环速度控制系统用三个霍尔集成电路作为转子位置传感器。用MC33035的8脚参考电压(6.24V)作为它们的电源,霍尔集成电路输出信号送至MC33035和MC33039。系统控制结构框图如图A-2所示,MC33039的输出经低通滤波器平滑,引入MC33035的误差放大器的反相输入端,而转速给定信号经积分环节输入MC33035的误差放大器的同相输入端,从而构成系统的转速闭环控制。

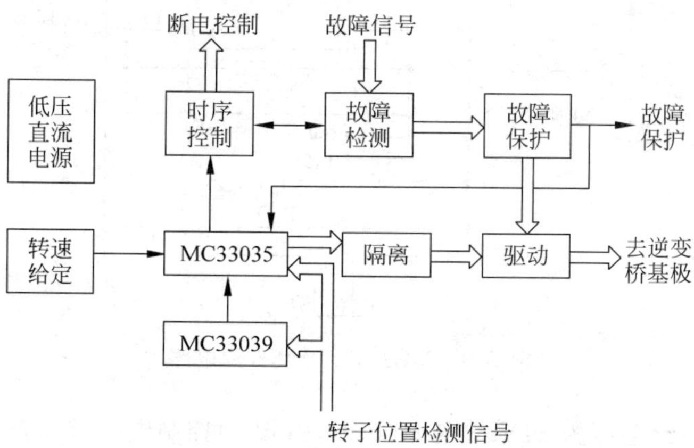

图 A-2 系统控制原理

1. 电动机

永磁无刷直流电动机一般由永磁转子、三相绕组定子、转子位置传感器3部分组成。

本设计所采用的永磁无刷直流电动机的基本参数为:额定转速3500r/min,额定电压24VDC,额定电流3.1A。

2. 基于MC33035的控制信号产生

MC33035是Motorola公司研制的针对无刷直流电动机控制的专用芯片。

MC33035包括一个转子定位译码器可用于确定适当换向顺序,它监控着3个霍尔效应开关传感器输入(4、5、6脚),以保证顶部和底部驱动输出的正确顺序;一个以向传感器供电能力为基准的温度补偿器;一个可以程序控制频率的锯齿波发生器;一个全通误差放大器,能够促进闭环电机速度实现控制,若作为开环速度控制,则可将这误差放大器连成单一增益电压跟随器;一个脉冲宽度调制比较器,3个集电极开路顶部驱动输出(1、2、24脚),以及3个适用于驱动功率MOSFET的理想的大电流推挽式底部驱动输出(19、20、21脚);MC33035还具有几种保护特性,欠压锁定,由可选时间延迟限制的循环电流锁定停车方式,内部过热停车,以及一个很容易与微处理器相连的故障输出。此外,MC33035还有一个60°/120°选择引脚,它可以确定转子定位译码器是60°或是120°传感器电相位输入。该控制器电路结构如图A-3所示。

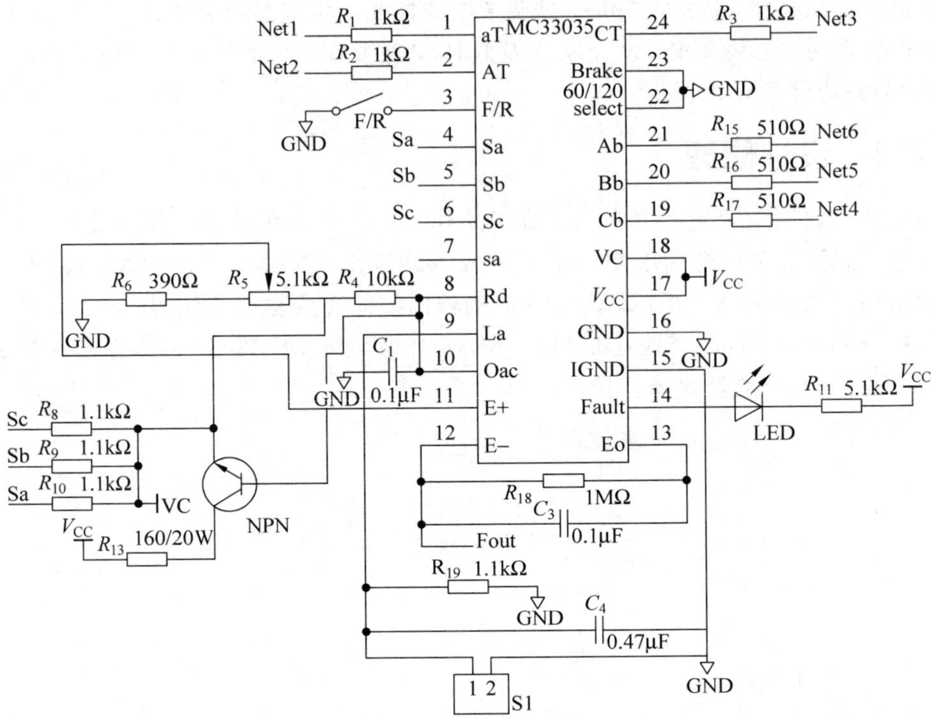

图 A-3　MC33035 及其外围电路

如图 A-3 所示，给电压为 24V 的电源，F/R(引脚 3)控制电机转向，正向/反向输出可通过翻转定子绕组上的电压来改变电机转向。当输入状态改变时，指定的传感器输入编码将从高电平变为低电平，从而改变整流时序，以使电机改变旋转方向。

电机通/断控制可由输出使能 7 引脚来实现，当该引脚开路时，连接到正电源的内置上拉电阻将会启动顶部和底部驱动输出时序。而当该引脚接地时，顶端驱动输出将关闭，并将底部驱动强制为低，从而使电动机停转。

S1 控制电机复位，当短路片插入后，电动机复位。

由于 MC33035 的 8 引脚提供 6.25V 标准电压输出，因此可以用此电压给霍尔元器件以及其他器件供电，在这个系统中 PWM 信号的产生是很容易的，而且 PWM 信号的频率可以由外部电路调节，其频率由公式$\frac{1}{2\pi\sqrt{R_5C_1}}$决定，$R_5$ 是一个可变电阻，通过调节 R_5，即可改变 PWM 信号的频率。只需要在 MC33035 的外围加一个电容、一个电阻及一个可调电位器即可产生我们所需要的脉宽调制信号。因 MC33035 的 8 引脚输出为 6.25V 标准电压，由 R_6、C_1 组成了一个 RC 振荡器，所以 10 引脚的输入近似一个三角波，其频率由$\frac{1}{2\pi\sqrt{R_6C_1}}$决定。$R_5$ 为控制无刷电机转速的电位器，通过该电位器改变 11 引脚对地的电压，从而来改变电机的转速。运算放大器 1 由外部接成一个跟随器的形式，所以 11 引脚的对地电压即为比较器 2 的反相输入电压，通过电位器 R_5 改变 11 引脚的对地电压从而改变比较器 2 的输出方波的占空比，即比较器 2 的输出为我们所需的 PWM 信号。

14 引脚是故障输出端，L1 用作故障指示，当出现无效的传感器输入码、过流、欠压、芯片内部过热、使能端为低电平时，LED发光报警，同时自动封锁系统，只有故障排除后，经系统复位才能恢复正常工作。R_6 及 C_1 决定了内部振荡器频率（即PWM的调制频率），转速给定电位计W的输出经过积分环节输入MC33035的误差放大器的同相输入端，其反向输入端与输出端相连，这样，误差放大器便构成了一个单位增益电压跟随器，从而完成系统的转速开环控制。

8引脚接一个NPN的三极管，当8引脚电压为高电平时，三极管导通，为MC33039和霍耳传感器提供电压。电解电容 C_2 是滤波作用，防止电流回流。

MC33035的17引脚的输入电压低于9.1V时，由于17引脚的输入连接内部一比较器的同相输入端，该比较器的反相输入为内部一9.1V标准电压，此时MC33035通过与门将驱动下桥的3路输出全部封锁，下桥的3个功率三极管全部关断，电机停止运行，起欠压保护作用。过热保护等功能是芯片内部的电路，无须设计外围电路。

该系统的无刷直流电动机内置有3个霍尔效应传感器用来检测转子位置，一旦决定电机的换相，并可以根据该信号来计算电机的转速。传感器的输出端直接接MC33035的4、5、6引脚。当电机正常运行时，通过霍尔传感器可得到3个脉宽为180°电角度的互相重叠的信号，这样就得到6个强制换相点，MC33035对3个霍尔信号进行译码，使得电机正确换相。

当MC33035的11引脚接地时，电机转速为0，即可实现刹车制动。

3. 速度反馈电路

转子位置检测信号送入MC33039，经 F/V 转换，得到一个频率与电机转速成正比的脉冲信号Fout，其通过简单的阻容网络滤波后形成转速反馈信号，利用MC33035中的误差放大器即可构成一个简单的P调节器，实现电机转速的闭环控制。实际应用中，还可用外接各种PI、PID调节电路实现复杂的闭环调节控制，如图A-4所示。

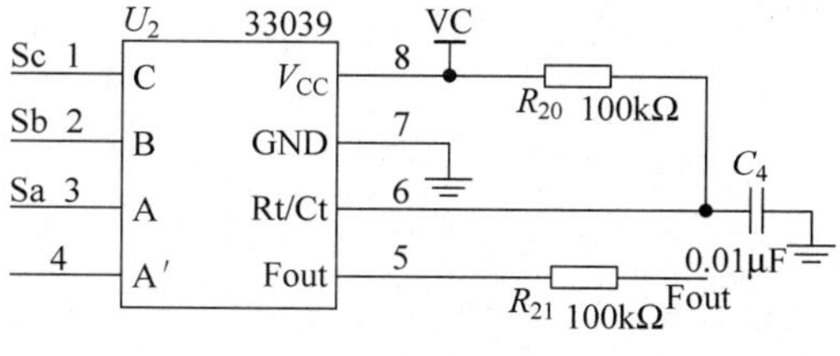

图 A-4 MC33039构成的闭环控制系统电路图

4. 功率驱动电路

如图A-5所示，MC33035输出的下桥三路驱动信号可直接驱动N沟通功率MOSFET的IRF530，上桥三路驱动信号可直接驱动P沟通功率MOSFET的IRF9530。相当于MC33035的1、2、24引脚的信号经过IRF9530放大，19、20、21引脚的信号经过IRF530得到的信号驱动无刷直流电动机转动。A、B、C分别与无刷直流电动机的三相绕组相接。

A.2.4 分组说明

本设计由一个工作团队共同完成，每个团队3人，各有侧重，具体分工由3位同学协商决定，分工如下。

同学一：主要负责“设计要求”中的(1)、(2)、(3)、(6)、(7)项。

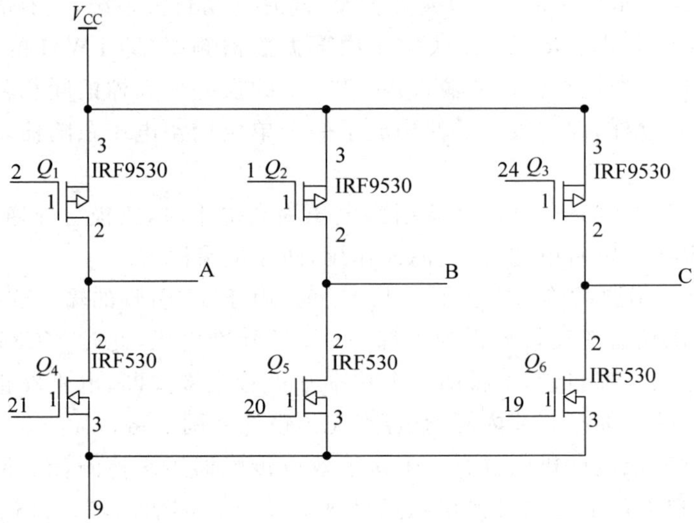

图 A-5 功率驱动主电路

同学二：主要负责“设计要求”中的(1)、(2)、(4)、(6)、(7)项。

同学三：主要负责“设计要求”中的(1)、(2)、(5)、(6)、(7)项。

A.2.5 设计报告说明

课程设计报告要有前言、系统设计原理或设计方案、系统各小模块的软硬件设计思路或实现方法、实验数据或其他结果结论，文末列出参考文献。注意因为每个同学之间的差别，在设计报告中每一位同学对自己单独负责(其他两位同学配合)的部分要重点阐述(设计思路与实现方法)!

附录B APPENDIX B 部分思考题与习题参考答案

第 2 章

1. 0.017 67、0.016 67

4. 解：$I_a = U_a/R_L = 50/2000\text{A} = 0.025\text{A}$

$U_a = K_e n/(1+R_a/R_L)$ $50 = K_e n/(1+180/2000)$，所以 $U_{a0} = K_e n = 54.5\text{V}$

5. 转速

6. 剩余电压（或零速电压）

8. 要大

9. B

11. C

第 3 章

1. 电压

2. 高

3. A

第 4 章

1. D

2. B

3. A

4. 正比

第 5 章

1. D

4. 解：$C_e\Phi = \dfrac{U_a - I_aR_a}{n} = \dfrac{110-0.4\times 50}{3600} = 0.025$

$T = C_T\Phi I_a = \dfrac{60}{2\pi}C_e\Phi I_a = \dfrac{60}{2\pi}\times 0.025\times 0.4\text{mN}\cdot\text{m} = 95.49\text{mN}\cdot\text{m}$

$T_L = T - T_0 = (95.49-15)\text{mN}\cdot\text{m} = 80.49\text{mN}\cdot\text{m}$

6. 解：因为 $U_{a0}=\dfrac{T_sR_a}{C_T\Phi}$，所以 $\dfrac{U_{a0}}{U'_{a0}}=\dfrac{T_s}{T_n}=0.2$，$U'_{a0}=\dfrac{U_{a0}}{0.2}=\dfrac{4}{0.2}\text{V}=20\text{V}$

又因为 $\dfrac{U'_a-U'_{a0}}{n'}=\dfrac{U_a-U_{a0}}{n}$

所以 $U'_a=\dfrac{n'}{n}\cdot(U_a-U_{a0})+U'_{a0}=\left[\dfrac{3000}{1500}\cdot(49-4)+20\right]\text{V}=110\text{V}$

7. D

8. D

13. 控制电压

14. 6

15. 不能自启动

16. A

17. D

18. A

第 6 章

1. D

2. 脉冲频率

5. C

6. 正比

7. D

11. A

12. C

13. 解：三相六拍运行

因为 $n=60f/N/Z_R$，所以 $Z_R=60f/N/n=60\times400/(2\times3)/100=40$

$\theta_b=360°/N/Z_R=360°/(2\times3)/40=1.5°$

三相三拍运行

$n_1=60f/N/Z_R=60\times400/3/40\text{r/min}=200\text{r/min}$

$\theta_{b1}=360°/N/Z_R=360°/3/40=3°$

14. 解：(2) $\theta_b=360°/N/Z_R=360°/(2\times3)/40=1.5°$

(3) $n=60f/N/Z_R=60\times600/(2\times3)/40\text{r/min}=150\text{r/min}$

15. 解：(1) $\theta=360°/N/Z_R=360°/(2\times5)/24=1.5°$

(2) 因为 $n=60f/N/Z_R$，所以 $f=nNZ_R/60=100\times(2\times5)\times24/60\text{Hz}=400\text{Hz}$

16. 解：$\theta_b=360°/N/Z_R=360°/(2\times3)/80=0.75°$

$n=60f/N/Z_R=60\times800/(2\times3)/80\text{r/min}=100\text{r/min}$

第 7 章

1. 隐极

2. 凸极

3. 换向器

4. B
5. D

第 8 章

1. 电动机、控制器、功率变换器
4. 力能
5. 磁阻最小
6. B
7. A
8. 电压PWM、电流斩波、角度位置控制
12. 整形、放大及隔离

第 9 章

9. 解：同步速度 v_s 为

$$v_s = 2\tau f = 2 \times 0.1 \times 50\text{m/s} = 10\text{m/s}$$

则次级移动的速度为

$$v = (1 - s)v_s = (1 - 0.05) \times 10\text{m/s} = 9.5\text{m/s}$$

参考文献

[1] 寇宝泉，程树康. 交流伺服电机及其控制[M]. 北京：机械工业出版社，2008.

[2] 吴建华. 开关磁阻电动机设计与应用[M]. 北京：机械工业出版社，2000.

[3] 王宏华. 开关型磁阻电动机调速控制技术[M]. 北京：机械工业出版社，1995.

[4] 陈卫民，孙冠群. 电气控制课程设计指导书[M]. 杭州：中国计量学院讲义，2006.

[5] 程明. 微特电机及系统[M]. 北京：中国电力出版社，2008.

[6] 陈隆昌. 控制电机(第三版)[M]. 西安：西安电子科技大学出版社，2000.

[7] 孙建忠，白凤仙. 特种电机及其控制[M]. 北京：中国水利水电出版社，2005.

[8] 胡崇岳. 现代交流调速技术[M]. 北京：机械工业出版社，1999.

[9] 赵淳生. 超声电机技术与应用[M]. 北京：科学出版社，2007.

[10] 吴新开. 超声波电动机原理与控制[M]. 北京：中国电力出版社，2009.

[11] 胡敏强，金龙，顾菊平. 超声波电机原理与设计[M]. 北京：科学出版社，2005.

[12] 孙冠群. 开关磁阻电动机驱动控制系统研究[D]. 西安：西北工业大学，2005.

[13] 孙冠群，李晓青等. SR 电机调速系统控制器设计[J]. 中国计量学院学报，2006(3).

[14] 孙冠群等. 开关磁阻电动机功率变换器设计[J]. 电力电子技术. 2008，42(1)：51～54.

[15] 邵世凡，孙冠群等. 电机与拖动[M]. 杭州：浙江大学出版社，2008.

[16] 孙冠群等. 开关磁阻电动机新型驱动控制系统[J]. 微特电机，2007(3).

[17] 王晓远，刘艳等. 盘式无铁芯永磁同步电动机设计[J]. 微电机，2004(4).

[18] 孙昕. 盘式永磁电机主要参数的计算与分析[D]. 沈阳：沈阳工业大学，2008.

[19] 张琨. 六相盘式永磁同步电机的设计研究[D]. 天津：天津大学，2007.

[20] 王华云. 超声波电机驱动控制系统研究[D]. 武汉：华中科技大学，2005.

[21] 褚国伟. 超声波电机控制系统的研究[D]. 南京：东南大学，2005.

[22] 杨渝钦. 控制电机[M]. 北京：机械工业出版社，2001.

[23] 黄建西. 控制电机[M]. 北京：水利电力出版社，1988.

[24] 李中高. 控制电机及其应用[M]. 武汉：华中工学院出版社，1986.

[25] 唐任远. 特种电机[M]. 北京：机械工业出版社，1998.

[26] [日]平岛茂彦 中村修照. 通用电机和控制电机实用手册[M]. 北京：机械工业出版社，1985.

[27] 周鹤良. 电气工程师手册[M]. 北京：中国电力出版社，2008.

[28] 王建华. 电气工程师手册(第 3 版)[M]. 北京：机械工业出版社，2007.

[29] 张琛. 直流无刷电动机原理及应用(第 2 版)[M]. 北京：机械工业出版社，2004.

[30] 谭建成. 电机控制专用集成电路[M]. 北京：机械工业出版社，1997.

[31] 万国庆，许清泉，崔晓芸. MC33035 无刷电机驱动控制器及应用[J]. 常州工学院学报，2005(5).

[32] 韦敏，季小尹. MC33035 在直流无刷电机控制中的应用[J]. 电工技术杂志，2004(11).

[33] 潘建. 无刷直流电动机控制器 MC33035 的原理及其应用[J]. 国外电子元器件，2003(8).

[34] 王海峰，江汉红，陈少昌. 直流无刷电机系统的最佳控制器设计[J]. 电机与控制应用，2005(7).

[35] 谢卫. 控制电机[M]. 北京：中国电力出版社，2008.

[36] 李仁定. 电机的微机控制[M]. 北京：机械工业出版社，1999.

[37] 蒋豪贤. 电机学[M]. 广州：华南理工大学出版社，1997.

[38] 王鉴光. 电机控制系统[M]. 北京：机械工业出版社，1994.

[39] 周明安，朱光忠，宋晓华等. 步进电机驱动技术发展及现状[J]. 机电工程技术，2005，34(2)：

16～17.

[40] 蔡耀成. 步进电动机国内外近期发展展望[J]. 微特电机,2000,28(5): 28～30.

[41] 徐军,葛素娟. 用单片机实现步进电机细分技术研究[J]. 机床电器,2004(1): 25～28.

[42] 李俊,李学全. 步进电机的运动控制系统及其应用[J]. 微特电机,2000,28(2): 37～39.

[43] 程智. 混合式步进驱动单元的研究[D]. 杭州: 浙江大学,2000.

[44] 韩安太. DSP控制器原理及其在运动控制系统中的应用[M]. 北京: 清华大学出版社,2003.

[45] 赵红怡. DSP技术与应用实例[M]. 北京: 电子工业出版社,2005.

[46] 郑吉,王学普. 无刷直流电动机控制技术综述[J]. 微特电机,2002.

[47] 郭福权. 永磁无刷直流电动机控制策略研究[J]. 合肥工业大学学报,2004.

[48] 夏长亮. 无刷直流电动机控制系统[M]. 北京: 科学出版社,2009.

[49] Tae-Hyung Kim, Mehrdad Ehsani. Sensorless Control of the BLDC Motors From Near-Zero to High Speeds[J]. IEEE Transactions on Power Electronics,2004,19(6): 1635～1645.

[50] 邹继斌,姜善林,张洪亮. 一种新型的无位置传感器无刷直流电动机转子位置检测方法[J]. 电工技术学报,2009,24(4): 48～53.

[51] 王华斌. 基于间接电感法的永磁无刷直流电动机无位置传感器控制[D]. 重庆: 重庆大学, 2009.

[52] Wang Hua-bin, Liu He-ping. A novel sensorless control method for brushless DC motor[J]. IET Electr. Power Appl, 2009, 3(3): 240～246.

[53] 孙冠群, 于少娟. 控制电机与特种电机及其控制系统[M]. 北京: 北京大学出版社,2011.

[54] Guanqun Sun. MC33035/33039 for Brushless DC Motors Control[J]. ICECE2011, Yichang, China,2011.

[55] Guanqun Sun, Binrui Wang. Fuzzy Control Technology for Drive System of Switched Reluctance Motor[J]. International Conference on Electrical Engineering and Automatic Control, Zibo, China,2010.

[56] 孙冠群,薛小东,蔡慧. 开关磁阻电动机高速运行转矩控制[J]. 汽车工程学报,2013,3(5): 361～367.

[57] 孙冠群,蔡慧. SRM的低转矩脉动低铜耗直接瞬时转矩控制[J]. 电气传动,2014,44(2): 64～67.

[58] 孙冠群,蔡慧,牛志钧,等. 无刷直流电动机转矩脉动抑制[J]. 电机与控制学报,2014,18(11): 51～58.